机械工程导论

主　编　刘惠恩
副主编　高建军

北京理工大学出版社
BEIJING INSTITUTE OF TECHNOLOGY PRESS

内 容 简 介

根据深化高校创新创业教育改革的精神,本书较全面地介绍了现代机械工程学及其相关知识,内容丰富,具有启发性。本书主要包括机械工程的过去与现在,展望了机械工程的未来及其发展方向,具体叙述了现代机械工程的基础理论、机械发展史及工程材料、机械制造业的最新设计手段、机械制造技术、能源技术及机械应用领域。本书共分7章,将机械工程与社会发展、人们的日常生活以及现代高科技紧密结合起来。本书涵盖面广,面向新世纪,通俗易懂,具有较强的可读性与实用性。本书既可作为高等院校相关各专业开设专业导论课程的必修或选修课教材,以扩大学生的知识面,又适合各相关领域工作者(大专院校教师、科研人员、管理人员)阅读,也可以供机械爱好者参考。

图书在版编目(CIP)数据

机械工程导论/刘惠恩主编 . —北京:北京理工大学出版社,2016.9(2020.8 重印)
ISBN 978 - 7 - 5682 - 3094 - 0

Ⅰ. ①机…　Ⅱ. ①刘…　Ⅲ. ①机械工程 - 高等学校 - 教材　Ⅳ. ①TH

中国版本图书馆 CIP 数据核字(2016)第 218248 号

出版发行／北京理工大学出版社有限责任公司
社　　　址／北京市海淀区中关村南大街 5 号
邮　　　编／100081
电　　　话／(010) 68914775(总编室)
　　　　　　(010) 82562903(教材售后服务热线)
　　　　　　(010) 68948351(其他图书服务热线)
网　　　址／http://www.bitpress.com.cn
经　　　销／全国各地新华书店
印　　　刷／三河市天利华印刷装订有限公司
开　　　本／787 毫米×1092 毫米　1/16
印　　　张／20.5　　　　　　　　　　　　　　　　责任编辑／封　雪
字　　　数／479 千字　　　　　　　　　　　　　　文案编辑／张鑫星
版　　　次／2016 年 9 月第 1 版　2020 年 8 月第 3 次印刷　责任校对／周瑞红
定　　　价／49.00 元　　　　　　　　　　　　　　责任印制／马振武

前　言

　　机械设计制造及自动化专业导论课程对新入学的本专业大学生是很必要的。通过对专业导论的学习可以使学生从一开始就对所学专业有比较全面的认识，从而帮助学生能够更加积极主动的学习，充分发挥学生的主观能动性，顺利完成大学学业。本教材结合应用型大学实际情况，经过几轮的教学实践，得到了学生的初步认可，也还需要改进。面对第四次工业革命的浪潮汹涌澎湃，新思想、新技术的不断涌现，要想编写出具有一定前瞻性的教材的确不是一件容易的事，我们只能力求不落伍。

　　目前，第四次工业革命的浪潮正在形成，智能制造的概念正在深入人心，随着智能化、网络化、信息化大潮涌向各行各业，机械工程发生了全面深刻的变化。变革时期，一切都来得太快，如果对新情况认识不足，仍然因循守旧，看不到发展的大趋势，就无法应对这个机遇与挑战并存的时代，机械设计制造及自动化专业处在这样的发展和变革的时代，有太多的问题需要重新认识，需要找寻新的解决问题途径，需要更多的创新思维，机械设计制造及自动化专业导论教材的推出，正是为了适应这一发展的大潮流，为实现"适应新时代、掌握新技术、满足新需求的制造强国"奋斗大目标。本教材从培养现代应用型人才实际情况出发，注意到现在已经进入到大众创业、万众创新的时代，注重了对创新能力的培养。

　　现代机械是光机电一体化机械，突出了智能化、网络化的特点。光机电一体化技术是将机械技术、电工电子技术、微电子技术、信息技术、传感器技术、接口技术、信号变换技术等多种技术进行有机地结合，并综合应用到实际中去的综合技术。许多新技术融入现代机械中，对传统机械技术的改造是巨大的，从产品设计到制造，贯穿着机械的整个生命周期，好多改变几乎是颠覆性的，突出的特点是智能化。本教材正是基于这样的认识来组织安排的。其中第 1 章概论由刘惠恩老师执笔，重点介绍了机械设计制作及自动化专业在第四次工业革命大背景下的整体情况；第 2 章应用型大学机械专业培养方案简介，由马聪颖老师执笔，用实际使用的培养方案实例来给学生一个整体的概念；第 3 章核心课程简介，由王仰江老师完成工程力学、机电传动控制、工程测试技术部分编写，由杨建有老师完成机械制图、工程材料、机械制造基础部分编写，由何其明老师完成机械设计、互换性与技术测量、电工电子技术部分编写；第 4 章课程体系由朱同波老师执笔，重点介绍为完成机械设计制造及自动化专业培养目标，所开设的各种基础课、专业基础课和专业课的体系架构，包括理论课、实验课和实训、实习安排，使学生在进入大学的早期就能对整个培养计划有个总的认识；第 5 章现代设计方法，由钟明灯老师编写，重点介绍现代设计与传统设计方法的异同，为万众创新培养新生力量；第 6 章现代机械制造由周著学老师编写，重点介绍现代机械制造领域的新工艺、新加工方法、新技术；第 7 章典型案例，由高建军老师编写，以典型案例为主线，对本书所涉及的专业知识做综合的梳理。全书各章节由高建军老师进行内容和体例上的统一整合，刘惠恩老师做了交稿前的审定。由于时间的仓促和专业发展的日新月异，更由于我们的水平有限，其中谬误在所难免，望提出批评指正。

编　者

目　　录

第1章 概　　论

1.1　迈进大学生活

刚刚迈进大学生活的同学如何尽快适应大学学习生活呢？

首先，同学们要看到大学与中学教育性质的差异。中学阶段是应试教育，教学侧重于知识的传授，虽然强调学生兼收并蓄，但很多情况是囫囵吞枣。因为要应付高考，而高考获得高分的前提是必须对大量知识点进行记忆和理解；大学是做事教育，毕业后要到社会上做事，面对的可能是前人没解决的问题，要继续探索的问题，所以大学教育要注意培养学生认识问题、研究问题和解决问题的能力，大学阶段学生不再是简单地接受知识的灌输，而是有质疑、有选择、有批判地接受，通过怀疑悟出真理，这个真理并不一定在教材里头，答案可能不唯一，大学要培养的是探索精神、深度学习和融会贯通的能力。

其次，应试教育饱受批评，是因为培养出来的思想方法与现实世界脱节。我们所经历的是一个个被分割开来的课程。在这些课程中的每门学科都有着非常清楚而严格的界限，所以我们独立地学习数学、物理和英语，很少看到这些学科之间的联系。但是，只有将这些学科连接在一起并看到它们之间的相互联系，我们才能更好地理解真实的世界。大学教育要注重研究问题、分析问题、解决问题能力的培养。要培养学生的独立思考能力、创新能力，确是大学阶段深层次的学习。在信息化社会，年轻人获取信息的量非常大，再加上年轻人思维活跃的特点，使得大学浓缩着青春的特色，五湖四海的年轻人聚集在校园，不同地域文化的交融、碰撞，激起了思想的火花，也有对所学专业的朦胧认识，对大学与中学学习生活差异的初始体验，所带来的是新鲜感、新视角和新思维。这是与中学有很大不同的学习生活。

最后，我国是一个有着悠久历史的文明古国，我们从传统走来，不可避免地受到一些传统观念的影响。在我们的传统观念中，聪明就是耳聪目明、一目十行、过目不忘，有才学就是读书破万卷、博闻强记、知识渊博。长期以来，我们的教学体系，我们的考试方式，都习惯于对记忆力的考查。老师不讲创新方法，学生穷于应付闭卷考试，大家一起陷入了知识的泥潭。这样形成的知识就是传授，就是学习，就是消化，就是接受，那么创造在哪里呢？

人类文明发展到今天，单靠对知识的记忆远远不够。

在自然界中不止一种生物记忆力远超人类。研究表明，猫的短期记忆能力是人类的20倍。加州大学圣克鲁斯分校的海洋生物学家，在1991年向一只雌性海狮里奥展示一张写有字母的卡纸，然后再展示两张卡纸，其中一张与它曾经看过的内容相同。如果里奥拿起字母相同的一张卡纸，便会获得一条鱼作为奖励。在2001年，研究员再次向里奥进行同样测试，结果它的表现与10年前同样卓越，可见海狮的长期记忆能力超过10年。尽管人类也拥有一个复杂的短期和长期记忆，但是同章鱼比起来就差远了，因为章鱼的短期记忆是直接连接到其长期记忆上的。这意味着拥有了极高的适应能力，可以快速学习以适应生存需要。克拉克星鸦把过冬食粮分别藏在方圆 15 mile^2 [①] 的 5 000 处不同地点，春天过去，它会一处不落地把所有储备食粮都找到。这种超常的记忆力我们人类是不具备的。那些记忆力远超人类的物种没有成为万物之灵，可见，决定人类能够成为万物之灵的根本原因，不是记忆力有多强。

我们说，洞察力、理解力、创造力是人类非常重要的能力，注重这方面能力的培养，才是我们今后努力的方向。

刚刚经历过的高考，每个人都印象深刻。作为理工科学生来说，理性思维需要数学的头脑，一些同学因为数学成绩不理想，没能进入重点大学，对学理工心里有阴影，缺少底气。实际上，一次考试说明不了什么，温故知新，不断进步更有意义。马云连续参加三次高考，数学成绩最低时才得 1 分，按常理思维这样低的数学成绩不适合搞理工，更无法想象他成为代表现代科技最新成就的互联网应用领军人物。他没有把高考失利当成包袱，相反却成为激励前进的动力，秉持着这种不断为实现梦想而努力的精神，他创造了奇迹。创造了奇迹的，不仅有马云，还有毕业于美国犹他大学的电子工程博士沃洛克，他创立了世界著名的阿杜比（Adobe）系统公司，据沃洛克回忆，他直到读中学九年级，代数考试仍不及格。以至于在学校组织的智力竞赛中，主持人毫不客气地说他"测试结果表明，在工程学领域，你的成功概率几乎是零"。然而，沃洛克恰恰是在工程领域获得了伟大的成功，实现了多种型号打印机的"所见即所得"，有力地证明了中学数学考试不及格不代表没有数学才能。一些天才科学家数学考试也有不及格的时候，爱因斯坦九年级数学考试不及格，牛顿也是几何考试不及格。所以，考试不能说明发明者或成功者未来的前途，勤于思考，保持独立，不懈努力，对理工学生来说很重要。

有的同学对应用型大学的认识模糊，总觉得不如研究型大学的学生有前途，其实这是不正确的。我们大家熟知的创新天才乔布斯，他的专业理论知识基础不要说同许多硕士生、博士生不能比，就是同许多大学本科毕业生也不能比，因为从学历上来说他大学只读了一年，为什么一个大学只读一年的人能够超越那么多理论基础比他雄厚得多的精英，成为最有创新力的楷模？不仅仅是乔布斯，还有比尔·盖茨、戴尔……好多基础理论并不雄厚的人却干出了惊天动地的大事，这是为什么？甚至有人因而得出高等教育读书无用的错误论断。

只要我们认真研读一些有关这些人的成长经历就会发现，他们的所有成果几乎都集中在基础理论的应用上面，很多应用更是经过他们的成功推广，影响到整个世界。乔布斯是一位站在巨人肩膀上的新技术应用大师，他对新技术的应用前景具有异常敏锐的嗅觉，他能一眼看穿新技术的市场价值。当他的伙伴沃兹尼亚克滔滔不绝地讲述他刚刚组装的苹果电脑样机时，默默站在人群后面的乔布斯已经在盘算苹果电脑的市场价值了。鼠标的发明者阿尔巴特博士一生有许多重大的发明，他的每一项发明如果能像乔布斯那样认真做好应用推广的话，都可以获得巨大的经济利益。然而这位伟大的发明家穷其一生精力致力于创造发明，到了晚年不得不依靠养老金过着拮据的生活。他所发明的鼠标，在实验室里躺了 20 年，期间也开过鼠标推介会，但并未引起人们的注意。乔布斯敏锐地看到鼠标的巨大市场应用价值，在鼠

---

① 平方英里，1 mile^2 = 2.589 988 11 km^2。

标诞生 20 年后，将鼠标应用在苹果公司的新机型上面，让世界认识了鼠标的真正价值。把鼠标巨大应用价值挖掘出来的是乔布斯，拉开鼠标退出历史舞台序幕的也是乔布斯。触摸屏技术也不是乔布斯发明的，当他把触摸屏技术应用到平板电脑和手机上之后，我们看到鼠标输入方式在很多场合已被新的输入方式——触摸屏技术所取代。人类的文明发展史告诉我们，应用技术人才不但是必需的，而且是大量需要的。处在今天的信息化时代，各种新理论、新技术层出不穷，海量的信息就在我们身边，如果你也具有乔布斯那样的慧眼，挖掘出一两项新理论、新技术的应用价值，说不定你也能取得巨大的成功。

在我们这个时代，有许多成功的机会，也需要我们去及时把握。国家大力提倡对学生进行创新、创业教育，提倡将一些院校办成技术应用型大学，必要又及时，同学们要看到国家需要大批应用技术型人才，坚定信心，做新技术应用大有前途。作为信息时代标志之一的计算机技术，早期是在实验室少数人手里的，是乔布斯、比尔·盖茨一伙年轻人勇敢地闯入这个领域，使计算机技术大众化，才有了今天的信息化时代。人民群众是推动历史发展的动力，一个新技术时代的产生和发展，同样离不开人民群众的参与。

乔布斯、比尔·盖茨等人生活在硅谷这个特殊的环境里，虽然他们没有接受完整的大学教育，但是硅谷社会为他们提供了众多的专业教育机会，中学时代的乔布斯就可以进入当时世界最先进的科技研发企业，去了解最新技术进展，接受最新技术培训。他所拥有的专业知识，是有些在高校中学不到的。试想，如果乔布斯没有接触到大量最新技术，没有大量的技术实践，他怎么可能凭空创造出奇迹？不是高等教育无用，技术的大厦也要有坚实的基础，而是我们的高等教育要改革，要重视实践，要创造像硅谷那样的社会学习环境，我们的国家已经看到了高等教育改革的必要，正在努力实施，我们同学也要朝这个方向努力，把自己造就成社会真正急需的应用技术型人才。

我们的高等教育是一步步走过来的，高等教育改革也在进行中，解决问题需要有个过程。所以我们要以客观的态度看待现实中的问题，以积极的态度培养自己观察问题的穿透力，透过现象看本质。我们要站在知识经济时代的新高度，提高知识批判能力，自觉接受新知识，学习新知识，对那些已经老化的、在新情况下没有生命力的过时知识，不要浪费更多的时间和精力。紧抓理性思维与灵感的火花，弄明白因果关系、懂得推理、重视对过程的研究与实践，提高自己分析问题、解决问题的能力。乌鸦之所以"聪明"，主要是它们解决问题的能力比较强。实验表明，鸦类在解决问题和使用工具的能力上突出，"投石取水"不是传说，使用工具也不是人类所独有的。因此如何更有效地使用工具对我们来说很重要，这是一种高级认知能力也是深度学习能力，我们要着力培养。人为万物之灵，就要善于学习。不仅要学习人类创造的文化，也要向其他生物学习，研究经过数十亿年的自然演化，其他生物和人类感官感知的不同，它们的生理进化是怎样实现这一切的，以及与人类的对比。这些仿生学研究成果将大量应用在现代机械上面，例如机器人的研发、安保系统对人像的识别等。有效使用工具，还体现在应该充分运用信息化工具来提高我们的效率，虽然我们是学机械工程的，但是要切记离开了信息化技术，我们就会困难重重，努力掌握信息化技术，努力学会使用更多的应用软件，是我们能够站在巨人的肩膀上，成为超巨人的关键。互联网把我们与世界的距离拉近了，信息化技术改变了世界，也改变了我们的学习方式、思维方式、处理问题的方式，我们要自觉地适应这种改变。外语是打开世界的窗户，你要有国际眼光，就要学好外语，尤其是专业外语。在我们这个时代，地球已经变成地球村。

1.2 关于机械设计制造及其自动化专业

对于机械设计制造及其自动化专业，深圳大学的王华权教授从字面上有生动的解释。他认为，所谓机械，是机构加结构，即是由若干具有一定形状、一定承载能力的构件组成，通过其静态或者动态来实现特定功能，以协助、替代、放大人类体能，完成特定任务的装置。所谓设计，实际包括了设和计两部分，设是通过创造性思维，创想出整体形态、总体工作模式、结构构思、几何形状，设想出完成既定目标的方法和路线图；计是确定总体工作参数、优化参数、校验安全性和可靠性，确定零部件几何尺寸、材料等。所谓制造，一般包含了4个过程，即

(1) 将矿物原料变成具有特色化学成分的"坯"料。

(2) 将特定的坯料变成具有特定尺寸的零件。

(3) 赋予零件特定的物理特性。

(4) 将特定的零件组装成具有特定功能要求的系统。

所谓自动化是给机械装置配上信息采集和处理系统，来部分或全部替代甚至超越人的感官和头脑，使机械系统成为自动化、智能化系统。

机械设计制造及其自动化是一个应用性很强的专业，特别讲究面向实际，面向应用。"设"要有依据，要满足使用功能的实际需求，要符合制造工艺的实际，也要考虑应用者的具体条件，"计"要落实设想，就要有扎实的科学原理功底，要根据工况实际和各种条件合理确定机械寿命，还要掌握必要的实用工具，如计算软件、模拟软件等。不能制造的设计是脱离实际的设计，所以机械设计制造及其自动化专业非常重视调查研究，非常注意理论联系实际。

机械设计制造及其自动化专业涉及面广，博大精深，特别是在科学技术高度发达的今天，它已经成为非常精密、复杂的系统工程，一个人的能力再大，也无法包办一切。网络时代的个人犹如复杂大脑的单个脑细胞，各司其职地在网络下工作。那种企图同时成为各个领域专家的想法是不切实际的，因为今天每个专业领域的深度仍在不断发展，仅靠大学四年的学习是远远不够的。对于专业的学习最忌浅尝辄止，不求甚解。看似样样通，实则样样松，缺乏核心竞争力，在信息化时代很难立足。我们需要向一专多闻的方向努力。之所以不提"一专多能"，是因为高度专业化的今天，真正要做到多能实际是很困难的。科技越发展，分工越细，就越需要通力合作。"一专"是立足之本，精益求精，具有足够的深度，使我们的优势得到发挥；"多闻"是开阔视野，拓宽应用的广度，增强与其他专业人员的沟通能力，以便更好地合作。

机械设计制造及其自动化专业成就的专门人才种类繁多，归纳起来大致有四类：设计师、分析师、工艺师和运管师。每一类人才都是现代机械所需要的，只有分工不同，没有高低之分。作为学生要根据每个人不同特质、条件、兴趣爱好，规划好自己的人才成长目标。

大学一年级是认识专业、纠正应试教育弊端的重要时期，我们要培养会做事的应用型人才，无论教与学，都要改变思维模式，坚决摒弃"高中后"的教学模式，使同学们向着时代要求的应用型人才目标前进，通过脚踏实地的努力实现梦想。

机械作为古老而又年轻的行业，你了解它吗？特别是今天的机械和4年后的发展趋势。

1.3 现代机械工程

制造活动历来是人类的主要活动之一，全球有 1/4 的人口从事各种形式的制造活动。即使在非制造业部门，也有 1/2 人口的工作与制造业有关。机械工程是国民经济基础的重要部分，它不断创造价值、生产物质财富和新的知识。发达国家的财富很大部分来自机械工业。

例如，美国：68% 的财富来自制造业；日本：49% 的国民经济总产值；中国：40% 的工业总产值（1995）。

机械工程为国民经济各个部门（包括国防和科学技术的进步与发展）提供先进手段和装备。

自 2013 年中国已经是全球工业机器人的最大市场，但制造业工业机器人密度仍然很低，2013 年中国工业机器人密度仅为 30 台/万名产业工人，不足全球平均水平的一半，与工业自动化程度较高的韩国（437 台/万名产业工人）、日本（323 台/万名产业工人）和德国（282 台/万名产业工人）相比差距更大。国内工业机器人市场仍有巨大潜力。

目前，智能制造的概念正在深入人心，第四次工业革命的浪潮正在形成。当信息化大潮涌向各行各业时，机械工程发生了深刻的变化。有的抓住了时机，成为时代的弄潮儿；有的没有抓住时机，被大潮埋葬。之所以会有这样大的差别，是因为变革时期，一切都来得太快，如果对新情况认识不足，仍然因循守旧，看不到现代机械与传统机械的不同，不思进取，就会在无情的市场竞争中被淘汰，被迫退出市场。

1.3.1 现代机械工程概述

现代机械与传统机械不可同日而语。我们强调现代机械，就是要使大家对现代机械有一个明确的认识，来应对变革的时代，这是个机遇与挑战并存的时代，大家毕业后就要投入到这个变革之中，置身于发展的大潮流，去实现"适应新时代、掌握新技术、满足新需求的制造强国"奋斗大目标。

机械伴随人类文明已经很长时间，它是执行机械运动的装置，用来变换或传递能量、物料或信息。实践表明，机械结构具有一定强度，很适合传递能量或负载运动，但对于传递微小动作或信息，并没有太多的优势。传统的机械传递运动完全依靠纯硬件的、各种复杂的传动机构来实现；现代机械则引入了微电子控制代替复杂的传动机构，由电脑软件控制执行装置工作其好处是：机械结构简单，传递路线缩短，功能增强，效率更高，成本也降低了。譬如机床的变速装置，过去是由复杂的变速箱来实现的，现在只需控制电动机的转数就可以实现；再如绣花机绣花，纯机械的绣花机如果要改变绣花图案是非常麻烦的事情，电子绣花机则只要选择不同的绣花软件程序就能实现。

1. 现代机械系统的定义

在美国，现代机械系统被定义为引进信息技术、微电子技术及其他技术，并将机械装置、微电子装置等用相关软件有机结合所构成的系统。

2. 现代机械的表现

现代机械主要表现为机电一体化、智能化。随着计算机技术的迅猛发展和广泛应用，机电一体化技术获得前所未有的发展。机电一体化技术是将机械技术、电工电子技术、微电子技术、信息技术、传感器技术、接口技术、信号变换技术等多种技术进行有机的结合，并综合应用到实际中去的综合技术。许多新技术融入现代机械中，对传统机械技术的改造是巨大的，从产品设计到制造，贯穿着机械的整个生命周期，好多改变几乎是颠覆性的，突出的特点是智能化。

3. 现代机械系统的组成

现代机械系统主要由机械主体、传感器、信息处理电脑和执行机构等部分组成。系统由硬件和软件组成，利用软件技术可以实现硬件难以实现的功能，使机械系统增加柔性。数控机床、加工中心、工业机器人以及柔性制造系统、计算机集成制造系统、工厂自动化、办公自动化、家庭自动化等都属于现代机械系统，或者说机电一体化系统。

现代机械工程是集机械、电子、光学、控制、计算机、信息等多学科的交叉综合，它的发展和进步依赖并促进相关技术的发展与进步。

1.3.2 现代机械工程与传统机械工程

机械可以完成人类四肢和感官能够直接完成和不能直接完成的工作，而且完成得更快、更好。现代机械工程创造出越来越精巧和越来越复杂的机械与机械装置，使过去的许多幻想成为现实。人类现在已能上游天空和宇宙，下潜大海深层，远窥百亿光年，近察夸克和中微子。新兴的电子计算机软、硬件技术使人类开始有了加强并部分代替人脑的科技手段，AlphaGo 战胜世界围棋冠军李世石，标志人工智能的伟大进步。这一新的发展影响巨大，正在不断地创造出奇迹。

人工智能与机械工程之间的关系近似于脑与手之间的关系。过去，各种机械离不开人的操作和控制，其反应速度和操作精度受到限制，人工智能消除了这个限制。现代机械工程扩展了发展的巨大可能性，使机械工程在更高的层次上开始新的一轮大发展。

同传统机械工程相比，现代机械工程在许多方面都有不断地进步和长足的发展，通过以下几个方面的发展，我们可以体验到现代机械工程优势所在。

1.3.2.1 在机构学方面的发展

与以静态结构为工作对象的土木工程相比，机械工程的工作对象是动态的机械。

1. 传统的机械工程

传统的机械传递运动由相应的机构装置来完成，这种机构在工作过程中要受到诸如摩擦、撞击、温度变化、意外干扰等多种情况，它的工作情况会发生很大的变化。这种变化有时是随机而不可预见的；实际应用的材料也不完全均匀，可能存有各种缺陷；加工精度有一定的偏差；等等。因此，如何实现机械在安全可靠的前提下完成预定工作，并保持合适的工作效率，是一个必须要解决的问题。由于整个过程是个动态过程，影响因素很多，过程相当复杂，很难用传统经典理论精确解决。因此，传统的机械工程只能运用简单的理论概念，结合实践经验进行设计工作。设计计算多依靠经验公式，墨守成规。这样做的结果，使得制成的机械庞大笨重，成本高，生产率低，能量消耗大。

2. 现代机械系统

现代机械系统最大限度地减少了传动硬件的数量，从而避免了一些不确定因素的影响，机构运动描述采用了软件编程方式，对于整个动态过程中可能出现的干扰，都可以采用适当的校正措施，所以能够比较好地解决运动传递精度问题。

高技术为机电一体化注入了新的含义和活力，使最初意义上的机电一体化实现向高技术升级，机电一体化的概念在不断扩展中成为多元技术的集成。而机电一体化产品五要素（结构、运动、检测、控制、驱动）在信息技术的催化下，实现充分的融合和集成，机械产品自此真正成为智能化产品。

1.3.2.2 现代机械工程应用新材料带来的进步

由于高技术的应用，出现了诸如超强度、超韧性、不磨损的新材料。将这样的材料用到机械上，可以实现机器转速更高、重量更轻、体积更小；现代航空发动机用热障陶瓷涂层（TBC）容许发动机进气温度达到 1 700 ℃，使 5 倍音速的超音速飞机成为可能；"生物钢"是根据蜘蛛丝蛋白仿制的生物材料，这种人造基因蜘蛛丝的硬度是钢的 4～5 倍，既坚硬又柔韧，因而首先在军事上具有广泛的用途；晶粒尺寸在 50 nm 以下的纳米陶瓷具有高硬度、高韧性、低温超塑性、易加工等传统陶瓷不具备的优点，使其在切削刀具、轴承、汽车发动机部件等诸多方面都有广泛的应用。

由于出现了新材料，传统机械设计采用的数据、公式、常数、系数也要相应地改变。

纳米材料的应用对制造业的影响是革命性的。当粒径降到 1 nm 时，使材料的强度、韧性和超塑性大大提高，同时在宏观上显示出许多奇妙的特性。在未来也将使工业设计制造产生重大的改变。

在大型高速旋转机械和传动系统中采用电流变、磁流变等智能材料来控制系统的刚性，可实现减振降噪和降低高峰应力。而采用新型表面工程的纳米涂层技术和仿生以及智能表面自诊断、自修复技术，将可能实现各类摩擦副表面性能的主动控制和寿命的大幅度延长。

1.3.2.3 现代机械工程开拓了高精尖领域的发展空间

1. 超高速加工技术

目前国际市场上电主轴最高转速可达 150 000 r/min 以上。高速 NC 机床快移速度也达 120 m/min，进给加减速度发展到 2 g（g 为重力加速度）。在工作可靠性上，机床无故障工作时间达到 200 000 h。

2. 超精密加工

超精密加工能提高产品的性能和质量，提高其稳定性和可靠性，促进产品的小型化，增强零件的互换性，提高装配生产率，促进自动化装配。现代机械在超精密加工技术领域的进展，有力地推动了各种新技术的发展和进步。

3. 微型机械加工

微型机械是指尺寸在 1 μm～1 mm 的机械。它是集微型机构、微型传动器以及信号处理和控制电路，甚至外围接口电路、通信电路和电源等于一体的微型机电系统。因此，微型机械远远超出了传统机械的概念和范畴，其应用领域相当广泛。目前微型机械的制造主要采用基于半导体工艺的硅微细加工技术，如掺杂、光刻和腐蚀技术。目前微型机械发展的一个重要方向是：直接制造出已经装配好的微型机械 MEMS，构成机电紧密结合的微系统，它是一个全智能系统，可以独立采集和处理数据并产生执行动作，这是一场新技术革命的开始。

4. 其他技术

永磁同步电动机的电主轴由日本 Mazak 公司研制，这种电动机的转子为永久磁铁不发热，从而大大改善了电主轴的热状况；此外，这种同步电动机外形尺寸比同功率的异步电动机尺寸小、功率大，可提高功率密度。在汽车工业、电加工机床、航空工业、大型模具，以及板材冲压机、激光板材切割机床，甚至三坐标测量机上都使用了直线电动机。同时，美国

Ingersoll 公司推出了动静压轴承的电主轴，作为一个独立部件出售；瑞士 IBAG 公司推出了磁悬浮轴承的电主轴。

1.3.2.4 在机械加工技术方面的发展

机械加工包括铸造、锻压、钣金、焊接、热处理等技术及其装备，以及切削加工技术和机床、刀具、量具等，由于有微电子技术及其他高新技术的加盟，使得机械加工技术得到迅速发展。社会经济的发展，对机械产品的需求猛增。近两百年来，在市场需求不断变化的驱动下，制造业的生产规模沿着"小批量→少品种→大批量→多品种变批量"的方向发展。当下生产批量的增大和多品种、小批量、个性化产品数量的增加并存，进一步促进了专业领域的电脑化进程。精密加工技术的发展，促进了大量生产方法（零件互换性生产、专业分工和协作、流水加工线和流水装配线等）的形成，并形成了现代机械加工的主要特点：

（1）提高机床的加工速度和精度，实现数字化，减少对手工技艺的依赖。

（2）发展少切削或无切削加工工艺，如激光束加工。

（3）提高成形加工、切削加工和装配的机械化与自动化程度。采用计算机控制的完全自动化，出现无人车间和无人工厂。

（4）利用数字控制机床、加工中心、成组技术等，发展柔性加工系统，使中小批量、多品种生产的生产效率提高到近于大量生产的水平。

（5）研究和改进难加工的新型金属与非金属材料新的成形技术，如3D打印。

1.3.2.5 机械工程设计理论的发展

现代机械设计是一门融入多学科，多部门共同协作完成任务的动态过程。基于计算机高速运算基础上的现代机械设计理论，能够更好地适应复杂的现代机械综合系统的设计要求，在进行机械结构优化设计、构件刚度强度分析、控制系统仿真、三维造型、运动仿真、虚拟样机仿真制造等方面，都有不俗的表现。现代机械系统的复杂性，靠人工手算是无法讨论清楚的，必须要依靠计算机。当代紧张的工作节奏，不允许设计工作放慢脚步，也不允许设计产品质次价高。文明在发展，技术在进步，用现代设计理论代替传统设计理论是历史的必然选择。当现有的机械设计技术难以与现在的高科技快速发展的多样化需求相匹配的时候，相关的机械设计技术还需要进行相应的更新，从而为社会市场经济创造更大的市场价值。

随着科学技术水平的不断进步，人们对机械产品的功能要求越来越高，技术工艺越来越复杂，使用期限越来越短，人们更新换代的速度越来越快，要求不断有新概念、新产品出现，满足人们对产品的需要。当前，计算机辅助产品的绘图设计、设计计算、生产规划以及加工制造等方面，已经获得较为广泛的分析与研究，并且获得了一定的成果，总体看新产品的推出速度大大加快了。

系统化机械设计方式是产品的设计从抽象分解到具体，依层次进行，将每一层所要达成的方法与目标都加以制订，使其能从浅到深、从抽象到具体紧密相连，从而实现机械设计的系统化。系统化机械设计是把设计当作由多个设计要素所构成的系统，其中的设计要素是独立存在的，要素之间又紧密相连，富有一定的层次性，将全部设计要素组成之后，就能达成系统设计所要实现的目标。

在进行系统化机械设计时，为了达到产品设计的科学性与合理性，一般会将一个机械系统分成几个子系统，使设计变得简便；可以依据实际的需要，在对分解后的子系统进行再次分解，从而使设计与分析工作更加的简单。

1.3.2.6　体现在车辆工程上的发展

汽车是行走机械，通过对行走机械的研究，我们会看到现代机械发展的端倪。就汽车而言，未来有三个最主要的发展方向：

1. 节能

节能关系到地球生态系统永续发展的问题，关系到人类的生存，非常重要。现代机械非常重视节能问题，通过微电脑对汽车发动机的有效控制，使得能耗大大降低，也出现了以特斯拉为代表的纯电动汽车。

2. 安全性

汽车的安全性通过汽车安全领域里面的主动安全系统中的 ESP、ABS、ASR 等来实现，例如在 ABS 防抱死装置控制中，也采用了电脑芯片；全自动驾驶汽车已经出现。

3. 舒适性

汽车舒适性包括：汽车平顺性、汽车噪声、汽车空气调节性能、汽车乘坐环境及驾驶操作性能等；它是现代高速、高效率汽车的一个主要性能，也是采用微电脑控制的重要领域。其基本原理都是通过各种传感器把汽车情况实时传递给计算机，通过计算机的判断，对执行机构进行调节。

1.3.3　现代机械工业特征

现代机械打破了传统的机械工程、电子工程、信息工程、控制工程、光学工程等学科的分类，形成了融机械工程、电子工程、信息工程等多学科为一体、从系统角度分析问题、解决问题的一门新兴交叉学科。产生这一综合学科的大背景是 21 世纪，人类文明发生了巨大变化。世界机械工业进入前所未有的高速发展阶段，对比其他行业，机械工业发展具有以下几大特征：

（1）地位基础化。发达国家重视装备制造业的发展，装备制造业为新技术、新产品的开发和生产提供重要的物质基础，是现代化经济不可缺少的战略性产业。

（2）经济规模化。全球化的规模生产已经成为主流。不断联合重组，不断提高系统成套能力和个性化，增强了适应多样化市场能力。

（3）发展不平衡，区域色彩浓重。世界前 500 位的企业几乎都来自北美洲、亚洲、欧洲。

（4）结构调整进一步深化。生产方式和管理模式正在发生深刻变化，各大生产商纷纷采取专业化生产，"单品种，大批量"已成为很多 500 强企业及其配套厂家生产方式的新特色；同时生产方式逐步转向以消费者为主导的定制生产方式。服务的个性化已成为竞争成败的重要因素。

（5）机械制造业全球化的方式发生了新变化。机械制造业公司在全球范围建立零部件的加工网络，自己负责产品的总装与营销。原材料调配、零部件采购全球化已成为世界机械制造工业的发展趋势。

（6）新产品的不断推出以及企业产品结构的频繁变更，都要求生产系统的柔性更大，并且产品高技术化。

以信息技术为代表的现代科学技术发展，对机械制造业提出了更高、更新的要求，高新技术的迅猛发展起到了推动、提升和改造机械制造业的作用。信息装备技术、工业自动化技术、数控加工技术、机器人技术、先进的发电和输配电技术、电力电子技术、新材料技术和新型生物、环保装备技术等当代高新技术成果不断应用于机械工业，也推动了当前制造技术的迅速更新换代，使产品向高、精、快迅速迈进，使劳动生产率迅速提高。

只有保持很高的创新意识，充分理解现代的高水平科学技术发展趋势，才能够在竞争和发展的过程中，获取一个好的结果。

以史为镜，以史为鉴，你了解机械在文明史上所走过的艰辛路程吗？你知道哪些是历史的传承，哪些需要改进的吗？

1.4 机械行业的鉴往知来与人类文明

机械一词来源于希腊语及拉丁文，原指巧妙的设计，作为近现代的概念可追溯到古罗马时期。现在通常解释为利用力学原理组成的各种装置，它能把能量和力从一个地方传递到另一个地方或改变能量和力的方式。

1.4.1 技术的萌芽

在人类文明的发展史上，简单机械的出现是很早的。考古发掘表明，公元前 7000 年，在地中海东岸地区犹太人建立的杰里科城中出现了最早的车轮。车轮是人类的重要发明之一，正是由于车轮的产生，才使车成为人类的重要运输工具。

大约在公元前 4700 年，古埃及人首先进入青铜时代。这一时期开始使用辊子、翘棒和滑橇等机械，这也为金字塔的建立提供了技术上的支持与保障。公元前 3000 年左右，古埃及的凯奥普斯法老修建了大金字塔，大金字塔用巨石修建，最重的巨石达 30 t，在生产力低下的古代，古人是怎样把这样的巨石安放到上百米高金字塔上的？单靠人的体力是不可能的，显然依靠了智慧，使用了简单机械。古人使用简单机械的灵感来源于对自然界的细心观察。自然界中，能够利用简单物理原理搬运比自身体重大得多的生物不是只有人类，有的昆虫可以利用滚动搬运比身体大得多的物体，能够使用简单工具的物种也不是只有人类。值得深思的是人类凭什么能够脱颖而出呢？

古人使用的简单机械，如杠杆、车轮、滑轮、斜面和螺旋等，即使在今天它们作为机械技术的基础，仍占有极其重要的地位。阿基米德对数学、物理进行了潜心的研究，并制作了大量的实验装置验证他的理论，开创了实验研究方法的先河。2 000 多年前的海隆在重心理论、平衡理论、五种简单机械运动、齿轮动力传动、压缩空气应用、螺纹切削等方面进行了研究，为机械技术发展做出了重要贡献。他设计的自动开闭门，闪耀着精巧构思的光芒，是一个不朽的杰作。因此，海隆成为自动化的鼻祖。

法国的帕斯卡提出静止液体中压力传递的基础定律，奠定了流体静力学和液压传动技术的基础。1664 年他在马德堡演示了著名的马德堡半球实验，首次显示了大气压的威力。今天的高铁，实验时速度超过 1 000 km/h，是在真空管道中实现的。

东方也有一些令人瞩目的进展，红山文化时期，我们的祖先借助自制的钻孔工具在坚硬的玉石上加工出精度很高的圆孔。战国时代，秦国能打败六国统一天下，与拥有最先进的军工业关系密切。秦国的李斯组织兵器生产，最早实现标准化，所生产的兵器零部件有很高的互换性。在同一时代的河北易县兵器中，已经有回火和淬火组织。这是世界上最早的热处理技术。

1）加工机械

加工机械的出现也很早，人们用原始的车床加工出圆木棍。中世纪又出现了脚踏踏板驱动转动的机构，中国利用转动坯胎来制作非常漂亮的圆形瓷器。1797 年，莫兹利首创螺纹车床，如图 1 – 1 所示。

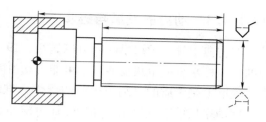

图 1 – 1　螺纹车床

　　2）机械工程

　　文艺复兴时期，机械工程领域中的发明创造如雨后春笋，意大利的著名画家达·芬奇设计了纺织机、泵、飞机、车床、锉刀制作机、自动锯、螺纹加工机等大量机械，并画了几千张机械设计草图，如印刷机、钟表、压缩机、起重机、卷扬机、货币印刷机等，为人类留下了宝贵的遗产。他的透视画法，成为工程三维立体图的先驱，他构思的飞机、潜水艇，以及其他天才设计，后世已经实现，其他一些天才构思，也被应用到各种机械中，如汽车中的变速装置。

　　一个优秀的画家，同时又是创造力丰富的机械工程师，机械创新也需要丰富的想象力。

　　活字印刷源自中国。印刷术的发明，有力地推动了文化的传播，也为工业革命吹起进军的号角。

1.4.2　工业革命

　　狄更斯曾在他的《双城记》中写道："这是最好的时代，也是最糟糕的时代。"工业革命在生产力领域所发生的质的变化，使得英国以及世界都发生了巨大的变化。公元 14 世纪以后，一场大规模的工业革命在欧洲爆发，大批的发明家涌现出来，各种的专科学校、大学工厂纷纷建立，机械代替了大量的手工业，生产迅速发展，这完全可以称得上是一场速度的革命。

　　手工业被机械所取代，是从纺织机开始的。经过多位发明家 80 年的不懈努力，1760 年，英国的哈格里沃斯改造了纺织机，造出以他妻子命名的"珍妮纺纱机"，珍妮纺纱机解放了人的双手，具有特别重要的意义，珍妮纺纱机也使得纺纱和织布开始分工。

　　第一辆能真正行驶的汽车，是法国居诺制造的三轮蒸汽汽车。1774 年，英国的威尔金森创造出较精密的炮筒镗床，是第一台真正的机床——加工机器的机器。它成功地用于加工气缸体，使瓦特蒸汽机得以投入运行。1785 年，法国的库仑用机械啮合概念解释干摩擦，首次提出摩擦理论。1789 年，法国首次提出"米制"概念。1790 年，英国的圣托马斯创造缝制靴鞋用的链式单线迹手摇缝纫机，这是世界上第一台缝纫机。1799 年制成阿希夫米尺（档案米尺）。

　　1725 年，帕吉尔·布香设计了使用穿孔纸带自动选择图案引出带的方法，这种方法意义重大，它是程序控制的雏形，也是软件编制的基础。

　　1822 年，英国科学家巴贝奇利用 10 年光阴，完成了第一台"差分机"，这是首台可以处理 3 个不同的 5 位数，计算精度达到 6 位小数的机械式计算机。当他向运算精度为 20 位大型差分机发起挑战时，他失败了。穷尽一生，包括他的儿子，都没有成功。他的失败告诉人们机械不是万能的，脱离当时生产力水平的实际，即使是最聪明的科技天才，也难于成功。当一种技术发展到极致时，不要墨守成规，需要另辟蹊径。

　　工业革命培养了大批富有实践经验的熟练工人，为机器的发明和应用创造了条件；自然科学的发展及其成就，特别是牛顿的力学和数学，为机器的产生奠定了科学理论基础。

　　请同学们思考：为什么工业革命没有从当时占世界经济总量第一的中国开始，而是选择了历史并不悠久、长期处于宗教束缚的欧洲？

1.4.3　动力的发展与进步

在古典牛顿力学那里时间可以繁衍。19 世纪出现了热力学第二定律，它讲事物是不可逆的，一杯水只能由热变冷而不可能自动由冷变热。人们发现热力学第二定律和牛顿力学在微观程度上是矛盾的。利用火药的爆炸力推动子弹发射，在战争中早有应用。1680 年，荷兰物理学家惠更斯设想用气体的爆炸力推动活塞运动，帕平接受了惠更斯这一思想，使用蒸汽来推动活塞运动，他成功地完成了这一实验，英国人塞维利制造了利用蒸汽汲水的机械，英国人纽克曼完成了气压机的制造，最后才有瓦特发明出蒸汽机。蒸汽机在工业革命时期发挥了巨大作用，但由于蒸汽机体形庞大，所以其他形式的动力，如水轮机也开始有人研究。1807 年，美国人富尔敦制成了第一艘汽船在内河试航成功，史蒂芬森经过几年的努力，终于在 1814 年发明了蒸汽机车，因前进时不断从烟囱里冒出火来，被称为"火车"。1832 年，法国人富尔内隆制造出反击式水轮机，它由两个同心叶轮环构成，内部叶轮环固定不动。

1680 年，荷兰物理学家惠更斯开始研究内燃机；1833 年，英国的莱特提出了一种原动机的设想；1838 年，由巴尼特制出第一台有点火装置的内燃机。1885 年，本茨制成一辆三轮汽车，此后汽车发展迅速，成为陆地上重要交通工具。1897 年，德国迪塞尔发明了著名的迪塞尔内燃机，解决了汽车、飞机、轮船等许多机器的动力源问题，机械工业发展进入一个新阶段。1903 年年底，美国的莱特兄弟几经试制的飞机，终于试飞成功。

1831 年，美国人亨利发现了电磁感应现象，根据这一现象，对电做了深入的研究。在进一步完善电学理论的同时，科学家们开始研制发电机。

1866 年，德国科学家西门子制成一部发电机，后来几经改进，逐渐完善，出现了一系列电气发明。比利时人格拉姆发明电动机，电力开始用于带动机器，成为补充和取代蒸汽动力的新能源。电动机的发明，实现了电能和机械能的互换。随后，电灯、电车、电钻、电焊机等电气产品如雨后春笋般地涌现出来。电力工业和电器制造业迅速发展起来。人类跨入了电气时代，从此揭开了人类应用电的新篇章，可以说电的应用带来了第二次工业革命。电力的广泛应用直接促进了重工业的大踏步前进，使大型的工厂能够方便廉价地获得持续有效的动力供应，进而使大规模的工业生产成为可能。核能等新型能源的出现推动了机械文明的进一步发展，走向人类文明新的里程碑。

1.4.4　实现大批量生产

20 世纪初，美国汽车产业崛起。福特汽车公司是世界上最大的汽车生产商之一，成立于 1903 年，旗下拥有福特（Ford）和林肯（Lincoln）汽车品牌，总部位于密歇根州迪尔伯恩市（Dearborn）。福特公司是最早实现大批量生产汽车的公司之一。1914 年，福特流水生产线如图 1 - 2 所示。

20 世纪两次世界大战，极大地刺激了机械工业的迅猛发展。工业化大批量生产成为社会生产的主要方式，各种新式机床相继出现。当人们都看到互换式生产方法在机械生产中发挥的有效作用后，其后在生产其他机械时也逐渐地开始应用了这种方法。各种新式互换性机床也应运而生，在制造机床的同时，为了保证车床的精确度，千分尺等一大批测量器具和螺纹被设计制造出来。

图 1 - 2 福特流水生产线

机械的制造开始走向自动化。例如，辛那提公司制造的液压式平面磨床，就是具有自动循环系统；而在米尔沃尔基的工厂，钻床实现了自动化，部件的安装或移动、钻头的转动及进给、工作台的移动等动作均是自动进行的。20 世纪 40 年代，苏联创造阳极机械切割。1950 年，联邦德国的施泰格瓦尔特创造电子束加工。1952 年，美国帕森斯公司制成第一台数字机床，美国利普公司制成电子手表。1955 年，美国研究成功等离子弧加工（切割）方法。1957 年，联邦德国的汪克尔研制成旋转活塞式发动机。1957 年，苏联发射了第一颗人造卫星。1958 年，美国的卡尼—特雷克公司研制成第一个加工中心。美国研制成工业机器人，美国的舒罗耶创造实心铸造。1960 年，美国的梅曼研制成红宝石激光器。美国的马瑟取得谐波传动专利。20 世纪 50 年代，美国创造电解磨削方法。苏联和美国在生产中利用电解加工方法。液体喷射加工方法开始在生产中利用。美国用有限元法进行应力分析。1964 年，美国的格罗弗创造热管。

而这一时期，最重要的发明无疑是电脑。电脑的出现并运用到生产中，使机械的生产效率、精确度提高到了一个前所未有的高度。

随着电子科技的发展，机械的自动化程度越来越高。1952 年，美国帕森斯公司制成第一台数字控制机床。1962 年，美国本迪克斯公司首次在数控铣床上实现最佳适应控制（ACO）。

1967 年，美国的福克斯首次提出机构最优化概念。英国莫林斯公司根据威廉森提出的柔性制造系统的基本概念研制出"系统 24"。1976 年，日本发那科公司首次展出由 4 台加工中心和 1 台工业机器人组成的柔性制造单元。

工业化大生产在给人类创造了大量物质财富的同时，电力、汽车的发明注定了大规模燃烧能源的耗用，化学能的存量已经敲响警钟，温室效应造成的气候反常已经触目惊心，保持了 46 亿年恒温的地球在近百年内发生改变，如果我们不能自律，生态环境遭受破坏，人类将会毁灭自己。

1.4.5 机械文明的最后一幕

回顾机械工程所走过的历程，如果拿人做比喻，可以认为很长一段时间机械的作用都局限在人的四肢功能的扩展上，只是到了最近几十年电脑出现以后，才出现由电脑代替人脑的智能机械。自然界造就了人类，人类属于自然的一部分，如果人类一味地向自然索取、破坏大自然，也就毁灭了自己。所以，机械文明必须坚持绿色环保的发展方向。制造业的产品从构思开始，到设计、制造、销售、使用与维修，直到回收、再制造等各阶段，都必须符合环境保护的根本原则。

机械工程作为一门学科，同自然界其他事物一样，都有发生、发展、嬗变、甚至消亡的过程。未来机械工程科学发展的总趋势将是智能、数字化；柔性、集成化；精密、微型化；交叉、综合化；高效、清洁化。智能机器人及仪器设备、微型机电系统、高效柔性、智能自动化制造技术将日趋成熟，并被市场所接受；仿生机械和仿生制造、可重构制造系统的理论与技术将得到完善和发展。

信息科学、材料科学、生命科学、纳米科学、管理科学和制造科学将是改变 21 世纪的主流科学，由此产生的高新技术及其产业将改变世界。与以上领域交叉发展的制造系统和制造信息学、纳米机械和纳米制造科学、仿生机械和仿生制造学、制造管理科学和可重构制造系统等是 21 世纪机械工程科学的重要前沿。

新技术在制造业中的应用，使得被人们称作"夕阳产业"的机械制造业不断涌现出新的希望，焕发出新的活力。围绕着以满足个性需求为宗旨的新产品开发与竞争，一场以全过程、多学科为特征的新的制造业革命正波澜壮阔地展开。这是 21 世纪知识经济新时代下制造业的趋势，同时也预示着其未来的可持续发展方向——全球化、信息化、智能化。

与地球存在 46 亿年的历史相比，人类文明不过是短短的一瞬。一个值得每个地球人关注的问题是：在过去一个世纪里，受人为活动影响，地球上脊椎动物的灭绝速度比先前加快了 100 多倍，这表明地球可能正在进入第六次物种大灭绝时期。而人类如果不采取措施遏制这种情况，或许将成为早期受害者之一。

随着科学技术的深入发展，降低能耗、保护环境、高精度、高性能的各类机械产品将不断涌现，21 世纪的机械发展方向主要表现在以下几个方面：

（1）以太阳能和核能为代表的没有污染的动力机械将会出现，并投入使用。

（2）载人航天技术更加成熟，适合于太空的新型离子发动机将被采用。人类能够实现太空旅行及移居其他星球。

（3）高精度、高效率的自动机床、加工中心以及柔性生产系统将大量出现，机械制造业将进入智能制造时代。

（4）微型机械、人工智能机械将会大量出现。

（5）绿色机械（不污染环境的机械又称为绿色机械）将会取代传统机械；设计方法智能化。

（6）智能机器人进入家庭，新型材料应用日益广泛。

（7）实用化智能马达、血管机器人、流体泵送系统、柔性执行器乃至更为复杂的、完全摆脱了庞杂的外部电力系统的液态金属机器人将被推出。

1.5 机械设计制造及其自动化专业人才培养

1.5.1 人才培养的变化

机械人才培养，既要考虑当前社会的实际需求，又要兼顾长远，要有前瞻性。20 世

50 年代，美国劳动力队伍的 65% 是蓝领工人，现在只有 10% 的劳动力在直接制造领域工作，自动化技术和机器人代替了人工。中国的情况同美国有所不同，目前我国大部分制造业智能化程度低，各行业的智能化改造将是一项十分艰巨而又迫切的任务。这就给机械设计制造及自动化人才提供了发挥才干的空间。

传统机械行业人才需求在整个产品生命周期的加工、装配和传统销售环节，即在物质转化和资源消耗过程中，人才需求最多。

现代机械行业的人才需求，贯穿于产品生命周期的全过程。由于生产高度自动化，机器人替代生产工人，加工和装配阶段生产率显著提高，用人量也大幅度下降，而产品的前后端用人量却大幅提高，体现了知识经济时代的人才分布特点。图 1-3 与图 1-4 所示分别是传统产品与现代产品生命周期和价值比例。

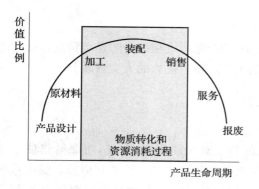

图 1-3　传统产品生命周期和价值比例

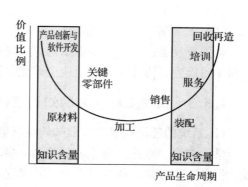

图 1-4　现代产品生命周期和价值比例

如图 1-4 所示，分布在前后两端的人才，实际是新型服务人才，为了适应信息化社会知识爆炸、需求个性化、市场转化迅速的情况，像市场调研、新产品设计研发、新技术培训、生产系统维护、售后服务、经营管理等都需要大量专业技术型人才。

1.5.2　机械工程人才的素质

在智能制造时代，产品会朝向多品种、小批量、智能化、个性突出、高精度、高品质方向发展，相应地要求现代机械工程人才具有信息化时代的思维方法和掌握多种信息化工具的能力。网络时代产品的设计、生产组织，已经不局限在单一的、固定的、集中的某个具体单位，而是在更大的范围内实现合作的优化，如果一个企业没有核心竞争力，就会丧失合作的机会，被市场所淘汰；网络时代同样要求一个机械工程人才要"一专多闻"，一专是立足之本，越是精益求精，市场机会就越多，生存能力就越强；多闻是广开门路，拓展合作机会，各种专业知识的撞击、融合不断产生边际效应，各种人才的合作交流成为常态，如果仅有本专业知识，对其他一无所知，就无法同其他专业人员进行有效交流。智能制造时代是创新的时代，新思想、新技术、新产品层出不穷，新情况、新机遇不断出现，要求机械工程人才目光敏锐，善于发现和应用最新科研成果，乔布斯为人们作出了很好的榜样，他的创新产品，许多技术都是现成的，他用新观念把这些技术重新组合，完成了人类历史上许多前所未有的创新产品。智能制造时代也是知识爆炸的时代，AlphaGo 战胜世界围棋冠军李世石充分向人类展示了深度学习的重要性，没有什么围棋经验的人工智能，通过深度学习，可以轻松打败世界冠军，相信 AlphaGo 阅读海量棋谱绝不是单纯的信息存储，而是通过深度学习人工智能软件加工处理，成为系统知识。我们在信息爆炸时代得到知识的途径很多，也相对容易，如何把这些海量的知识消化吸收，成为有用的知识，作为机械工程人才，也需要具有深度学习能力。信息时代，要求人们终生学习，不善于消化吸收新观念，就会落伍；要做到与时俱进，就要注重信息的获取和分析，他山之石，可以攻玉；闭门造车，跟在别人后面，重复别人做过的事情，就不可能超越别人。

智能制造时代机械人才的素质要求：

（1）是要有创新意识和创新精神；

（2）是要学会学习，并能及时吸收、灵活运用和迅速更新知识；

（3）是要有适应世界不断变化的快速反应能力；

（4）是要有独立自主的个性；

（5）是要有坚忍不拔的意志。

也需要具备：合理的知识结构；严谨的理性思维和形象思维相结合的思维特点；独立的不断学习能力，协作精神和适应全球化、网络化的工作环境；优秀的人文素质。

1.5.3　机械工程人才的知识结构和能力

1．系统的理论知识和专业知识学习能力

学校教育一般主要侧重在这方面。需要注意的是要有全局观念，各门功课虽然独立开设，但分工不分家，彼此既有联系，又互相支撑，有些知识和道理可以相互借鉴。要注意各门功课的联系与不同，要注意培养分析和综合各门知识的能力。要提高自己对知识的鉴赏力，现代人无须钻木取火，但在知识的传授上，却仍残留着同样过时的概念，譬如放着计算机手段不用，仍要强调繁复的手工推导公式过程，从培养应用型人才的角度看，显然是不合适的。

2．基本的工艺知识和动手能力

学校教育的作用之一，应当是为学生进入现实世界做准备。我们强调从实践中学：一是要接触现实世界，增加感性认识，面对未来实际挑战从心理上有所准备；二是从学习的本身而言，亲力亲为，通过多种感官刺激大脑，容易建立联系，亲自动手是一个很好的学习方式。

3．归纳实践经验的能力

实践经验往往是局部的、具体的，同环境关系密切，也与观察者的角度和观察穿透能力有关。面对同样事物，有人熟视无睹，有人却从中悟出道理。触摸屏技术早已有，被应用于公共场所做行路指南，是乔布斯第一个将触摸屏技术用于手机，又把浏览器装入手机，使手机成为功能强大的便携式数字终端，创造了一个数字新世纪。我们搞机械工程的，就要培养像乔布斯那样的观察能力，培养自己归纳实践经验的能力，让实践经验上升到理论高度，反过来指导实践。注意改变在教学中存在重理论、轻实践，重知识传授、轻能力培养和重课内、轻课外的现象。

4．工程规划和策划的能力

现代机械是多学科合作的产物，是系统工程，这就需要从事现代机械的工程技术人员，要具备一定的工程规划能力，特别是在项目开发过程中，网络化给我们带来大量的分布式协同设计与多学科设计优化、协同制造与智能制造、智能化管理与管理优化等新模式，我们要能够适应。一个新想法从构思到实施，离不开策划。只有设计出有效沟通方式和渠道，充分发挥每一位参与者的积极性和聪明才智，才能彼此深入理解，保证整个团队向着总体目标前进。

5. 交流能力和组织能力

交流能力有许多种方式：用语言、画图、网络交流软件、肢体语言等。交流也是一种很好的学习方式。

注意培养交流能力和组织能力很重要。达·芬奇时代一个人可以既是科学家，又是画家，还是哲学家。在网络时代全球已经成为地球村，经济失去疆界，不同国家的人彼此就同一项目合作，成为常态，互联网把世界最优秀的大脑、海量的大数据整合在一起，通力合作成为重要模式，无障碍交流尤显重要。外语是一项重要的交流能力，要引入跨文化交流的模式，到外国去留学或去海外工作，就需要融入当地主流社会文化，习惯于在非自身文化环境下实现成长；团队内部的交流也很重要，机械制图是工程师的语言，各种工具软件的使用，对其他相关专业的常识等，都可以影响到交流的顺畅，这些能力都需要认真养成。

人与人之间天赋不同，成长经历和背景不同，出色的组织能力，就是要用人所长，避其所短，使整体的资源配置达到最优化，效益最大化。人类的文明具有群体性，每一位机械工程人员，都要有群体精神，重视彼此，合作配合，在团体中发展互相依靠的精神。

1.5.4 培养创新能力

我们的社会正在从工业化转入信息化。在这信息爆炸的知识经济时代，许多意想不到的奇迹应运而生。在巨型机市场上，名不见经传的 34 人小公司 CDC，成功地击败了拥有 34 万精英的国际大公司 IBM，靠的就是创新。CDC 的克雷博士手中并没有掌握更先进的元件，他大胆地对诺依曼机方案做了重大改进，成功地导入并行技术，大大地提高了计算机的运行速度。机械行业要插上信息的翅膀，传统的机械要引入各种新技术，成为现代机械，在这一个转变过程中，需要大量的创新。创造性的思维，创造性地解决问题，就要打破原有模式，发现新的联系、寻找新的突破点、开辟新的道路。

一个新想法是旧的成分的新组合。乔布斯的多媒体电脑，所有的部件、所有的技术都是已经存在的，他把这些部件和技术组合在一起，做成了划时代的多媒体电脑。要有意识地培养自己的创新能力，就要不拘泥于课堂上的书本知识，要学会怎样学习和学习怎样思考。对于工科学生来说，加强理性思维和增强工程实践，则是培养创新精神和创新能力的必由之路。

既有宽厚、扎实的科学理论知识，又有一定实践经验和技术能力的高素质复合型、应用型工程技术人才，是我们的培养目标。根据人才培养目标，培养学生对知识、技术、能力的综合素质，构建以工程基础训练、专业技能训练、综合创新训练三个层次多个方面的教学体系，是十分必要的。希望同学们要高度重视这些训练，通过以学习工艺知识为主线，建立工程概念，加强对工程基础知识、专业技能、综合创新能力的培养，提高自己的综合素质。

1. 工程基础训练

工程基础训练由传统制造技术训练、现代制造技术训练和材料成形基础训练三个方面构成。工程基础训练要熟悉各种设备的安全操作规程，学习机械制造基本知识，了解现代机械制造生产方式和工艺过程，体验工程过程，掌握机械制造生产过程。在主要机械制造和材料成形方法上，通过识别零部件图纸和加工符号，进行典型零件的加工制造过程，初步掌握实习设备的基本操作技能，了解设备结构及传动原理，对简单零件具有选择加工方法、进行工艺分析和独立操作加工的能力。同时，工程基础训练要注意引进新知识、新技术、新工艺、新设备及其在机械制造中的应用，拓宽知识面，提高分析和解决工程实际问题的能力，为今后提高创业创新能力打下基础。

2．专业技能训练

专业技能训练由课程设计和实验、生产实习、CAD/CAM 技能训练和职业技能训练 4 个方面构成。专业技能训练是在工程基础训练基础上，强化实践，提高专业和技术能力，培养工程素质。课程设计和实验，要亲自动手，将所学理论和实践相结合，巩固、加深课堂理论知识的理解，掌握课程基本原理。生产实习，以企业产品的生产过程为基础，可以深入学习生产工艺知识，了解企业文化、生产管理、质量管理、生产流程、过程控制等概念。通过生产实习，帮助同学们在工程领域中成为能够从事研究、设计、开发、生产、管理的复合型、应用型技术人才；CAD/CAM 技能训练非常重要，掌握 CAD/CAM 软件应用技能，能利用 UG、Pro/E 等软件进行工程绘图、产品设计、零件装配、数控编程和运动仿真等是机械专业学生必备的专业技能，产品创新，要通过绘图软件来表达；职业技能训练，是在掌握一定的技术和理论基础上对普通车床、数控车床、数控加工中心等内容进行专项训练，增强技能水平，培养工匠精神，提高综合职业技术能力。

3．综合创新训练

综合创新训练由科技创新活动和毕业设计两方面构成。综合创新训练，是综合运用所学的基础理论、专业知识和基本技能，解决工程实际问题，培养综合工程实践能力、综合思维能力与创新能力，提高综合素质的训练。

科技创新活动，是从事研究、探索、发明、创造的活动，是学习知识、开阔视野、拓宽知识面，锻炼科技能力、社交能力，培养团队意识、合作精神，提高对知识的融会贯通能力和一定的项目管理与协调能力，将知识用于创新、实践的一种过程。

毕业设计，是对本专业知识和能力进行全面、系统的实践和考核，训练独立解决工程技术实际问题，深化、巩固和拓展所学知识、技能。

工程训练实践教学体系是培养复合型、应用型、创新型机械工程人才的重要途径，希望同学们要像理论课一样重视。

有了工程训练实践，还需要解决我们眼睛向下、实事求是的态度问题，以及先入之见、忌讳和偏见的思维定式。要勇于突破旧有模式，不走寻常路。要知道，每一个学科或每一项技术，都是前人不断地探索完成的。前人按原来思维模式解决问题的能力，一点儿也不比我们差，之所以没有解决，也许就是由于当时客观条件不具备或是原有思维模式的局限性，另辟蹊径也许会豁然开朗。

培养创新能力还要有坚定的信念，不甘心失败。当爱迪生关于蓄电池的实验做了 1 万次没有结果，他的朋友试图安慰他的时候，他却说："我没有失败，我只是发现了 1 万种不能运作的方式。"

1.5.5　提高运用信息化手段的能力

信息化时代机械行业使用计算机、网络和专业应用软件的频率相当高，同学们一定要自觉提高运用信息化手段的能力。我们置身于信息的海洋里，如何从海量的信息中找到最有用的信息，就需要熟练掌握搜索引擎；在新产品设计过程中，我们查询工程数据库，进行构件的强度、刚度计算和应力分析，我们制作三维立体图，设计计算说明书、进行装配和动作模拟，我们对控制系统进行优化仿真，我们编制加工工艺文件和加工程序，我们安排供货、控制产品质量和指挥生产，无不用到各种应用软件。在美国所有新工作的 1/3 是技术人员或技术修理工，最普通的是汽车修理工。他们所需要的技能，并不只是机械方面的技能，今天的汽车是通过微处理机和电子电路运行的。1990 年，通用汽车公司所带的电脑版说明书长达 47.6 万页，为了能够确定隐藏的问题，就需要与电脑交流，让电脑准确地告诉什么部位需要修理。在自动化生产线上，在许多由微电脑控制的智能机械上，有许多软硬件维护工作需要我们熟练掌握微电脑编程语言和硬件知识，目前许多现代机械都带有电脑检测功能，维护测试也在网上进行，还有远程监控、远程技术支持等，都离不开信息技术。

所以一定要重视提高运用信息化手段的能力。

1.5.6　重视现代制造服务业人才素质培养

放眼未来，制造业的自动化、智能化将使生产线上的工人数量大为减少，许多人将转入现代制造服务业，从我国经济发展势头看，过不了多久，这种情况就会出现。现代制造服务业，围绕产业转型升级，在工程承包、系统集成、设备租赁、提供解决方案、再制造等方面开展增值服务，逐步实现由生产型制造向全程服务型转变。针对制造业生产前端的研发、设计、信息化服务等业务，用户备品备件零库存服务、售后服务远程化、再制造、金融服务、物流服务等方面。机械行业现代制造服务业主要集中在提供成套设备、工程总承包、交钥匙工程、用户备品备件零库存服务，以及生产后端的售后服务远程化、再制造、金融服务、物流服务等方面。与信息技术紧密结合将是未来现代制造服务业的发展趋势。从全球来看，现在有了高铁、网络、高速公路，活力分布的时代已经形成了，装备制造业正在向全面信息化迈进，研发、设计、采购、制造、管理、营销、服务、维护、保养等各个环节，无不与信息技术密切相关，柔性制造、网络制造、虚拟制造、绿色制造、数控技术的发展正在推进装备制造发生巨大的变革，智能制造服务业便是变革的产物之一。所以我们要重视对互联网技术、数字技术、电子商务、现代企业管理、质量过程控制等知识的学习，做好知识储备和能力储备，在需要的时候，投身到新兴的现代制造服务业中去。

第2章　人才培养方案

专业人才培养方案是学校培养专门人才的总体设计蓝图，从教学角度讲，它作为指导性文件，是学校组织一切教学活动和从事教学管理的主要依据；从学生的角度讲，它是学校为实现人才培养目标，对学生的知识、能力和素质要求的总体规划与系统安排，是学校实行学分制教学管理制度最主要的指导性文件。它是大学生在学期间制订自身学习计划、合理安排选课和各学习环节的重要依据。它既是每个教学单位必须系统了解的教学文件，也是每位大学生顺利毕业的学习指南。

改革开放以来，我国经济建设取得了巨大的成绩，社会主义经济事业的发展对人才的培养提出了更高的要求，高校人才的培养关系到我国社会主义建设事业的成败，因此高校制订科学合理的人才培养计划并认真执行，对我国经济社会的发展具有十分重要的意义，高校人才培养的计划制订既关系到学校的长期发展，也关系到人才的培养，同时还关系到国家发展利益。党的十八大报告提出，要"统筹推进各类人才队伍建设，实施重大人才工程，加大创新创业人才培养支持力度，重视实用人才培养，引导人才向科研生产一线流动"。报告为我们进一步研究高校人才培养创新指明了方向。

因此加强对我国高校人才培养计划的制订和执行研究，对我国教育事业的发展和人才的培养具有很强的现实意义。因此，本章对985、211、普通高校及民办高校的人才培养计划进行列举，通过列举使我们了解我国高校人才培养计划制订和执行的具体方案。

"985工程""211工程"高校、普通本科院校及民办高校中有多所在人才培养创新中做得有特色、有成果、有代表性的学校，值得作为个案深入研究，如华中科技大学、福州大学、福建工程学院、闽南理工学院等。

2.1　985高校人才培养方案解读

1998年5月4日，江泽民同志在庆祝北大建校百年大会上宣告"为了实现现代化，我国要有若干所具有世界先进水平的一流大学"，从此，一个面向21世纪振兴中国高等教育的"行动计划"——"985工程"拉开帷幕，国家决定从有限的财政中投入极大的资金重点支持北京大学、清华大学等高校创建世界一流大学和高水平大学，简称"985工程"。"985工程"是党和国家继"211工程"之后推出的科教兴国又一重大举措。

（1）以人为本的育人观念，塑造学生独立完善的人格和个性。"育人"是大学的主旋律，而人是有思维，有感情，有个性，有丰富思想的。重视培养学生的人文精神，鼓励学生对生存状态、人生价值、人类命运的关注和思考，充分尊重学生对知识进行思考分析、怀疑批判、探索创新的能力，培养和保护学生的独立人格和个性思维，把学生头脑作为开发对象而不是"灌输"对象来进行教育培养，鼓励他们超脱奔放、奇思妙想、不落旧俗、勇于探索、善于创新，具备强烈的创业精神，敢于向传统观念和传统思维挑战，这应当成为我们教育创新所追求的"育人"境界。

（2）树立"创新型"和"研究型"的观念。"创新型"和"研究型"的人才培养观，在教学方法上，应当强调启发式、讨论式、交流式和课题研究式，实现教学过程的"单向传动"向"双方互动"的转变。重在培养学生的科学精神、思维方式，最大限度地激活学生的创新潜能。要特别重视把人才培养与科学文化研究结合起来，把学生参与教师的科研活动列入教学计划，通过创新性的科研，培养创新性的人才。同时，高度重视学生的创新实践，并使之成为教学活动的重要组成部分；在考试制度上，应摒弃传统考试制度的种种弊端，建立旨在鼓励学生的创造性，培养学生研究能力的新型考试模式。考察学生的思维方式、创新意识、研究方法以及分析问题和解决问题的能力，发现学生亮点和学生施展自己创造力、想象力的机会。

（3）强调专业特点的同时，树立宽基础、宽专业的观念。学生入学前两年主要进行基础性学习，两年后，再根据自己的爱好和兴趣进行专业选择。在哈佛大学基本上不存在转修专业的限制问题，甚至文科专业转修理、工、医等专业的现象都十分普遍。哈佛大学这种培养模式的合理之处，在于学校在对学生进行广博的基础知识训练的基础上，为学生根据自己的兴趣爱好、能力特点理性地、自由地进行专业探索与选择，并提供了广阔空间和充分的机会。这种宽基础、宽专业的方式，显然对创新型、复合型、研究型人才的培养是十分有利的。

（4）树立文、理、工、医、农等多学科的相互渗透、交叉、互补中进行学科建设的理念。学科建设是学校建设和发展的核心，是创新型、复合型、研究型人才培养的重要基地。现代科学与文化的发展表明，自然科学的不同学科、人文社会科学的不同学科和自然科学与人文社会科学之间的不断交叉、相互交融、相互推动和促进的情况日益普遍，并正成为科学与文化发展的主流趋势。在不同学科、不同学术背景、不同学术思想的碰撞、交叉、融合、渗透中产生的新学科、新领域，往往正是创新的前沿阵地，是最能带动经济发展和社会进步的火车头。在知识经济时代，市场对人才的需求也是多方面的，无论是从科学与文化自身发展趋势的角度，还是从适应社会需求的角度，都迫切需要高等教育以全新的视角进行学科调整和重组，营造一个更加开放的环境和运行机制，促进学科之间、领域之间的深层次交流、互动，为培养创新型、复合型、研究型人才提供良好的学科支撑。

（5）985 院校的人才培养还有强烈的"国际化"意识。国际化是 21 世纪高等教育发展的必然趋势，其核心内容就是培养面向世界的国际化人才。这种人才必须在思想观念、知识技能等方面对世界有相当限度的认识和了解，具备国际竞争能力。基于这种观念，高等教育应当在几个方面有所突破和建树：

① 在教学活动中，加大国际知识、国际理解、国际交流等方面的知识比重，有意识地培养学生的国际交流能力；

② 加强外语教学，专业课也要尽可能地实行双语教学，为学生的国际交流能力打下坚实的基础；

③ 积极借鉴和吸收国外一流大学的原版教材，使学生最大限度地接受国外最新科学技术和教学成果，保持与国外一流大学先进的教学内容同步前进，使学生尽快达到学科前沿；

④ 不断扩大与国外大学互派留学生和合作办学规模，建立稳定的、多层次、多学科、具有相当规模的合作办学基地，并形成良性的交流运行机制；

⑤ 积极创造条件，鼓励学生通过多种形式与国外一流大学的学生进行自然科学或人文社会科学课题的合作研究，促使青年人才直接参与科学前沿的探索活动，培养学生的国际合

作精神、国际交流能力和国际竞争意识。

华中科技大学机械设计制造及其自动化专业本科培养计划

一、培养目标

培养具备机械设计制造基础知识及应用能力，能在工业生产第一线从事机械制造领域内的设计制造、科技开发、应用研究、运行管理等方面工作的高级工程技术人才。

二、基本要求

毕业生应获得以下几方面的知识和能力：

（1）具有数学、自然科学和机械工程科学知识的应用能力；

（2）具有制订实验方案、进行实验、分析和解释数据的能力；

（3）具有设计机械系统、部件和过程的能力；

（4）具有对于机械工程问题进行系统表达、建立模型、分析求解和论证的能力；

（5）具有在机械工程实践中初步掌握并使用各种技术、技能和现代化工具的能力；

（6）具有社会责任和对职业道德的认识能力；

（7）具有在多学科团队中发挥作用的能力和较强的人际交流能力；

（8）知识面广，并具有对现代社会问题的知识，进而足以认识机械工程对于世界和社会影响的能力；

（9）具有终生继续教育的意识和继续学习的能力。

三、培养特色

将信息、计算机科学与技术的知识与机械学科知识相结合；拓宽专业方向，使培养的毕业生更加适应社会。

四、主干学科

力学、机械工程。

五、学制与学位

修业年限：四年。

授予学位：工学学士。

六、学时与学分

完成学业最低课内学分（含课程体系与集中性实践教学环节），要求：168.9 学分。其中，专业基础课程、专业核心课程学分不允许用其他课程学分冲抵和替代。

完成学业最低课外学分要求：5 学分。

1. 课程体系学时与学分

课程类别		课程性质	学时/学分	占课程体系学分比例/%
通识教育基础课程		必修	1 040/59.3	40.50
		选修	192/12	7.48
学科基础课程	学科大类基础课程	必修	688/41.5	26.79
	学科专业基础课程	必修	304/19	11.84
专业课程	专业核心课程	选修	176/11	6.85
	专业方向课程	选修	168/10.5	6.54
合计			2 568/153.4	100

2. 集中性实践教学环节周数与学分

实践教学环节名称	课程性质	周数/学分	占实践教学环节学分比例/%
军事训练	必修	2/1	6.5
公益活动	必修	1/0.5	3.2
机械设计工程训练	必修	5/2.5	16.1
金工实习	必修	3/1.5	9.7
电工实习	必修	1/0.5	3.2
专业社会实践	必修	1/0.5	3.2
生产实习	必修	3/1.5	9.7
专业工程训练	必修	3/1.5	9.7
毕业设计（论文）	必修	12/6	38.7
合计		31/15.5	100

3. 课外学分

序号	课外活动名称	课外活动和社会实践的要求		课外学分
1	社会实践活动	提交社会调查报告，通过答辩者		1
		个人被校团省委评为社会实践活动积极分子者，集团被校团委或团省委评为优秀社会实践队者		2
2	英语及计算机考试	全国大学英语六级考试	获六级证书者	2
		托福考试	达90分以上者	3
		雅思考试	达6.5分以上者	3
		GRE考试	达1 350分以上者	3
		全国计算机等级考试	获二级以上证书者	2
		全国计算机软件资格、水平考试	获程序员证书者	2
			获高级员证书者	3
			获系统分析员证书者	4
3	竞赛	校级	获一等奖者	3
			获二等奖者	2
			获三等奖者	1
		省级	获一等奖者	4
			获二等奖者	3
			获三等奖者	2
		全国	获一等奖者	6
			获二等奖者	4
			获三等奖者	3
4	论文	在全国性刊物发表论文	每篇论文	2~3
5	科研	视参与科研项目创新与科研能力	每项	1~3
6	实验	视创新情况	每项	1~3

注：参与校体育运动会获第一名、第二名者与校级一等奖等同，获第三名至第五名者与校级二等奖等同，获第六至第八名者与校级三等奖等同。

七、主要课程

工程制图、材料力学、理论力学、机械原理、机械设计、电路理论、模拟电子、微机原理与数字电路、机电传动控制、工程材料学、机械制造技术基础。

八、主要实践教学环节

军事训练、公益活动、机械设计工程训练、金工实习、电工实习、生产实习、专业社会实习、专业工程训练、毕业设计。

九、教学进程计划表

院（系）：机械科学与工程学院　　　　　　　　　　专业：机械设计制造及其自动化

课程类别	课程性质	课程代码	课程名称	学时	学分	课外	实验	上机	课程设置
通识教育基础课程	必修	0301902	思想道德修养与法律基础	40	2.5	8			1
	必修	0100721	中国近现代史纲要	32	2.0	8			2
	必修	0100733	马克思主义基本原理	40	2.5	8			3
	必修	0100932	思想课社会实践	24	1.5	20			2
	必修	0100322	毛泽东思想和中国特色社会主义理论体系概论	56	3.5				4
	必修	0100741	形式与政策	32	2.0	14			1~6
	必修	0510071	中国语文	32	2.0	10			1
	必修	0508453	综合英语（一）	56	3.5				1
	必修	0508463	综合英语（二）	56	3.5				2
	必修	0700011	微积分（一）	88	5.5				1
	必修	0700012	微积分（二）	88	5.5				2
	必修	0700048	大学物理（一）	64	4.0				2
	必修	0700049	大学物理（二）	64	4.0				3
	必修	0706891	物理实验（一）	32	1.0		32		2
	必修	0706891	物理实验（二）	24	0.8		24		3
	必修	0400111	大学体育（一）	32	1.0				1
	必修	0400121	大学体育（二）	32	1.0				2
	必修	0400131	大学体育（三）	32	1.0				3
	必修	0400141	大学体育（四）	32	1.0				4
	必修	1100011	军事理论	1.6	1.0				1
	必修	0700051	线性代数	40	2.5				2
	必修	0700071	复变函数与积分变换	40	2.5				3
	必修	0700063	概率论与数理统计	40	2.5				3
	必修	0827781	计算机与程序设计基础（C++）	48	3.0			8	1
	选修	0811163	计算机网络技术及应用（数据库二选一）	32	2.0			8	3
	选修	0833174	数据库技术及应用（计算机网路二选一）	32	2.0			8	4
			人文社科类选修课程	160	10.0				

续表

课程类别	课程性质	课程代码	课程名称	学时	学分	其中			课程设置
						课外	实验	上机	
学科基础课程·学科大类基础	必修	0826611	工程制图（五）上	40	2.5				1
	必修	0827421	工程制图（五）下	64	4.0				2
	必修	0100733	理论力学	40	2.5	8			3
	必修	0100932	电路理论	24	1.5	20			3
	必修	0100322	工程力学实验	56	3.5				4
	必修	0100741	机械制造技术基础	32	2.0	14			4
	必修	0510071	工程材料学	32	2.0	10			4
	必修	0508453	工程控制实验（一）	56	3.5				4
	必修	0508463	工程控制基础	56	3.5				
	必修	0700011	材料力学（二）	88	5.5				1
	必修	0700012	模拟电子技术（三）	88	5.5				2
	必修	0700048	机械原理（三）	64	4.0				2
	必修	0700049	工程测试技术	64	4.0				3
	必修	0706891	工程测试技术实验（一）	32	1.0		32		2
	必修	0706891	综合测试实验	24	0.8		24		3
	必修	0812301	工程传热学（一）	32	2.0		2		5
	必修	0800061	流体力学（一）	32	2.0		4		5
	必修	0821321	机械设计（三）	56	3.5		6		6
专业基础课·学科专业基础	必修		计算机图形学与 CAD 技术	48	3.0				5
	必修		微机原理与数字电路	64	4.0		12		5
	必修		学科（专业）概论	16	1.0				4
	必修		工程热力学	32	2.0		2		5
	必修		互换性与测量技术基础	40	2.5		8		6
	必修		机械制造技术基础（一）	40	2.5		4		6
	必修		工程化学	40	2.5				2
	必修		机电传动控制	56	3.5		8		6

课程类别	课程性质	课程代码	课程名称	学时	学分	其中			课程设置
						课外	实验	上机	
专业课程·专业核心			专业核心课程	176	11.0				5
	选修	0800392	液压与气压传动	18	2.5		8		6
	选修	0832913	机械制造装备技术	40	2.5		4		6
	选修	0801041	数控技术	48	2.5				2
	选修	0802331	现代设计方法	40	3.5		8		6
专业课程·专业方向			专业方向选修课程（鼓励选择机械大类其他专业课程2学分）	168	10.5				
	选修	0800982	机械系统创新设计	24	1.5		12		7
	选修	0833921	机械振动学	24	1.5				7
	选修	0819841	汽车构造	24	1.5		2		7
	选修	0814912	汽车电子技术	24	1.5		8		7
	选修	0814922	汽车总体设计	24	1.5		4		7
	选修	0814932	汽车动力学基础	24	1.5				7
	选修	0811341	三维逆向工程技术	24	1.5		8		7
	选修	0800992	有限元分析与应用	24	1.5				7
	选修	0800294	计算方法	24	1.5				7
	选修	0841891	工程摩擦学基础	24	1.5				7
	选修	0842441	机电创新决策与设计方法	24	1.5				7
	选修	0801072	电液控制工程	24	1.5				7
	选修	0801083	液压元件与系统	24	1.5				7
	选修	0807122	气动控制技术	24	1.5				7
	选修	0811391	汽车机电液控制技术	24	1.5				7
	选修	0821251	纯水液压传动技术	24	1.5				7
	选修	0827751	电子气动技术	24	1.5				7
	选修	0827761	现代流体动力控制	24	1.5				7
	选修	0811991	设备监测与诊断	24	1.5				7
	选修	0807491	无损检测	24	1.5				7
	选修	0801572	先进制造技术	24	1.5				7
	选修	0810031	现代工业网络	24	1.5				7
	选修	0810961	网络信息安全概论	24	1.5				7

续表

课程类别	课程性质	课程代码	课程名称	学时	学分	其中			课程设置
						课外	实验	上机	
实践环节	必修	1300013	军事训练	2 w	1.0				5
	必修	1300024	公益劳动	1 w	0.5		12		5
	必修	1301132	机械基础工程训练（一）	2 w	1.0				4
	必修	1301142	机械基础工程训练（二）	3 w	1.5		2		5
	必修	132332	金工实习	3 w	1.5		8		6
	必修	1304412	电工实习	1 w	0.5		4		6
	必修	130008a	生产实习	3 w	1.5				
	必修	1300486	专业社会实践	1 w	0.5				2
	必修	1327342	专业工程训练	3 w	1.5		8		6
	必修	130004g	毕业设计	12 w	6.0				

2.2　211 高校人才培养方案解读

211 工程，是为了面向 21 世纪，迎接世界新技术革命的挑战，中国政府集中中央、地方各方面的力量，重点建设 100 所左右的高等学校和一批重点学科、专业使其达到世界一流大学的水平的建设工程。

"211 工程"是新中国成立以来，国家正式立项在高等教育领域进行的规模最大的重点建设工程，是国家"九五"期间提出的高等教育发展工程，也是高等教育事业的系统改革工程。

"211 工程"所需建设资金，采取国家、部门、地方和高等学校共同筹集的方式解决。按现行高等教育管理体制，建设资金主要由学校所属的部门和地方政府筹措安排，中央安排一定的专项资金给予支持，对工程建设起推动、指导和调控作用。

"211"人才培养模式以"核心稳定、方向灵活"的研究型人才培养为目标，将四年本科教育划分为三个阶段，前两年夯实基础，按大类进行培养，构建公共基础课程和专业核心课程体系；第三年学专业，按专业方向培养，设置专业模块课程；最后用一年时间安排多课程综合课程设计、短学期实训、社会实践、毕业实习和毕业设计等实践环节，使学生有更多时间参与实际应用，在实践中提高分析问题和解决问题的能力。

"211"人才培养模式是在传统培养模式的基础上，构建一种新型人才培养模式，通过构建宽厚的理论教学体系，加强基础；通过构建多维层次化的实践教学体系，注重实践；通过以就业为导向，拓宽学生的选择途径；以社会需求为导向，注重市场，最终形成培养能力、提高素质，使知识、能力、素质融为一体的教学培养模式。

福州大学本科培养计划
机械设计制造及自动化专业培养计划

一、学制

四年。

二、授予学位

工学学士。

三、培养目标

培养德、智、体全面发展，掌握扎实基础理论，科学思维方法及解决实际问题的能力，能从事机械工程及其自动化领域内的设计、制造、研究、管理与创新开发等方面工作的高级工程技术人才。

四、业务基本要求

通过本专业的学习，要求学生较系统地掌握机械设计与制造的基础理论、微电子技术、信息处理技术和自动控制的基本知识，受到现代机械工程师的基本训练；学生应具有良好的人文、艺术和社会科学基础；熟练一门外语，能阅读专业书刊，并有一定的听说能力；具有机械产品设计、制造及设备自动控制系统设计的能力，有较强的计算机应用能力，科技开发和组织管理能力；了解学科前沿及发展趋势，有较强的自学和创新意识。

五、主干课程

工程制图、工程力学、电工学、机械设计、液压与气动技术、电机及电气自动控制、微机原理与接口技术、控制工程基础、测试技术与信号处理、机械制造工艺学、机电装备设计。

六、毕业生最低学分要求

课程类别			总学时	实验	上机	学分数	占课内教学总学分百分比/%
课内教学	必修课	公共基础课	1 130	54	70	56	43.3
		学科基础课	891	82	18	49.5	36.7
	限定选修课	专业课	198	30	6	11	8.1
	任意选修课	专业选修课	108			6	4.4
		全校性选修课	180			10	7.4
	小计		2 507	166	94	136.5	100
集中性实践教学环节			47 周			45.5	
合计						182	

七、课程设置、各教学环节安排

1．必修课程

（1）公共基础课

开课单位	课程名称	学分	总学时	实验	上机	1	2	3	4	5	6	7	8
人文学院	思想道德修养与法律基础	2	32			2							
人文学院	中国近代史纲要	1	20				2						
人文学院	毛泽东思想、邓小平理论和"三个代表"重要思想概论（上）	2	34					2					
人文学院	毛泽东思想、邓小平理论和"三个代表"重要思想概论（下）	2	30							2			
人文学院	马克思理论基本原理	2	32					2					
学生处	形势与政策 A	0.5	16					3					
学生处	形势与政策 B	0.5	16						3				
学生处	形势与政策 C	0.5	16							3			
学生处	形势与政策 D	0.5	16								3		
外语学院	大学英语（一）	2.5	45			4							
外语学院	大学英语（二）	3.5	63				4						
外语学院	大学英语（三）	3.5	63					4					
外语学院	大学英语（四）	3.5	63						4				
体育学院	体育 A	1	27			2							
体育学院	体育 B	1	27				2						
体育学院	体育 C	1	27					2					
体育学院	体育 D	1	27						2				
军事教研室	军事理论	1.5	30			2							
数计学院	高等数学 B（上）	5	90			7							
数计学院	高等数学 B（下）	5	90				6						
数计学院	线性代数	2	36				2						
数计学院	概率论与数理统计	3	54						4				
物信学院	大学物理（上）	3	54				3						
物信学院	大学物理（下）	3	54					3					
物信学院	大学物理实验（上）	1.5	27	27			2						
物信学院	大学物理实验（下）	1.5	27	27				2					
数计学院	大学信息技术基础	2.5	45		30	3							
数计学院	C 语言	4	72		40			5					
小计		60	1 130	54	70	20	23	23	15	3	3		

（2）学科基础课

开课单位	课程名称	学分	总学时	实验	上机	1	2	3	4	5	6	7	8
			学时数	其中		第一学年		第二学年		第三学年		第四学年	
机械学院	工程制图A（上）	3.5	63	2	6	5							
机械学院	工程制图A（下）	3.5	63	4	12		4						
电气学院	电工学A（上）	3.5	63	10				4					
电气学院	电工学A（下）	4	72	12					5				
机械学院	理论力学A	4	72	6				4					
机械学院	材料力学A	4	72	6					4				
机械学院	机械原理（双语）	3.5	63	5					4				
机械学院	机械设计	3.5	63	5						5			
机械学院	控制工程基础	2	36	6						2			
机械学院	互换性及其技术测量	1.5	27							2			
机械学院	微机原理与接口技术	3	54							4			
机械学院	工程材料及成形技术	3	54							3			
机械学院	机械制造工程基础	3	54							3			
电气学院	电机及电气自动控制	2	36	6							3		
机械学院	机械制造工艺学	3	54	8							4		
机械学院	测试技术与信号处理	2.5	45							3			
	小计	49.5	891	82	18	5	4	8	13	22	7		

2. 限定选修课：专业课

（1）方向一

开课单位	课程名称	学分	总学时	实验	上机	1	2	3	4	5	6	7	8
			学时数	其中		第一学年		第二学年		第三学年		第四学年	
机械学院	塑料模具设计	2	36	4		2						3	
机械学院	数控机床	3	54	6							4		
机械学院	电机装备设计	3	54	4							4		
机械学院	液压与气动技术	3	54	6								4	
	小计	11	198	20		2					8	7	

（2）方向二

开课单位	课程名称	学分	总学时	实验	上机	1	2	3	4	5	6	7	8
			学时数	其中		第一学年		第二学年		第三学年		第四学年	
机械学院	数控机床	3	54	6		2					4		
机械学院	液压与气动技术	3	54	6								4	
机械学院	可编程控制器	2	36	6							3		
机械学院	机电一体化系统设计	3	54	4								4	
	小计	11	198	22		2					7	8	

3．任意选修课

（1）专业选修课

开课单位	课程名称	学分	学时数			按学期分配周学时							
			总学时	其中		第一学年		第二学年		第三学年		第四学年	
				实验	上机	1	2	3	4	5	6	7	8
机械学院	专业英语	2	36			2					2		
机械学院	工业制造设计	1.5	27							2			
机械学院	工程流体力学	1.5	27							2			
机械学院	机械振动	1.5	27							2			
机械学院	机器人技术	2	36	2								2	
机械学院	计算机图形学	1.5	27		4							3	
机械学院	科研专题	1	18									2	
机械学院	特种加工	1	18									2	
机械学院	机械创新设计	2	36								2		
机械学院	误差理论与数据处理	1.5	27									2	
机械学院	系统监测与故障诊断	1.5	27									2	
机械学院	机械优化设计	1.5	27							2			
机械学院	组合机床设计	1.5	27									3	
机械学院	先进制造技术（双语）	1.5	27									3	
机械学院	金属切削刀具	1.5	27									2	
机械学院	CAD/CAM 技术	2.5	45	2								4	
机械学院	锻造工艺及模具	1.5	27							2			
机械学院	冷冲模具设计	1.5	27	2								3	
机械学院	组合机构设计及应用	1.5	27									3	
机械学院	工程热力学	1.5	27							2			
机械学院	数字化设计基础	1.5	27									2	
机械学院	制造业信息化	1.5	27									3	
机械学院	有限元法及应用	2	36		6							2	
至少应修 6 学分													

（2）全校性选修课（10 学分）

自然科学课程组	3 学分
人文社科类课程组	7 学分

4. 实践教学安排

开课单位		名称	内容	学分	按学期分配周学时							
					第一学年		第二学年		第三学年		第四学年	
					1	2	3	4	5	6	7	8
人文学院	必选	"两课"教学实践（一）										
人文学院		"两课"教学实践（二）										
军事教研室		军事训练										
机电中心		机械制造工程训练 B	见大纲									
机械学院		机械设计课程设计	见大纲									
机电中心		电气工程实践	见大纲									
机械学院		机制工艺课程设计	见大纲									
机电中心		现代加工技术实践与结构拆装	见大纲									
机械学院		机械工程认识实习	见大纲									
机械学院		微机与测量技术实践	见大纲									
机械学院		机电产品综合课程设计	见大纲									
机械学院		毕业实习	见大纲									
机械学院		毕业设计（论文）	见大纲									
		实践环节小计（周数）										
机械学院	选修		见大纲									
机械学院			见大纲									
机械学院			见大纲									
至少应修 45.5 学分												

注：（）内为课外周数。

八、各学期培养计划总体安排表

学年	学期	学期周数	课堂教学	考试	入学教育	军事训练	实验	实习	课程设计	社会实践	第二课堂	毕业设计	毕业教育	机动时间	小计
一	1	23	17	1.5	0.5	3								1	23
	2	18	13.5	1.5				3			(2)				18
二	3	22	20.5	1.5											22
	4	19	14.5	1.5				3			(2)				19
三	5	20.5	16.5	1.5			(1)		4		(1)				20.5
	6	20	15.5	1.5				3							20
四	7	23	13.5	1.5					8						23
	8	19						3				15	0.5	0.5	19
合计		164.5	108	10.5	0.5	3	(1)	12	12		(5)	15	0.5	1.5	164.5

2.3　普通高校人才培养方案解读

　　普通本科是指国家统一高考后达到一定分数，并被有资质高校录取。通常分一本、二本（包括：公二本、民二本）、三本，学业结束后拿到相应的专业学士学位证书的。即平常说的全日制普通本科（包括公办普通本科、民办普通本科），它不同于其他本科，如成人自考、助学班、电视大学、函授大学等，这些学历一般不被社会广泛认可，也不同于国家的重点院校，我国的重点本科院校主要是指国家 211、985 工程院校，主要是在提前批次及第一批次录取。

　　当代大学肩负人才培养、社会服务与科学研究三大使命，首要任务就是人才培养。进入 21 世纪，国家宏观政策一直强调高校人才培养改革。周济同志在 2004 年 12 月第二次全国普通高等学校本科教学工作会议上曾指出："深化人才培养模式改革，关键是以社会需求为导向，要坚定不移地面向经济建设和社会发展的主战场，培养大批社会需要的各种类型的高素质人才。"党的"十七大"提出"优先发展教育，建设人力资源强国"的战略部署。

　　2010 年 5 月 5 日国务院常务会议审议通过的《国家中长期教育改革和发展规划纲要（2010—2020 年）》（以下简称"纲要"）指出，目前"学生适应社会和就业创业能力不强，创新型、实用型、复合型人才紧缺"，将"人才培养"作为今后十年重点工作。普通高校培养的思路，体现以学生为中心，以全体学生成长成才、健康发展为宗旨，科学定位培养目标规格，既重视共性提高又重视个性发展，重视学生的知识、能力、素质协调发展，整体优化课程体系，并充分利用学分制的管理机制优势，整合课内外各种教育教学资源，制订合理的学分制人才培养方案，为多样化人才培养提供实施路径。

　　（1）设计人才类型，激发学生成长成才动力。

　　培养目标是培养方案的顶层设计，培养目标的确定要符合学生的成才、发展方向。在计划经济体制下，社会分工精细固化，高等教育强调专业对口，曾经走过了一条专才培养之路；在市场经济条件下，由于职业岗位的多变性，高等教育将知识与能力的培养向广博方向发展，于是又推行通才教育。通才和专才两种模式，在不同的经济社会发展条件下各有优劣，但完全割裂，由教育管理层采用自上而下的包办式推行，则忽视了学生自身的个性特点和发展诉求。实际上，市场经济对通才的需求，只是其对人才需求的一个方面，而不是全部，它对人才的需求是多规格、多层次的，呈现着多样化的特点：不仅需要高层次的通才与专才，而且也需要中、低等各层次的通才与专才；不仅需要少数的学术型人才，更需要大量的应用型人才。而应用型人才又可以进一步分为技术研发型、工程应用型、技能操作型、技术管理型等。地方本科院校的人才培养规格定位，必须认识到经济社会发展对人才需求的这种层次性，同时还要特别关注到学生这个被培养对象的发展与成才需求。如果从学生的就业去向来看，有的学生将向专业高深方向发展，攻读更高级学位；有的学生将从事技术应用；有的学生将从事技术操作或技术管理等工作。由此看来，尽管相当多的地方本科院校将应用型人才确定为学校的培养定位，但也不能整齐划一，而应对学生的发展诉求给予充分的尊重和支持。对向学术型发展方向的一部分学生要给予足够的发展空间，对于技术研发型、工程应用型、技能操作型、技术管理型等不同发展方向的大部分学生，要给予充分支持，使其成才优势更加凸显，潜力得到最大限度发挥。

（2）做好能力分析，科学设计课程体系。

做好专业能力分析，就是要求在制订专业人才培养方案时，紧扣学生成才分型培养目标和规格层次定位，确定该专业学生应具备的基本能力、专业能力、分型拓展能力，做好各能力项目选择与要素分解，为课程体系的构建和设置提供支持依据。在专业能力分析过程中，在纵向上，要确保给予学生精深学问的可能；在横向上，要尽量减少必修课程的学分数，增加跨学科、跨专业的选修课程的开课数和学分数，允许学生向广博型发展，向相邻专业漂移。为此，通过构建"平台+模块"的课程体系来支撑人才分型培养，使共性提高和个性发展相结合。其中通识通修课程全校统一构成第一平台，给学生跨学科选择课程的可能；学科大类打通形成第二平台，使学生掌握本学科的基本理论基础，并能在专业间自由选择；同一专业可平行设置多个模块（方向），便于学生选择专业发展方向；在此基础上，根据学生分型发展的需要，柔性设置分型模块课程，为学生向学术型、工程应用型、技能操作型、技术管理型等不同发展方向提供相应成才路径。此外，对平台课程可设置不同层次、不同学分，实施分层分级教学，并由多名教师同时开课，由学生根据自己的需要和可能进行选择。

这样的课程体系设置，便于学生选专业、选课程及分层教学，让学生学会思考、学会选择，有利于培养学生的自我设计能力，激发学生的学习激情，改变以往学生在学习过程中的被动地位，使学生能结合自身个性，实现分型培养、个性化培养。

（3）突出实践教学，培养学生应用能力。

实践教学体系是培养学生应用能力的重要途径，通过实践教学，可以使学生加深对理论知识的进一步理解，提高理论教学内容的教学效果。通过实践教学，也可有效培养学生创新能力、拓展学生素质。因此，实践课程应贯穿于教育教学的全过程，使理论教学与实践教学有机结合，并积极探索产学研有效结合的实施路径。要根据应用型人才的总体定位和共性要求，加大培养方案中实践教学的学分比例。打破原有的以课程设置实验、按专业严格划分实验及实习界限的条块分割局面，对实践教学体系进行优化整合，既注意到各环节间的独立性，又考虑各环节之间的连贯性和系统性，以增强学生动手能力、创新能力、职业适应能力为重点，构造基础实践能力、专业核心能力、专业综合能力以及拓展能力等模块依次推进的多层次实践教学体系。根据不同的分型培养目标规格定位设置相应模块，在教学实施中有所侧重。

在实践教学过程中，要突出工程性，采用案例教学和项目驱动的教学方法，着力培养学生从事专业工作的应用能力和创新能力。这里要特别指出的是，对专业实习、毕业实习、毕业设计（毕业论文）、就业教育等集中实践教学环节，往往受校内资源有限和实习过程监管力度不足等多种因素影响，使得实习内容与专业脱节，与毕业设计（毕业论文）在内容和时间上割裂，最终导致实践教学效果大打折扣。为此，采取校内与校外相结合、分散与集中相结合的方式，积极创新产学研模式，促进实践教学效果提高。一方面，可安排有明确就业意向的学生到对口单位实习、到就业（意向）单位实习，将实际工作中的问题转化为毕业论文中的实践问题，同时提高学生自身的职业素质和专业实践能力，使自己所学知识和社会需求相适应；另一方面，也可通过人才外包集中实习模式，进行项目实训，完成整套教学过程，并在合作方的推荐下促进学生就业。这种形式，不仅有效缓解了校内软硬件资源不足的压力，拓展了学校的实习、就业基地，加强了学生实际应用能力，也可以推动学校自有教师实践技能的提高，为学校产学研的有效开展提供有效途径。

福建工程学院本科培养计划
机械设计制造及其自动化专业培养计划

一、招生对象

高中毕业生。

二、学制

四年。

三、授予学位

工学学士

四、培养目标

本专业培养德智体全面发展，具备机械设计、制造、装备自动化技术，机械电子技术及数控技术的基本理论知识与应用能力，掌握先进制造的实用技术，具有创新的观念，受到现代机械工程师的基本训练，能在机电制造行业或应用机电技术的行业从事设计开发、科学研究、生产技术实施、运行管理等方面工作的应用型高级工程技术专门人才。

五、业务要求

本专业学生主要学习机械设计制造及其自动化方面的基础理论和技术，掌握先进的设计制造方法、装备技术以及计算机与信息技术在机械制造方面应用的基本知识，受到现代化机械工程师的基本训练。

毕业生应获得以下几个方面的知识和能力：

（1）具备较扎实的自然科学基础、较好的人文、艺术和社会科学基础及正确运用本国语言、文字的表达能力。

（2）较系统地掌握本专业的技术基础理论知识，主要包括工程力学，机械学，电子、电气与计算机信息技术，常规与数字化机械装备的设计技术基础，常规与先进的制造技术基础、企业生产管理基础等知识。

（3）具有本专业必需的制图、计算、实验、测试、文件检索和工艺实现等基本技能，并有较强的信息技术和外语应用能力。

（4）具有本专业领域内某个方向所必要的专业知识，了解其科学前沿及发展趋势。

（5）具有工程应用的科学研究、技术开发、技术创新、工艺与方法创新及其组织管理的初步能力。

（6）具有较强的自学能力、独立思考能力和较高的综合素质。

六、主干学科

机械设计、机械设计制造及其自动化、机械电子。

七、主干课程

机械制图、理论力学、材料力学、机械原理、机械设计、电气技术基础、电子技术、微机原理与应用、控制工程基础、机械制造技术基础、电气控制与 PLC 技术、数控机床与编程、CAD/CAM 技术、机械制造装备设计。

八、主要实践性教学环节

金工实习、机械测绘、机械设计课程设计、生产实习、数控编程与加工实践、电气控制与 PLC 技术课程设计、CAD/CAM 综合实践、机械制造装备设计课程设计、毕业设计。

九、教学安排

教学总体安排表

学年	学期	理论教育 授课周数	理论教育 考试周数	集中实践性教学 项目编号	集中实践性教学 项目	集中实践性教学 周数	集中实践性教学 学分	运动会	学期周数	备注
一	一	14.5	2	58320001 33120001	入学教育 军训	0.5 2	0 1	0.5	19.5	
	二	16.5	2	01120083	金工实习2	2	2		20.5	
二	三	14.5	2	01121004 01120103	机械测绘 金工实习3	1.5 2	1 2	0.5	20.5	
	四	16.5	2	01122084 02126902	技术测量综合实践1 电工实习	1 1	1 1		20.5	
三	五	14	2	01122084 01125098	机械设计（含原理）课程设计 液压与气动课程设计	3 1	2 1		20.5	
	六	14.5	2	01126083 02125124 01124002	生产实习 电气控制与 PLC 应用设计 机械制造技术基础课程设计	2 1 2	2 1 1		20.5	
四	七	11.5	2	01125004 01124090 01124091 01125086	数控编程与加工实践 CAD/CAM 实践 机械制造装备课程设计1 机电装备课程设计2	1 3 2.5 2.5	1 2 2 2	0.5	20.5	
	八			01125087 01125088 58320002	专业综合实践 毕业设计 毕业教育	4 14 0.5	2 9 0		18.5	
合计		102	14			43	32	2	161	
说明		1. 军训单独计算学分； 2. 专业方向： （1）机械制造及自动化； （2）机电一体化								

课程设置及各学期学时分配表

课程类型	课程编号	课程名称	学分	学时数 总学时	学时数 其中 上机	学时数 其中 实验	课外实践	按学时分配周时数 一 14.5	二 16.5	三 14.5	四 16.5	五 14	六 14.5	七 11.5	八	备注
	31110001	思想道德与法律基础	3	42			(6)	3								
	31110002	中国近现代史纲要	2	26			(6)									
	31110003	马克思主义基本原理	3	42			(6)									
	31110009	毛泽东思想邓小平理论与"三个代表"重要思想概论（1）	3				(16)									

课程类型	课程编号	课程名称	学分	总学时	上机	实验	课外实践	一 14.5	二 16.5	三 14.5	四 16.5	五 14	六 14.5	七 11.5	八	备注
	31110010	毛泽东思想邓小平理论与"三个代表"重要思想概论（2）	3				（）									
	31110019	形势与政策教育（1）	(0.5)				（）									
	31110020	形势与政策教育（1）	(0.5)				（）									
	31110021	形势与政策教育（1）	(0.5)				（）									
	31110022	形势与政策教育（1）	(0.5)				（）									
	15110001	大学英语（1）	4													
	15110002	大学英语（2）	4													
	15110003	大学英语（3）	4													
	15110004	大学英语（4）	4													
	13111018	高等数学（1）	5													
	13111019	高等数学（2）	6													
	13111016	线性代数	2.5													
	13111008	概率论与数理统计	3.5													
	13111001	大学物理1（1）	3													
	13111002	大学物理1（2）	4													
	13111020	大学物理实验（1）	1													
	13111006	大学物理实验（2）	1.5													
	32110001	体育（1）														
		体育（2）														
		体育（3）														
		体育（4）														
		军事理论														
		计算机文化基础														
		C语言程序设计														
	小计															

2.4 民办高校人才培养方案解读

民办高校指的是企业事业组织、社会团体及其他社会组织和公民个人利用非国家财政性教育经费，面向社会举办的高等学校及其他教育机构，其办学层次分专科和本科。国家鼓励社会力量举办实施义务教育的教育机构作为国家实施义务教育的补充。国家严格控制社会力量举办高等教育机构。国家对社会力量办学实行办学许可证制度。各级教育行政部门按照规定的审批权限，对批准设立的教育机构发给办学许可证。

民办本科高校的人才培养规格是高素质应用型技术人才，而不是普通本科培养的学术型、研究型、工程型人才，它以应用能力为主线构建学生的知识、能力、素质结构与培养方案，而不是以学科为本位。应用型本科的课程体系突出应用性、针对性、相对独立性和模块化，而不是追求知识体系的系统性、完整性，尤其强调加强实践性教学环节，而且注重学生在实验、实训、实习、课程设计等实践性课程中的亲自操作与仿真"实践性"，而一般本科实践课程主要以演示实验与验证性实验、观察实习为主。民办应用型本科与高职教育十分相似，但相比目前的高职专科，应用型本科的知识基础必须达到大学本科的文化层次，理论课程体系虽然强调应用性，但是应达到一定的理论广度与深度，使学生掌握专业能力有足够的理论支撑。可以说，应用型本科教育是一种介于普通本科教育与高职教育之间，带有高等职业教育鲜明特征，以体现能力本位职业性为主的技术教育。

应用型本科教育要凸显其实践性，包括教学目的的实践性、教学内容的实践性和教学过程与方法的实践性。

（1）教学目的的实践性。应用型本科强调实际动手操作能力与解决实际问题的能力的培养，在教学目标上强调实践性、参与性与体验性等非认知性目标，如对某一职业的认识，不是停留在理性认识的基础上，而是要让学生在参与实践中真正了解与热爱其职业，使其更具有感性认识。

（2）教学内容的实践性。应用型本科要采用实践性很强的课程导向模式，在重视基础理论的同时，更加关注实践、实验、实习、训练、试验、证书培训、课程设计、毕业设计，其内容要围绕着一线生产的实际需要设计，要强调基础、成熟和实用，而不强调学科体系的严密逻辑和前沿领域。在整个课程体系中要突现实践课程教学体系，实践课程教学课时数要达到一定的远远高于普通本科实践课程教学学时，甚至在某些专业方面与理论教学达到1：1的比例。

（3）教学过程与方法的实践性。应用型人才培养过程更加强调与一线生产实际相结合，强调产学研结合。应用型本科教学过程要紧密依托行业和当地政府与企业，建立产学研密切结合的教学运行机制，在教学方式上要与实际职业岗位相衔接，在教学的场地与时间上具有弹性，不仅是课堂与教室，还一直延续到产学研的合作单位，使学生在实习训练中完成从理论教学到实践教学的过度，从学校到职场过度，以凸显应用型本科教学过程与方法的实践性，为学生的毕业就业加大实际砝码。

闽南理工学院
机械设计制造及其自动化专业人才培养方案（2014 级）

一、专业名称及专业代码

专业名称：机械设计制造及其自动化。

专业代码：080202。

二、培养目标与服务方向

培养目标：本专业培养德、智、体、美全面发展，具备机械设计制造及其自动化基础知识与应用能力，能在机械制造领域从事设计制造、科技开发、应用研究、运行管理等方面工作，具有创新精神的应用型工程技术人才。

服务方向：机械产品、设备的设计、制造、维护、保养及开发工作；工厂机械设备的技术改造，引进技术的消化、吸收；机关、事业单位的生产组织管理和经营销售工作；机械工业领域的教学培训和科学研究工作。

三、培养要求

本专业学生主要学习机械设计、机械制造、机械电子及自动化等方面的基础理论和基本知识，接受现代机械工程师的基本训练，具有机械产品设计、制造、设备管理维护及生产组织管理等方面的基本能力。

毕业生应获得以下几方面的知识和能力：

（1）具有数学及其他相关的自然科学知识，具有机械工程科学的知识和应用能力。

（2）具有制订实验方案，进行实验、处理和分析数据的能力。

（3）具有设计机械系统、部件和工艺的能力。

（4）具有对于机械工程问题进行系统表达、建立模型、分析求解和论证的初步能力。

（5）初步掌握机械工程实践中的各种技术和技能，具有使用现代化工程工具的能力。

（6）具有社会职业感和良好的职业道德。

（7）具有团队合作精神和较强的交流沟通能力。

（8）具有国际视野、终身教育的意识和继续学习的能力。

四、专业方向及特色

1. 机械设计及自动化

本专业方向培养学生具备现代机械设计与分析的基础知识与应用能力，能在机械设计与制造领域从事机械结构设计制造、科研开发、应用研究、生产管理和经营销售等方面工作。

2. 机械制造及自动化

本专业方向培养学生具备现代数控机床操作、数控加工技术、CAD/CAM 的基础知识和应用能力，能在机械制造、模具设计与制造、电子产品生产第一线从事机电产品设计开发、使用维护、数控加工、生产管理和经营销售等方面工作。

3. 机械电子工程

本专业方向培养学生具备机械、电子信息的基础知识与应用能力，能在机械设计制造领域生产第一线从事机电一体化产品和系统的设计制造、使用维护、科技开发、运行管理和经营销售等方面工作。

五、课程设置

1．主干学科

力学、机械工程。

2．主要课程

机械制图、理论力学、材料力学、机械原理、机械设计、电工电子技术、工程材料、互换性与技术测量、机械制造技术基础、数控技术与编程、机械工程测试技术、液压与气压传动、机械 CAD/CAM、电气控制与 PLC 应用、机电传动控制、机械制造装备设计、机电一体化系统设计、机械工程控制基础、先进制造技术。

3．主要实践性教学环节

集中性实践教学环节安排。

六、修业年限、授予学位和相近专业

1．修业年限

学制四年，修业年限最长可延长到六年。

2．授予学位

授予工学学士学位。

3．相近专业

材料成形及控制专业。

七、毕业标准

（1）具有良好的思想和身体素质，符合学院规定的德育和体育标准。

（2）修完教学计划规定的所有课程和环节，取得规定的 185 学分。

八、教学安排

（1）鼓励考取一项专业相关职业资格证书（相关建议：AutoCAD 绘图员证书、数控编程证、ProE 证书等）。

（2）鼓励开展学科竞赛、科技活动、大学生创新创业实验、文艺活动、社会实践等活动。

表 1　教学时间总体安排表

| 学年 | 学期 | 理论教学 | | 集中性实践教学环节 | | | | | 机动 | 学期总周数 | 寒暑假期 | 合计 | 备注 |
		授课	考试	入学教育军事训练	实践环节	毕业实习	毕业设计（论文）	毕业教育					
一	1	16	2	3						21	4	25	
	2	16	2		2					20	8	28	
二	3	16	2		4					22	4	26	
	4	16	2		1					19	7	26	
三	5	15	2		3					21	4	25	
	6	15	2		1					19	8	27	

续表

学年	学期	理论教学		集中性实践教学环节					机动	学期总周数	寒暑假期	合计	备注
		授课	考试	入学教育军事训练	实践环节	毕业实习	毕业设计（论文）	毕业教育					
四	7	8	2		2		8			20	4	24	
	8					8	4	1	3	20		20	
小计		112	14	3	13	8	12	1	3	162	39	201	
合计		126		33					3	162	39	201	

表2　机械设计制造及其自动化专业课程设置及各学期学时分配表

课程类别	课程编码	课程名称	学分	学时			考核类别	各学期周学时分配							
				总学时	理论	实践		第一学年		第二学年		第三学年		第四学年	
								一	二	三	四	五	六	七	八
公共基础必修课	07230003	马克思主义基本原理	3	48	42	(6)	考试			3					
	07230004	毛泽东思想和中国特色社会主义理论体系概论	5	96	64	(32)	考试				4				
	07230002	中国近现代史纲要	2	32	26	(6)	考查		2						
	07230001	思想道德修养与法律基础	3	48	42	(6)	考查	3							
	07230005	形势与政策	2	32			考查	√	√	√	√				
	00230001	职业发展与就业指导（一）	1	20	16	(4)	考查	1							
	00230002	职业发展与就业指导（二）	1	20	16	(4)	考查								1
	05230001	大学英语（一）	3.5	64	48	16	考试	4							
	05230002	大学英语（二）	3.5	64	48	16	考试		4						
	05230003	大学英语（三）	3.5	64	48	16	考试			4					
	05230004	大学英语（四）	3.5	64	48	16	考试				4				
	08230001	大学体育（一）	1	32		32	考查	2							
	08230002	大学体育（二）	1	32		32	考查		2						
	08230003	大学体育（三）	1	32		32	考查			2					
	08230004	大学体育（四）	1	32		32	考查				2				
	08230005	军事理论	1.5	32	18	(14)	考查	1.5							
	02230001	计算机文化基础	2.5	48	32	16	考试	3							
	02230004	高等数学A（一）	5	80	80		考试	5							
	02230005	高等数学A（二）	5	80	80		考试		5						

课程类别	课程编码	课程名称	学分	总学时	理论	实践	考核类别	一	二	三	四	五	六	七	八
				学时				第一学年		第二学年		第三学年		第四学年	
公共基础必修课	02230016	线性代数	2	32	32		考查			2					
	02230017	概率统计	2	32	32		考查				2				
	06210001	大学物理（一）	3	48	48		考试		3						
	06220001	大学物理实验（一）	1.0	25	4	21	考查		1.5						
	06210002	大学物理（二）	3	48	48		考试			3					
	06220002	大学物理实验（二）	0.5	23		23	考查			1.5					
	02230002	C 语言程序设计	3	64	32	32	考试			3					
	00230003	大学生心理健康教育	2	32	20	(12)	考查		1.5						
	02230023	文献检索	1.5	32	16	16	考查							2	
		小计	67	1 224	840	384		18.5	23	15.5	12			3	
通识限选课		学生应在以下 5 个系列的通识限选课程中，每个系列选 2 学分以上的课程													
		人文社科系列	2	32	32		考查								
		艺术修养系列	2	32	32		考查								
		实践技能系列	2	32	32		考查								
		经济管理系列	2	32	32		考查								
		工程技术系列	2	32	32		考查								
		创新创业教育系列	2	32	32		考查								
		小计	10	160	160	614			2	2	2	2	2		
学科专业基础必修课	01210000	机械设计制造专业导论	1.5	24	24		考查	1.5							
	01210001	机械制图	5	96	64	32	考试	5							
	01210002	工程材料	2	32	24	8	考查		2						
	01210003	理论力学	3.5	56	54	2	考试			3.5					
	01210004	材料力学	3.5	56	48	8	考试				3.5				
	03210115	电工与电子技术（一）	3	48	48		考试				3				
	03210116	电工与电子技术（二）	3	48	48		考试					3			
		电工与电子技术（一）实验	0.5	16		16	考查				0.5				
		电工与电子技术（二）实验	0.5	16		16	考查					0.5			
	01210005	机械原理	4.5	72	60	12	考试					4.5			
	01210006	机械设计	4	64	58	6	考试						4		

续表

课程类别	课程编码	课程名称	学分	总学时	理论	实践	考核类别	一	二	三	四	五	六	七	八
公共基础必修课	01210007	互换性与技术测量	3	48	40	8	考试					3			
	01210008	液压与气压传动	3.5	60	48	12	考试						3.5		
	01210009	ProE 建模与仿真	3	48	48		考查					3			
	01210010	机械工程测试技术基础	3	48	40	8	考试						3		
		小计	43.5	732	604	128		6.5	2.5	7	11.5	10	6.5		
专业必修课	01210011	单片机原理与应用	3	48	40	8	考试					3			
	01210012	数控机床编程与操作	2.5	40	40		考试					2.5			
	01210013	数控机床编程与操作实验	0.5	16		16	考查					0.5			
	01210014	机械制造技术基础	4	64	60	4	考试					4			
	01210015	Mastercam	2.5	40	40		考查						2.5		
	01210016	电气控制与 PLC 技术	3	48	36	12	考试						3		
		小计	15.5	256	216	40						10	5.5		
专业方向限选修课		学生应在以下 3 个系列中专业方向限选课程中选一个系列的课程													
	1	机械设计及自动化													
	01210210	机电一体化系统设计	3	48	40	8	考试							3	
	01210211	纺织机械原理	3	48	48		考试							3	
	01210212	现代设计理论与方法	3	48	48		考查							3	
	01210213	产品造型设计（ProE）	3	48	48		考查							3	
		小计	12	192	184	8								6	6
	2	机械制造及自动化													
	01210220	先进制造技术	3	48	48		考试							3	
	01210221	精密加工与特种加工	3	48	40	8	考查							3	
	01210222	机械制造装备设计	3	48	48		考试								3
	01210223	数控加工工艺	3	48	40	8	考试								3
		小计	12	192	168	16								6	6
	3	机械电子工程													
	01210230	精密加工与特种加工	3	48	40	8	考试								3
	01210231	机电一体化系统设计	3	48	40	8	考试								3
	01210232	机械控制工程基础	3	48	40	8	考试							3	
	01210233	机电传动控制	3	48	40	8	考试							3	
		小计	12	192	160	32								6	6

课程类别	课程编码	课程名称	学分	学时			考核类别	各学期周学时分配							
				总学时	理论	实践		第一学年		第二学年		第三学年		第四学年	
								一	二	三	四	五	六	七	八
	学生应在以下专业任选课中选修4个学分														
专业任选课	01210240	先进制造技术	2	32	32		考查							2	
	01210241	机器人技术	2	32	32		考查							2	
	01210242	现代企业管理	2	32	32		考查							2	
	01210243	工业造型设计	2	32	32		考查							2	
	01210244	机械创新设计	2	32	32		考查							2	
	0120245	机械专业英语	2	32	32		考查							2	
	0120246	设备管理与维修	2	32	32		考查							2	
	0120247	精密加工与特种加工	2	32	32		考查							2	
	0120248	机床数控系统	2	32	32		考查							2	
	0120249	数控加工工艺	2	32	32		考查							2	
	0120250	科技应用文写作	2	32	32		考查							2	
		小计	4	64	64									4	
		合计	152	2 628	2 052	576		26	28.5	25.5	26.5	23	19	13	
		周学时						26	28.5	25.5	26.5	23	19	13	

表3　集中性实践教学环节安排表

课程编码	实践性教学环节名称	学分	周数	开课学期	备注
08220001	入学教育		1	1	入学教育，不计学分
08220002	军事训练		2	1	
65220001	劳动教育		1	1-7	不计学分，穿插安排
01220301	机械零部件测绘	1	1	2	
01220302	金工实习	2	2	3	
01220303	认识实习		1	4	不计学分，穿插安排
01220304	创新创业实践		2	2-7	不计学分，穿插安排
01220305	机械原理课程设计	1	1	4	
01220306	机械制造技术基础课程设计	1	1	5	
01220307	机械设计课程设计	2	2	5	
01220308	单片机实训	1	1	5	
01220309	电气控制与PLC实训	1	1	6	
01220310	数控编程实训	2	2	6	
01220311	专业实习		1	6	不计学分，穿插安排
01220312	机电一体化系统设计课程设计（方向1）	2	2	7	
	机械制造装备设计课程设计（方向2）				
	机电一体化系统课程设计（方向3）				
00220001	毕业设计（论文）	12	12	8	
00220002	毕业实习	4	4	8	
00220003	毕业教育		1	8	不计学分
	合计	29	38		

表4 理论课程与实践课程学时、学分比例表

课程类别			学分数	学时数			占课内总学时/%		占课内总学分/%	
				总学时	理论	实践				
课内教学	必修	公共基础课	67	1224	840	384	46.6	84.2	44	82.8
		专业基础课	43.5	732	604	128	27.8		28.6	
		专业课	15.5	256	216	40	9.8		10.2	
	选修	通识限选	10	160	160		6.0	15.8	6.7	17.2
		专业限选	12	192	168	24	7.3		7.9	
		专业任选	4	64	64		2.5		2.6	
小计			152	2 628	2 052	576	100		100	
集中性实践			29							
社会实践（假期）			2							
创新与创业			2							
合计			185							
课内实践、集中性实践、社会实践、创新与创业合计学分（学时）									占总学分（学时）/%	
51（1 566）									27.5%（43）	

第3章 2012高校专业目录下核心课程介绍

3.1 工程力学课程介绍

工程力学是力学的一个新分支，它从物质的微观结构及其运动规律出发，运用近代物理学、物理化学和量子化学等学科的成就，通过分析研究和数值计算，阐明介质和材料的宏观性质，并对介质和材料的宏观现象及其运动规律做出微观解释。

3.1.1 绪论

1. 工程力学的历史发展

工程力学作为力学的一个分支，是20世纪50年代末出现的。首先提出这一名称并对这个学科做了开创性工作的是中国学者钱学森。

在20世纪50年代，出现了一些极端条件下的工程技术问题，所涉及的温度高达几千度到几百万度，压力达几万到几百万大气压，应变率达百万分之一到亿分之一秒等。在这样的条件下，介质和材料的性质很难用实验方法来直接测定。为了减少耗时费钱的实验工作，需要用微观分析的方法阐明介质和材料的性质。

在一些力学问题中，出现了特征尺度与微观结构的特征尺度可比拟的情况，因而必须从微观结构分析入手处理宏观问题；出现一些远离平衡态的力学问题，必须从微观分析出发，以求解耗散过程的高阶项。

由于对新材料的需求以及大批新型材料的出现，要求寻找一种从微观理论出发合成具有特殊性能材料的"配方"或预见新型材料力学性能的计算方法。

在这样的背景条件下，促使了工程力学的建立。工程力学之所以出现，一方面是迫切要求能有一种有效的手段，预知介质和材料在极端条件下的性质及其随状态参量变化的规律；另一方面是近代科学的发展，特别是原子分子物理和统计力学的建立和发展，物质的微观结构及其运动规律已经比较清楚，为从微观状态推算出宏观特性提供了基础和可能。

工程力学虽然还处在萌芽阶段，很不成熟，而且继承有关老学科的地方较多，但作为力学的一个新分支，确有一些独具的特点：

工程力学着重于分析问题的机理，并借助建立理论模型来解决具体问题。只有在进行机理分析而感到资料不够时，才求助于新的实验。

工程力学注重运算手段，不满足于问题的原则解决，要求做彻底的数值计算。因此，工程力学的研究力求采用高效率的运算方法和现代化的电子运算工具。

工程力学注重从微观到宏观。以往的技术科学和绝大多数的基础科学，都是或从宏观到宏观，或从宏观到微观，或从微观到微观，而工程力学则建立在近代物理和近代化学成就之上，运用这些成就，建立起物质宏观性质的微观理论，这也是工程力学建立的主导思想和根本目的。

虽然工程力学引用了近代物理和近代化学的许多结果，但它并不完全是统计物理或者物理化学的一个分支，因为无论是近代物理还是近代化学，都不能完全解决工程技术里所提出的各种具体问题。工程力学所面临的问题往往要比基础学科里所提出的问题复杂得多，它不能单靠简单的推演方法或者只借助于某一单一学科的成就，而必须尽可能结合实验和运用多学科的成果。

2.　工程力学的研究领域

工程力学主要研究平衡现象，如气体、液体、固体的状态方程，各种热力学平衡性质和化学平衡的研究等。对于这类问题，工程力学主要借助统计力学的方法。

工程力学对非平衡现象的研究包括四个方面：一是趋向于平衡的过程，如各种化学反应和弛豫现象的研究；二是偏离平衡状态较小的、稳定的非平衡过程，如物质的扩散、热传导、黏性以及热辐射等的研究；三是远离平衡态的问题，如开放系统中所遇到的各种能量耗散过程的研究；四是平衡和非平衡状态下所发生的突变过程，如相变等。解决这些问题要借助于非平衡统计力学和不可逆过程热力学理论。

工程力学的研究工作，目前主要集中三个方面：

（1）高温气体性质，研究气体在高温下的热力学平衡性质（包括状态方程）、输运性质、辐射性质以及与各种动力学过程有关的弛豫现象；

（2）稠密流体性质，主要研究高压气体和各种液体的热力学平衡性质（包括状态方程）、输运性质以及相变行为等；

（3）固体材料性质，利用微观理论研究材料的弹性、塑性、强度以及本构关系等。

物质的性质及其随状态参量变化规律的知识，无论对科学研究还是工程应用都极为重要，力学本身的发展就一直离不开物性和对物性的研究。

近代工程技术和尖端科学技术迅猛发展，特别需要深入研究各种宏观状态下物体内部原子、分子所处的微观状态和相互作用过程，从而认识宏观状态参量扩大后物体的宏观性质和变化规律。因此，工程力学的建立和发展，不但可直接为工程技术提供所需介质和材料的物性，也将为力学和其他学科的发展创造条件。

3.　工程力学的研究方法

1）理论分析方法

20 世纪初，探索新设计、新结构，都要采用理论分析方法，但是所得结果是有限的，因为工程建筑十分复杂，而力学理论所能解决的问题都是比较有限的，理论力学分析方法只用来做探索性的设计与研究。

2）实验方法

具体设计的实验验证实际做设计的时候，主要靠的是实验方法，做一个具体的设计实验的验证。

图 3－1 所示为伽利略（图 3－2）做木梁弯曲试验的装置，是为了研究木梁何时何处破坏。

3）计算机方法

现代计算技术与计算机应用，使工程力学开辟了一个很宽的领域，现在所能解决的问题要比以前单纯地运用理论方法广泛地多、深刻地多。

图 3-1　伽利略做木梁弯曲试验的装置

图 3-2　伽利略 Galilei（1564—1642）

3.1.2　理论力学

理论力学（theoretical mechanics）是研究物体机械运动的基本规律的学科，力学的一个分支。它是一般力学各分支学科的基础。理论力学通常分为三个部分：静力学、运动学与动力学。

静力学研究作用于物体上的力系的简化理论及力系平衡条件；运动学只从几何角度研究物体机械运动特性而不涉及物体的受力；动力学则研究物体机械运动与受力的关系。

理论力学的研究方法是从一些由经验或实验归纳出的反映客观规律的基本公理或定律出发，经过数学演绎得出物体机械运动在一般情况下的规律及具体问题中的特征。理论力学中的物体主要指质点、刚体及刚体系，当物体的变形不能忽略时，则成为变形体力学（如材料力学、弹性力学等）的讨论对象。静力学与动力学是工程力学的主要部分。

理论力学建立科学抽象的力学模型（如质点、刚体等）。静力学和动力学都联系运动的物理原因——力，合称为动理学。有些文献把 kinetics 和 dynamics 看成同义词而混用，两者都可译为动力学，或把其中之一译为运动力学。此外，把运动学和动力学合并起来，将理论力学分成静力学和动力学两部分。

理论力学依据一些基本概念和反映理想物体运动基本规律的公理、定律作为研究的出发点。例如，静力学可由五条静力学公理演绎而成；动力学是以牛顿运动定律、万有引力定律为研究基础的。理论力学的另一特点是广泛采用数学工具，进行数学演绎，从而导出各种以数学形式表达的普遍定理和结论。

20 世纪以来，随着科学技术的发展，逐渐形成了一系列理论力学的新分支；并与其他学科结合，产生了一些边缘学科，如地质力学、生物力学、爆炸力学、物理力学等。力学模型也越来越多样化。在计算工作中，已广泛采用了电子计算机，解决了过去难以解决的一些力学问题。

3.1.2.1　静力学基本概念

静力学（statics）是研究作用于物体上力系的平衡条件的力学分支学科。力系指作用在物体上的一群力。平衡指物体相对惯性参考系保持静止或做等速直线运动。在静力学中，将与地球固结的参考系取作惯性参考系可满足一般工程所需的精度要求。静力学研究的主要问题有三个：

① 物体的受力分析，即分析物体共受几个力以及各力的作用点及方向。

② 力系的简化，即用一个简单的力系等效地替换一个复杂的力系。

③ 力系的平衡条件，即力系与零力系等效的条件，此平衡条件用方程的形式表示时，称为力系的平衡方程。如汇交力系的平衡条件是各力的合力为零，平衡方程则为各力在坐标轴上投影的代数和为零，即

$$\sum F_x = 0, \quad \sum F_y = 0, \quad \sum F_z = 0$$

矢量力学中主要研究作用于刚体上的力系平衡，故这一部分又称为刚体静力学，又因处理的是力、力矩等矢量的几何关系，故又称几何静力学。分析力学则研究任意质点系的平衡，给出作用于任意质点系上的力系平衡的充要条件，即虚功原理，又称分析静力学。静力学的研究方法是从几条基本公理或原理出发，经过数学演绎推导出各种结论。

刚体是实际物体的简化与抽象，工程中构件的变形影响可以忽略时，可应用刚体静力学的理论。如设计桥梁桁架中各杆件的截面面积时，首先在规定载荷下用刚体静力学的平衡方程求出支座的约束力及各杆的内力，然后才能进行强度、刚度分析与设计，对变形体（弹性体、塑性体、流体等）的平衡问题，除了考虑力和力矩的平衡条件，还要结合介质的变形特性。用分析静力学研究变形体平衡时形成的能量法，在解决工程技术问题时也获得了广泛的应用。

静力学的理论在动力学中也有重要应用。分析静力学中的虚功原理与达朗贝尔原理相结合给出动力学普遍方程，它是推导非自由质点系各种运动微分方程的基础。

3.1.2.2　平面汇交力系的合成与平衡

1. 几何法

1）两个共点力的合成（图 3-3）

$$\vec{F}_R = \vec{F}_1 + \vec{F}_2$$

2）多个共点力的合成（图 3-4）

$$\vec{F}_{R12} = \vec{F}_1 + \vec{F}_2$$

$$\vec{F}_R = \vec{F}_{R12} + \vec{F}_3 = \sum_{i=1}^{3} \vec{F}_i$$

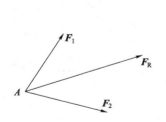

图 3-3　两个共点力的合成

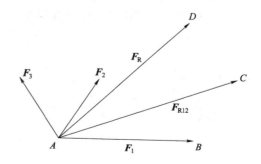

图 3-4　多个共点力的合成

3）平衡的几何条件

平面汇交力系平衡的充要几何条件是力系的合力等于零。用等式表示为

$$\vec{F}_{R} = \vec{F}_{1} + \vec{F}_{2} + \cdots + \vec{F}_{n} = 0$$

由几何作图知，力多边形自行封闭，如图 3-5 所示。

2. 解析法

1) 力在平面直角坐标系上的投影（图 3-6）

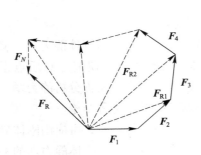

图 3-5　力多边形自行封闭

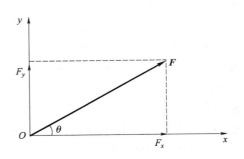

图 3-6　力在平面直角坐标系上的投影

2) 合力投影定理

合力在同一坐标轴上的投影，等于所有分力在同一坐标轴上投影的代数和。

3) 平面汇交力系的合成

如已知力系各力在所选定的直角坐标上的投影，则合力的大小和方向余弦分别由下列确定：

大小 $F_{R} = \sqrt{F_{Rx}^{2} + F_{Ry}^{2}} = \sqrt{(\sum F_{x})^{2} + (\sum F_{y})^{2}}$

方向 $\tan\theta = \left| \dfrac{F_{Ry}}{F_{Rx}} \right| = \left| \dfrac{\sum F_{y}}{\sum F_{x}} \right|$

3.1.2.3　平面任意力系

力作用线在同一平面内且任意分布的力系称为平面任意力系。在工程实际中经常遇到平面任意力系的问题。例如，图 3-7 所示的简支梁受到外荷载及支座反力的作用，这个力系是平面任意力系。

有些结构所受的力系本不是平面任意力系，但可以简化为平面任意力系来处理。如图 3-8 所示的屋架，可以忽略它与其他屋架之间的联系，单独分离出来，视为平面结构来考虑。屋架上的荷载及支座反力作用在屋架自身平面内，组成一平面任意力系。

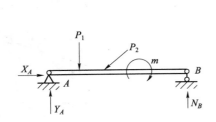

图 3-7　简支梁受力简图

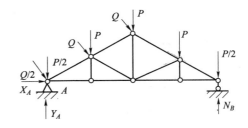

图 3-8　屋架受力简图

对于水坝（图 3-9）这样纵向尺寸较大的结构，在分析时常截取单位长度的坝段来考虑，将坝段所受的力简化为作用于中央平面内的平面任意力系。事实上工程中的多数问题都简化为平面任意力系问题来解决。所以，本章的内容在工程实践中有着重要的意义。

在研究平面任意力系之前，首先研究力矩、力偶和平面力偶系的理论。这都是有关力的转动效应的基本知识，在理论研究和工程实际应用中都有重要的意义。

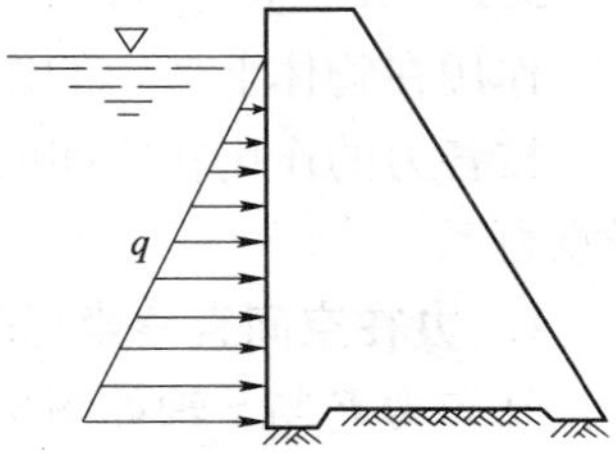

图 3 − 9 水坝受力简图

1．力矩的概念

力矩不仅可以改变物体的移动状态，而且还能改变物体的转动状态。力使物体绕某点转动的力学效应，称为力对该点之矩。

2．合力矩定理

平面汇交力系的合力对其平面内任一点的矩等于所有各分力对同一点之矩的代数和。

3．力偶、力偶矩

在日常生活和工程实际中经常见到物体受两个大小相等、方向相反，但不在同一直线上的两个平行力作用的情况。

力学中把这样一对等值、反向而不共线的平行力称为力偶，用符号（F，F'）表示。两个力作用线之间的垂直距离称为力偶臂，两个力作用线所决定的平面称为力偶的作用面。

4．力偶的性质

力和力偶是静力学中两个基本要素。力偶与力具有不同的性质：

（1）力偶不能简化为一个力，即力偶不能用一个力等效替代。因此力偶不能与一个力平衡，力偶只能与力偶平衡。

（2）力偶对其作在平面内任一点的矩恒等于力偶矩，与矩心位置无关。

根据力偶的等效性，可得出下面两个推论：

推论 1 力偶可在其作用面内任意移动和转动，而不会改变它对物体的效应。

推论 2 只要保持力偶矩不变，可同时改变力偶中力的大小和力偶臂的长度，而不会改变它对物体的作用效应。

5．力的平移定理

作用于刚体上的力可以平行移动到刚体上的任意一指定点，但必须同时在该力与指定点所决定的平面内附加一力偶，其力偶矩等于原力对指定点之矩。

6．平面任意力系的平衡

当平面任意力系的主矢和主矩都等于零时，作用在简化中心的汇交力系是平衡力系，附加的力偶系也是平衡力系，所以该平面任意力系一定是平衡力系。于是得到平面任意力系的充分与必要条件是：力系的主矢和主矩同时为零。

7．考虑摩擦时物体的平衡

前面讨论物体平衡问题时，物体间的接触面都假设是绝对光滑的。事实上这种情况是不存在的，两物体之间一般都要有摩擦存在。只是有些问题中，摩擦不是主要因素，可以忽略不计。但在另外一些问题中，如重力坝与挡土墙的滑动稳定问题中，带轮与摩擦轮的转动等，摩擦是重要的甚至是决定性的因素，必须加以考虑。按照接触物体之间的相对运动形式，摩擦可分为滑动摩擦和滚动摩擦。当物体之间仅出现相对滑动趋势而尚未发生运动时的摩擦称为静滑动摩擦，简称静摩擦；对已发生相对滑动的物体间的摩擦称为动滑动摩擦，简称动摩擦。

3.1.2.4 空间力系

作用在物体上各力的作用线不在同一平面内，称该力系为空间力系。

按各力的作用在空间的位置关系，空间力系可分为空间汇交力系、空间平行力系和空间任意力系。

1. 力在空间直角坐标轴上的投影

已知力 F 与 x 轴如图 3-10（a）所示，过力 F 的两端点 A、B 分别作垂直于 x 轴的平面 M 及 N，与 x 轴交于 a、b，则线段 ab 冠以正号或负号称为力 F 在 x 轴上的投影，即

$$F_x = \pm ab$$

符号规定：若从 a 到 b 的方向与 x 轴的正向一致取正号，反之取负号。

已知力 F 与平面 Q，如图 3-10（b）所示。过力的两端点 A、B 分别作平面 Q 的垂直线 AA'、BB'，则矢量 $\overrightarrow{A'B'}$ 称为力 F 在平面 Q 上的投影。应注意的是力在平面上的投影是矢量，而力在轴上的投影是代数量。

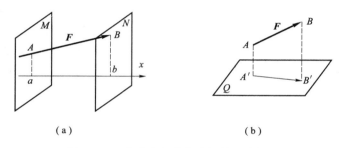

图 3-10 力在空间直角坐标轴上的投影

（a）F 在 x 轴的投影；（b）F 在平面 Q 的投影

现在讨论力 F 在空间直角坐标系 Oxy 中的情况。如图 3-11 所示，过力 F 的端点 A、B 分别作 x、y、z 三轴的垂直平面，则由力在轴上的投影的定义知，OA、OB、OC 就是力 F 在 x、y、z 轴上的投影。设力 F 与 x、y、z 所夹的角分别是 α、β、γ，则力 F 在空间直角坐标轴上的投影为

$$\left.\begin{aligned} F_x &= \pm F\cos\alpha \\ F_y &= \pm F\cos\beta \\ F_z &= \pm F\cos\gamma \end{aligned}\right\} \tag{3-1}$$

用这种方法计算力在轴上的投影的方法称为直接投影法。

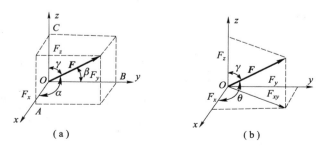

图 3-11 力在空间直角坐标系分析图

2.　力对轴之矩

力对轴之矩是度量力使物体绕某轴转动效应的力学量。实践表明，力使物体绕一个轴转动的效果，不仅与力的大小有关，而且和力与转轴之间的相对位置有关。

力对轴之矩的定义如下：力对轴的矩是力使刚体绕该轴转动效应的量度，是一个代数量，其大小等于力在垂直于该轴的平面上的投影对该平面与该轴的交点的矩，其正负号规定为：从轴的正向看，力使物体绕该轴逆时针转动时，取正号；反之取负号。也可按右手螺旋法则来确定其正负号，拇指指向与轴的正向一致时取正号，反之取负号。

当力与轴共面时力对该轴的之矩为零。力对轴之矩的单位是牛·米（N·m）或千牛·米（kN·m）。另外合力矩定理在空间力系中也同样适用。

3.　空间力系的平衡

与建立平面力系的平衡条件的方法相同，通过力系的简化，可建立空间力系的平衡方程。

$$\left.\begin{array}{l}\sum F_x = 0, \quad \sum F_y = 0, \quad \sum F_z = 0 \\ \sum m_x(F) = 0, \quad \sum m_y(F) = 0, \quad \sum m_z(F) = 0\end{array}\right\} \qquad (3-2)$$

上式表明：空间力系平衡的必要和充分条件为各力在三个坐标轴上投影的代数和以及各力对此三轴之矩的代数和分别等于零。

上式有六个独立的平衡方程，要求解六个未知数。

从空间任意系的平衡方程，很容易导出空间汇交力系和空间平行力系的平衡方程。如图 3-12（a）所示，设物体受一空间汇交力系的作用，若选择空间汇交力系的汇交点为坐标系 $Oxyz$ 的原点，则不论此力系是否平衡，各力对三轴之矩恒为零，即 $\sum m_x(F) \equiv 0$，$\sum m_y(F) \equiv 0$，$\sum m_z(F) \equiv 0$。因此，空间汇交力系的平衡方程为

$$\sum F_x = 0, \quad \sum F_y = 0, \quad \sum F_z = 0 \qquad (3-3)$$

如图 3-12（b）所示，设物体受一空间平行力系的作用。令轴与这些力平行，则各力对于轴的矩恒等于零；又由于轴和轴都与这些力垂直，所以各力在这两个轴上的投影也恒等于零。即 $\sum m_z(F) \equiv 0$，$\sum F_x \equiv 0$，$\sum F_y \equiv 0$。因此空间平行力系的平衡方程为

$$\sum F_z = 0, \quad \sum m_x(F) = 0, \quad \sum m_y(F) = 0 \qquad (3-4)$$

空间汇交力系和空间平行力系分别只有三个独立的平衡方程，因此只求解三个未知数。

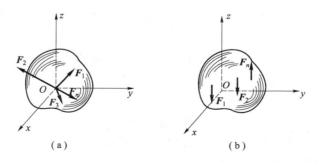

（a）　　　　　　　　　　（b）

图 3-12　空间力系

4.　物体的重心

物体的重力是地球对物体的引力，如果把物体看成是由许多微小部分组成的，则每个微

小的部分都受到地球的引力，这些引力汇交于地球的中心，形成一个空间汇交力系，但由于我们所研究的物体尺寸与地球的直径相比要小得多，因此可以近似地看成是空间平行力系，该力系的合力即为物体的重量。由实践可知，无论物体如何放置，重力合力的作用线总是过一个确定点，这个点就是物体的重心。

重心的位置对于物体的平衡和运动，都有很大关系。在工程上，设计挡土墙、重力坝等建筑物时，重心位置直接关系到建筑物的抗倾稳定性及其内部受力的分布。机械的转动部分如偏心轮应使其重心离转动轴有一定距离，以便利用其偏心产生的效果；而一般的高速转动物体又必须使其重心尽可能不偏离转动轴，以免产生不良影响。所以如何确定物体的重心位置，在实践中有着重要的意义。

3.1.3 材料力学

材料力学主要研究的是杆件，板料、壳体也有涉及但不是主要的。材料力学主要是从理论力学的静力学发展而来，认为刚体是不会变形的，所以在理论力学中是不可能解释变形体的问题的，但实际上物体没有不发生变形的，材料力学就是研究物体在发生变形以后的一些问题，比如说刚度、强度、稳定性等。理论力学无法解答超静定问题，但是在材料力学中可以根据变形协调方程或者一些边界约束条件可以解答超静定问题，这是材料力学比理论力学更丰富的地方。而且材料力学在解释实际生活中的问题时把问题工程化。另外动载荷和疲劳失效问题材料力学中也有涉及但不是重点。

3.1.3.1 研究内容

在人们运用材料进行建筑、工业生产的过程中，需要对材料的实际承受能力和内部变化进行研究，这就催生了材料力学。运用材料力学知识可以分析材料的强度、刚度和稳定性。材料力学还用于机械设计使材料在相同的强度下可以减少材料用量，优化结构设计，以达到降低成本、减轻重量等目的。

在材料力学中，将研究对象被看作均匀、连续且具有各向同性的线性弹性物体。但在实际研究中不可能会有符合这些条件的材料，所以需要各种理论与实际方法对材料进行实验比较。

材料力学的研究内容包括两大部分：一部分是材料的力学性能（或称机械性能）的研究，材料的力学性能参量不仅可用于材料力学的计算，而且也是固体力学其他分支的计算中必不可缺少的依据；另一部分是对杆件进行力学分析。杆件按受力和变形可分为拉杆、压杆（如柱和拱）、受弯曲（有时还应考虑剪切）的梁和受扭转的轴等几大类。杆中的内力有轴力、剪力、弯矩和扭矩。杆的变形可分为伸长、缩短、挠曲和扭转。

1. 材料的力学性能（或称机械性能）的研究

1）材料的基本变形类型

轴向拉伸与压缩：杆件受到与杆件轴线重合的外力的作用，杆沿轴线方向的伸长或缩短。产生轴向拉伸与压缩变形的杆件称为**拉压杆**。如图 3 - 13 所示，屋架中的弦杆、牵引桥的拉索和桥塔、闸门启闭机的螺杆等均为拉压杆。

剪切：杆件受到垂直杆件轴线方向的一组等值、反向、作用线相距极近的平行力的作用。二力之间的横截面产生相对的错动。产生剪切变形的杆件通常为拉压杆的连接件。如图 3 - 14 所示，螺栓、销轴连接中的螺栓和销钉，均产生剪切变形。

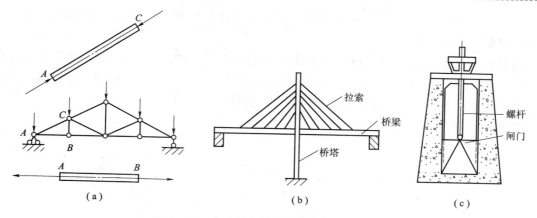

图 3 - 13　产生轴向拉伸与压缩变形的杆件

（a）屋架中的弦杆；（b）牵引桥的拉索和桥塔；（c）闸门启闭机的螺杆

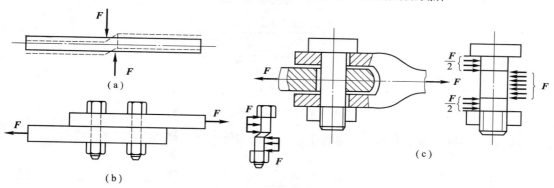

图 3 - 14　产生剪切变形的杆件

（a）剪断钢筋；（b）螺栓连接；（c）销轴连接

扭转：杆件受到作用面垂直于杆轴线的力偶的作用。相邻横截面绕杆轴产生相对旋转变形。产生扭转变形的杆件多为传动轴，房屋的雨篷梁也有扭转变形，如图 3 - 15 所示。

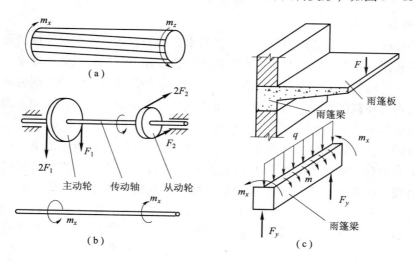

图 3 - 15　产生扭转变形的杆件

平面弯曲：杆件受到垂直于杆件轴线方向的外力或在杆轴线所在平面内作用的外力偶的作用，杆轴线由直变弯。

各种以弯曲为主要变形的杆件称为**梁**。工程中常见梁的横截面多有一根对称轴（图3-16），各截面对称轴形成一个纵向对称面，梁的轴线也在该平面内弯成一条曲线，这样的弯曲称为**平面弯曲**。平面弯曲是最简单的弯曲变形，是一种基本变形。本章重点介绍单跨静定梁的平面弯曲内力。

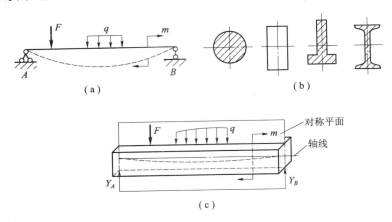

图3-16 以弯曲为主要变形的杆件

单跨静定梁有三种基本形式：悬臂梁、简支梁和外伸梁，如图3-17所示。

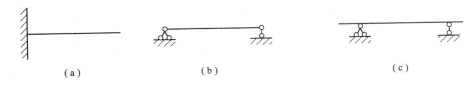

图3-17 单跨静定梁

（a）悬臂梁；（b）简支梁；（c）外伸梁

2. 杆件的力学分析

内力是杆件横截面上分布内力系的合力，只求出内力，还不能解决杆件的强度问题。例如，两根材料相同、粗细不同的直杆，在相同的拉力作用下，随着拉力的增加，细杆首先被拉断，这说明杆件的强度不仅与内力有关，而且与截面的尺寸有关。为了研究杆件的强度问题，必须研究内力在截面上的分布规律，为此引入应力的概念。内力在截面上的某点处分布集度，称为该点的应力。

为观察杆的拉伸变形现象，在杆表面上作出如图3-18（a）所示的纵、横线。当杆端加上一对轴向拉力后，由图3-18（a）可见：杆上所有纵向线伸长相等，横线与纵线保持垂直且仍为直线。由此做出变形的平面假设：**杆件的横截面，变形后仍为垂直于杆轴的平面**。于是杆件任意两个横截面间的所有纤维，变形后的伸长相等。又因材料为连续均匀的，所以杆件横截面上内力均布，且其方向垂直于横截面［图3-18（b）］，即横截面上只有正应力 σ。于是横截面上的正应力为

$$\sigma = N/A \qquad (3-5)$$

式中，A 为横截面面积；σ 的符号规定与轴力的符号一致，即拉应力 σ_t 为正，压应力 σ_c 为负。

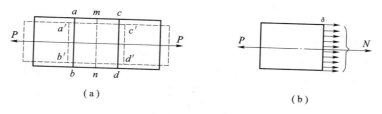

图 3 - 18　横截面上的正应力

注意： 由于加力点附近区域的应力分布比较复杂，式（3 - 5）不再适用，其影响的长度不大于杆的横向尺寸。

梁弯曲时的正应力：在一般情况下，梁的横截面上既有弯矩，又有剪力，如图 3 - 19（a）所示梁的 AC 及 DB 段，此二段梁不仅有弯曲变形，而且还有剪切变形，这种平面弯曲称为横力弯曲或剪切弯曲。为使问题简化，先研究梁内仅有弯矩而无剪力的情况。如图 3 - 19（a）所示梁的 CD 段，这种弯曲称为纯弯曲。

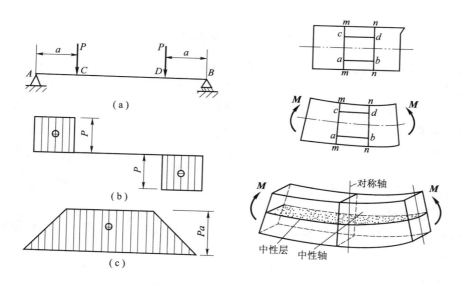

图 3 - 19　梁弯曲时的正应力

纯弯曲变形现象与假设：作纯弯曲变形的平面假设，梁变形后其横截面仍保持为平面，且仍与变形后的梁轴线垂直。同时还假设梁的各纵向纤维之间无挤压，即所有与轴线平行的纵向纤维均是轴向拉、压。梁的下部纵向纤维伸长，而上部纵向纤维缩短，由变形的连续性可知，梁内肯定有一层长度不变的纤维层，称为中性层，中性层与横截面的交线称为中性轴，由于载荷作用于梁的纵向对称面内，梁的变形沿纵向对称，则中性轴垂直于横截面的对称轴。

薄壁圆筒扭转时的应力，为了观察薄壁圆筒的扭转变形现象，先在圆筒表面上作出图 3 - 20（a）所示的纵向线及圆周线，当圆筒两端加上一对力偶 m 后，由图 3 - 20（b）可见：各纵向线仍近似为直线，且其均倾斜了同一微小角度 γ，各圆周线的形状、大小及圆周线绕轴线转了不同角度。由此说明，圆筒横截面及含轴线的纵向截面上均没有正应力，则横截面上只有切于截面的切应力 τ。因为薄壁的厚度 δ 很小，所以可以认为切应力沿壁厚方向均匀分布，如图 3 - 20（e）所示。

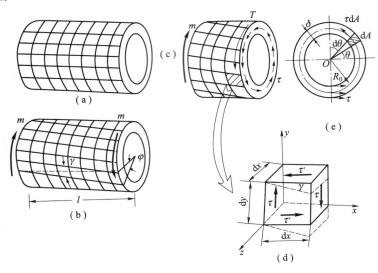

图 3 - 20　薄壁圆筒扭转时的应力

剪切胡克定律：通过薄壁圆筒扭转试验可得逐渐增加的外力偶矩 m 与扭转角 φ 的对应关系，然后得一系列的 τ 与 γ 的对应值，便可作出图 3 - 21 所示的 $\tau - \gamma$ 曲线（由低碳钢材料得出的），在 $\tau - \gamma$ 曲线中 OA 为一直线，表明 $\tau \leqslant \tau_P$ 时，$\tau \propto \gamma$ 这就是剪切胡克定律，即

$$\tau = G\gamma \qquad (3 - 6)$$

式中，G 为比例系数，称为剪切弹性模量。

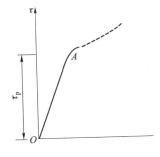

图 3 - 21　$\tau - \gamma$ 曲线

3. 杆件问题分类

在处理具体的杆件问题时，根据材料性质和变形情况的不同，可将问题分为三类：

1）线弹性问题

在杆变形很小，而且材料服从胡克定律的前提下，对杆列出的所有方程都是线性方程，相应的问题就称为线性问题。对这类问题可使用叠加原理，即为求杆件在多种外力共同作用下的变形（或内力），可先分别求出各外力单独作用下杆件的变形（或内力），然后将这些变形（或内力）叠加，从而得到最终结果。

2）几何非线性问题

若杆件变形较大，就不能在原有几何形状的基础上分析力的平衡，而应在变形后的几何形状的基础上进行分析。这样，力和变形之间就会出现非线性关系，这类问题称为几何非线性问题。

3）物理非线性问题

在这类问题中，材料内的变形和内力之间（如应变和应力之间）不满足线性关系，即材料不服从胡克定律。在几何非线性问题和物理非线性问题中，叠加原理失效。解决这类问题可利用卡氏第一定理、克罗蒂—恩盖塞定理或采用单位载荷法等。

在许多工程结构中，杆件往往在复杂载荷的作用或复杂环境的影响下发生破坏。例如，杆件在交变载荷作用下发生疲劳破坏，在高温恒载条件下因蠕变而破坏，或受高速动载荷的冲击而破坏等。这些破坏是使机械和工程结构丧失工作能力的主要原因。所以，材料力学还研究材料的疲劳性能、蠕变性能和冲击性能。

3.1.3.2　学科任务

（1）研究材料在外力作用下破坏的规律。

（2）为受力构件提供强度、刚度和稳定性计算的理论基础条件。

（3）解决结构设计安全可靠与经济合理的矛盾。

3.2　机电传动控制课程介绍

3.2.1　绪论

本课程是机械类、机械设计制造及其自动化、机械电子工程等专业的一门主干技术基础课。

本课程涉及内容十分广泛，它涵盖了"电机学""电器学""拖动控制""电力电子""直流调速系统""交流调速系统"等。

本课程的前修课程主要是"电工学""电子技术"，后续课程主要是"数控技术""运动控制系统"。

1. 机电传动的定义、目的和任务

（1）定义：以电动机为原动机驱动生产机械的系统之总称。图 3 - 22 所示为机电传动系统功能框图。

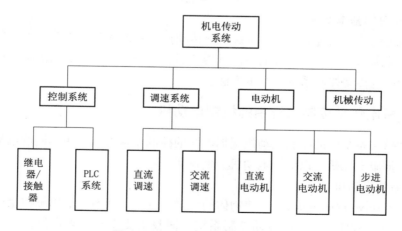

图 3 - 22　机电传动系统功能框图

（2）目的：将电能转变为机械能，实现生产机械的启动、停止以及速度调节，完成各种生产工艺过程的要求，保证生产过程的正常进行。

（3）任务。广义上：实现自动化生产。可以是生产机械设备、生产线、车间，甚至整

个工厂。狭义上：专指控制电动机驱动生产机械。要求能实现生产产品数量的增加，质量的提高，生产成本的降低，工人劳动条件的改善以及能量的合理利用。

随着生产工艺的发展，对机电传动控制系统提出了越来越高的要求。

2．相关的基本概念

1）电机的能量转换

电机是转换能量形态的一种机械：发电机将机械能转换成电能；电动机将电能转换成机械能；变压器将一种电压等级的电能转变成另一种电压等级的电能。

电机的工作原理是建立在电磁感应定律、电磁力定律、电路定律等基本理论之上。

2）法拉第电磁感应定律

设有一个匝数为 ω 的线圈放在磁场中，不论什么原因，例如线圈的移动、转动或磁场强度发生变化等，造成与线圈相交链的磁通 Φ 随时间发生变化，这时线圈内部会感应出电势，这种现象叫电磁感应。

3）运动电势

如果磁场是恒定的，但线圈与磁场之间有相对运动，引起与线圈相交链的磁通发生变化，因而在线圈中感应出电势，则称这种电势为运动电势。

$$e = Blv$$

4）电磁力定律

载流导体在磁场中受到力的作用，由于这种力是由于磁场和电流的相互作用产生的，故称之为电磁力。若磁场与导体互相垂直，则作用在导体上的电磁力为

$$f = Bli$$

5）电路定律

在电路里，对任何一个回路，若沿某一方向环绕回路一周，则回路内所有电势的代数和等于所有电压降的代数和，即

$$\sum e = \sum u$$

3．课程学习的基本要求

了解机电传动控制系统的组成；掌握机电传动控制系统的基本规律；了解常用电机、电器的基本工作原理和特性；掌握继电—接触器控制、可编程序控制器的基本工作原理及其应用；学会分析机电传动控制系统的基本方法。

3.2.2 机电传动控制系统中的控制电动机

机电传动控制系统中的控制电动机根据不同的控制要求可以选用不同的电动机，实际运用中常用的是伺服电动机，以伺服电动机为例说明。

1．伺服系统电动机

伺服系统（servo mechanism）是使物体的位置、方位、状态等输出被控量能够跟随输入目标（或给定值）的任意变化的自动控制系统。伺服主要靠脉冲来定位，基本上可以这样理解，伺服电动机接收到 1 个脉冲，就会旋转 1 个脉冲对应的角度，从而实现位移，因为，伺服电动机本身具备发出脉冲的功能，所以伺服电动机每旋转一个角度，都会发出对应数量的脉冲，这样，和伺服电动机接收的脉冲形成了呼应，或者叫闭环，如此一来，系统就会知道发了多少脉冲给伺服电动机，同时又收了多少脉冲回来，这样，就能够很精确地控制电动

机的转动，从而实现精确的定位，可以达到 0.001 mm。直流伺服电动机分为有刷和无刷电动机。有刷电动机成本低，结构简单，启动转矩大，调速范围宽，控制容易，需要维护，但维护不方便（换碳刷），产生电磁干扰，对环境有要求。

无刷电动机体积小，重量轻，出力大，响应快，速度高，惯量小，转动平滑，力矩稳定。控制复杂，容易实现智能化，其电子换相方式灵活，可以方波换相或正弦波换相。电动机免维护，效率很高，运行温度低，电磁辐射很小，寿命长，可用于各种环境。

交流伺服电动机也是无刷电动机，分为同步和异步电动机，目前运动控制中一般都用同步电动机，它的功率范围大，可以做到很大的功率。大惯量，最高转动速度低，且随着功率增大而快速降低。因而适合做低速平稳运行的应用。

伺服电动机内部的转子是永磁铁，驱动器控制的 U/V/W 三相电形成电磁场，转子在此磁场的作用下转动，同时电动机自带的编码器反馈信号给驱动器，驱动器根据反馈值与目标值进行比较，调整转子转动的角度。伺服电动机的精度决定于编码器的精度（线数）。

交流伺服电动机和无刷直流伺服电动机在功能上的区别：交流伺服要好一些，因为是正弦波控制，转矩脉动小。直流伺服是梯形波，但直流伺服比较简单。

2．注意事项

1）伺服电动机油和水的保护

（1）伺服电动机可以用在会受水或油滴浸的场所，但是它不是全防水或防油的。因此，伺服电动机不应当放置或使用在水中或油浸的环境中。

（2）如果伺服电动机连接到一个减速齿轮，使用伺服电动机时应当加油封，以防止减速齿轮的油进入伺服电动机。

（3）伺服电动机的电缆不要浸没在油或水中。

2）伺服电动机电缆减轻应力

（1）确保电缆不因外部弯曲力或自身重量而受到力矩或垂直负荷，尤其是在电缆出口处或连接处。

（2）在伺服电动机移动的情况下，应把电缆（就是随电机配置的那根）牢固地固定到一个静止的部分（相对电动机），并且应当用一个装在电缆支座里的附加电缆来延长它，这样弯曲应力可以减到最小。

（3）电缆的弯头半径做到尽可能大。

3）伺服电动机允许的轴端负载

（1）确保在安装和运转时加到伺服电动机轴上的径向和轴向负载控制在每种型号的规定值以内。

（2）在安装一个刚性联轴器时要格外小心，特别是过度的弯曲负载可能导致轴端和轴承的损坏或磨损。

（3）最好用柔性联轴器，以便使径向负载低于允许值，此物是专为高机械强度的伺服电动机设计的。

4）伺服电动机安装注意事项

（1）在安装/拆卸耦合部件到伺服电动机轴端时，不能用锤子直接敲打轴端。锤子直接敲打轴端，伺服电动机轴另一端的编码器会被敲坏。

（2）竭力使轴端对齐到最佳状态（对不好可能导致振动或轴承损坏）。

3. 优点

伺服电动机和其他电动机（如步进电动机）相比有以下优点。

（1）精度：实现了位置、速度和力矩的闭环控制；克服了步进电动机失步的问题。

（2）转速：高速性能好，一般额定转速能达到 2 000 ~ 3 000 转。

（3）适应性：抗过载能力强，能承受三倍于额定转矩的负载，对有瞬间负载波动和要求快速启动的场合特别适用。

（4）稳定：低速运行平稳，低速运行时不会产生类似于步进电动机的步进运行现象，适用于有高速响应要求的场合。

（5）及时性：电动机加减速的动态响应时间短，一般在几十毫秒之内。

（6）舒适性：发热和噪声明显降低。

简单点说就是：平常看到的那种普通的电动机，断电后它还会因为自身的惯性再转一会儿，然后停下。而伺服电动机和步进电动机是说停就停，说走就走，反应极快。但步进电动机存在失步现象。

伺服电动机的应用领域很多，只要是需要有动力源的而且对精度有要求的领域一般都可能涉及伺服电动机，如机床、印刷设备、包装设备、纺织设备、激光加工设备、机器人、自动化生产线等对工艺精度、加工效率和工作可靠性等要求相对较高的设备。

3.2.3 继电接触器控制

电器的概念：电器对电能的生产、输送、分配与应用起着控制、调节、检测和保护的作用，在电力输配电系统和电力拖动自动控制系统中应用极为广泛。

1. 电器的分类

1）按工作电压等级分类

（1）高压电器：AC 1 200 V、DC 1 500 V 及以上电路中的电器。

（2）低压电器：AC 1 200 V、DC 1 500 V 以下电路中的电器。

2）按动作原理分类

（1）手动电器：通过人的操作发出动作指令的电器。

（2）自动电器：产生电磁吸力而自动完成动作指令的电器。

3）按用途分类

（1）控制电器：用于各种控制电路和控制系统的电器。

（2）配电电器：用于电能的输送和分配的电器。

（3）主令电器：用于自动控制系统中发送动作指令的电器。

（4）保护电器：用于保护电路及用电设备的电器。

（5）执行电器：用于完成某种动作或传送功能的电器。

2. 电器的主要组成部分

1）电磁机构

电磁机构由线圈、铁芯和衔铁组成，主要作用是通过电磁感应原理将电能转换成机械能，带动触头动作，完成接通或分断电路的功能。根据衔铁相对铁芯的运动方式，电磁机构可分为直动式和拍合式两种，当吸引线圈通入电流后，产生磁场，磁通经铁芯、衔铁和工作气隙形成闭合回路，产生电磁力，将衔铁吸向铁芯。与此同时，衔铁还受到反作用弹簧的拉力，只有当电磁吸力大于弹簧反力时，衔铁才可靠地被铁芯吸住。而当吸引线圈断电时，电磁吸力消失，在弹簧作用下，衔铁与铁芯脱离，即衔铁释放。

2）触头系统

（1）接触形式：触头的接触形式有点接触、线接触和面接触三种。点接触适用于电流不大，触头压力小的场合；线接触适用于接电次数多，电流大的场合；面接触适用于大电流的场合。

（2）结构形式：触头是电磁式电器的执行部分，起接通或断开电路的作用。触头的结构形式很多，按其所控制的电路可分为主触头和辅助触头。主触头用于接通或断开主电路，允许通过较大的电流；辅助触头用于接通或断开控制电路，只能通过较小的电流。电磁式电器触头在线圈未通电状态时有常开（或动合）和常闭（或动断）两种状态，分别称为常开（或动合）触头和常闭（或动断）触头。当电磁线圈有电流通过，电磁机构动作时，触头改变原来的状态，常开（动合）触头将闭合，使与其相连的电路接通；常闭（动断）触头将断开，使与其相连的电路断开。能与机械联动的触头称为动触头，固定不动的触头称静触头。

3.2.3.1　常用低压电器

（1）接触器：一般由电磁机构、触点、灭弧装置、释放弹簧机构、支架与底座等几部分组成。根据电磁原理工作：当电磁线圈通电后，线圈电流产生磁场，使静铁芯产生电磁吸力吸引衔铁，并带动触点动作，使常闭触点断开，常开触点闭合，两者是联动的。当线圈断电时，电磁力消失，衔铁在释放弹簧的作用下降放，使触点复原，即常开触点断开，常闭触点闭合。

（2）继电器：主要用于控制与保护电路中作信号转换用。具有输入电路（又称感应元件）和输出电路（又称执行元件），当感应元件中的输入量（如电流、电压、温度、压力等）变化到某一定值时继电器动作，执行元件便接通和断开控制回路。

常用的有电流继电器、电压继电器、中间继电器、时间继电器、热继电器以及温度、压力、计数、频率继电器等。

时间继电器：从得到输入信号（即线圈通电或断电）开始，经过一定的延时后才输出信号（延时触点状态变化）的继电器，称为时间继电器。时间继电器可分为通电延时型和断电延时型。通电延时型是当接收输入信号后延迟一定时间，输出信号才发生变化；当输入信号消失后，输出瞬时复原。断电延时型是当接收输入信号时，瞬时产生相应的输出信号；当输入信号消失后，延迟一定的时间，输出信号才复原。

按延时方式分类：通电延时型、断电延时型和带瞬动触点的通电（或断电）延时型继电器；按工作原理分类：空气阻尼式、电动式和电子式等。

触点类型有常开延时闭合触点、常闭延时断开触点、常开延时断开触点和常闭延时闭合触点 4 类。

（3）熔断器：供电电路和电气设备的短路保护；由熔体和安装熔体的外壳两部分组成；通过熔断器的电流超过一定数值并经过一定的时间后，电流在熔体上产生的热量使熔体某处熔化而切断电路，从而保护了电路和设备。

（4）低压断路器：用来分配电能，不频繁地起动异步电动机，对电源电路及电动机等实行保护。功能相当于熔断器式断路器与过电流、欠电压、热继电器等的组合；主要由触点和灭弧装置、各种可供选择的脱扣器与操作机构、自由脱扣机构三部分组成。

（5）主令电器：用来发布命令、改变控制系统工作状态的电器；主要类型有按钮、行程开关、万能转换开关、主令控制器、脚踏开关等。

3.2.3.2 电路图的基本概念

1. 概述

（1）电气图：用电气图形符号绘制的图，是电工领域中最主要的提供信息方式，它提供的信息内容可以是功能、位置、设备制造及接线等。

（2）电气图的类型：系统图与框图、电路图、接线图与接线表、功能表图、逻辑图、位置图等。根据其所表达信息的类型和表达方式而确定。

（3）电气控制系统图：根据国家电气制图标准，用规定的图形符号、文字符号以及规定的画法绘制，表达设备电气控制系统的组成结构，工作原理及安装、调试、维修等技术要求的工程图。

（4）电气控制系统图种类：电路图（图3-23）、电气接线图、电气元件布置图（图3-24）。

图3-25所示为CW6132型车床电气设备安装布置图。

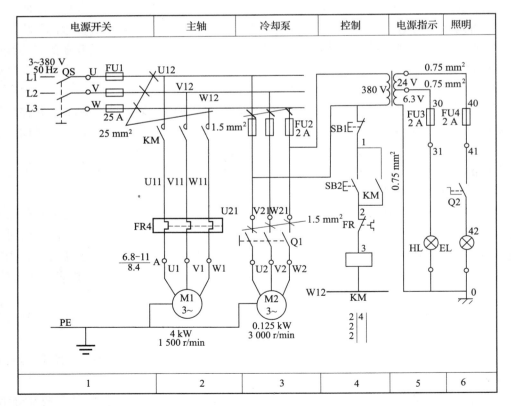

图3-23　CW6132型普通车床电气原理

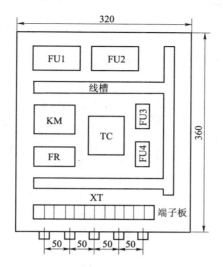

图 3 – 24　CW6132 型车床控制盘电气元件布置图

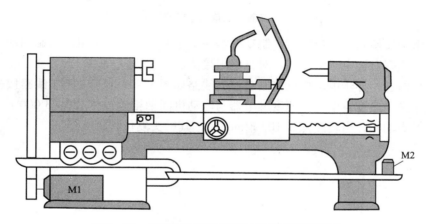

图 3 – 25　CW6132 型车床电气设备安装布置图

3.2.3.3　三相笼型异步电动机减压启动、制动控制电路

1. 星形—三角形减压启动控制电路

控制电路按时间原则实现控制。启动时将电动机定子绕组连接成星形，加在电动机每相绕组上的电压为额定电压的 $1/\sqrt{3}$，从而减小了启动电流。待启动后按预先整定的时间把电动机换成三角形连接，使电动机在额定电压下运行，如图 3 – 26 所示。

2. 三相笼型异步电动机的制动控制电路

三相笼型异步电动机从切除电源到完全停止旋转，由于惯性的原因，总需要一段时间。但实际工业生产中，很多生产机械在运行过程中都要求安全和准确定位。为了提高劳动生产率，都需要电动机能迅速停车，所以要求对电动机进行制动控制。以电动机单向反接制动控制为例。反接制动是利用改变电动机电源相序，使定子绕组产生的旋转磁场与转子旋转方向相反，因而产生制动力矩的一种制动方法。应注意的是，当电动机转速接近 0 时，必须立即断开电源，否则电动机会反向旋转。

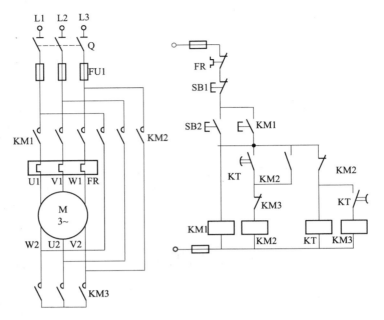

图 3 – 26　星形—三角形减压启动控制电路

另外，由于反接制动电流较大，制动时需在定子回路中串入电阻以限制制动电流。反接制动电阻的接法有对称电阻接法和不对称电阻接法。

单向运行的三相异步电动机反接制动控制线路如图 3 – 27 所示。控制线路按速度原则实现控制，通常采用速度继电器。速度继电器与电动机同轴相连，在 120 ~ 3 000 r/min 范围内速度继电器触头动作，当转速低于 100 r/min 时，其触头复位。

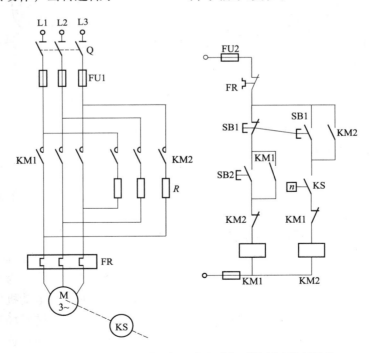

图 3 – 27　单向运行的三相异步电动机反接制动控制线路

3.2.3.4　电气控制系统常用的保护环节

电气控制的保护环节非常多，在电气控制线路中，最为常用的是熔断器及断路器，应用方法是串联在回路中，其分断作用和当线路电流超过其允许最大电流时熔断或跳保护。第二类较常用的保护环节是电动机保护，即热保护继电器，当电动机过流时跳保护。电气控制线路常设有以下保护环节：

1．短路保护

当电路发生短路时，短路电流会引起电气设备绝缘损坏和产生强大的电动力，使电动机和电路中的各种电气设备产生机械性损坏，因此当电路出现短路电流时，必须迅速而可靠的断开电源，可采用熔断器作短路保护。当主电动机容量较小，其控制电路不需另设熔断器，主电路中熔断器也作为控制电路的短路保护。当主电动机容量较大，则控制电路一定要单独设置短路保护熔断器，也可采用自动开关作短路保护，既作为短路保护，又作为过载保护，其过流线圈用作短路保护。线路出故障时，自动开关动作，事故处理完重新合上开关，线路则重新运行工作。

2．过电流保护

不正确的启动和过大负载，也常常引起电动机产生很大的过电流。由此引起的过电流一般比短路电流要小。过大的冲击负载，使电动机流过过大的冲击电流，以致损坏电动机的换向器；同时，过大的电动机转矩也会使机械的转动部件受到损伤，因此要瞬时切断电源。在电动机运行过程中产生这种过电流比发生短路的可能性要大，特别是对频繁启动和正反转重复短时工作的电动机更是如此。

3．过载保护

电动机长期超载运行，其绕组的温升将超过允许值而损坏，所以应设过载保护环节。过载保护一般采用热继电器作为保护元件。热继电器具有反时限特性，由于热惯性的关系，热继电器不会受短路电流的冲击而瞬时动作；当有 8～10 倍额定电流通过热继电器时，需经 1～3 s 动作，这样，在热继电器动作前，热继电器的发热元件可能已烧坏。所以，在使用热继电器作过载保护时，还必须装有熔断器或过流继电器配合使用。

4．失电压保护

在电动机正常工作时，如果因为电源的关闭而使电动机停转，那么，在电源电压恢复时，电动机就会自行启动。电动机的自启动可能造成人身事故或设备事故。防止电压恢复时电动机自启动的保护称为失压保护。它是通过并联在启动按钮上的接触器的常开触头，或通过并联在主令控制器的零位闭合触头上零位继电器的常开触头来实现失压保护的，即自锁控制。

5．欠电压保护

电动机运转时，电源电压过分降低引起电磁转矩下降，在负载转矩不变情况下，转速下降，电动机电流增大。此外，由于电压的下降引起控制电器释放，造成电路不正常工作。因此，当电源电压下降到 60%～80% 额定电压时，将电动机电源切除而停止工作，这种保护称为欠电压保护。

6．过电压保护

电磁铁、电磁吸盘等大电感负载及直流电磁机构、直流继电器等，在通断时会产生较高的感应电动势，将使电磁线圈绝缘击穿而损坏。因此，必须采用过压保护措施。通常过压保护是线圈两端并联一个电阻，电阻串联电容或二极管串联电阻，以形成一个放电回路，实现过压保护。

7. 直流电动机的弱磁保护

直流并励电动机、复励电动机在磁场减弱或磁场消失时，会引起电动机"飞车"。因此，要加强弱磁保护环节。弱磁继电器的吸合值，一般整定为额定励磁电流的 0.8 倍。对于调磁调速的电动机，弱磁继电器的释放值为最小励磁电流的 0.8 倍。

3.2.4 可编程控制器

PLC 可编程序控制器：PLC 英文全称 Programmable Logic Controller ，中文全称为可编程逻辑控制器，一种数字运算操作的电子系统，专为在工业环境应用而设计的。它采用一类可编程的存储器，用于其内部存储程序，执行逻辑运算、顺序控制、定时、计数与算术操作等面向用户的指令，并通过数字或模拟式输入/输出控制各种类型的机械或生产过程。DCS 集散系统：DCS 英文全称 Distributed Control System，中文全称为集散型控制系统。DCS 在模拟量回路控制较多的行业中广泛使用的，尽量将控制所造成的危险性分散，而将管理和显示功能集中的一种自动化高技术产品。

1. 可编程序控制器的特点

（1）抗干扰能力强，可靠性高。

（2）控制系统结构简单、通用性强、应用灵活。

（3）编程方便，易于使用。

（4）功能完善，扩展能力强。

（5）PLC 控制系统设计、安装、调试方便。

（6）维修方便，维修工作量小。PLC 具有完善的自诊断、履历情报存储及监视功能。

（7）体积小、重量轻，易于实现机电一体化。

2. 可编程序控制器的主要性能指标

PLC 的性能指标是反映 PLC 性能高低的一些相关的技术指标，主要包括 I/O 点数、处理速度（扫描时间）、存储器容量、定时器/计数器及其他辅助继电器的种类和数量、各种运算处理能力等。

3. 可编程序控制器的工作过程

PLC 工作过程如图 3 – 28 所示。

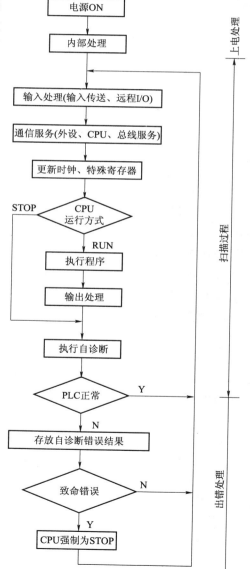

图 3 – 28 PLC 工作过程

1）上电处理

PLC 未进入正式运行前，首先应确定自身的完好性。这就是接通电源后的初始操作。通电后，消除各元件的随机状态，进行清零或复位处理，检查 I/O 单元的连接是否正确（I/O 总线）。再做一道题，使它涉及各种指令和内存单元，若解题时间在 to 以内，则自身完好（否则，系统关闭），解题结束，将监控定时器 to 复位，才开始正式运行。

2）扫描过程

PLC 上电处理完成后进入扫描工作过程。先完成输入处理，其次完成与其他外设的通信处理，再次进行时钟、特殊寄存器更新。当 CPU 处于 STOP 停止方式时，转入执行自诊断检查。当 CPU 处于 RUN 运行方式时，还要完成用户程序的执行和输出处理，再转入执行自诊断。

按分时操作的原理，每一时刻执行一个操作，顺序进行，这种分时操作的过程称"CPU 对程序的扫描"。

3）出错处理

PLC 每扫描一次，执行一次自诊断检查，确定 PLC 自身的动作是否正常，如 CPU、电池电压、程序存储器、I/O、通信是否正常或出错。如检查出异常时，CPU 面板上的 LED 及异常继电器会接通，在特殊寄存器中会存入出错代码。当出现致命错误时，CPU 被强制为 STOP 方式，所有的扫描停止。

3.2.4.1　可编程序控制器的指令系统

1. 输入继电器 X（X0 ~ X177）

输入继电器是 PLC 用来接收用户设备发来的输入信号，输入继电器与 PLC 的输入端相连。输入继电器的地址编号采用八进制。

2. 输出继电器 Y（Y0 ~ Y177）

输出继电器是 PLC 用来将输出信号传给负载的元件。输出继电器的外部输出触点接到 PLC 的输出端子上。输出继电器的地址编号采用八进制。

3. 辅助继电器 M

辅助继电器可分为：通用型、断电保持型和特殊辅助继电器三种，辅助继电器按十进制编号。

（1）通用辅助继电器 M0 ~ M499（500 点）。

（2）断电保持辅助继电器 M500 ~ M1023（524 点）。

（3）特殊辅助继电器 M8000 ~ M8255（256 点）。

PLC 内的特殊辅助继电器各自具有特定的功能：

（1）只能利用其触点的特殊辅助继电器，线圈由 PLC 自动驱动，用户只利用其触点。

M8000：运行监控用，PLC 运行时 M8000 接通；

M8002：仅在运行开始瞬间接通的初始脉冲特殊辅助继电器；

M8012：产生 100 ms 时钟脉冲的特殊辅助继电器。

（2）可驱动线圈型特殊继电器，用于驱动线圈后，PLC 做特定动作。

M8030：锂电池电压指示灯特殊继电器；

M8033：PLC 停止时输出保持特殊辅助继电器；

M8034：指全部输出特殊辅助继电器；

M8039：是扫描特殊辅助继电器。

4. 状态继电器 S

状态继电器 S 是编制步进控制顺序中使用的重要元件，它与步进指令 STL 配合使用。状态继电器有下列五种类型。

（1）初始状态继电器：S0 ~ S9 共 10 点；

（2）回零状态继电器：S10 ~ S19 共 10 点；

（3）通用状态继电器：S20 ~ S499 共 480 点；

（4）保持状态继电器：S500 ~ S899 共 400 点；

（5）报警用状态继电器：S900 ~ S999 共 100 点。

5. 定时器 T

定时器在 PLC 中的作用相当于一个时间继电器，它有一个设定值寄存器，一个当前值寄存器以及无限个触点。

PLC 内定时器是根据时钟脉冲累积计时，时钟脉冲有 1 ms、10 ms、100 ms 三挡，当所计时时间到达设定值时，输出触点动作。定时器可以用用户程序存储器内的常数 k 作为设定值，也可以用数据寄存器 D 的内容作为设定值 。

6. 计数器 C

PLC 设有用于内部计数的内部计数器 C0 ~ C234，共 235 点，还有用于外部输入端 X0 ~ X7 计数的高速计数器 C235 ~ C255，共 21 点。内部计数器用来对 PLC 的内部映像区 X，Y，M，S 信号进行记数，记数脉冲为 ON 或 OFF 的持续时间，且持续时间应大于 PLC 的扫描周期，其响应速度通常小于几十赫兹。FX2N 系列 PLC 的内部计数器有 16 位加计数器和 32 位双向计数器两种。此外，还有对外部高速脉冲计数的高速计数器（HSC）。

3.2.4.2 功能图、步进梯形图及步进指令

1. 功能图

功能图是一种用于描述顺序控制系统控制过程的一种图形。它具有简单、直观等特点，是设计 PLC 顺序控制程序的一种有力工具。它由步、转换条件及有向连线组成。状态继电器是构成功能图的重要元件。

1）步

将系统的工作过程可以分为若干个阶段，这些阶段称为"步"。"步"是控制过程中的一个特定状态。步又分为初始步和工作步，在每一步中要完成一个或多个特定的动作。初始步表示一个控制系统的初始状态，所以，一个控制系统必须有一个初始步，初始步可以没有具体要完成的动作。

FX2 系列 PLC 的状态继电器元件有 900 点（S0 ~ S899），其中 S0 ~ S9 为初始状态继电器，用于功能图的初始步。

2）转换条件

步与步之间用"有向连线"连接，在有向连线上用一个或多个小短线表示一个或多个转换条件。

当条件得到满足时，转换得以实现。当系统正处于某一步时，把该步称为"活动步"。

例如，控制锅炉的鼓风机和引风机的要求。按下起动按钮 SB1（X000 点输入）后，应先开引风机，延时 5 s 后再开鼓风机。按下停止按钮 SB2（X001 点输入）后，应先停鼓风机，5 s 后再停引风机。KM1 为引风机交流接触器（Y000 点驱动），KM2 为鼓风机交流接触器（Y001 点驱动），如图 3 - 29 所示。

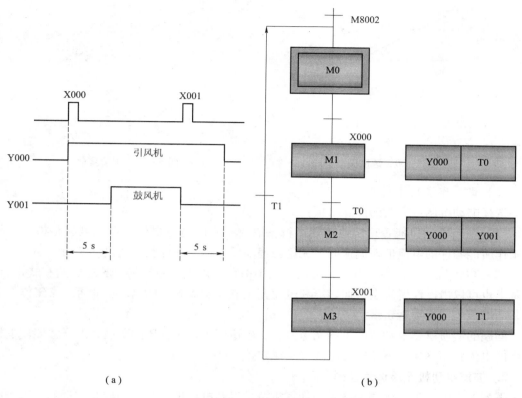

（a）　　　　　　　　　　　　　　　　　（b）

图 3 - 29　控制锅炉的鼓风机和引风机

（a）波形图；（b）顺序功能图

2. 步进指令

步进指令又称 STL 指令。使 STL 复位的指令是 RET 指令。

步进指令 STL 只有与状态继电器 S 配合时才具有步进功能。使用 STL 指令的状态继电器常开触点，称为 STL 触点，没有常闭的 STL 触点。用状态继电器代表功能图的各步，每一步都具有三种功能：负载的驱动处理、指定转换条件和指定转换目标。

3.2.5　交直流电动机无级调速控制

1. 直流电动机无级调速控制

1）速度调节与速度变化

速度调节：在一定的负载下，人为改变参数，从而改变电动机稳定转速，负载不变，如图 3 - 30 所示。

速度变化：由于负载发生变化而引起电动机转速改变，特性不变，如图 3 - 31 所示。

2）直流电动机调速的方法

（1）改变电枢电路外串电阻；

（2）改变电动机电枢供电电压；

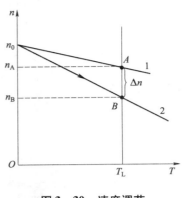

图 3 - 30　速度调节

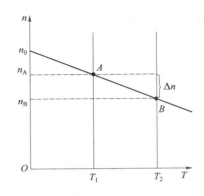

图 3 - 31　速度变化

（3）改变电动机主磁通。

选择电动机调速方法的注意事项：

（1）一台电动机能否正常地长期运行，取决于它的电枢电流。额定电流是指电动机长期工作所能容许的电流值。调速时，无论转速高低，都不允许长期超过额定值。

（2）电动机在运行中，电压、磁通的大小都是可以人为控制的，转速虽然和转矩有关，但基本也可以由操作者决定，而转矩和电流完全取决于负载，即电动机能否正常工作要看电流，而电流的大小要看负载。

问题的实质就是电动机的不同调速方法，各适用于什么性质的负载，怎样才能使电枢回路中的电流在不同速度下始终接近或等于额定值。

2. 交流电动机无级调速控制

随着电力电子学、微电子技术、计算机技术以及电机理论和自动控制理论的发展，影响三相交流电动机发展的问题逐渐得到了解决，目前三相异步交流电动机的调速性能已达到直流调速的水平。在不久的将来交流调速必将取代直流调速。在实际生产过程中，根据加工工艺的要求，生产机械传动机构的运行速度需要进行调节。这种负载不变，人为调节转速的过程称为调速。通常有机械调速和电气调速两种方法，通过改变传动机构转速比的调速方法称为机械调速；通过改变电动机参数而改变系统运行转速的调速方法称为电气调速。不同的生产机械，对调速的目的和具体要求各不相同，对于鼓风机和泵类负载，通过调节转速来调节流量，这与通过调节阀门调节的方法相比，节能效果更加显著。

调速控制是交流电动机的重要控制内容，实际应用中的交流调速方法有多种，常见的有变极调速、转子串电阻调速、串级调速、电磁调速、异步电动机调速、变频调速等。

目前广泛使用的调速方法仍然是传统的改变极对数和改变转子电阻的有级调速控制系统，近年来，随着电力电子、计算机控制以及矢量控制等技术的进步，变频调速技术发展迅速，已应用于很多生产领域，这是将来调速发展的方向。

3.2.6　机电传动控制系统设计

机电传动控制系统主要有以下几种类型，如图 3 - 32 所示。在设计时候，可以依据实际情况，选择合适的类型。

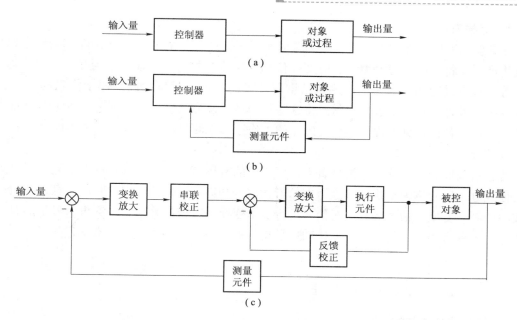

图 3－32 机电传动控制系统

（a）开环控制系统的方框图；（b）闭环控制系统的方框图；（c）闭环控制系统的一般组成

3.3 工程测试技术课程介绍

3.3.1 绪论

1. 测试技术的基本概念

测试技术是实验科学的一部分，主要研究各种物理量的测量原理和测量信号的分析处理方法。

测试技术是进行各种科学实验研究和生产过程参数检测等必不可少的手段，它起着类似人的感觉器官的作用。通过测试可以揭示事物的内在联系和发展规律，从而去利用它和改造它，推动科学技术的发展。科学技术的发展历史表明，科学上许很多新的发现和突破都是以测试为基础的。同时，其他领域科学技术的发展和进步又为测试提供了新的方法和装备，促进了测试技术的发展。

在工程技术领域中，工程研究、产品开发、生产监督、质量控制和性能实验等，都离不开测试技术。在工程技术中广泛应用的自动控制技术也和测试技术有着密切的关系，测试装置是自动控制系统中的感觉器官和信息来源，对确保自动化系统的正常运行起着重要作用。

测试技术几乎涉及任何一项工程领域，无论是生物、海洋、气象、地质、雷达、通信以及机械、电子等工程，都离不开测试与信息处理。在日常生活中，你也会随处可见测试技术的应用例子。例如，空调、电冰箱中的温度测量和压缩机启/停控制装置，洗衣机中的液位测量和洗衣机电动启/停控制装置。

为提高测量精度，增加信号传输、处理、存储、显示的灵活性和提高测试系统的自动化程度，以利于和其他控制环节一起构成自动化测控系统，在测试中通常先将被测对象输出的物理量转换为电量，然后再根据需要对变换后的电信号进行处理，最后以适当的形式显示、输出。

2. 课程内容

在科学实验和工业生产过程中，为及时了解工艺过程、生产过程的情况，需要对反映实验或生产对象特征的压力、力矩、应变、位移、速度、加速度、温度、流量、液位、浓度、重量等物理量进行测量。为提高测量精度和测量的自动化程度，以及便于信息的传输、记录、分析和处理，在测量过程中需要将这些物理量转换为电量。将物理量转换为电量的装置称为传感器，各种常见物理量测量传感器的工作原理和测量放大电路原理是本课程的一个主要组成部分。

传感器获取的测试信号中携带着人们所需要的有用信息，但也常含有大量人们不感兴趣的其他成分，后者称为干扰信号。为剔除干扰信号和提取测试信号中的有用信息，必须通过滤波、调制、变换、估值等方法对信号进行加工变换，改变信号形式，突出信号中的有用信息成分。各种常用的信号去干扰方法和信号特征提取方法的工作原理是本课程的另一个重要组成部分。

3.3.2 测试信号的分析处理

1. 信号的分类与描述

为了深入了解信号的物理实质，将其进行分类研究是非常必要的。以不同的角度来看待信号，可以将信号分为：确定性信号与非确定性信号；能量信号与功率信号；时限信号与频限信号；连续时间信号与离散时间信号；物理可实现信号。

2. 信号的时域分析

信号时域分析又称为波形分析或时域统计分析，它是通过信号的时域波形计算信号的均值、均方值、方差等统计参数。信号的时域分析很简单，用示波器、万用表等普通仪器就可以进行分析。

3. 信号的相关分析

相关的概念：相关是指客观事物变化量之间的相依关系，在统计学中是用相关系数来描述两个变量 x，y 之间的相关性的，即

$$\rho_{xy} = \frac{c_{xy}}{\sigma_x \sigma_y} = \frac{E[(x - \mu_x)(y - \mu_y)]}{\{E[(x - \mu_x)^2] E[(y - \mu_y)^2]\}^{1/2}}$$

式中，ρ_{xy} 是两个随机变量波动量之积的数学期望，称之为协方差或相关性，表征了 x、y 之间的关联程度；σ_x、σ_y 分别为随机变量 x、y 的均方差，是随机变量波动量平方的数学期望。

ρ_{xy} 是一个无量纲的系数，$-1 \leqslant \rho_{xy} \leqslant 1$。当 $|\rho_{xy}| = 1$ 时，说明 x、y 两变量是理想的线性相关；$\rho_{xy} = 0$ 时，表示 x、y 两变量完全无关；$0 < |\rho_{xy}| < 1$ 时，表示两变量之间有部分相关。

相关函数：如果所研究的随机变量 x，y 是与时间有关的函数，即 $x(t)$ 与 $y(t)$，这时可以引入一个与时间 τ 有关的量 $\rho_{xy}(\tau)$，称为相关系数，并有

$$\rho_{xy}(\tau) = \frac{\int_{-\infty}^{\infty} x(t) y(t - \tau) \mathrm{d}t}{[\int_{-\infty}^{\infty} x^2(t) \mathrm{d}t \int_{-\infty}^{\infty} y^2(t) \mathrm{d}t]^{\frac{1}{2}}}$$

式中假定 $x(t)$、$y(t)$ 是不含直流分量（信号均值为零）的能量信号。分母部分是一个常量，分子部分是时间 τ 的函数，反映了二个信号在时移中的相关性，称为相关函数。因此相关函数定义为

$$R_{xy}(\tau) = \int_{-\infty}^{\infty} x(t)y(t-\tau)\mathrm{d}t$$

或

$$R_{yx}(\tau) = \int_{-\infty}^{\infty} y(t)x(t-\tau)\mathrm{d}t$$

如果 $x(t) = y(t)$，则称 $R_x(\tau) = R_{xy}(\tau)$ 为自相关函数，即

$$R_x(\tau) = \int_{-\infty}^{\infty} x(t)x(t-\tau)\mathrm{d}t$$

若 $x(t)$ 与 $y(t)$ 为功率信号，则其相关函数为

$$R_{xy}(\tau) = \lim_{T\to\infty} \frac{1}{T} = \int_{-T/2}^{T/2} x(t)y(t-\tau)\mathrm{d}t$$

$$R_x(\tau) = \lim_{T\to\infty} \frac{1}{T} = \int_{-T/2}^{T/2} x(t)x(t-\tau)\mathrm{d}t$$

计算时，令 $x(t)$、$y(t)$ 两个信号之间产生时差 τ，再相乘和积分，就可以得到 τ 时刻二个信号的相关性。连续变化参数 τ，就可以得到 $x(t)$、$y(t)$ 的相关函数曲线。

3.3.3 测试系统的基本特性

1. 测试系统概论

测试系统是执行测试任务的传感器、仪器和设备的总称。当测试的目的、要求不同时，所用的测试装置差别很大。简单的温度测试装置只需一个液柱式温度计，但较完整的动刚度测试系统，则仪器多且复杂。本章所指的测试装置可以小到传感器，大到整个测试系统。

在测量工作中，一般把研究对象和测量装置作为一个系统来看待。问题简化为处理输入量 $x(t)$、系统传输特性 $h(t)$ 和输出 $y(t)$ 三者之间的关系。

2. 测试系统的静态响应特性

如果测量时，测试装置的输入、输出信号不随时间而变化，则称为静态测量。静态测量时，装置表现出的响应特性称为静态响应特性。表示静态响应特性的参数，主要有灵敏度、非线性度和回程误差。为了评定测试装置的静态响应特性，通常采用静态测量的方法求取输入—输出关系曲线，作为该装置的标定曲线。理想线性装置的标定曲线应该是直线，但由于各种原因，实际测试装置的标定曲线并非如此。因此，一般还要按最小二乘法原理求出标定曲线的拟合直线。

3. 测试系统的动态响应特性

在对动态物理量（如机械振动的波形）进行测试时，测试装置的输出变化是否能真实地反映输入变化，则取决于测试装置的动态响应特性。系统的动态响应特性一般通过描述系统传递函数、频率响应函数等数学模型来进行研究。

3.3.4 测试系统常用传感器介绍

传感器的作用：用机械代替体力劳动是第一次产业革命，在那次革命中，火车、汽车取代了人力车，各种动力机械取代了繁重的体力劳动。而用机械和电子装置来代替部分脑力劳

动，可以说是第二次或第三次产业革命，这也是当前科学技术发展的重要课题之一。在这一课题中，传感器的研究是一个不可忽视的内容。

传感器是一种获取信息的装置。它的定义是：借助于检测元件接收一种形式的信息，并按一定的规律将所获取的信息转换成另一种信息的装置。它获取的信息可以为各种物理量、化学量和生物量，而转换后的信息也可以有各种形式。但目前，传感器转换的大多为电信号。因而从狭义上讲，传感器定义为，把外界输入的非电信号转换成电信号的装置。所以一般也称传感器为变换器、换能器和探测器，其输出的电信号继续输送给后续的配套的测量电路及终端装置，以便进行电信号的调理、分析、记录或显示等。在一个自动化系统中，首先要能检测到信息，才能去进行自动控制，因此传感器是首当其冲的装置。

1．传感器的组成

传感器一般由敏感器件与其他辅助器件组成。敏感器件是传感器的核心，它的作用是直接感受被测物理量，并将信号进行必要的转换输出。如应变式压力传感器的弹性膜片是敏感元件，它的作用是将压力转换为弹性膜片的形变，并将弹性膜片的形变转换为电阻的变化而输出。

一般把信号调理与转换电路归为辅助器件，它们是一些能把敏感器件输出的电信号转换为便于显示、记录、处理等有用的电信号的装置。

随着集成电路制造技术的发展，现在已经能把一些处理电路和传感器集成在一起，构成集成传感器。进一步的发展是将传感器和微处理器相结合，装在一个检测器中形成一种新型的"智能传感器"。它将具有一定的信号调理、信号分析、误差校正、环境适应等能力，甚至具有一定的辨认、识别、判断的功能。这种集成化、智能化的发展，无疑对现代工业技术的发展将发挥重要的作用。

2．传感器的分类

传感器的种类繁多。在工程测试中，一种物理量可以用不同类型的传感器来检测；而同一种类型的传感器也可测量不同的物理量。

传感器的分类方法很多，概括起来，可按以下几个方面进行分类。

（1）按被测物理量来分，可分为位移传感器、速度传感器、加速度传感器、力传感器、温度传感器等。

（2）按传感器工作的物理原理来分，可分为机械式、电气式、辐射式、流体式等。

（3）按信号变换特征来分，可分为物性型和结构型。

（4）按传感器与被测量之间的关系来分，可分为能量转换型和能量控制型。

（5）另外，按传感器输出量的性质可分为模拟式和数字式两种。

3．传感器的发展动向

最近十几年来，由于对传感器在信息社会中的作用有了新的认识和评价，各国都将传感器技术列为重点发展技术。当今，传感器技术的主要发展动向，一是开展基础研究，重点研究传感器的新材料和新工艺；二是实现传感器的智能化。

实践证明，传感器技术与计算机技术在现代科学技术的发展中有着密切的关系。而当前的计算机在很多方面已具有了大脑的思维功能，甚至在有些方面的功能已超过了大脑。与此相比，传感器就显得比较落后。也就是说，现代科学技术在某些方面因电子计算机技术与传感器技术未能取得协调发展而面临着许多问题。正因为如此,世界上许多国家都在努力研究各种新型传感器,改进传统的传感器。开发和利用各种新型传感器已成为当前发展科学技术的重要课题。

基于上述开发新型传感器的紧迫性,目前国际上,凡出现一种新材料、新元件或新工艺,就会很快地应用于传感器,并研制出一种新的传感器。例如,半导体材料与工艺的发展,出现了一批能测很多参数的半导体传感器;大规模集成电路的设计成功,发展了有测量、运算、补偿功能的智能传感器;生物技术的发展,出现了利用生物功能的生物传感器。这也说明了各个学科技术的发展,促进了传感器技术的不断发展;而各种新型传感器的问世,又不断为各个部门的科学技术服务,促使现代科学技术进步。它们是相互依存、相互促进的,这也说明了目前要开发新型传感器不但重要,而且也是可能的。

在我国近 20 年来,传感器虽然有了较快的发展,有不少传感器走上市场,但大多数只能用于测量常用的参数、常用的量程、中等的精度,远远满足不了我国四个现代化建设的要求。而与国际水平相比,我国的传感器不论在品种、数量、质量等方面,都有较大的差距。为此,努力开发各种新型传感器,以满足我国四化建设的需要,是摆在我国科技工作者面前的紧迫任务。

3.3.5 测试信号调理电路

由传感器直接输出的信号一般是非常微弱的,不能直接被测量电路所利用,所以要根据不同形式的传感器采取不同的方式对信号进行处理,例如对微弱的信号放大、滤波、变换等,最终将传感器最初的输出信号调理成能被测量电路所利用的信号。

仪器放大器(或称数据放大器)是用于测量两个输入端信号之差的集成模块,其放大增益可设定。仪表放大器具有输入阻抗高、失调和温漂小、增益稳定、输出阻抗低等特点,主要用作热电偶、应变电桥、分流器及生物传感器的接口电路,这种放大器能够将叠加在大共模电压上的小的差模信号进行前置放大。仪表放大器的增益可任意设定,一般有两种方法,一是通过数字量直接控制,另一种是通过外部电位器调节,目前有各种型号的仪器放大器可供选择使用。仪表放大器的功能框图如图 3-33 所示。

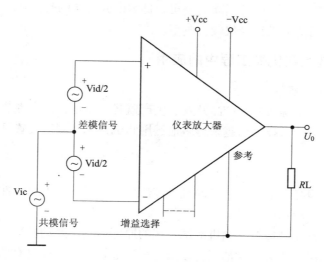

图 3-33 仪表放大器的功能框图

3.3.6 信号显示与记录仪表

在工业测量和控制系统中，显示仪表是不可缺少的。显示仪表通常指以指针位移、数字、图形、声光等形式直接或间接显示、记录测量结果的仪表。它能与多种类型的检测仪表配合使用，用作工业过程变量数值大小、变化趋势和工作状态的显示和记录，不少显示仪表兼有控制、调节和故障报警等功能。

显示仪表经历了从机械式、机电式到电子式的发展过程。仪表所用的元器件从电子管、半导体管到目前的集成电路。所使用的显示、报警器件，分别有指针式、打印记录式、数字式、光柱式和液晶显示屏等。随着大规模集成电路和计算机技术的不断完善和发展，显示仪表已向多功能、小体积、高精确度智能化方向发展，能更逼真地显示、记录工业过程参数的变化趋势，而且对于工艺过程的现场数据，不仅能显示、记录、打印，还能存储、传送，更方便管理人员及时了解现场情况。

显示仪表品种多、系列全，在各种工业测量装置和控制系统中都有应用。显示仪表在测量和控制系统中发挥了应有的作用。随着工业技术的不断进步，新工艺、新材料、新元件、新技术的出现，显示仪表发生了很大的变化。原有的显示仪表，有的被淘汰，有的被取代。一些新型的显示仪表相继出现，如各类智能型显示仪表。特别是近十几年以来，由于微电子技术的迅速发展，大规模数字集成电路、模拟集成电路和单片微处理器的出现，不仅改变了显示仪表的面貌，而且极大地提高了仪表的技术性能，丰富了仪表的各项功能，推动显示仪表向智能化、小型化、高可靠性和低成本方向发展。由于单片微处理器在显示仪表中的广泛应用，导致各种类型的显示仪表相互渗透、取长补短。不少显示仪表，不仅功能齐全、性能可靠，而且外形尺寸较小，并且带有通信接口，便于密集安装和计算机管理，给用户提供了极大的方便。

由于显示仪表发展迅速，传统的自动平衡式记录仪大多被智能数据记录仪和无纸记录仪所取代。单片微处理器在记录仪中的使用，极大地减少了记录仪中的可动机械部件并丰富了仪表的各种功能。特别是采用液晶大屏幕显示器件和用电子元器件作存储介质的无纸记录仪的出现，大大地降低了有纸记录仪在长期运行过程中的费用，受到使用者的欢迎。这类仪表近几年在国内外发展较快，其中英国欧陆公司和日本山武公司的打点式及笔式智能数据记录仪、美国霍尼韦尔公司的无纸记录仪较为典型。

3.3.7 测试技术在机械工程中的应用

1. 测试技术的工程应用

在工程技术领域，工程研究、产品开发、生产监督、质量控制和性能等，都离不开测试技术。特别是近代自动控制技术已越来越多地运用测试技术，测试装置已成为控制系统的重要组成部分。

1) 产品质量测量

在汽车、机床等设备，电动机、发动机等零部件出厂时，必须对其性能质量进行测量和出厂检验，如图3-34所示。

图3-35所示为汽车制造厂发动机测试系统的原理框图，发动机测量参数包括润滑油温度、冷却水温度、润滑油压力、燃油压力以及每分钟的转速等。通过对抽取的发动机进行彻底的测试，生产工程师可以了解产品的质量。

（a）

（b）

图 3 - 34 产品质量测量

（a）齿轮测量；（b）汽车扭矩测量

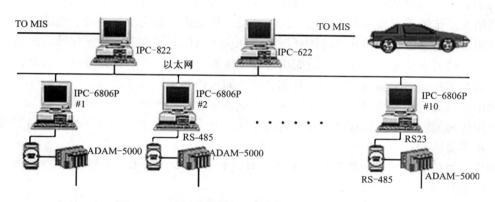

图 3 - 35 汽车制造厂发动机测试系统的原理框图

2）设备运行状态监控系统

在电力、冶金、石化、化工等众多行业中，某些关键设备的工作状态关系到整个生产线正常流程，如汽轮机、燃气轮机、水轮机、发电机、电动机、压缩机、风机、泵、变速箱等等。对这些关键设备运行状态的实施 24 小时实时动态监测，及时、准确掌握它们的变化趋势，为工程技术人员提供详细、全面的机组信息，是设备由事后维修或定期维修向预测维修转变的基础。国内外大量实践表明，机组某些重要测点的振动信号非常真实地反映了机组的运行状态。由于机组绝大部分故障都有一个渐进发展的过程，通过监测振动总量级的变化过程，完全可以及时预测设备的故障发生。结合其他综合监测信息如温度、压力、流量等，运用精密故障诊断技术甚至可以分析出故障发生的位置，为设备的维修准备提供可靠依据，将因设备故障维修带来的损失降到最低程度。

图 3 - 36 所示为某火力发电厂 30 MW 汽轮发电机组的计算机设备运行状态监测系统的原理框图。

3）家电产品中的传感器

在家电产品设计中，人们大量的应用了传感器和测试技术来提高产品性能和质量。例如全自动洗衣机以人们洗衣操作的经验作为模糊控制的规则，采用多种传感器将洗衣状态信息检测出来，并将这些信息送到微电脑中，经微电脑处理后，选择出最佳的洗涤参数，对洗衣全过程进行自动控制，达到最佳的洗涤效果。

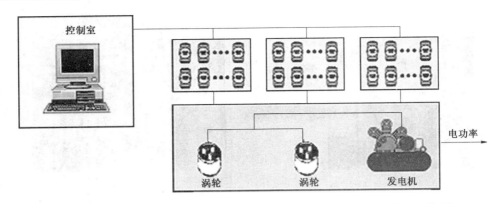

图 3 – 36 30 MW 汽轮发电机组的计算机设备运行状态监测系统的原理框图

利用衣量传感器来检测洗衣时衣物量的多少，从而决定设定水位的高低；

利用衣质传感器来检测衣物重量、织物种类，从而决定最优洗涤温度、洗涤时间；

利用水温传感器来检测开机时的环境温度和注水结束时的水温，为模糊推论提供信息；

利用传感器来检测水的硬度，进而决定添加洗衣粉的量以期达到最佳洗涤效果；

利用光传感器来检测洗涤液的透光率，从而间接检测了洗净程度；

利用传感器监测漂洗过程中的肥皂沫的变化决定漂洗的次数；

利用传感器监测干衣过程中衣物电阻的变化，来选择决定烘干时间，与传统的定时烘干相比，更具灵活性；

利用压力传感器实现电信号与机械力信号的相互转换，以实现无级调水，从而达到省水、省电的目的。

图 3 – 37 所示为全自动洗衣机中的滚筒液面高度自动检测。

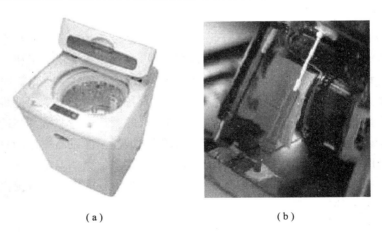

（a）   （b）

图 3 – 37 全自动洗衣机中的滚筒液面高度自动检测

（a）全自动洗衣机；（b）液面高度传感器

4）楼宇自动化

楼宇自动化系统，或称建筑物自动化系统是将建筑物（或建筑群）内的消防、安全、防盗、电力系统、照明、空调、卫生、给排水、电梯及其他机械设备等设备以集中监视、控制和管理为目的而构成的一个综合系统。它的目的是使建筑物成为安全、健康、舒适、温馨的生活环境和高效的工作环境，并能保证系统运行的经济性和管理的智能化。

图 3-38 所示为楼宇自动化系统。该系统分为七个子系统：电源管理、安全检测、照明控制、空调控制、停车管理、水/废水管理和电梯监控。

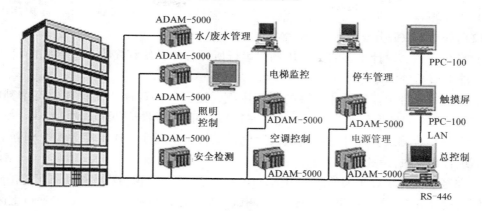

图 3-38　楼宇自动化系统

5）身份认证

Veridicom 公司推出固态指纹识别技术，包括固态指纹传感器芯片 FPS110 和专用软件包。传感器芯片采用固态电容传感的方法来获得指纹图像，有 300×300 的传感单元阵列，分辨率为 500 dpi，表面有专利的超硬保护涂层，内部集成 8 位带闪存的 A/D 转换器，还集成了温度传感器和电阻传感器，该芯片提供 8 位双向微处理器接口。该芯片的尺寸与邮票差不多，在 $27\ mm \times 27\ mm$ 的芯片上，图像捕捉面积为 $16\ mm \times 16mm$。

图 3-39 所示为采用固态指纹传感器、IC 卡和密码保护的三种具有身份认证功能的防盗锁。

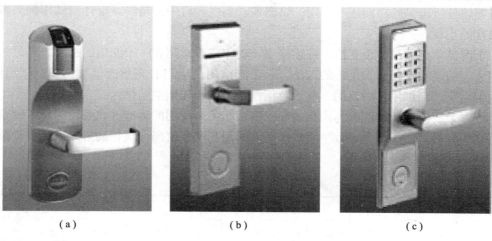

（a）　　　　　　　　（b）　　　　　　　　（c）

图 3-39　防盗锁

（a）指纹传感器功能；（b）IC 功能；（c）密码保护功能

3.3.8　计算机测试系统

1. 白盒测试

单元：通俗地说就是指一个实现简单功能的函数。单元测试就是只用一组特定的输入

（测试用例）测试函数是否功能正常，并且返回了正确的输出。测试的覆盖种类分为：

（1）语句覆盖。语句覆盖就是设计若干个测试用例，运行被测试程序，使得每一条可执行语句至少执行一次。

（2）判定覆盖（也叫分支覆盖）。设计若干个测试用例，运行所测程序，使程序中每个判断的取真分支和取假分支至少执行一次。

（3）条件覆盖。设计足够的测试用例，运行所测程序，使程序中每个判断的每个条件的每个可能取值至少执行一次。

（4）判定—条件覆盖。设计足够的测试用例，运行所测程序，使程序中每个判断的、每个条件的、每个可能取值至少执行一次，并且每个可能的判断结果也至少执行一次。

（5）条件组合测试。设计足够的测试用例，运行所测程序，使程序中每个判断的所有条件取值组合至少执行一次。

（6）路径测试。设计足够的测试用例，运行所测程序，要覆盖程序中所有可能的路径。

用例的设计方案主要有下面几种：条件测试、基本路径测试、循环测试。通过上面的方法可以实现测试用例对程序的逻辑覆盖和路径覆盖。

在开始测试时，要先声明一下，无论你设计多少测试用例，无论你的测试方案多么完美，都不可能完全100%的发现所有BUG，我们所需要做的是用最少的资源，做最多测试检查，寻找一个平衡点保证程序的正确性。穷举测试是不可能的，所以进行单元测试时，本系统选用的是常用的基本路径测试法。

2. 黑盒测试

本阶段主要是在白盒测试完成后，做一些系统的功能性测试，主要完成系统是否达到指定预期功能要求所进行的功能性验收的测试。下一阶段的主要任务是让几个用户去使用该软件，按照软件所提供的功能逐个使用，试图发现一些运行中的错误。设计测试用例来测试使用是很好的手段。

一个测试用例就是一个文档，描述输入、动作或者时间和一个期望的结果，其目的是确定应用程序的某个特性是否正常的工作。一个测试用例应当有完整的信息，如测试用例号、测试用例名字、测试用例的目的、输入数据需求、步骤和期望结果。

由于本系统实现的功能都与用户的输入密切相关，使用的测试方式采用的是手动输入的方式，比如登录、输入字母或数字、输入正确的用户名及密码应该正确进入系统。登录模块的测试用例如表3-1所示。

表3-1　登录模块的测试用例

编号	输入	输出
1	不输入任何数据，点击"登录"	提示用户名和密码不能为空
2	输入用户名，不输入密码	提示密码不能为空
3	输入正确用户密码	登录系统
4	输入错误的用户名	提示用户名或密码错误
5	输入错误的密码	提示用户名或密码错误
6	输入已登录的用户	提示该用户已经登录

3.3.9　现代测试技术的发展方向

1. 传感器方面

传感器是测试、控制系统中的信息敏感和检测部件，它感受被测信息并输出与其成一定比例关系的物理量（信号），以满足系统对信息传输、处理、记录、显示和控制的要求。

早期发展的传感器，是利用物理学场的定律（电场、磁场、力场等）所构成的"结构型"传感器，其基本特征是以其结构的部分变化或变化后引起场的变化来反映待测量（力、位移等）的变化。

新的物理、化学、生物效应用于物性型传感器是传感技术重要发展方向之一。每一种新的物理效应的应用，都会出现一种新型的敏感元件，或者能测量某种新的参数。例如，除常见的力敏、压敏、光敏、磁敏之外，还有声敏、湿敏、色敏、气敏、味敏、化学敏、射线敏等。新材料与新元件的应用，有力地推动传感器的发展，因为物性型敏感元件全赖于敏感功能材料，例如嗅敏、味敏传感器，集成霍尔元件、集成固态 CCD 图像传感器等。被开发的敏感功能材料有半导体、电介质（晶体或陶瓷）、高分子合成材料、磁性材料、超导材料、光导纤维、液晶、生物功能材料、凝胶、稀土金属等。图 3-40 所示为新型光纤温度传感器。

图 3-40　新型光纤温度传感器

测试技术，现阶段是向多功能、集成化、智能化发展，进行快变参数和动态测量，是自动化过程控制系统中的重要一环，其主要支柱是微电子与计算机技术。传感器与微计算机结合，产生了智能传感器。它能自动选择量程和增益，自动校准与实时校准，进行非线性校正、漂移等误差补偿和复杂的计算处理，完成自动故障监控和过载保护等。

2. 测量信号处理方面

目前信号分析技术的发展目标是：

（1）在线实时能力的进一步提高；

（2）分辨力和运算精度的提高；

（3）扩大和发展新的专用功能；

（4）专用机结构小型化，性能标准化，价格低廉。

图 3-41 所示为数字化信号分析仪器。

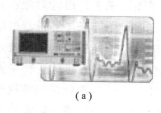　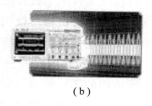　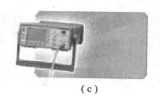

（a）　　　　　　　　　　　（b）　　　　　　　　　　（c）

图 3-41　数字化信号分析仪器

（a）频谱分析仪；（b）示波器；（c）功率计

进入 90 年代后，随着个人计算机价格的大幅度降低，出现了用 PC 机＋仪器板卡＋应用软件构成的计算机虚拟仪器。虚拟仪器采用计算机开放体系结构来取代传统的单机测量仪器。将传统测量仪器中的公共部分（如电源、操作面板、显示屏幕、通信总线和 CPU）集中起来用计算机共享，通过计算机仪器扩展板卡和应用软件在计算机上实现多种物理仪器。虚拟仪器的突出优点是与计算机技术结合，仪器就是计算机，主机供货渠道多、价格低、维修费用低，并能进行升级换代；虚拟仪器功能由软件确定，不必担心仪器永远保持出厂时既定的功能模式，用户可以根据实际生产环境变化的需要，通过更换应用软件来拓展虚拟仪器功能，适应实际科研、生产需要；另外，虚拟仪器能与计算机的文件存储、数据库、网络通信等功能相结合，具有很大的灵活性和拓展空间。在现代网络化、计算机化的生产、制造环境中，虚拟仪器更能适应现代制造业复杂、多变的应用需求，能更迅速、更经济、更灵活的解决工业生产、新产品实验中的测试问题。

图 3-42 所示为计算机虚拟仪器。

图 3-42 计算机虚拟仪器

3.4 机械制图核心课程介绍

3.4.1 机械制图绪论

1. 机械制图在数控专业中的重要性

语言和文字是交流思想的工具，语言表达方法丰富多彩，它可以把一件事描述得生动、感人。关于语言表达方法，是语文课学习的内容。人们可以用语言或文字来表达自己的思想，但是如果用语言或文字来表达物体的形状和大小是很困难的。因此，表达物体形状和大小的图样，就成为生产中不可缺少的技术文件了。设计者通过图样来表达设计对象；制造者通过图样来了解设计要求，并依据图样来制造机器；使用者也通过图样来了解机器的结构和使用性能；在各种技术交流活动中，图样也是不可缺少的。因此，图样被称为工程技术上的语言，工程画被称为"工程话"。不同的生产部门对图样有不同的要求，建筑工程中使用的图样称为建筑图样，机械制造业中所使用的图样称为机械图样。机械制图就是研究机械图样的一门课程。人们在工厂里经常听到这样一句话，就是"按图施工"，如果我们没有掌握机械制图的知识，就无法做到按图施工。这就从一个侧面告诉我们，图样在工业生产中有着极其重要的地位和作用。作为一个工程技术人员，如果不懂得画图，不懂得看图，在单位上就无法从事技术工作。制图课程与其他很多课程有着密切的联系，尤其是以后要开的车工工艺、数控课等。可以这么说，制图课程如果没有学好，那么以后的许多课程都没有办法继续学下去了。随着科学技术的突飞猛进，制图理论与技术等到得到很大的发展。尤其是在电子技术迅速发展的今天，采用计算机绘图在工业生产的各个领域已经得到了广泛应用。随着各种先进的绘图软件的推出，工程制图技术必将在我国的四个现代化建设中发挥出越来越重要的作用。

2. 图样的内容及作用

（1）图样：根据投影原理、标准或有关规定表示的工程对象，并有必要技术说明的图，称为图样。

在制造机器或部件时，要根据零件图加工零件，再按装配图把零件装配成机器或部件。

（2）零件图：是表达零件结构形状、大小及技术要求的图样。技术要求一般包括：零件的材料、表面粗糙度、热处理、镀层、公差等。

（3）装配图：是表示组成机器或部件中各零件间的连接方式和装配关系的图样。根据装配图所表示的装配关系和技术要求，把合格的零件装配在一起，才能制造出机器或部件。

3. 学习机械制图的目的和学习方法

学习目的：设计者通过图样表达设计意图；制造者通过图样了解设计要求、零件图组织制造和指导生产；使用者通过图样了解机器设备的结构和性能，进行操作、维修和保养。通过学习本课程，可为学习后续的车工工艺和数控、汽车维修以及发展自身的职业能力打下必要的基础。

学习方法：

（1）图物联系。不断地"由物想图"和"由图想物"，既要想象物体的形状，又要思考作图的投影规律，逐步提高空间想象和思维能力。

（2）学与练相结合。

图样是机械加工的依据。图样错了，加工就错了，希望在学习过程中要认真、踏实、细致、严谨，这样才能做个优秀的制图工作人员。

4. 工程学的历史与发展

（1）远古时代，人类从制造简单工具到营造建筑物，一直使用图形来表达意图。

（2）随着生产的发展，我国著名学者赵学田教授简明而通俗地总结了三视图的投影规律——长对正、高平齐、宽相等。

（3）跨入 21 世纪的今天，计算机绘图、计算机辅助设计（CAD）技术推动了几乎所有领域的设计革命。CAD 技术从根本上改变了手工绘图，无图纸生产、甩图板工程已经指日可待了。

计算机的广泛应用，并不意味着可以取代人的作用，同时无图纸生产并不等于无图生产，任何设计都离不开运用图形来表达、构思，因此，图形的作用不仅不会降低，反而显得更加重要。

3.4.2　画图和读图的基础

1. 常用的制图工具

常用的制图工具有图板、丁字尺、三角板、圆规、铅笔、橡皮等。

2. 等分线段

四等分线段 AB，如图 3-43 所示。

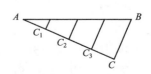

图 3-43　四等分线段 AB

步骤：（1）过 AB 作射线 AC；

（2）在线段 AC 上截取四等份，连接 BC；

（3）过 C_1、C_2、C_3 作线段 BC 的平行线，从而三条平行线平分线段 AB。

3．斜度和锥度

1）斜度

一直线对另一直线或一平面对另一平面的倾斜程度，称为斜度，在图样中以 $1:n$ 的形式标注。

以斜度 $1:6$ 的作法为例。

步骤：由点 A 起在水平线段上取六个单位长度，得点 D，过点 D 作 AD 的垂线 DE，取 DE 为一个单位长，连接 AE，即得斜度 $1:6$ 的直线，如图 $3-44$ 所示。

2）锥度

正圆锥底圆直径与圆锥高度之比，称为锥度，在图样中以 $1:n$ 的形式标注。

以锥度 $1:3$ 的作法为例。

步骤：由点 S 起在水平线上取六个单位长度得点 O，过点 O 作 SO 的垂线，分别向上和向下截取一个单位长度，得 AB 两点，分别过点 AB 与点 S 相连，即得 $1:3$ 锥度，如图 $3-45$ 所示。

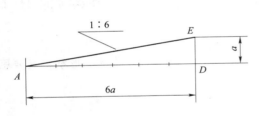

图 3 - 44　斜度 1:6 的作法

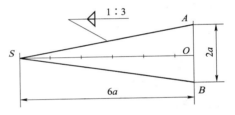

图 3 - 45　锥度 1:3 的作法

3）圆弧连接

（1）圆弧连接两已知直线。

方法：在已知直线上任意取一点，过这一点作已知直线的垂线，在垂线上取半径 R，过 R 的端点作已知直线的平行线，如图 $3-46$ 所示。

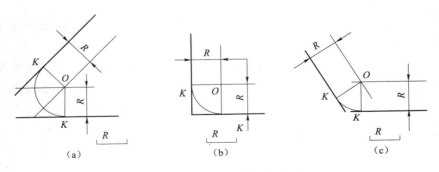

　　（a）　　　　　　　　　　（b）　　　　　　　　　　（c）

图 3 - 46　圆弧连接两已知直线

（2）圆弧连接已知直线和圆弧（图 $3-47$）。

方法：外切：以已知圆的圆心为圆心，以 $R_1 + R_2$ 为半径作圆弧，则圆弧即为所求圆的圆心规迹。

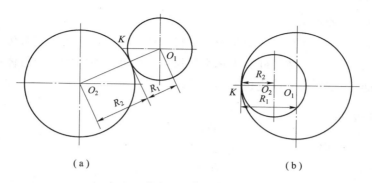

图 3 - 47   圆弧连接已知直线和圆弧

（a）圆与圆外切；（b）圆与圆内切

内切：以已知圆的圆心为圆心，以 $R_1 - R_2$ 为半径作圆弧，则圆弧即为所求圆的圆心规迹。

3.4.3   尺寸标注

1. 标注尺寸的基本要求

组合体的形状由它的视图来反映，组合体的大小则由所标注的尺寸来确定。标注组合体尺寸的基本要求是：

（1）正确。所注的尺寸要正确无误，注法要符合国家标准《机械制图》中的有关规定。

（2）完整。所注的尺寸必须能完全确定组合体的大小、形状及相互位置，不遗漏，不重复。

（3）清晰。尺寸的布置要整齐清晰，便于看图。

2. 基本几何体的尺寸注法

常见基本几何体的尺寸注法。一般平面立体要标注长、宽、高三个方向的尺寸；回转体要标注径向和轴向两个方向的尺寸，并加上尺寸符号（直径符号"ϕ"或"$S\phi$"）。对圆柱、圆锥、圆球、圆环等回转体，一般在不反映为圆的视图上标注出带有直径符号的直径和轴向尺寸，就能确定它们的形状和大小，其余视图可省略不画。带有小括号的尺寸为参考尺寸。

3. 切割体和相贯体的尺寸注法

基本几何体被切割（或两基本形体相贯）后的尺寸注法，对这类形体，除了需标注基本几何体的尺寸大小外，还应标注截平面（或相贯的两形体之间）的定位尺寸，不应标注截交线（或相贯线）的大小尺寸。因为截平面与几何体（或者相贯的两形体）的位置确定之后，截交线（或相贯线）的形状和大小就确定了，若再注其尺寸，即属错误尺寸。

4. 组合体的尺寸注法

组合体的尺寸种类：

（1）定形尺寸。确定组合体中各基本几何体的形状和大小的尺寸。

（2）定位尺寸。确定组合体中各基本几何体之间相对位置的尺寸。

若两基本形体在某一方向处于对称、叠加（或切割）、同轴、平齐四种位置之一时，就可省略该方向的一个定位尺寸；回转体的定位尺寸必须直接确定其轴线的位置。

（3）总体尺寸。组合体的总长、总宽、总高尺寸。

组合体一般要标注总体尺寸，但从形体分析和相对位置上考虑，组合体的定形、定位尺寸已标注完整，若再加注总体尺寸会出现重复尺寸。因此，每加注一个总体尺寸的同时，就要减去一个同方向的定形尺寸或定位尺寸。

3.4.4　零件图

1. 零件图作用和内容

1）零件图的作用

机器或部件都是由许多零件装配而成，制造机器或部件必须首先制造零件。零件图是表示单个零件的图样，它是制造和检验零件的主要依据。零件图是生产中指导制造和检验该零件的主要图样，它不仅仅是把零件的内、外结构形状和大小表达清楚，还需要对零件的材料、加工、检验、测量提出必要的技术要求。零件图必须包含制造和检验零件的全部技术资料。

2）零件图的内容

一张完整的零件图一般应包括以下几项内容（图3-48）：

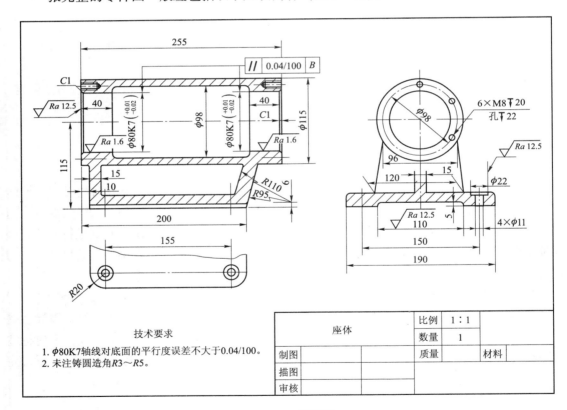

图3-48　零件图

（1）一组图形。用于正确、完整、清晰和简便地表达出零件内外形状的图形，其中包括机件的各种表达方法，如视图、剖视图、断面图、局部放大图和简化画法等。

（2）完整的尺寸。零件图中应正确、完整、清晰、合理地注出制造零件所需的全部尺寸。

（3）技术要求。零件图中必须用规定的代号、数字、字母和文字注解说明制造和检验零件时在技术指标上应达到的要求。如表面粗糙度、尺寸公差、几何公差、材料和热处理、检验方法以及其他特殊要求等。技术要求的文字一般注写在标题栏上方图纸空白处。

（4）标题栏。题栏应配置在图框的右下角。它一般由更改区、签字区、其他区、名称以及代号区组成。填写的内容主要有零件的名称、材料、数量、比例、图样代号以及设计、审核、批准者的姓名、日期等。标题栏的尺寸和格式已经标准化，可参见有关标准。

2. 零件图的视图选择

1）零件的视图选择原则和步骤

零件的视图选择，应首先考虑看图方便。根据零件的结构特点，选用适当的表示方法。由于零件的结构形状是多种多样的，所以在画图前，应对零件进行结构形状分析，结合零件的工作位置和加工位置，选择最能反映零件形状特征的视图作为主视图，并选好其他视图，以确定一组最佳的表达方案。选择表达方案的原则是：在完整、清晰地表示零件形状的前提下，力求制图简便。

（1）零件分析。

零件分析是认识零件的过程，是确定零件表达方案的前提。零件的结构形状及其工作位置或加工位置不同，视图选择也往往不同。因此，在选择视图之前，应首先对零件进行形体分析和结构分析，并了解零件的工作和加工情况，以便确切地表达零件的结构形状，反映零件的设计和工艺要求。

（2）主视图的选择。

主视图是表达零件形状最重要的视图，其选择是否合理将直接影响其他视图的选择和看图是否方便，甚至影响到画图时图幅的合理利用。一般来说，零件主视图的选择应满足"合理位置"和"形状特征两个基本原则"。

① 合理位置原则。

a. 加工位置是零件在加工时所处的位置。主视图应尽量表示零件在机床上加工时所处的位置。这样在加工时可以直接进行图物对照，既便于看图和测量尺寸，又可减少差错。如轴套类零件的加工，大部分工序是在车床或磨床上进行，因此通常要按加工位置（即轴线水平放置）画其主视图，如图 3 – 49 所示。

b. 工作位置是零件在装配体中所处的位置。零件主视图的放置，应尽量与零件在机器或部件中的工作位置一致。这样便于根据装配关系来考虑零件的形状及有关尺寸，便于校对。如图 3 – 50 所示的铣刀头座体零件的主视图就是按工作位置选择的。对于工作位置歪斜放置的零件，因为不便于绘图，应将零件放正。

② 形状特征原则。

确定了零件的安放位置后，还要确定主视图的投影方向。形状特征原则就是将最能反映零件形状特征的方向作为主视图的投影方向，即主视图要较多地反映零件各部分的形状及它们之间的相对位置，以满足表达零件清晰的要求。图 3 – 51 所示是确定机床尾架主视图投影方向的比较。由图可知，图 3 – 51（a）的表达效果显然比图 3 – 51（b）表达效果要好得多。

图 3 – 49 轴类零件的加工位置

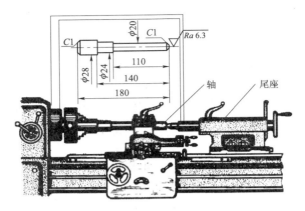

图 3－50　铣刀头座体零件的主视图

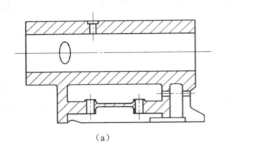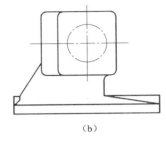

（a）　　　　　　　　　　　　　　　（b）

图 3－51　机床尾架主视图

3．选择其他视图

一般来讲，仅用一个主视图是不能完全反映零件的结构形状的，必须选择其他视图，包括剖视、断面、局部放大图和简化画法等各种表达方法。主视图确定后，对其表达未尽的部分，再选择其他视图予以完善表达。具体选用时，应注意以下几点：

（1）根据零件的复杂程度及内、外结构形状，全面地考虑还应需要的其他视图，使每个所选视图应具有独立存在的意义及明确的表达重点，注意避免不必要的细节重复，在明确表达零件的前提下，使视图数量为最少。

（2）优先考虑采用基本视图，当有内部结构时应尽量在基本视图上作剖视；对尚未表达清楚的局部结构和倾斜部分结构，可增加必要的局部（剖）视图和局部放大图；有关的视图应尽量保持直接投影关系，配置在相关视图附近。

（3）按照视图表达零件形状要正确、完整、清晰、简便的要求，进一步综合、比较、调整、完善，选出最佳的表达方案。

4．零件图的尺寸标注

1）基本要求

零件上各部分的大小是按照图样上所标注的尺寸进行制造和检验的。零件图中的尺寸，不但要按前面的要求标注得正确、完整、清晰，而且必须注得合理。

所谓合理，是指所注的尺寸既符合零件的设计要求，又便于加工和检验（即满足工艺要求）。为了合理地标注尺寸，必须对零件进行结构分析、形体分析和工艺分析，根据分析先确定尺寸基准，然后选择合理的标注形式，结合零件的具体情况标注尺寸。本节将重点介绍标注尺寸的合理性问题。

2）尺寸基准

零件图尺寸标注既要保证设计要求又要满足工艺要求，首先应当正确选择尺寸基准。所谓尺寸基准，就是指零件装配到机器上或在加工测量时，用以确定其位置的一些面、线或点。它可以是零件上对称平面、安装底平面、端面、零件的结合面，主要孔和轴的轴线等。

选择尺寸基准的目的，一是为了确定零件在机器中的位置或零件上几何元素的位置，以符合设计要求；二是为了在制作零件时，确定测量尺寸的起点位置，便于加工和测量，以符合工艺要求。因此，根据基准作用不同，一般将基准分为设计基准和工艺基准两类。

3.4.5　装配图

1. 装配图的作用和内容

装配图是表达机器或部件的图样。通常用来表达机器或部件的工作原理以及零、部件间的装配、连接关系，是机械设计和生产中的重要技术文件之一。

在产品设计中，一般先根据产品的工作原理图画出装配草图，由装配草图整理成装配图，然后再根据装配图进行零件设计并画出零件图；在产品制造中，装配图是制订装配工艺规程，进行装配和检验的技术依据；在机器使用和维修时，也需要通过装配图来了解机器的工作原理和构造。

一张完整的装配图，必须具有下列内容：

1）一组视图

用一组视图完整、清晰、准确地表达出机器的工作原理、各零件的相对位置及装配关系、连接方式和重要零件的形状结构。图 3-52 所示为滑动轴承的装配图，图中采用了三个基本视图，由于结构基本对称，所以三个视图均采用了半剖视，这就比较清楚地表示了轴承盖、轴承座和上下轴衬的装配关系。

2）必要的尺寸

装配图上要有表示机器或部件的规格、装配、检验和安装时所需要的一些尺寸。

3）技术要求

技术要求就是说明机器或部件的性能和装配、调整、试验等所必须满足的技术条件。

4）零件的序号、明细栏和标题栏

装配图中的零件编号、明细栏用于说明每个零件的名称、代号、数量和材料等。标题栏包括零部件名称、比例、绘图及审核人员的签名等。

2. 装配图的视图表示法

1）装配图画法的基本规定

（1）两相邻零件的接触面和配合面只画一条线，但是，如果两相邻零件的基本尺寸不相同，即使间隙很小，也必须画成两条线，如图 3-53 所示。

（2）相邻两个或多个零件的剖面线应有区别，或者方向相反，或者方向一致但间隔不等，相互错开，如图 3-53（c）所示。

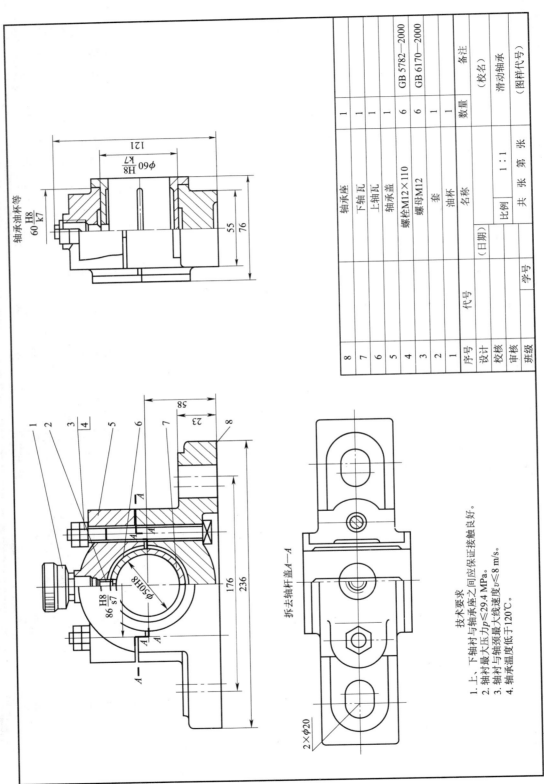

序号	代号	名称	数量	备注
8		轴承座	1	
7		下轴瓦	1	
6		上轴瓦	1	
5		轴承盖	1	
4		螺栓M12×110	6	GB 5782—2000
3		螺母M12	6	GB 6170—2000
2		套	1	
1		油杯	1	

滑动轴承

(图样代号)

比例 1:1
共 张 第 张
设计 (日期) (校名)
校核
审核
班级 学号

技术要求
1. 上、下轴衬与轴承座之间应保证接触良好。
2. 轴衬最大压力p≤29.4 MPa。
3. 轴衬与轴颈最大线速度v≤8 m/s。
4. 轴承温度低于120℃。

图 3-52 滑动轴承的装配图

· 92 ·

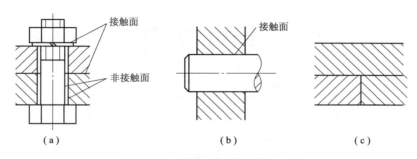

图 3 – 53　接触面和非接触面画法

3. 装配图画法的特殊规定和简化画法

1）装配图画法的特殊规定

（1）拆卸画法。当某些零件的图形遮住了其后面的需要表达的零件，或在某一视图上不需要画出某些零件时，可拆去某些零件后再画；也可选择沿零件结合面进行剖切的画法。

（2）单独表达某零件的画法。如所选择的视图已将大部分零件的形状、结构表达清楚，但仍有少数零件的某些方面还未表达清楚时，可单独画出这些零件的视图或剖视图，如图 3 – 54 所示。

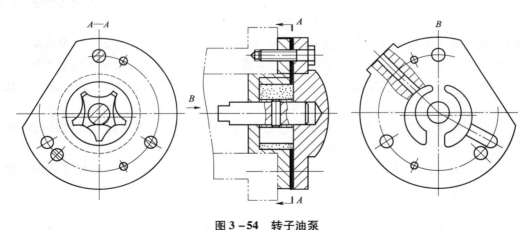

图 3 – 54　转子油泵

（3）假想画法。为表示部件或机器的作用、安装方法，可将其他相邻零件、部件的部分轮廓用细双点画线画出。当需要表示运动零件的运动范围或运动的极限位置时，可按其运动的一个极限位置绘制图形，再用细双点画线画出另一极限位置的图形，如图 3 – 55 所示。

2）装配图的简化画法

（1）对于装配图中若干相同的零、部件组，如螺栓连接等，可详细地画出一组，其余只需用细点画线表示其位置即可，如图 3 – 56 所示。

（2）在装配图中，对薄的垫片等不易画出的零件可将其涂黑，如图 3 – 56 所示。

（3）在装配图中，零件的工艺结构，如小圆角、倒角、退刀槽、拔模斜度等可不画出，如图 3 – 56 所示。

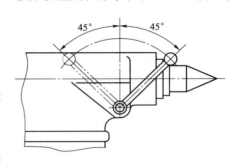

图 3 – 55　运动零件的极限位置

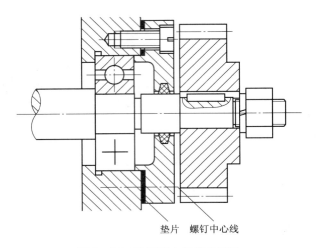

垫片　螺钉中心线

图 3－56　装配图中的简化画法

4. 装配图中的尺寸标注与零、部件编号及明细栏

1）尺寸标注

装配图尺寸标注不需要注出每个零件的全部尺寸，一般只需标注规格尺寸、装配尺寸、安装尺寸、外形尺寸和其他重要尺寸五大类尺寸。

（1）规格尺寸。说明部件规格或性能的尺寸，它是设计和选用产品时的主要依据。

（2）装配尺寸。装配尺寸是保证部件正确装配，并说明配合性质及装配要求的尺寸。

（3）安装尺寸。将部件安装到其他零、部件或基础上所需要的尺寸，如地脚螺栓孔尺寸等。

（4）外形尺寸。机器或部件的总长、总宽和总高尺寸，它反映了机器或部件的体积大小，即该机器或部件在包装、运输和安装过程中所占空间的大小。

（5）其他重要尺寸。除以上四类尺寸外，在装配或使用中必须说明的尺寸，如运动零件的位移尺寸等。

2）零、部件编号

为便于图纸管理、生产准备、机器装配和看懂装配图，对装配图上各零、部件都要编注序号和代号。装配图中所有的零、部件都必须编注序号，规格相同的零件只编一个序号，标准化组件如滚动轴承、电动机等，可看作一个整体编注一个序号，装配图中零件序号应与明细栏中的序号一致。

序号由指引线（细实线）、圆点（或箭头）、横线（或圆圈）和序号数字组成，如图 3－57 所示。具体要求如下：

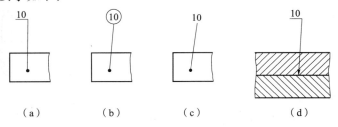

（a）　　　　（b）　　　　（c）　　　　（d）

图 3－57　序号的组成

（1）指引线不与轮廓线或剖面线等图线平行，指引线之间不允许相交，但指引线允许弯折一次。

（2）可在指引线末端画出箭头，箭头指向该零件的轮廓线。

（3）序号数字比装配图中的尺寸数字大一号或大两号。

对紧固件组或装配关系清楚的零件组，允许采用公共指引线，如图 3－58 所示。

1
2
3
1 2 3
1
2
3
1 2 3
1—2—3

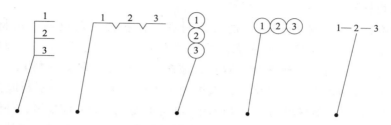

图 3－58　零件组序号

5. 标题栏及明细栏

标题栏格式由前述的 GB/T 10609. 1—2008 确定，明细栏则按 GB/T 10609. 2—2009 规定绘制。本课程推荐的装配图作业格式如图 3－59 所示。

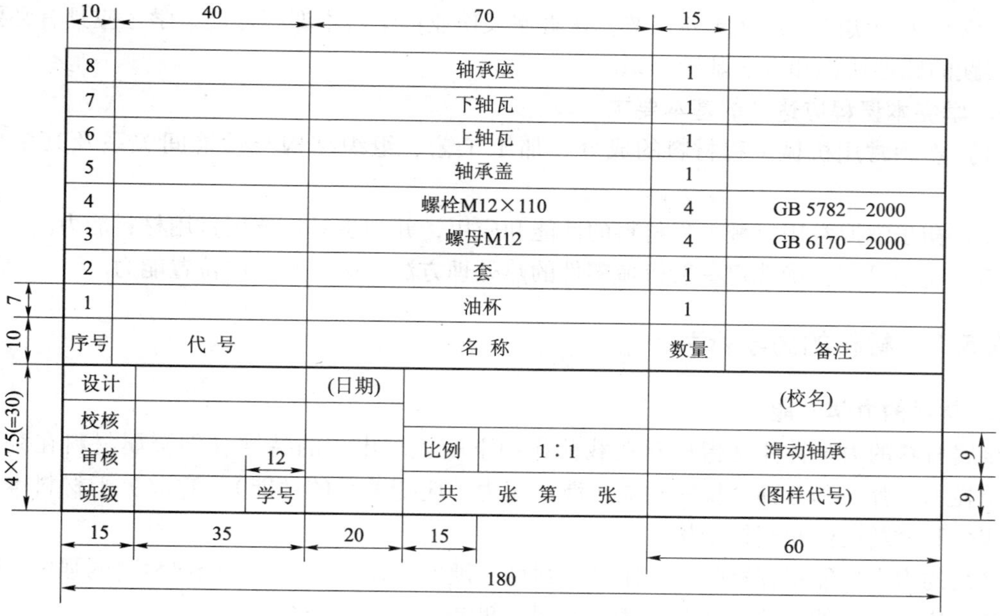

10
40
70
15
8 轴承座 1
7 下轴瓦 1
6 上轴瓦 1
5 轴承盖 1
4 螺栓M12×110 4 GB 5782—2000
3 螺母M12 4 GB 6170—2000
2 套 1
1 油杯 1
序号 代 号 名 称 数量 备注
设计
(日期)
(校名)
校核
审核
12
比例 1∶1
滑动轴承
班级
学号
共 张 第 张
(图样代号)
7
10
4×7.5(=30)
9
9
15
35
20
15
60
180

图 3－59　装配图标题栏和明细栏格式

绘制和填写标题栏、明细栏时应注意以下问题：

（1）明细栏和标题栏的分界线是粗实线，明细栏的外框竖线是粗实线，明细栏的横线和内部竖线均为细实线（包括最上一条横线）。

（2）序号应自下而上顺序填写，如向上延伸位置不够，可以在标题栏紧靠左边自下而上延续。

（3）标准件的国标代号可写入备注栏。

3.5　工程材料核心课程介绍

3.5.1　绪论

1. 机械工程材料

目前，机械工业生产中应用最广的金属材料，在各种机器设备所用材料中，约占90%以上。金属材料来源丰富，具有优良的使用性能与工艺性能。高分子材料和陶瓷材料具有一些特性，如耐蚀、电绝缘性、隔音、减振、耐高温（陶瓷材料）、质轻、原料来源丰富、价廉以及成型加工容易等优点，人类为了生存和生产，总是不断地探索、寻找制造生产工具的材料，每一新材料的发现和应用，都会促使生产力向前发展，并给人类生活带来巨大的变革，把人类社会和物质文明推向一个新的阶段。工程材料是现代技术中四大支柱之一。

2. 本课的学习方法

本课程具有较强的理论性和应用性，学习中应注重分析、理解与运用，并注意前后知识的综合应用，为了提高分析问题，解决问题的独立工作能力，在系统的理论学习外，还要注意密切联系生产实际，重视实验环节，认真完成作业；学习本课程之前，学生应具有必要的生产实践的感性认识和专业基础知识。

3. 学完本课程应达到的基本要求

（1）熟悉常用机械工程材料的成分、加工工艺、组织结构与性能间关系及其变化规律。

（2）初步掌握常用机械工程材料的性能和应用，并初步具备选用常用材料能力。

（3）初步具有正确选定一般机械零件的热处理方法及确定其工序位置能力。

3.5.2　材料的力学行为

1. 材料的力学性能

金属材料的力学性能是指材料在载荷作用下所表现出来的特性（即金属材料在载荷作用下所显示与弹性和非弹性反应相关或涉及应力—应变关系的性能）。它取决于材料本身的化学成分和材料的微观组织结构。

常用的力学性能指标有强度、刚度、塑性、硬度、韧度等。塑性金属材料的强度、刚度与塑性可通过静拉伸试验（工程力学已讲过）测得，如图3－60所示。

力—伸长曲线（也叫拉伸曲线）为了消除试样尺寸影响，引入应力—应变曲线，如图3－61所示。

应力—应变曲线的形状与力—伸长曲线相似，只是坐标和数值不同，从图3－61中，可以看出金属材料的一些力学性能。

1）强度

强度是指材料在载荷作用下抵抗永久变形和断裂的能力。强度的大小通常用应力表示，符号为 σ，单位为 MPa（兆帕）。工程上常用的强度指标有：屈服点和抗拉强度等。

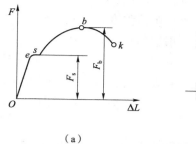
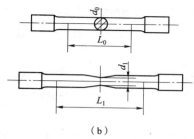

（a）　　　　　　　　　　　　　　　（b）

图 3 – 60　力—伸长曲线和拉伸试样

（a）力—伸长曲线；（b）拉伸试样

（1）屈服点 σ_s（$\sigma_{r0.2}$）。

由曲线 3 – 61 可知：σ_e 是试样保持弹性变形的最大应力；当应力 $>\sigma_e$ 时，产生塑性变形；当应力达 σ_s 时，试样变形出现屈服。此时的应力称为材料的屈服点（σ_s）：

$$\sigma_s = \frac{F_s}{S_o}(\text{MPa})$$

式中　F_s——试样屈服时所承受的载荷（N）；

　　　S_o——试样原始横截面积（mm^2）。

有些材料用规定残余伸长应力 σ_r 来表示它的屈服点，如图 3 – 62 所示。σ_r 表示此应力的符号，如 $\sigma_{r0.2}$ 表示规定残余伸长率为 0.2% 时的应力值（经常写成 $\sigma_{0.2}$）：

$$\sigma_{r0.2} = \frac{F_{r0.2}}{S_o}(\text{MPa})$$

式中　$F_{r0.2}$——残余伸长率达 0.2% 时的载荷（N）；

　　　S_o——试样原始横截面积（mm^2）。

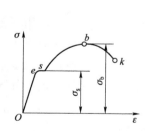

图 3 – 61　应力—应变曲线

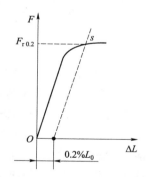

图 3 – 62　规定残余伸长应力示意图

（2）抗拉强度 σ_b。

试样拉断前所能承受的最大应力称为抗拉强度，用符号 σ_b 表示：

$$\sigma_b = \frac{F_b}{S_o}(\text{MPa})$$

式中　F_b——试样在拉伸过程中所承受的最大载荷（N）；

　　　S_o——试样原始横截面积（mm^2）。

在实际生产中，σ_s 是工程中塑性材料零件设计及计算的重要依据，$\sigma_{r0.2}$ 则是不产生明显屈服现象零件的设计计算依据。有时可直接采用抗拉强度 σ_b 加安全系数。

在工程上，把 σ_s/σ_b 称为屈强比。屈强比一般取值在 0.65 ~ 0.75。

2）刚度

材料受力时抵抗弹性变形的能力称为刚度，它表示材料产生弹性变形的难易程度。刚度的大小，通常用弹性模量 E（单向拉伸或压缩时）及 G（剪切或扭转时）来评价。

3）塑性

塑性是指材料在断裂前发生不可逆永久变形的能力。常用的性能指标：

（1）断后伸长率。

断后伸长率是指试样拉断后标距长度的伸长量与原标距长度的百分比。用符号 δ 表示：

$$\delta = \frac{L_1 - L_2}{L_0} \times 100\%$$

式中　L_0——试样原标距长度（mm）；

　　　L_1——试样拉断后对接的标距长度（mm）。

伸长率的数值和试样标距长度有关。δ_{10} 表示长试样的断后伸长率（通常写成 δ），δ_5 表示短试样的断后伸长率。同种材料的 $\delta_5 > \delta_{10}$，所以相同符号的伸长率才能进行比较。

（2）断面收缩率。

断面收缩率是指试样拉断后缩颈处横截面积的最大缩减量与原始横截面积的百分比，用符号 ψ 表示：

$$\psi = \frac{S_0 - S_1}{S_0} \times 100\%$$

式中　S_0——试样原始横截面积（mm^2）；

　　　S_1——试样拉断后缩颈处最小横截面积（mm^2）。

断面收缩率不受试样尺寸的影响，比较确切地反映了材料的塑性。一般 δ 或 ψ 值越大，材料塑性越好。

2. 冲击韧度

上述都是静态力学性能指标。在实际生产中，许多零件是在冲击载荷作用下工作的，如冲床的冲头、锻锤的锤杆、风动工具等。对这类零件，不仅要满足在静载荷作用下的性能要求，还应具有足够的韧性，可防止发生突然的脆性断裂。韧性是指材料在塑性变形和断裂过程中吸收能量的能力。材料突然脆性断裂除取决于材料的本身因素以外，还和外界条件，特别是加载速率、应力状态及温度、介质的影响有很大的关系。

金属材料在冲击载荷作用下抵抗破坏的能力叫作冲击韧性。

冲击吸收功还与试样形状、尺寸、表面粗糙度、内部组织和缺陷等有关。所以冲击吸收功一般只能作为选材的参考，而不能直接用于强度计算。

3. 疲劳强度

1）疲劳断裂

某些机械零件，在工作应力低于其屈服强度甚至是弹性极限的情况下发生断裂称为疲劳断裂。疲劳断裂不管是脆性材料还是韧性材料，都是突发性的，事先均无明显的塑性变形，具有很大的危险性。

2）疲劳强度

旋转弯曲疲劳曲线如图 3 - 63 所示。由曲线可以看出，应力值 σ 越低，断裂前的循环次数越多；我们把试样承受无数次应力循环或达到规定的循环次数才断裂的最大应力，作为材料的疲劳强度。通常规定钢铁材料的循环基数为 10^7；非铁金属的循环基数为 10^8；腐蚀介质作用下的循环基数为 10^6。

4．硬度

硬度是指材料抵抗局部变形，特别是塑性变形、压痕或划痕的能力，它是衡量材料软硬的指标。硬度值的大小不仅取决于材料的成分和组织结构，而且还取决于测定方法和试验条件。

硬度试验设备简单，操作迅速方便，一般不需要破坏零件或构件，而且对于大多数金属材料，硬度与其他的力学性能（如强度、耐磨性）以及工艺性能（如切削加工性、可焊性等）之间存在着一定的对应关系。因此，在工程上，硬度被广泛地用以检验原材料和热处理件的质量，鉴定热处理工艺的合理性以及作为评定工艺性能的参考。

常见的硬度试验方法：布氏硬度（主要用于原材料检验）、洛氏硬度（主要用于热处理后的产品检验）、维氏硬度（主要用于薄板材料及材料表层的硬度测定）、显微硬度（主要用于测定金属材料的显微组织及各组成相的硬度）。本次课只介绍生产上常用的布氏硬度试验法和洛氏硬度试验法。

1）布氏硬度

（1）布氏硬度测试原理。

布氏硬度试验是用一定直径的钢球或硬质合金球作压头，以相应的试验载荷压入试样的表面，经规定保持时间后，卸除试验载荷，测量试样表面的压痕直径，如图 3 - 64 所示。

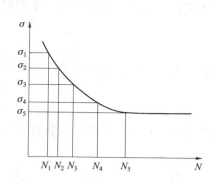

图 3 - 63　旋转弯曲疲劳曲线

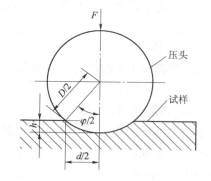

图 3 - 64　布氏硬度试验原理

布氏硬度值是试验载荷 F 除以压痕球形表面积所得的商。

$$\mathrm{HBS(HBW)} = 0.102\frac{2F}{\pi D\left(D - \sqrt{D^2 - d^2}\right)}$$

当 F、D 一定时，布氏硬度值仅与压痕直径 d 的大小有关。d 越小，布氏硬度值越大，材料硬度越高；反之，则说明材料较软。在实际应用中，布氏硬度一般不用计算，只需根据测出的压痕平均直径 d 查表即可得到硬度值。

（2）布氏硬度的表示方法。

布氏硬度用符号 HB 表示。使用淬火钢球压头时用 HBS 表示，适合于测定布氏硬度值在 450 以下的材料；使用硬质合金压头时，用 HBW 表示，适合于测定布氏硬度值在 450 以上的材料，最高可测 650HBW。

其表示方法为：在符号 HBS 或 HBW 之前为硬度值（不标注单位），符号后面按以下顺序用数值表示试验条件。例如，120HBS10/1 000/30 表示用直径 10 mm 的淬火钢球压头在 9.8 kN 的试验载荷作用下，保持 30 s 所测得的布氏硬度值为 120。

500HBW5/750 表示用直径 5 mm 的硬质合金球压头在 7.35 kN 试验载荷作用下保持 10~15 s（不标注）测得的布氏硬度值为 500。

在布氏硬度试验时，应根据被测金属材料的种类和试件厚度，按一定的试验规范正确地选择压头直径 D、试验载荷 F 和保持时间 t。

（3）布氏硬度的特点及应用。

布氏硬度试验压痕面积较大，受测量不均匀度影响较小，故测量结果较准确，适合于测量组织粗大且不均匀的金属材料的硬度，如铸铁、铸钢、非铁金属及其合金，各种退火、正火或调质的钢材等。另外，由于布氏硬度与 σ_b 之间存在一定的经验关系，因此得到了广泛的应用。但布氏硬度试验测试费时，压痕较大，不宜用来测成品，特别是有较高精度要求配合面的零件及小件、薄件，也不能用来测太硬的材料。

2）洛氏硬度

（1）洛氏硬度测试原理。洛氏硬度是在初试验载荷（F_0）及总试验载荷（$F_0 + F_1$）的先后作用下，将压头（120°金刚石圆锥体或直径为 1.588 mm 的淬火钢球）压入试样表面，经规定保持时间后，卸除主试验载荷 F_1，用测量的残余压痕深度增量计算硬度值，如图 3-65 所示。

压头在主载作用下，实际压入试件产生塑性变形的压痕深度为 b_d（b_d 为残余压痕深度增量）。用 b_d 大小来判断材料的硬度，b_d 越大，硬度越低，反之，硬度越高。实测时，硬度值的大小直接由硬度计表盘上读出。

（2）洛氏硬度表示方法。

洛氏硬度符号 HR 前面为硬度数值，HR 后面为使用的标尺。如：50HRC 表示用 C 标尺测定的洛氏硬度值为 50。

（3）洛氏硬度的特点及应用。

在洛氏硬度试验中，选择不同的试验载荷和压头类型可得到不同的洛氏硬度的标尺，便于用来测定从软到硬较大范围的材料硬度。最常用的是 HRA、HRB、HRC 三种，其中，以 HRC 应用最为广泛。洛氏硬度试验操作简便、迅速，测量硬度值范围大，压痕小，可直接测成品和较薄工件。但由于试验载荷较大，不宜用来测定极薄工件及氮化层、金属镀层等的硬度。而且由于压痕小，对内部组织和硬度不均匀的材料，测定结果波动较大，故需在不同位置测试三点的硬度值取其算术平均值。洛氏硬度无单位，各标尺之

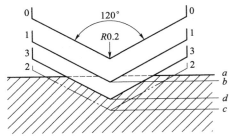

图 3-65 洛氏硬度试验原理示意图

间没有直接的对应关系。

5．材料的物理、化学性能

1）物理性能

密度、熔点、导热性、导电性、热膨胀性、磁性。

2）化学性能

材料的化学性能是材料抵抗周围介质侵蚀的能力，主要包括耐蚀性和热稳定性等。

6．材料的工艺性能

工艺性能是指材料适应加工工艺要求的能力。按加工方法的不同，可分为铸造性、锻造性、焊接性、切削加工性及热处理工艺性等。在设计零件和选择工艺方法时，都要考虑材料的工艺性能，以便降低成本，获得质量优良的零件。

（1）材料可生产性：得到材料可能性和制备方法。

（2）铸造性：将材料加热得到熔体，注入较复杂的型腔后冷却凝固，获得零件的方法。

流动性：充满型腔能力。

收缩率：缩孔数量的多少和分布特征。

偏析倾向：材料成分的均匀性。

（3）锻造性：材料进行压力加工（锻造、压延、轧制、拉拔、挤压等）的可能性或难易程度的度量。

塑性变形能力：材料不破坏的前提下的最大变形量。

塑性变形抗力：发生塑性变形所需要的最小外力。

（4）焊接性：利用部分熔体，将两块材料连接在一起。

连接能力：焊接头部强度与母材的差别程度。

焊接缺陷：焊接处出现气孔、裂纹可能性的大小或母材变形程度。

（5）切削加工性：材料进行切削加工的难易程度。它与材料的种类、成分、硬度、韧性、导热性等有关。

（6）热处理性：可以实施的热处理方法和材料在热处理时性能改变的程度。

3.5.3　材料的结构

材料的结合键在所有固溶体中，原子是由键结合在一起。这些键提供了固体的强度和有关电和热的性质。例如，强键导致高熔点、高弹性系数、较短的原子间距及较低的热膨胀系数。由于原子间的结合键不同，将材料分为金属、聚合物和陶瓷 3 类。

材料的成分不同其性能也不同。对同一成分的材料也可通过改变内部结构和组织状态的方法，改变其性能，这促进了人们对材料内部结构的研究。组成材料的原子的结构决定了原子的结合方式，按结合方式可将固体材料分为金属、陶瓷和聚合物。根据其原子排列情况，又可将材料分为晶体与非晶体两大类。本章首先介绍材料的晶体结构。

1．材料的结合方式

1）化学键

组成物质整体的质点（原子、分子或离子）间相互作用力叫化学键。由于质点相互作用时，其吸引和排斥情况的不同，形成了不同类型的化学控，主要有共价键、离子键和金属键。

2）共价键

原子之间不产生电子的转移，此时借共用电子对所产生的力结合，形成共价键。金刚石、单质硅、SiC 等属于共价键。共价键具有方向性，故共价键材料是脆性的，具有很好的绝缘性。

3）离子键

大部分盐类、碱类和金属氧化物在固态下是不能导电的，熔融时可以导电。这类化合物为离子化合物。当两种电负性相差大的原子（如碱金属元素与卤族元素的原子）相互靠近时，其中电负性小的原子失去电子，成为正离子，电负性大的原子获得电子成为负离子，两种离子靠静电引力结合在一起形成离子键。

在 NaCl 离子型晶体中，正、负离子间有很强的电的吸引力，所以有较高熔点，故离子镁材料是脆性的，固态时导电性很差。

4）金属键

金属原子的结构特点是外层电子少，容易失去。当金属原子相互靠近时，其外层的价电子脱离原子成为自由电子，为整个金属所共有，它们在整个金属内部运动，形成电子气。这种由金属正离子和自由电子之间互相作用而结合称为金属键。

金属键无方向性和饱和性，故金属有良好的延展性，良好的导电性。金属具有正的电阻温度系数，更好的导热性，金属不透明，具有金属光泽。

5）范德瓦尔键

许多物质其分子具有永久极性。分子的一部分往往带正电荷，而另一部分往往带负电荷，一个分子的正电荷部位和另一分子的负电荷部位间，以微弱静电力相吸引，使之结合在一起，称为范德瓦尔键也叫分子键。

6）工程材料的键性

金属材料的结合主要是金属键，陶瓷材料的结合键主要是离子键与共价键。高分子材料的链状分子间的结合是范德瓦尔键，而链内是共价键。

2. 晶体学基础

1）晶体与非晶体

原子排列可分为三个等级，即无序排列、短程有序和长程有序。

物质的质点（分子、原子或离子）在三维空间做有规律的周期性重复排列所形成的物质叫晶体。非晶体在整体上是无序的。

晶体与非晶体中原子排列方式不同，导致性能上出现较大差异。晶体具有一定的熔点，非晶体则没有。晶体的某些物理性能和力学性能在不同的方向上具有不同的数值成为各项异性。

2）空间点阵

便于研究晶体中原子、分子或离子的排列情况，近似地将晶体看成是无错排的理想晶体，忽略其物质性，抽象为规则排列于空间的无数几何点。这些点代表原子（分子或离子）的中心，也可是彼此等同的原子群或分子群的中心，各点的周围环境相同。这种点的空间排列称为空间点阵，简称点阵，从点阵中取出一个仍能保持点阵特征的最基本单元叫晶胞。将阵点用一系列平行直线连接起来，构成一空间格架叫晶格。

晶胞选取应满足下列条件：

（1）晶胞几何形状充分反映点阵对称性。

（2）平行六面体内相等的棱和角数目最多。

（3）当棱间呈直角时，直角数目应最多。

（4）满足上述条件，晶胞体积应最小。

晶胞的尺寸和形状可用点阵参数来描述，它包括晶胞的各边长度和各边之间的夹角。

根据以上原则，可将晶体划分为 7 个晶系。用数学分析法证明晶体的空间点阵只有 14 种，故这 14 种空间点阵叫作布拉菲点阵，分属 7 个晶系，空间点阵虽然只可能有 14 种，但晶体结构则是无限多的。

3.5.4　材料的凝固与相图

1. 金属的凝固

金属材料的生产一般都是要经过由液态到固态的凝固过程，如果凝固的固态物质是晶体，则这种凝固又称为结晶。由于固态金属大都是晶体，所以金属凝固的过程通常也称为结晶过程，金属结晶后获得的原始组织称为铸态组织，它对金属的工艺性能及使用性能有直接影响。因此，了解金属从液态结晶为固体的基本规律是十分必要的。

2. 金属结晶的基本规律

1）冷却曲线与过冷度

纯金属都有一个固定的熔点（或称结晶温度），因此纯金属的结晶过程总是在一个恒定的温度下进行的。纯金属的结晶过程可用热分析等实验测绘的冷却曲线来描述，如图 3－66 所示。由冷却曲线 1 可知，金属液缓慢冷却时，随着热量向外散失，温度不断下降，当温度降到 T_0 时，开始结晶。由于结晶时放出的结晶潜热补偿了其冷却时向外散失的热量，故结晶过程中温度不变，即冷却曲线上出现了水平线段，水平线段所对应的温度称为理论结晶温度（T_0）。在理论结晶温度 T_0 时，液体金属与其晶体处于平衡状态，这时液体中的原子结晶为晶体的速度与晶体上的原子溶入液体中的速度相等。结晶结束后，固态金属的温度继续下降，直到室温。

在宏观上看，这时既不结晶也不溶化，晶体与液体处于平衡状态，只有温度低于理论结晶温度 T_0 的某一温度时，才能有效地进行结晶。

在实际生产中，金属结晶的冷却速度都很快。因此，金属液的实际结晶温度 T_1 总是低于理论结晶温度 T_0，如图 3－66 曲线 2 所示。金属结晶时的这种现象称为过冷，两者温度之差称为过冷度，以 ΔT 表示，即 $\Delta T = T_0 - T_1$。

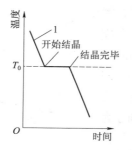
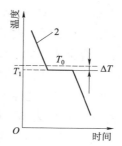

图 3－66　纯金属冷却曲线

实际上金属总是在过冷的情况下结晶的，但同一金属结晶时的过冷度并不是一个恒定值，而与其冷却速度、金属的性质和纯度等因素有关。冷却速度越大，过冷度就越大，金属的实际结晶温度就越低。过冷是金属结晶的必要条件。

2）结晶的一般过程

纯金属的结晶过程是晶核形成和长大的过程，如图 3－67 所示。金属液在达到结晶温度时，首先形成一些极细小的微晶体（即晶核）。随着时间的推移，液体中的原子不断向晶核聚集，使晶核长大；与此同时液体中会不断有新的晶核形成并长大，直到每个晶粒长大到相互接触，液体消失为止，得到了多晶体的金属结构。

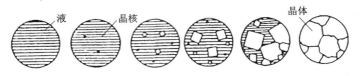

图 3－67　结晶过程示意图

总之，结晶过程是由形核和长大这两个过程交替重叠在一起进行的，对于一个晶粒来说，可以严格地区分其形核和长大这两个阶段，但就整个金属来说，形核和长大是互相交替重叠进行的。

3. 合金的相图分析

合金结晶同纯金属一样，也遵循形核与长大的规律。但合金的成分中包含有两个以上的组元（各组元的结晶温度是不同的），并且同一合金系中各合金的成分不同（组元比例不同），所以合金在结晶过程中其组织的形成及变化规律要比纯金属复杂得多。为了研究合金的性能与其成分、组织的关系，就必须借助于合金相图这一重要工具。

合金相图又称状态图或平衡图，是表示在平衡（极其缓慢加热或冷却）条件下，合金系中各种合金状态与温度、成分之间关系的图形。所以，通过相图可以了解合金系中任何成分的合金，在任何温度下的组织状态，在什么温度发生结晶和相变，存在几个相，每个相的成分是多少等。但是必须注意，在非平衡状态时（即加热或冷却较快），相图中的特性点或特性线要发生偏离。

在生产实践中，相图可作为正确制定铸造、锻压、焊接及热处理工艺的重要依据。

1）二元合金相图

（1）相图的表示方法。由两个组元组成的合金相图称为二元合金相图。现以 Cu－Ni 合金相图为例，来说明二元合金相图的表示方法。Cu－Ni 合金相图如图 3－68 所示，图中纵坐标表示温度，横坐标表示合金成分。横坐标从左到右表示合金成分的变化，即镍的质量分数 W_{Ni} 由 0 向 100% 逐渐增大，而铜的质量分数 W_{cu} 相应地由 100% 向 0 逐渐减小。在横坐标上任何一点都代表一种成分的合金，例如 C 点代表 W_{Ni} 为 40% ＋ W_{cu} 为 60% 的合金，而 D 点代表 W_{Ni} 为 80% ＋ W_{cu} 为 20% 的合金。

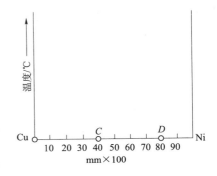

图 3－68　Cu－Ni 合金相图

（2）二元合金相图的建立。相图是通过实验方法建立的。利用热分析法测定 Cu – Ni 合金的临界点（发生相变的温度，也称相变点或转折点），说明二元合金相图的建立。

（3）二元合金相图的基本类型。在二元合金相图中，有的相图简单（如 Cu – Ni 相图），有的相图复杂（如 Fe – C 相图），但不管多么复杂，任何二元相图都可以看成是几个基本类型的相图的叠加、复合而成的。

2）匀晶相图

与纯金属相比，固溶体合金凝固过程有两个特点：固溶体合金凝固时析出的固相成分与原液相成分不同，需成分起伏。α 晶粒的形核位置是结构起伏、能量起伏和成分起伏都满足要求的地方。固溶体合金凝固时依赖于异类原子的互相扩散。

两组元在液态和固态下均可以以任意比例相互溶解，即在固态下形成无限固溶体的结晶规律所组成的合金相图称为匀晶相图。例如 Cu – Ni，W – Mo，Fe – Ni 等都是匀晶相图。在这类合金中，结晶都是从液相中结晶出单相的固溶体，这种结晶过程称为匀晶转变。现以 Cu – Ni 相图为例进行分析。

（1）相图分析图 3 – 69（a）为匀晶相图。该相图由两条封闭的曲线组成——液相线、固相线。在这两条曲线上有两个特性点：A 点、B 点。由特性点 A、B 连接的液相线和固相线称为特性线，它们把相图分成三个相区，即液相区，以 L 表示；固相区，是由 Cu、Ni 形成的无限固溶体，用 α 表示；两相共存区，以 $L+\alpha$ 表示。

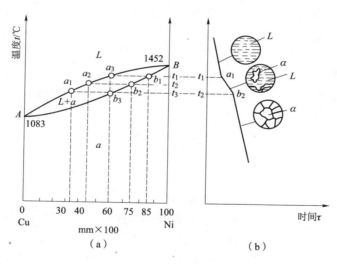

图 3 – 69　Cu – Ni 合金相图及冷却曲线

（a）Cu – Ni 合金相图；（b）冷却曲线

（2）不平衡结晶——枝晶偏析（晶内偏析）及其危害和消除方法：

① 晶内偏析（枝晶偏析）。

② 定义：晶粒内部出现的成分不均匀现象。

③ 通过扩散退火或均匀化退火，使异类原子互相充分扩散均匀，可消除晶内偏析。

3.5.5　材料强化及钢的热处理

在前面讲过不同的材料具有不同的性能，那么同一种材料是否有可能具有不同的性能呢？如果可以，那么应用哪些工艺手段来实现？实现具有不同性能的原理又是什么？通过本章的学习，以上的问题就有答案了。

机械工程材料是机械工业、工程技术上大量使用的材料，不仅要求有高的强度，而且要有足够的塑性和韧性。这些性能都同材料的组织、结构有密切的关系。因此可通过各种措施，改变其组织和结构，以及使其复合，从而达到强化与强韧化。

材料的改性处理主要指钢铁材料的改性处理，包括钢的热处理和钢的表面处理两大类。钢经过适当的热处理可提高零件的强度、硬度及耐磨性，并可改善钢的塑性和切削加工性能；而经过合理的表面处理则可提高零件的耐蚀性及耐磨性，并可装饰和美化外观，延长其使用寿命。

1. 材料强化的概念

使金属材料强度（主要是屈服强度）增大的过程称为强化。工程材料的强度与其内部组织、结构有着密切的关系。通过改变化学成分，进行塑性变形以及热处理等，均可以提高材料的强度。由于塑性变形是通过位错运动实现的，因此，材料强化机制的基本出发点是造成障碍，阻碍位错运动。

2. 工程材料常见的强化方式

1）固溶强化

固溶强化是指由于晶格内溶入溶质原子而使材料强化的现象。固溶强化效果越大，则塑性韧性下降越多。因此选用固溶强化元素时一定不能只着眼强化效果的大小，而应对塑性、韧性给予充分保证。所以，对溶质的浓度应加以控制。

2）晶界强化（也称细晶强化）

晶界强化是一种极为重要的强化机制。不但可以提高强度，而且还能改善钢的韧性，这一特点是其他强化机制所不具备的。晶界的作用有两个方面：一方面它是位错运动的障碍，另一方面又是位错聚集的地方。所以，晶粒越细小，则晶界面积越大，位错运动的障碍越多，导致强度升高。

3）第二相强化

第二相强化是指利用合金中的第二相进行强化的现象。强化效果与第二相的形态、数量及其在基体上的分布方式有关。

4）冷变形强化（加工硬化或形变强化）

冷变形强化是指在塑性变形过程中，随着变形程度的增加，金属的强度、硬度增加，而塑性、韧性降低的现象。强化的原因：一是随塑性变形量的不断增大，位错密度不断增加，并使之产生的交互作用增强，使变形抗力增加。二是随塑性变形量的增大使晶粒变形、破碎，形成亚晶粒，亚晶界阻碍位错运动，使强度和硬度提高。

5）相变强化

相变强化主要是指马氏体相变强化（以及下贝氏体相变强化等），它是钢铁材料强化的重要途径。相变强化不是一种孤立的强化方式，而是固溶强化、沉淀硬化、形变强化、细晶强化等多种强化效果的综合。

6）表面强化

材料表面强化是指利用各种表面处理、表面扩渗和表面涂覆等技术，来改善材料表面的耐磨性、耐蚀性、耐高温氧化性和抗疲劳性等性能，或者是赋予材料表面以特定的理化性能，从而达到有效地提高产品质量并延长其使用寿命的目的。

7）纤维增强的复合强化

用高强度的纤维同适当的基体材料相结合，来强化基体材料的方法称为纤维增强复合强化，用于复合材料的强化。

3. 钢的热处理

热处理是提高材料使用性能和改善工艺性能的基本途径之一，是挖掘材料潜力，保证产品质量、延长寿命的重要工艺。

热处理是指采用适当方式对材料或工件进行加热、保温和冷却，以获得预期组织结构，从而获得所需性能的工艺方法。

热处理的实质是通过改变材料的组织结构来改变材料的性能，因此只适用于固态下发生组织转变的材料，不发生固态相变的材料不能用热处理来强化。

热处理工艺：

1）钢在加热时的组织转变

由 Fe－Fe₃C 相图可知，室温的钢只有加热到 PSK 温度以上才能发生组织转变，即获得奥氏体，而只有奥氏体才能通过不同的冷却方式使钢转变为不同的组织，获得所需要的性能。

钢加热获得奥氏体的过程称为奥氏体化过程。

在实际加热（或冷却）时的临界点分别用 Ac_1、Ac_3、Ac_{cm}（或 Ar_1、Ar_3、Ar_{cm}）表示，如图 3－70 所示。

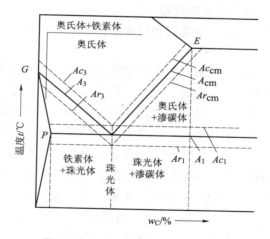

图 3－70　钢的相变点在 Fe－Fe₃C
相图上的位置

2）奥氏体的形成

以共析钢为例，说明共析钢奥氏体的形成过程。当共析钢加热到 Ac_1 以上温度时，将形成奥氏体。奥氏体的形成也是通过形核和长大来实现。此过程可分为奥氏体的形核、长大，残余渗碳体的溶解和奥氏体成分均匀化四个阶段，如图 3－71 所示。

亚共析钢和过共析钢的奥氏体形成过程与共析钢基本相同。但是，由于这两类钢的室温组织中除了珠光体以外，亚共析钢中还有先共析铁素体，过共析钢中还有先共析二次渗碳体，所以要想得到单一奥氏体组织，亚共析钢要加热到 Ac_3 线以上，过共析钢要加热到 Ac_{cm} 线以上，以使先共析铁素体或先共析二次渗碳体完成向奥氏体的转变或溶解。

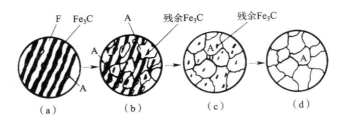

图 3-71 共析钢奥氏体形成过程示意图

(a) A 晶核形成；(b) A 晶核长大；(c) 残余 Fe_3C 溶解；(d) A 均匀化

影响奥氏体的转变因素很多，如加热温度、加热速度和原始组织等。加热温度越高，加热速度越快，形成奥氏体的速度越快；原始组织中钢的成分相同，组织越细，相界面越多，奥氏体形成的速度越快。

在这里必须要指出的是钢的奥氏体化的目的主要是获得成分均匀、晶粒细小的奥氏体组织，如果加热温度过高或保温时间过长，将会促使奥氏体晶粒粗化。

3.6 机械制造基础核心课程介绍

3.6.1 机械制造基础绪论

1. 机械制造技术在工业生产中的应用

机械制造技术在工业生产的各个部门和行业都有应用，尤其对于制造业来说更是具有举足轻重作用。

制造业是指所有生产和装配制成品的企业群体的总称，包括机械制造、运输工具制造、电气设备、仪器仪表、食品工业、服装、家具、化工、建材、冶金等，在整个国民经济中占有很大的比重。在我国，近年来制造业占国民生产总值 GDP 的比例已超过 35%。

作为制造业的一项基础的和主要的生产技术，机械制造技术在国民经济中占有十分重要的地位，并且在一定程度上代表着一个国家的工业和科技发展水平。占全世界总产量将近一半的钢材是通过焊接制成构件或产品后投入使用的；在机床和通用机械中铸件质量占 70% ~ 80%，农业机械中铸件质量占 40% ~ 70%；汽车中铸件质量约占 20%，锻压件质量约占 70%；飞机上的锻压件质量约占 85%；发电设备中的主要零件如主轴、叶轮、转子等均为锻件制成；家用电器和通信产品中 60% ~ 80% 的零部件是冲压件和塑料成形件。

2. 汽车

图 3-72 所示为机械制造在汽车中的应用。

发动机中的缸体、缸盖、活塞等一般都是铸造而成；连杆、传动轴、车轮轴等是锻造而成，车身、车门、车架、油箱等是经冲压和焊接制成；车内饰件、仪表盘、车灯罩、保险杠等是塑料成形制件，轮胎等是橡胶成形制品。因此，可以毫不夸张地说，没有先进的机械制造技术，就没有现代制造业。

3. 航天

我国是世界上少数的几个拥有运载火箭、人造卫星和载人飞船发射实力的国家，这些航天飞行器的建造离不开先进的机械制造技术，其中，火箭和飞船的壳体都是采用了高强轻质的材料，通过先进的特种焊接和胶接技术制造的。

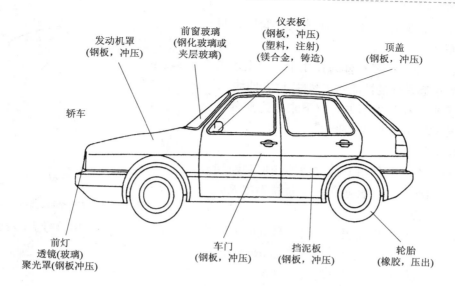

图 3 – 72　机械制造在汽车中的应用

3.6.2　金属的力学性能

金属材料的性能包括使用性能和工艺性能两大类。其中，工艺性能是指制造过程中表现出的性能，包括铸造性能、焊接性能、锻造性能、热处理性能、切削加工性能。使用性能是指在使用过程中表现出来的性能。

物理性能有熔点、密度、热膨胀性、导电性、导热性等。化学性能有耐腐蚀性、抗氧化性等。物理化学性能将影响工艺性能和使用性能。本章节主要研究的是力学性能对工艺性能的影响。金属材料的力学性能是指金属材料在外力作用下所反映出来的性能。常见的指标有：强度、塑性、硬度、冲击韧度、疲劳强度、断裂韧度等。

1. 强度

1）拉伸试验

图 3 – 73 所示为标准拉伸试样。

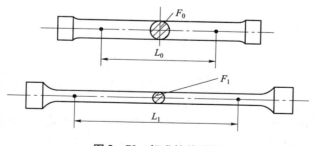

图 3 – 73　标准拉伸试样

（1）力—伸长曲线如图 3 – 74 所示。

（2）弹性与塑性

① 弹性：金属材料受外力作用时产生变形，当外力去掉后能恢复其原来形状的性能，叫作弹性（*OP* 直线）。

弹性变形：随着外力消失而消失的变形，叫作弹性变形。

② 塑性：金属材料在外力作用下，产生永久变形而不致引起破坏的性能叫作塑性（PE 曲线）。

塑性变形：在外力消失后留下来的这部分不可恢复的变形，叫作塑性变形。

2）强度

金属材料在载荷作用下抵抗塑性变形和断裂的能力称为强度，如屈服强度 Re、抗拉强度 Rm。

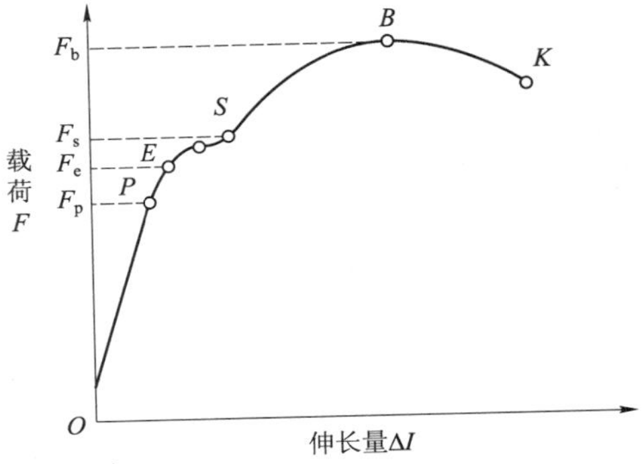

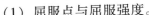

图 3 - 74　力—伸长曲线

（1）屈服点与屈服强度。

金属材料开始产生屈服现象时的最低应力值称为屈服点（S 点），用符号 Re 表示。

$$Re = F_s/A_o$$

式中　F_s——试样发生屈服时的载荷（N）；

A_o——试样的原始横截面积（mm^2）。

工业上使用的某些金属材料，如高碳钢、铸铁等，在拉伸过程中，没有明显的屈服现象，无法确定其屈服点，按 GB/T 2228—2013 规定，可用条件屈服强度 $Rr_{0.2}$ 来表示该材料开始产生塑性变形时的最低应力值。屈服强度为试样标距部分产生 0.2% 残余伸长时的应力值，即

$$Rr_{0.2} = F_{0.2}/A_o$$

式中　$F_{0.2}$——试样标距产生的 0.2% 残余伸长时载荷（N）；

A_o——试样的原始横截面积（mm^2）。

（2）抗拉强度。

金属材料在断裂前所能承受的最大应力值称为抗拉强度，用符号 Rm 表示。

$$Rm = F_b/A_o$$

式中　F_b——试样在断裂前所承受的载荷（N）；

A_o——试样原始横截面积（mm^2）。

2. 塑性

金属材料的载荷作用下，断裂前材料发生不可逆变形的能力称为塑性。

通过拉伸试验可测定材料的塑性。

常用的塑性指标有断后伸长率 δ 和断面收缩率 ψ。

$$\delta = (L_1 - L_0)/L_0$$
$$\psi = (F_0 - F_1)/F_0$$

3. 硬度

硬度是指金属材料抵抗局部变形，特别是塑性变形、压痕或划痕的能力。

可用硬度试验机测定，常用的硬度指标有布氏硬度 HBW、洛氏硬度（HRA、HRB、HRC 等）和维氏硬度 HV。

1）布氏硬度

（1）布氏硬度试验原理。

图 3 - 75 所示为布氏硬度试验。

$$HBW = 0.102 \times \frac{2F}{\pi D(D - \sqrt{D^2 - d^2})}$$

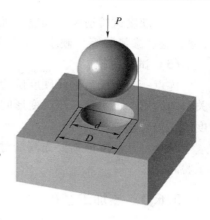

式中　F——试验力（N）；

　　　d——压痕平均直径（mm）；

　　　D——硬质合金球直径（mm）。

① 选择试验规范。

根据被测金属材料的种类和试样厚度，选用不同大小的球体直径 D，施加的试验力 F 和试验力保持时间。

② 试验的优缺点。

优点：试验时使用的压头直径较大，在试样表面上留下压痕也较大，所得值也较准确。

图 3 - 75　布氏硬度试验

缺点：对金属表面的损伤较大，不易测试太薄工件的硬度，也不适于测定成品件硬度。

③ 应用

布氏硬度试验常用来测定原材料、半成品和性能不均匀材料（如铸铁）的硬度。

2）洛氏硬度

（1）洛氏硬度测量原理。

洛氏硬度

$$HR = K - h/s$$

式中　K——给定标尺的硬度数；

　　　s——给定标尺的单位，通常以 0.002 为一个硬度单位。

（2）试验优缺点。

优点：操作简单迅速，效率高，直接从指示器上读出硬度值；压痕小，故可直接测量成品或较薄工件的硬度；对于 HRA 和 HRC 采用金刚石压头，可测量高硬度薄层和深层的材料。

缺点：由于压痕小，测得的数值不够准确，通常要在试样不同部位测定四次以上，取其平均值为该材料的硬度值。

3）维氏硬度

（1）试验原理。

图 3 - 76 所示为维氏硬度试验。

维氏硬度值用四棱锥压痕单位面积上所承受的平均压力表示，符号 HV。

$$HV = 0.102 \times 2F \times Sin136°/2/d^2 = 0.189F/d^2$$

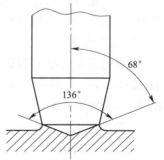

式中　F——作用在压头上试验力（N）；

　　　d——压痕两对角线长度的平均值（mm）。

（2）常用试验力及其适用范围。

维氏硬度试验所用试验力视其试样大小、薄厚及其他条件，可在 49.03 ~ 980.7 N 选择试验力。常用的试验力有 49.03 N、98.07 N、196.1 N、294.2 N、490.3 N、980.7 N。

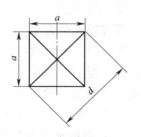

图 3 - 76　维氏硬度试验

维氏硬度试验适用范围宽，尤其适用测定金属镀层、薄片金属及化学热处理的表面层（渗碳层、渗氮层等）硬度，其结果精确可靠。

（3）试验优缺点。

优点：与布氏、洛氏硬度试验比较，维氏硬度试验不存在试验力与压头直径有一定比例关系的约束；也不存在压头变形问题，压痕轮廓清晰，采用对角线长度计量，精确可靠，硬度值误差较小。

缺点：其硬度值需要先测量对角线长度，然后经计算或查表确定，故效率不如洛氏硬度试验高。

3.6.3 热加工基础

1. 普通热处理

1）普通热处理概述

图 3 – 77 所示为热处理流程。

图 3 – 77 热处理流程

2）钢的退火与正火

（1）钢的退火。

定义：将金属缓慢加热到一定温度，保温足够时间，然后以适宜速度冷却（通常是缓慢冷却）的一种金属热处理工艺。

目的：使经过铸造、锻轧、焊接或切削加工的材料或工件消除内应力；降低硬度；细化晶粒；均匀成分；为最终热处理做好组织准备。

① 完全退火。

完全退火是将亚共析碳钢加热到 Ac_3 线以上 20℃～60℃，保温一定时间，随炉缓慢冷却到 600℃ 以下，然后出炉在空气中冷却。这种退火主要用于亚共析成分的碳钢和合金钢的铸件，锻件及热扎型材，目的是细化晶粒，消除内应力与组织缺陷，降低硬度，提高塑性，为随后的切削加工和淬火做好准备。

应用：亚共析碳钢、合金钢。

② 等温退火。

等温退火是为了保证 A 在 P 转变区上部发生转变，因此冷却速度很缓慢，所需时间少则十几小时，多则数天，因此生产中常用等温退火来代替完全退火。等温退火加热与完全退火相同，但钢经 A 化后，等温退火以较快速度冷却到 A1 以下，等温应定时间，使 A 在等温中发生 P 转变，然后再以较快速度冷至室温，等温退火时间短，效率高。

应用：共析钢、过共析钢、合金钢

③ 扩散退火（均匀化退火）。

应用范围：合金钢铸锭和铸件。

目的：消除合金结晶时产生的枝晶偏析，使成分均匀，故而又称均匀化退火。

工艺：把铸锭或铸件加热到 Ac_1 以上，1 000℃ ~1 200℃，保温 10 ~15 小时，再随炉冷却。

特点：高温长时间加热。

钢中合金元素含量越高，加热温度也越高，高温长时间加热又是造成组织过热的又一原因，因此扩散退火后需要进行一次完全退火或正火来消除过热。

④ 去应力退火（低温退火）。

目的：用于消除铸件、锻件、焊接件、冷冲压件以及机加工件中的残余应力，这些残余应力在以后机加工或使用中潜在地会产生变形或开裂。

工艺：将工件缓慢加热到 600℃ ~650℃，保温一定的时间，然后随炉缓慢冷却到 200℃再出炉空冷。

⑤ 球化退火。

球化退火是将钢加热至 Ac_1 以上、Ac_{cm} 以下的双相区，较长时间保温，并缓慢冷却的工艺。球化退火的目的在于使珠光体内的片状渗碳体以及先共析渗碳体都变为球粒状渗碳体，均匀分布于铁素体基体中（这种组织称为球化珠光体）。具有这种组织的中碳钢和高碳钢硬度低、切削性好、冷形变能力大，适用于共析钢与过共析钢。

（2）钢的正火。

定义：将钢件加热到临界点（Ac_3、Ac_{cm}）30℃ ~50℃ 以上，适当保温进行完全奥氏体化，然后在空气中冷却，这种热处理称为正火。

正火的目的与退火相同，只是温度高于退火，且在空气中冷却。

正火工艺：正火的加热温度与钢的化学成分关系很大：

低碳钢加热温度为 Ac_3 以上 100℃ ~150℃；

中碳钢加热温度为 Ac_3 以上 50℃ ~100℃；

高碳钢加热温度为 Ac_{cm} 以上 30℃ ~50℃。

保温时间与工件厚度和加热炉的形式有关，冷却既可采用空冷也可采用吹风冷却，但注意工件冷却时不能堆放在一起，应散开放置。

正火后的组织与性能：正火实际上是退火的一种特殊情况，两者不同之处主要在于正火的冷却速度较退火快，因此有伪共析组织。

正火与退火相似，有以下特点：正火钢的机械性能高，操作简便，生产周期短能量耗费少，因此尽可能选用正火。正火有以下几方面的应用：

① 普通结构件的最终热处理；正火可以消除铸造或锻造生产中的过热缺陷，细化组织，提高机械性能。

② 改善低碳钢和低碳合金钢的切削加工性；硬度在 160 ~230HB 的金属，易切削加工，金属硬度高，不但难以加工，而且刀具易磨损，能量耗费也大；硬度过低，加工又易粘刀，使刀具发热和磨损，且加工零件表面光洁度也很差。

③ 作为中碳结构钢制作的较主要零件的预热处理；正火常用来为较重要零件进行预热处理。例如，对中碳结构钢正火，可使一些不正常的组织变为正常组织，消除热加工所造成的组织缺陷，并且它对减小工件淬火变形与开裂提高淬火质量有积极作用。

④ 消除过共析钢中的网状二次渗碳体，为球化退火做组织准备，这是因为正火冷却速度比较快，二次渗碳体来不及沿晶界呈网状析出。

⑤ 对一些大型或形状复杂的零件,淬火可能有开裂的危险,正火也往往代替淬火,回火处理,作为这些零件的最终热处理。

3.6.4　切削加工

1.　切削运动

(1) 切削运动:为了获得各种形状的零件,刀具和工件之间必须有一定的相当运动。

(2) 按作用分为:主运动、进给运动。

① 主运动。

刀具与工件产生的主要的相当运动。特点为消耗功率最大,速度最高。

例如:车削,工件的回转运动;牛头刨床,刀具的往复直线运动。

② 进给运动。

刀具与工件间附加的运动。使被切金属不断地投入切削,以加工出具有几何特征的已加工表面。

例如:车外圆时,刀具的纵向运动;车端面时,刀具的横向运动;牛头刨床时,工件台的移动。

③ 主运动和进给运动的合成。

当主运动与进给运动同时运动时,切削刃上某一点相当于工件的运动。

(3) 切削用量

切削用量三要素是调整刀具与工件间相对运动速度和相对位置所需的工艺参数。

$$切削用量三要素\begin{cases} 切削速度\ v_c\ (\text{m/min}) \\ 进给量\ f\ (\text{mm/min}) \\ 背吃刀量(切削深度)\ a_p \end{cases}$$

(1) 切削速度 v_c。

切削刃上选定点相对于工件的主运动的瞬时速度。

旋转运动计算公式:

$$v_c = (\pi dn)/1\,000$$

式中　v_c——切削速度(m/s);

　　　d——工件直径(mm);

　　　n——工件转速(r/s)。

往复直线运动计算公式:

$$v_c = (2Ln_r)/1\,000$$

式中　L——往复直线长度(mm);

　　　n_r——主运动每分钟的往复次数。

(2) 进给量 f。

工件或刀具每转一周时,刀具与工件在进给运动方向上的相对位移量。

进给速度 v_f 是指切削刃上选定点相对工件进给运动的瞬时速度。

车削时:

$$v_f = fn$$

式中　v_f——进给速度（mm/s）；

　　　n——主轴转速（r/s）；

　　　f——进给量（mm）。

铣削时：

$$v_\mathrm{f} = fn = na_\mathrm{z}z$$

式中　a_z——每齿进给量（mm/z）；

　　　z——齿数。

（3）背吃刀量（切削深度）a_p。

主刀刃工作长度（在基面上的投影）沿垂直于进给运动方向上的投影值。根据此定义，如在纵向车外圆时，其背吃刀量可按下式计算：

$$a_\mathrm{p} = (d_\mathrm{w} - d_\mathrm{m})/2$$

式中　d_w——工件待加工表面直径（mm）；

　　　d_m——工件已加工表面直径（mm）。

2. 金属切削的形成过程

1）切屑的形成过程

金属的切削过程与金属的挤压过程很相似。金属材料受到刀具的作用以后，开始产生弹性变形；随着刀具继续切入，金属内部的应力、应变继续加大，当达到材料的屈服点时，开始产生塑性变形，并使金属晶格产生滑移；刀具再继续前进，应力进而达到材料的断裂强度，便会产生挤裂。

变形区的划分：

大量的实验和理论分析证明，塑性金属切削过程中切屑的形成过程就是切削层金属的变形过程。切削层的金属变形大致划分为三个变形区：第Ⅰ变形区（剪切滑移）、第Ⅱ变形区（纤维化）、第Ⅲ变形区（纤维化与加工硬化），如图 3 – 78 所示。

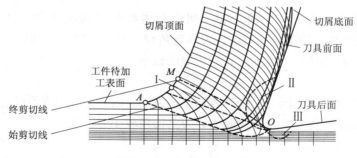

图 3 – 78　变形区的划分

2）第Ⅰ变形区

第Ⅰ变形区（近切削刃处切削层内产生的塑性变形区）金属的剪切滑移变形切削层受刀具的作用，经过第Ⅰ变形区的塑性变形后形成切屑。切削层受刀具前刀面与切削刃的挤压作用，使近切削刃处的金属先产生弹性变形，继而塑性变形，并同时使金属晶格产生滑移，形成加工硬化。

在图 3 – 79 中，切削层上各点移动至 AC 线均开始滑移、离开 AE 线终止滑移，在沿切削宽度范围内，称 AC 为始滑移面，AE 为终滑移面。AC、AE 之间为第Ⅰ变形区。由于切屑形成时应变速度很快、时间极短，故 AC、AE 面相距很近，一般为 $0.02 \sim 0.2$ mm，所以常用 AB 滑移面来表示第 I 变形区，AB 面亦称为剪切面。

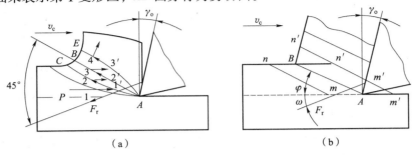

图 3-79　切屑形成过程
（a）质点滑移过程；（b）切屑形成模型

由于工件材料不同，切削过程中的变形程度也就不同，因而产生的切屑种类也就多种多样，如图 3-80 所示，图中从左至右前三者为切削塑性材料的切屑，最后一种为切削脆性材料的切屑。切屑的类型是由应力—应变特性和塑性变形程度决定的。

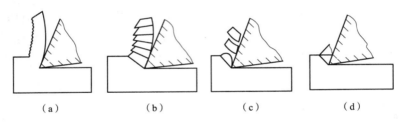

图 3-80　切屑类型
（a）带状切屑；（b）挤裂切屑；（c）单元切屑；（d）崩碎切屑

① 带状切屑。

它的内表面光滑，外表面毛茸。加工塑性金属材料（如碳素钢、合金钢、铜和铝合金），当切削厚度较小、切削速度较高、刀具前角较大时，一般常得到这类切屑。它的切削过程平衡，切削力波动较小，已加工表面粗糙度较小。

② 挤裂切屑。

这类切屑与带状切屑不同之处在外表面呈锯齿形，内表面有时有裂纹。这种切屑大多在切削黄铜或切削速度较低、切削厚度较大、刀具前角较小时产生。

③ 单元切屑（粒状）。

如果在挤裂切屑的剪切面上，裂纹扩展到整个面上，则整个单元被切离，成为梯形的单元切屑，如图 3-80（c）所示。切削铅或用很低的速度切削钢时可得到这类切屑。

以上三种切屑只有在加工塑性材料时才可能得到。其中，带状切屑的切削过程最平稳，单元切屑的切削力波动最大。在生产中最常见的是带状切屑，有时得到挤裂切屑，单元切屑则很少见。假如改变挤裂切屑的条件，如进一步减小刀具前角，降低切削速度，或加大切削厚度，就可以得到单元切屑。反之，则可以得到带状切屑。

这说明切屑的形态是可以随切削条件而转化的。掌握了它的变化规律，就可以控制切屑的变形、形态和尺寸，以达到卷屑和断屑的目的。

④ 崩碎切屑。

这是属于脆性材料（如铸铁、黄铜等）的切屑。这种切屑的形状是不规则的，加工表面是凸凹不平的。从切削过程来看，切屑在破裂前变形很小，和塑性材料的切屑形成机理也不同。它的脆断主要是由于材料所受应力超过了它的抗拉极限。加工脆硬材料，如硅铸铁、白口铁等，特别是当切削厚度较大时常得到这种切屑。由于它的切削过程很不平稳，容易破坏刀具，也有损于机床，已加工表面又粗糙，因此在生产中应力求避免。其方法是减小切削厚度，使切屑成针状或片状；同时适当提高切削速度，以增加工件材料的塑性。切屑控制的措施：在实际加工中，应用最广的切屑控制方法就是在前刀面上磨制出断屑槽或使用压块式断屑器。

2）第Ⅱ变形区

第Ⅱ变形区（与前刀面接触的切屑层产生的变形区）内金属的挤压摩擦变形。经过第Ⅰ变形区后，形成的切屑要沿前刀面方向排出，还必须克服刀具前刀面对切屑挤压而产生的摩擦力，此时将产生挤压摩擦变形。第Ⅰ变形区与第Ⅱ变形区是相互关联的。前刀面上的摩擦力大时，切屑排出不顺，挤压变形加剧，以致第Ⅰ变形区的剪切滑移变形增大。

（1）摩擦系数。

内摩擦：切屑和刀具黏结层与金属层之间的摩擦。

外摩擦：刀具与切屑的滑动摩擦。与切削刃之间的距离远近有关；越近，越容易内摩擦。

（2）积屑瘤。

在切削速度不高而又能形成连续切屑的情况下，加工一般钢料或其他塑性材料时，常常在前刀面处粘着一块剖面呈三角状的硬块。这块冷焊在前刀面上的金属称为积屑瘤（或刀瘤）。它的硬度很高，通常是工件材料的 2 ~ 3 倍，在处于比较稳定的状态时，能够代替刀刃进行切削。

① 成积屑瘤的条件。

主要决定于切削温度。此外，接触面间的压力、粗糙程度、黏结强度等因素都与形成积屑瘤的条件有关。

a. 一般说来，塑性材料的加工硬化倾向越强，越易产生积屑瘤。

b. 温度与压力太低，不会产生积屑瘤；反之温度太高，产生弱化作用，也不会产生积屑瘤。

c. 走刀量保持一定时，积屑瘤高度与切削速度有密切关系。

② 积屑瘤对切削过程的影响。

a. 实际前角增大加大了刀具的实际前角，可使切削力减小，对切削过程起积极的作用。积屑瘤越高，实际前角越大。

b. 使加工表面粗糙度增大。

积屑瘤的底部则相对稳定一些，其顶部很不稳定，容易破裂，一部分连附于切屑底部而排出，一部分残留在加工表面上，积屑瘤凸出刀刃部分使加工表面切得非常粗糙，因此在精加工时必须设法避免或减小积屑瘤。

c. 对刀具寿命的影响。

积屑瘤黏附在前刀面上，在相对稳定时，可代替刀刃切削，有减少刀具磨损、提高寿命的作用。但在积屑瘤比较不稳定的情况下使用硬质合金刀具时，积屑瘤的破裂有可能使硬质合金刀具颗粒剥落，反而使磨损加剧。

（3）防止积屑瘤的主要方法。

① 降低切削速度，使温度较低，黏结现象不易发生；

② 用高速切削，使切削温度高于积屑瘤消失的相应温度；

③ 采用润滑性能好的切削液，减小摩擦；

④ 增加刀具前角，以减小切屑与前刀面接触区的压力；

⑤ 适当提高工件材料硬度，减小加工硬化倾向。

3）第Ⅲ变形区

第Ⅲ变形区（近切削刃处已加工表面内产生的变形区）金属的挤压摩擦变形已加工表面受到切削刃钝圆部分和后刀面的挤压摩擦，造成纤维化和加工硬化。

3.7　机械设计核心课程介绍

3.7.1　本课程的研究对象与内容

3.7.1.1　本课程的研究对象

人类在长期的生产实践中创造了机器，机器是执行机械运动的装置，用来变换或者传递能量、物料和信息；机器也是根据某种具体使用要求而设计的多件实物的组合体，如缝纫机、洗衣机、各类机床、运输车辆、农用机器、起重机等。机器是人造的用来减轻或替代人类劳动的多件实物的组合体。

机器的主要部分是由机构组成的，机构是机械设计中最常用的，我们把用来传递运动和力，有一个构件为机架，用构件间能够相对运动的连接方式组成的构件系统称为机构。例如：连杆机构、机械凸轮机构、齿轮机构等。下面用最常见的内燃机来分析一下机器的组成。

图 3-81 所示为单缸四冲程内燃机工作原理。

（1）活塞下行，进气阀开启，混合气体进入气缸。

（2）活塞上行，气阀关闭，混合气体被压缩，在顶部点火燃烧。

（3）高压燃烧气体推动活塞下行，两气阀关闭。

（4）活塞上行，排气阀开启，废气体被排出气缸。

内燃机各部分的作用：

活塞的往复运动通过连杆转变为曲轴的连续转动，该组合体称为曲柄滑块机构。

凸轮和顶杆用来启闭进气阀和排气阀，称为凸轮机构。

两个齿轮用来保证进、排气阀与活塞之间形成协调动作，称为齿轮机构。

各部分协调动作的结果：化学能转化为机械能。

图 3-81　单缸四冲程内燃机工作原理

从内燃机的原理及结构可以总结出机器的共有特征：

（1）人造的实物组合体。

（2）各部分有确定的相对运动。

（3）代替或减轻人类劳动，完成有用功或实现能量的转换。

从能量的角度上可以将机器分为原动机和工作机两种。原动机能够实现能量转换（如内燃机、蒸汽机、电动机）；工作机可以完成有用功（如机床等）。

从上面的分析可以得出机器的组成：

（1）原动部分。原动部分是工作机动力的来源，最常见的是电动机和内燃机。

（2）工作部分。工作部分完成预定的动作，位于传动路线的终点。

（3）传动部分。传动部分是连接原动机和工作部分的中间部分。

（4）控制部分。控制部分保证机器的启动、停止和正常协调动作。

3.7.1.2　本课程的内容

1. 机器的基本组成要素

在一部现代化的机器中，常包含着机械、电气、液压、气动、润滑、冷却、控制、监测等系统的部分或全部，但是机器的主体，仍然是它的机械系统。机械系统总是由一些机构组成；每个机构又是由许多零件组成的。所以，机器的基本组成要素就是机械零件。

机械零件可分为两大类：一类是在各种机器中经常都能用到的零件，叫作通用零件，如螺钉、齿轮、链轮等；另一类是在特定类型的机器中才能用到的零件，叫作专用零件，如叶片、螺旋桨、曲轴等。

2. 设计机器的一般程序

一部新机器的设计过程大致有以下几个阶段。

1）计划阶段

计划阶段是设计机器的预备阶段，其目标是拟定出设计任务书。在此阶段，要根据社会和市场的需求，明确所设计机器的功能范围和性能指标；根据现有的技术资料进行可行性研究，明确设计中要解决的关键问题，最后形成设计任务书。设计任务的提出主要是依据工作和生产的需要。设计任务一般是以任务书的形式下达的，其中明确规定有：机器的用途、主要性能参数范围、工作环境条件、特殊要求、生产批量、预期成本、完成期限、承制单位等内容。一般是由主管单位、用户提出。

任务书的要求决定了设计工作的内容、质量和水平。例如，批量和用途直接决定加工手段、成本等内容，同时也必须考虑承制单位的加工能力。

2）方案设计阶段

设计部门和设计人员首先要认真研究任务书，在全面明确上述要求后，在调查研究、分析资料的基础上，拟订设计计划，按照下述的步骤进行设计：

（1）机器工作原理选择。

机器工作原理是实现预期职能的基本依据。我们听说过"条条道路通罗马"的话，由于实现同样的预期职能，可以采用不同的工作原理、方法和途径。所以，在研制新机器时，应结合具体情况提出多种不同的工作原理，通过全面分析比较，从中选择最满意的一种。这属于专业机械设计的范围。例如采煤，可以使用风镐，也可以使用高压水柱冲击煤层开采，还可以采用割煤机进行开采等。

（2）机器的运动设计。

机器的运动设计就是根据上一步确定的机器工作原理，确定机器执行部分的运动规律。例如牛头刨床，要求工作行程要慢而返回行程要快。这一步主要依据我们前面所述的机械原理知识来完成。这里，必须同时考虑选择适当的原动机，妥善考虑和设计机械的传动部分实现方法，并考虑运动参数调整的必要性与可能性。

（3）机器的动力设计。

根据机器的工作原理和运动设计结果，按照机器的总体性能要求，根据其运动特性、工作阻力、速度、传动效率等，计算所需的驱动功率，进行运动机的选择。同时也要考虑调节于控制的必要性与可能性，也可以利用机械原理和电工学知识来完成。

3）技术设计阶段

技术设计阶段主要是依据原动机的特性和运转特性或根据零部件的工作载荷进行设计，一般采用前一种方法，选择设计出各零部件。

在工作原理确定之后的工作，就是将前面选定的设计方案通过必要的分析计算和结构设计，用图面（装配图、零件图等）及技术文件的形式来加以具体表示，包括运动设计，动力分析，整体布局，零件结构、材料、尺寸、精度和其他参数的确定以及必要的强度和刚度计算等。反映在实际工作的成果——图纸上，大体可以分为 4 个阶段：

（1）总体设计阶段。根据工作原理绘制机器的机构运动简图，这是图纸设计的第一阶段。在这个阶段，要考虑各个机构主要零件的大体位置。同时，为了拟订机器的总体布置，需要分析比较各种可能的传动方案。

（2）结构设计阶段。考虑和决定各部分的相对位置和连接方法，零件的具体形状、尺寸、安装等一系列问题，把机构运动简图变成具体的装配图（或结构图），这是图纸设计的第二个阶段。

（3）零件设计阶段。装配图只确定了机器的总体尺寸、各个零部件的相对位置及配合关系，而没有反映出各个零件的全部尺寸、结构等。零件设计阶段就是把机器的所有零件（标准件除外）拆分出来，绘制成零件图，为加工提供依据。

（4）技术文件制定：完成图纸之后，必须完成一系列的技术文件，应包括各种明细表、系统图、设计说明书和使用说明书。

4）施工设计阶段（工艺设计）

本阶段是将设计与制造连接起来的重要环节，即规划零件的制造工艺流程，确定工艺参数，检测手段，夹具，模具设计等工作。这些属于机制工艺学课程的内容。由于在很大程度上取决于经验、依赖于实践经验，所以计算机辅助工艺设计（CAPP）未能像机械 CAD 一样获得突破性进展和广泛应用。

一个完整的设计过程不但包含以上 4 个阶段，还包括制造、装配、试车、生产等所有环节，对图纸和技术文件进行完善和修改，直到定型投入正式生产的全过程。

在实际工作中，上述的几个阶段是交叉反复进行的。

随着计算机辅助设计、计算机仿真技术、三维图形技术以及虚拟装配制造技术的迅速发展，机械设计方法有了极大的变革，借助这些技术我们可以极大地降低设计和试制成本，提高产品的竞争力。

3. 设计机器应满足的基本要求

设计机器应满足的基本要求有以下几点：

（1）使用功能要求。所设计的机器必须实现预定的使用功能。为此，正确地选择机器的工作原理是最重要的。此外，还应正确地选择执行机构和机械传动方案等。

（2）经济性要求。机器的经济性是一个综合性指标，它要求设计和制造的成本低，生产周期短，使用机器的生产率高，效率高，能源和原材料消耗少，维护和管理费用低等。

（3）劳动保护要求。对所设计的机器，要求操作方便、安全，并对周围环境影响小。设计机器时，操作机构要适应人的生理条件，使操作轻便省力；要保证机器使用人员的人身安全，应设有安全防护装置。同时，应降低机器噪声，防止有害介质的渗漏，减轻对环境的污染。机器的外形和色彩应协调，符合工程美学的要求，以美化工作环境。

（4）可靠性要求。机器的可靠性是指机器在使用中性能的稳定性，是机器的一个重要质量指标。可靠性高，说明机器使用过程中发生故障的概率小，能正常工作的时间长。机器的可靠性高低是用可靠度来衡量的。机器的可靠度是指在规定的工作条件下和预定的使用期内机器能够正常工作的概率。

（5）其他专用要求。这是对某种类型机器提出的一些特有的要求。例如，食品机器应能保持产品清洁，建筑机器要便于拆装和搬运，飞机应具有质量小、飞行阻力小而运载能力大的性能等。

4. 设计机械零件应满足的基本要求

设计机械零件应满足的基本要求有以下几点：

（1）工作能力要求。组成机器的所有零件必须具有相应的工作能力，否则就会失效。为避免在预定寿命期内失效，机械零件应具有强度大、刚度足、抗疲劳、耐磨损和防腐蚀等性能。

（2）结构工艺性要求。机器零件具有良好的结构工艺性，就是要求零件的结构合理，外形简单，在既定生产条件下易于加工和装配。零件的结构工艺性不仅与毛坯制造、机械加工、装配要求有关，而且还与零件的材料、生产批量、生产设备条件等有关。零件的结构设计对零件的结构工艺性具有决定性的影响，是学习机械设计时应掌握的一个重点内容，要予以足够的重视。

（3）经济性要求。经济性要求就是要降低零件的生产成本。从经济性考虑，可以采取以下一些措施：尽量采用标准化的零部件以取代需要加工的零部件；采用廉价材料代替贵重材料；采用轻型结构以减少零件的用料；采用少余量或无余量的毛坯或简化零件结构，以减少加工工时；采用装配工艺性良好的结构以减少装配工序和工时等。

（4）质量小的要求。要尽量减少机械零件的质量，因为这样可减少材料的消耗，降低成本，还可以减小运动零件的惯性以改善机器的动力性能。

（5）可靠性要求。机器是由许多零件组成的，因而机器的可靠性取决于机械零件的可靠性。为了提高零件的可靠性，应当使工作条件和零件性能的随机变化尽可能小，并在使用中加强维护和对工作条件进行监测。

5. 机械零件的主要失效形式

机械零件由于某种原因不能正常工作，称为失效。机械零件的主要失效形式有：

（1）整体断裂。整体断裂分为一次断裂和疲劳断裂两类。当零件受外载荷作用时，由于危险截面上应力超过零件的强度极限而发生的断裂称为一次断裂。当零件在循环变应力作用下工作较长时间以后，危险截面上的应力超过零件的疲劳极限时所发生的断裂称为疲劳断裂。在机械零件的整体断裂失效中多数属于疲劳断裂。

（2）过大的残余变形。如果作用于零件上的应力超过了材料的屈服极限，则零件将产生残余变形。例如，机床上夹持定位零件的过大的残余变形，会降低加工精度。

（3）表面破坏。机器中的零件都要与别的零件发生静接触或动接触，或形成配合关系，因此表面破坏是机械零件经常发生的一种失效形式。机械零件的表面破坏主要是腐蚀、磨损和接触疲劳。腐蚀是金属表面与周围介质发生的一种电化学或化学侵蚀现象，使零件表面产生锈蚀而破坏。磨损是两个接触表面在做相对运动过程中表面材料的脱落或转移的现象。接触疲劳是零件表面长期受到接触变应力的作用而产生裂纹或微粒剥落的现象。这些破坏形式都是随工作时间的延续而逐渐发生的失效形式。

（4）破坏正常工作条件引起的失效。有些机械零件只有在一定的工作条件下才能正常工作。如果这些工作条件被破坏，就将导致零件的失效。例如，对于带传动，当其所传递的有效圆周力超过临界摩擦力时，将发生打滑失效；对于高速转动的零件，当其转速与转动件系统的固有频率接近时，就要发生共振，使振幅增大而不能工作。

6. 机械零件的计算准则

为了避免机械零件失效，在设计零件时进行计算所依据的准则是与零件的失效形式密切相关的。一个机械零件可能有多种失效形式，但在设计时，应根据其主要的失效形式而采用相应的计算准则。主要的计算准则如下：

（1）强度准则。强度是机械零件抵抗整体断裂、塑性变形和表面接触疲劳的能力。例如：对一次断裂来讲，应力不超过材料的强度极限；对疲劳破坏来讲，应力不超过零件的疲劳极限；对残余变形来讲，应力不超过材料的屈服极限。其一般的表达式为

$$\sigma \leqslant \sigma_{\text{lim}} \tag{3-7}$$

考虑到各种偶然性或难以精确分析的影响，式（3-7）右边要除以设计安全系数 S，即

$$\sigma \leqslant \frac{\sigma_{\text{lim}}}{S} \tag{3-8}$$

式中　σ_{lim}——极限应力。对应于一次断裂、疲劳断裂、塑性变形和表面接触疲劳，分别为材料的强度极限、零件的疲劳极限、材料的屈服极限和零件的接触疲劳极限。

（2）刚度准则。刚度是机械零件抵抗弹性变形的能力。如果零件的刚度不够，就会因过大的弹性变形而引起失效。刚度准则是指零件在载荷作用下产生的弹性变形量不超过许用变形量。其表达式为

$$y \leqslant [y] \tag{3-9}$$

式中　y——弹性变形量，可由各种求变形量的理论或实验方法确定；
　　　$[y]$——许用变形量，即机器工作性能所允许的极限值，应随不同的工作情况，由理论值或经验值来确定其合理的数值。

（3）寿命准则。寿命是机械零件能正常工作延续的时间。影响零件寿命的主要失效形式为腐蚀、磨损和疲劳。由于它们各自的产生机理和发展规律不同，应有相应的寿命计算方法。但对于腐蚀和磨损，目前尚无法列出相应的寿命准则。对于疲劳寿命，通常是用求出使用寿命时的疲劳极限来作为计算的依据。

（4）振动稳定性准则。振动是指机械零件发生周期性的弹性变形现象。一般情况下，

零件的振幅较小。但当零件的固有频率 f 与激振源（如做往复运动的零件、轴的偏心转动、齿轮的啮合等）的频率接近或成整倍数关系时，零件就要发生共振，振幅急剧增大，致使零件破坏或机器工作失常，这种现象就称为失去振动稳定性。振动稳定性准则是指设计时使机器中受激振作用的各零件的固有频率与激振源的频率 f_p 错开。其条件式通常为

$$0.85f > f_p \quad \text{或} \quad 1.15f < f_p \qquad\qquad (3-10)$$

由于激振源的频率取决于往复行程数或工作转速，通常为确定值，故当不能满足上述条件时，可用改变零件和系统的刚性、改变支承位置、增加或减少辅助支承等办法来改变零件的固有频率 f，以避免发生共振。

此外，提高回转件的动平衡精度；采用隔振元件把激振源与零件隔开以防止振动传播；采用阻尼以消耗引起振动的能量等措施，都可改善零件的振动稳定性。

7. 机械零件的设计方法

机械零件的常规设计方法有以下几种：

（1）理论设计。理论设计是根据设计理论和实验数据所进行的设计，它又可分为设计计算和校核计算两类。设计计算是根据零件的工作情况，选定计算准则，按其所规定的要求计算出零件的主要几何尺寸和参数。校核计算是先按其他办法初步拟定出零件的主要尺寸和参数，然后根据计算准则所规定的要求校核零件是否安全。由于校核计算时，已知零件的有关尺寸，因此能计入影响强度的结构因素和尺寸因素，计算结果比较精确。

（2）经验设计。经验设计是根据已有的经验公式或设计者本人的工作经验，或借助类比方法所进行的设计。这主要适用于使用要求不大变动而结构形状已典型化的零件，如箱体、机架、传动零件的结构要素等。

（3）模型实验设计。这种设计是对一些尺寸巨大、结构复杂的重要零件，根据初步设计的结果，按比例制成小尺寸的模型，经过实验手段对其各方面的特性进行检验，再根据实验结果对原设计进行逐步修改，从而达到完善的设计。模型实验设计是在设计理论还不成熟，已有的经验又不足以解决设计问题时，为积累新经验、发展新理论和获得好结果而采用的一种设计方法。但这种设计方法费时、耗资，一般只用于特别重要的设计中。

8. 机械零件设计的一般步骤

机械零件设计的一般步骤如下：

（1）选择零件的类型和结构。这要根据零件的使用要求，在熟悉各种零件的类型、特点及应用范围的基础上进行。

（2）分析和计算载荷。分析和计算载荷，是根据机器的工作情况，来确定作用在零件上的载荷。

（3）选择合适的材料。要根据零件的使用要求、工艺要求和经济性要求来选择合适的材料。

（4）确定零件的主要尺寸和参数。根据对零件的失效分析和所确定的计算准则进行计算，便可确定零件的主要尺寸和参数。

（5）零件的结构设计。应根据功能要求、工艺要求、标准化要求，确定零件合理的形状和结构尺寸。

（6）校核计算。只是对重要的零件且有必要时才进行这种校核计算，以确定零件工作时的安全程度。

（7）绘制零件的工作图。

（8）编写设计计算说明书。

9. 机械零件材料的选用原则

机械零件材料选择的一般原则是应满足零件的使用性、工艺性和经济性等三方面的要求。

（1）使用性要求。使用性要求是指零件的受载情况、工作条件、零件的尺寸和质量的限制等。例如，对于承受变应力的零件，应选择疲劳强度极限高的材料；对于受冲击载荷的零件，应选用韧性较好的材料；对于受接触应力较大的零件，应选用经表面强化处理的材料。在湿热环境下工作的零件，应选择防锈和耐蚀材料；在高温下工作的零件，应选用耐热材料；在滑动摩擦下工作的零件，应选用减摩、耐磨材料。对于要求强度高而质量小的零件，应选用强度极限与密度之比较高的材料；对于要求刚度大而质量小的零件，应选用弹性模量与密度之比较高的材料等。

（2）工艺性要求。工艺性要求是指零件所用材料应使其在毛坯制造、热处理和冷加工时都易于进行。对于毛坯的制造，结构简单的可用锻造，结构复杂的宜采用铸造或焊接。锻造材料的工艺性是指材料的延展性、热脆性和塑性变形能力等。铸造材料的工艺性是指材料的液态流动性、收缩率、偏析程度和产生缩孔的可能性等。焊接材料的工艺性是指材料的可焊性和焊缝产生裂纹的倾向性等。热处理工艺性是指材料的淬硬性、淬火变形倾向性和淬透性等。冷加工工艺性是指材料的硬度、易切削性、冷作硬化程度和切削后能达到的表面粗糙度等。

（3）经济性要求。经济性要求是一个综合性的指标。在满足使用要求的基础上，尽可能选择价格低廉的材料，同时还应考虑到使材料的利用率高、加工费用低和供应状况好等因素。

10. 机械设计中的标准化

在机械设计中，标准化的作用非常重要。标准化包括三方面的内容，即零件标准化、产品系列化和部件通用化。零件标准化是通过对零件的尺寸、结构要素、材料性能、检验方法、设计方法和制图要求等制定出各式各样的为设计者共同遵守的标准。产品系列化是产品在同一基本结构或基本尺寸的条件下，按一定的规律优化组合成若干个不同规格尺寸的产品。部件通用化是指在系列产品内部或跨系列产品之间采用同一结构和尺寸的零部件。

标准化在简化设计工作、缩短设计周期、提高设计质量、便于专业化生产、扩大互换性、便于维修、保证产品质量和降低成本等方面具有重要意义。

我国现行标准有国家标准（GB）、部标准、专业标准和企业标准等。出口产品一般应符合国际标准（ISO）。

3.7.2 本课程在教学中的地位

机械设计是工科类专业的一门技术基础课，它要求学生结合本课程的学习，能够综合运用所学的基础理论和基础知识，联系生产实际和机器的具体工作条件去设计适用的零部件和简单机械，以便顺利过渡到专业课程的学习，以及为专业产品和设备的设计打下初步的基础。因此机械设计这门课程在学习上处于一个重要的过渡阶段，从理论课程过渡到结合工程实际的设计性课程，从基础课程到专业课程，具有承前启后的作用。

3.7.3 机械设计的基本要求和一般过程

机械设计规划和设计实现预期功能的新机械或改进原有机械的性能。

机械设计的基本要求：在满足预期功能的前提下，性能好、效率高、成本低、安全可靠、操作方便、维修简单和造型美观。

机械设计的一般过程：

（1）确定机械的工作原理，选择合适的机构。

（2）拟订设计方案。

（3）进行运动分析和动力分析，计算各构件上的载荷。

（4）进行零部件工作能力计算、总体设计和结构设计。

3.8　互换性与技术测量核心课程介绍

3.8.1　本课程的研究对象与任务

3.8.1.1　互换性

1. 什么叫互换性

组成现代技术装置和日用机电产品的各种零件，如电灯泡、自行车、内燃机上的零件、一批规格为 M10 –6H 的螺母与 M10 –69 螺栓的自由旋合。在现代化生产中，一般应遵守互换性原则。

（1）定义：同一规格的一批零件，任取其一，不需任何挑选和修配就能装在机器上，并能满足其使用功能要求，具有上述要求的零部件称为具有互换性的零部件。

（2）互换性包括以下两种：

几何参数、机械性能和理化性能方面的互换性。

几何量误差（尺寸、形状、位置、表面微观形状误差）。

（3）互换性分类有以下两种：

① 完全互换性。

特点：不限定互换范围，以零部件装配或更换时不需要挑选或修配为条件。例如，日常生活中所用电灯泡。

② 不完全互换性（也称有限互换）。

特点：因特殊原因，只允许零件在一定范围内互换。

2. 怎样才能使零件具有互换性

若制成的一批零件实际尺寸数值等于理论值，即这些零件完全相同，虽具有互换性，但在生产上不可能且没有必要。而只要求制成零件的实际参数值变动不大，保证零件充分近似即可。要使零件具有互换性，就应按"公差"制造。公差是实际参数允许的最大变动量。

3. 互换性在机械制造中有什么作用

（1）在设计方面：有利于最大限度地采用通用件和标准件，大大简化绘图和计算工作，缩短设计周期，便于计算机辅助设计 CAD。

（2）在制造方面：有利于组织专业化生产，采用先进工艺和高效率的专用设备，提高生产效率。

（3）在使用、维修方面：可以减少机器的维修时间和费用，以保证机器能连续持久地运转，提高了机器的使用寿命。

总之，互换性在提高产品质量和可靠性、提高经济效益等方面均具有重大意义。互换性生产对我国社会主义现代化建设具有十分重要的意义。

3.8.1.2 标准化与优先数系

现代化工业生产的特点是规模大，协作单位多，互换性要求高，为了正确协调各生产部门和准确衔接各生产环节，必须有一种协调手段，使分散的局部的生产部门和生产环节保持必要的技术统一，成为一个有机的整体，以实现互换性生产。标准与标准化正是联系这种关系的主要途径和手段，是实现互换性的基础。

1. 标准化

（1）技术标准：对产品和工程建设质量、规格及检验方面所做的技术规定。

我国的技术标准分三级：国家标准（GB）、部门标准（专业标准，如 JB）、企业标准。

（2）公差标准：对零件的公差和相互配合所制定的标准。

2. 加工误差和公差

（1）加工误差：加工过程中产生的尺寸、几何形状和相互位置误差。

（2）公差：由设计人员给定的允许零件的最大误差。

3. 优先数和优先数系

（1）数值标准化（数值标准化的必要性）：制定公差标准以及设计零件的结构参数时，都需要通过数值表示。任何产品的参数值不仅与自身的技术特性有关，还直接、间接地影响与其配套系列产品的参数值。例如：螺母直径数值，影响并决定螺钉直径数值以及丝锥、螺纹塞规、钻头等系列产品的直径数值。由于参数值间的关联产生的扩散称为"数值扩散"。为满足不同的需求，产品必然出现不同的规格，形成系列产品。产品数值的杂乱无章会给组织生产、协作配套、使用维修带来困难，故需对数值进行标准化。

（2）优先数系：优先数系是一种十进制的几何级数。我国标准 GB/T 321—2005 与国际标准 ISO 推荐系列符号 R5、R10、R20、R40、R80 系列，前四项为基本系列，R80 为补充系列。其公比为

R5 系列：$q5 \approx 1.6$；R10 系列：$q10 \approx 1.25$；

R20 系列：$q20 \approx 1.12$；R40 系列；$q40 \approx 1.06$；

R80 系列：$q80 \approx 1.03$。

3.8.2 本课程在教学中的地位

"互换性与技术测量"是机械专业的一门技术基础课，是从基础课程过渡到专业课程的桥梁，它是联系工艺课程的纽带，起到承上启下的作用。本课程以数学、物理、工程制图、工程力学、工程材料等课程为基础，为培养学生确立互换性、标准化以及公差与配合的基本概念，掌握公差与配合标准、极限与配合制、学习计量和测量知识打下基础，并对后继相关课程的学习和实现技术人才的培养目标具有十分重要的作用。

本课程主要讲授公差与配合、测量技术基础、形状和位置公差与测量，表面粗糙度及测量、尺寸链等内容。通过本课程的学习，使学生获得本专业所必须具备的几何参数测量方面的基本知识和技能，掌握各种典型几何参数的测量方法，具备正确使用常用的计量器具的能力，会使用各种公差标准与标注，并能进行常用的计量工作。

"互换性与技术测量"是机械类专业中一门实践性很强的专业基础课，互换性属于标准化的范畴，而技术测量则属于计量学，本课程就是将理论和实践紧密结合的学科。从互换性

的角度出发，围绕误差和公差来研究如何解决使用与制造的矛盾，而这一矛盾的解决方法便是合理确定公差和采用适当的计量手段。

3.8.3　互换性的基本内容与应用

3.8.3.1　极限与配合的基本术语及其定义

1. 有关孔和轴的定义

（1）孔指圆柱形内表面及其他内表面中，由单一尺寸确定的部分，其尺寸由 D 表示。基准孔，在基孔制配合中选作基准的孔。

（2）轴指圆柱形的外表面及其他外表面中由单一尺寸确定的部分，其尺寸由 d 表示。

基准轴，在基轴制配合中选作基准的轴，孔为包容面，轴为被包容面。图 3-82 所示为由单一尺寸 A 所形成孔和轴的内、外表面。

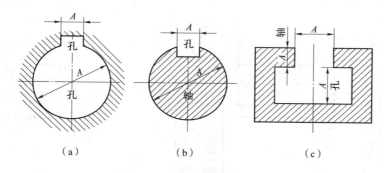

（a）　　　　　（b）　　　　　（c）

图 3-82　孔和轴的内外表面

2. 尺寸的术语及定义

（1）尺寸：用特定单位表示长度值的数字。

（2）基本尺寸：由设计给定的尺寸，一般要求符合标准的尺寸系列。

（3）实际尺寸：通过测量所得的尺寸，用 D_a、d_a 表示。包含测量误差，且同一表面不同部位的实际尺寸往往也不相同。

（4）局部实际尺寸：一个孔或轴的任意横截面中的任一距离，即任何两相对点之间测得的尺寸。

（5）极限尺寸：允许尺寸变化的两个界限值。两者中大的称为最大极限尺寸，小的称为最小极限尺寸。孔和轴的最大、最小极限尺寸分别用 D_{max}、d_{max} 和 D_{min}、d_{min} 表示。

（6）最大实体极限尺寸（MML）：对应于孔或轴的最大材料量（实体大小）的那个极限尺寸，即轴的最大极限尺寸 d_{max}；孔的最小极限尺寸 D_{min}。

（7）最小实体极限尺寸（LML）：对应于孔或轴的最小材料量（实体大小）的那个极限尺寸，即轴的最小极限尺寸 d_{min}；孔的最大极限尺寸 D_{max}。

3. 偏差与公差术语及定义

（1）极限制。经标准化的公差和偏差的术语及定义。

（2）偏差。某一尺寸减去基本尺寸所得的代数差，包括实际偏差和极限偏差。根据某一尺寸为实际尺寸和极限尺寸，偏差又分为实际偏差和极限偏差。

（3）极限偏差。因为极限尺寸又有最大极限尺寸和最小极限尺寸，所以极限偏差又分上偏差（ES、es）和下偏差（EI、ei）。

对于孔：$ES = D_{max} - D$，$EI = D_{min} - D$；

对于轴：$es = d_{max} - d$，$ei = d_{min} - d$。

（4）实际偏差。实际尺寸减去基本尺寸所得代数差，应位于极限偏差范围之内。偏差可为正、负和零值，除零值以外，应标上相应的"＋"号和"－"号。

（5）尺寸公差。允许尺寸的变动量，等于最大极限尺寸与最小极限尺寸之代数差的绝对值。孔、轴的公差分别用 T_h 和 T_s 表示。

$$T_h = |D_{max} - D_{min}| = |ES - EI|$$

$$T_s = |d_{max} - d_{min}| = |es - ei|$$

（6）零线。表示基本尺寸的一条直线，以其为基准确定偏差和公差，零线以上为正，以下为负，如图 3-83 所示。

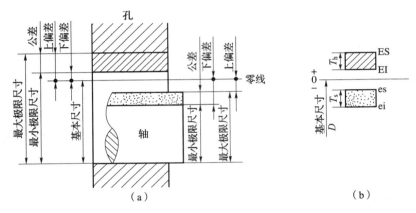

图 3-83　尺寸、偏差与公差

（7）公差带。公差带图解中，由代表上、下偏差的两条直线所限定的一个区域。公差带有两个基本参数，即公差带大小与位置。大小由标准公差确定，位置由基本偏差确定，如图 3-84 所示。

（8）标准公差（IT）。极限与配合国家标准中所规定的任一公差。

（9）基本偏差。用以确定公差带相对于零线位置的上偏差或下偏差。一般为靠近零线的那个极限偏差。

间隙：孔的尺寸减去与其配合的轴的尺寸所得数值为"正"者，称为间隙。

过盈：孔的尺寸减去与其配合的轴的尺寸所得数值为"负"者，称为过盈。

4. 配合的术语及定义

通过公差带图的分析，我们能清楚地看到基本尺寸相同的、相互结合的孔和轴公差带之间的关系，可分为间隙配合、过盈配合和过渡配合三大类。

（1）配合：基本尺寸相同，相互结合的孔、轴公差带之间的关系，称为配合。

（2）间隙配合：具有间隙（包括最小间隙为零）的配合称为间隙配合。此时，孔的尺寸减去相配合的轴

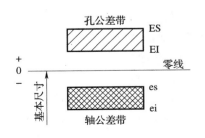

图 3-84　公差带图

的尺寸之差为正。孔的公差带在轴的公差带的上方，如图 3 – 85 所示，其特征值是最大间隙 X_{max} 和最小间隙 X_{min}。

（3）过盈配合。具有过盈（包括最小过盈等于零）的配合称为过盈配合。此时，孔的尺寸减去相配合的轴的尺寸之差为负。孔的公差在轴的公差带的下方，如图 3 – 86 所示，其特征值是最大过盈 Y_{max} 和最小过盈 Y_{min}。

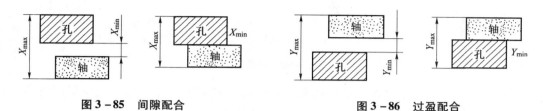

<table>
<tr><td>图 3 – 85　间隙配合</td><td>图 3 – 86　过盈配合</td></tr>
</table>

（4）过渡配合。可能具有间隙也可能具有过盈的配合称为过渡配合。此时，孔的公差带与轴的公差带相互重叠，如图 3 – 87 所示，其特征值是最大间隙 X_{max} 和最大过盈 Y_{max}。

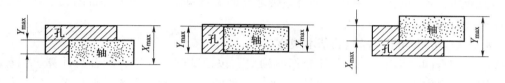

图 3 – 87　过渡配合

（5）配合公差。配合公差是指允许间隙或过盈的变动量，它是设计人员根据机器配合部位使用性能的要求对配合松紧变动的程度给定的允许指，它反映配合的松紧变化程度，表示配合精度，是评定配合质量的一个重要的综合指标。

在数值上，配合公差是一个没有正、负号，也不能为零的绝对值。它的数值用公式表示为

对于间隙配合　$T_f = T_h + T_s = \left| X_{max} - X_{min} \right|$

对于过盈配合　$T_f = T_h + T_s = \left| Y_{min} - Y_{max} \right|$

对于过渡配合　$T_f = T_h + T_s = \left| X_{max} - Y_{max} \right|$

配合公差反映配合精度，配合种类反映配合性质。

例 3 – 1　计算 $\phi 25^{+0.02}_{0}$ 孔与 $\phi 25^{+0.041}_{+0.028}$ 轴配合的极限过盈、平均过盈及配合公差，并画出公差带图。

解　极限过盈

$$Y_{max} = EI - es = 0 - (+0.041) = -0.041 \ (mm)$$

$$Y_{min} = ES - ei = (+0.021) - (+0.028) = -0.007 \ (mm)$$

平均过盈　$Y_{av} = \dfrac{Y_{max} + Y_{min}}{2} = \dfrac{(-0.041) + (-0.007)}{2} = -0.024 \ (mm)$

配合公差　$T_f = \left| Y_{min} - Y_{max} \right| = \left| (-0.007) - (-0.041) \right| = 0.034 \ (mm)$

公差带图如图 3 – 88 所示。

改变孔和轴的公差带位置可以得到很多种配合，为便于现代大生产，简化标准，标准对配合规定了两种配合制：基孔制和基轴制。

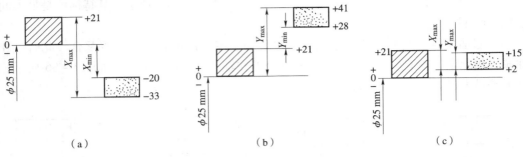

图 3 - 88 公差带图

（6）基孔制：基本偏差为一定的孔的公差带与不同基本偏差轴的公差带形成各种配合的一种制度。基孔制中的孔为基准孔，其下偏差为零。

（7）基轴制：基本偏差为一定的轴的公差带与不同基本偏差孔的公差带形成各种配合的一种制度。基轴制中的轴为基准轴。

综上所述，各种配合是由孔、轴公差带之间的关系决定的，而公差带的大小和位置又分别由标准公差和基本偏差所决定。

3.8.3.2 极限与配合标准的基本规定

极限与配合国家标准由 12 个部分标准构成，包括基础、选择、配合与计算、测量与检验、应用等 5 个方面，它适用于非圆柱形光滑工件的尺寸公差、尺寸检验以及由它们组成的配合。

1. 标准公差

标准公差是为国家标准极限与配合制中所规定的任意公差，它的数值取决于孔或轴的标准公差等级和基本尺寸。

GB/T 1800.2—2009 将标准公差分为 20 个等级，它们用符号 IT 和阿拉伯数字组成的代号表示，分别为 IT01、IT0、IT1、IT2、…、IT18 表示。其中，IT01 等级最高，然后依次降低，IT18 最低。而相应的标准公差值依次增大，即 IT01 公差值最小，IT18 公差值最大。

2. 基本偏差

（1）基本偏差定义。用来确定公差带相对于零线位置的上偏差或下偏差，一般指最靠近零线的那个偏差。当公差带位于零线上方时，其基本偏差为下偏差，当公差带位于零线下方时，其基本偏差为上偏差。基本偏差是新国家标准中使公差带位置标准化的唯一指标。

（2）基本偏差代号及其特点。基本偏差的代号用英文字母表示，大写字母代表孔，小写字母代表轴。在 26 个字母中，除去易与其他含义混淆的 I、L、O、Q、W（i、l、o、q、w）5 个字母外，采用 21 个，再加上用双字母 CD、EF、FG、ZA、ZB、ZC、JS（cd、ef、fg、za、zb、zc、js）表示的 7 个，共有 28 个，即孔和轴各有 28 个基本偏差，其中 JS 和 js 在各个公差等级中完全对称，因此，其基本偏基可为上偏差 $\left(+\dfrac{IT}{2} \right)$，也可为下偏差 $\left(-\dfrac{IT}{2} \right)$。

（3）基本偏差系列图。

基本偏差系列图如图 3 - 89 所示。

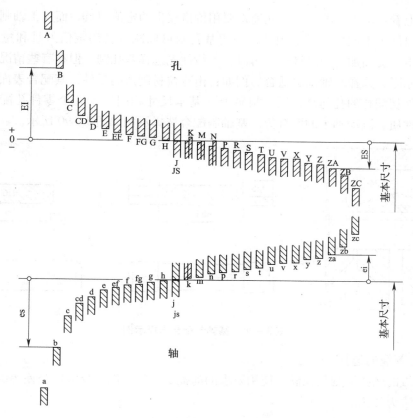

图 3 – 89 基本偏差系列图

3. 轴的基本偏差的确定

轴的基本偏差数值是以基孔制为基础，根据各种配合要求，经过理论计算、实验或统计分析得到的。轴的另一极限偏差可根据下式计算。

$$es = ei + T_s \quad 或 \quad ei = es - T_s$$

4. 孔的基本偏差的确定

对于同一字母的孔的基本偏差与轴的基本偏差相对零线是完全对称的。即孔与轴的基本偏差的绝对值相等，而符号相反。

$$EI = -es \qquad ES = -ei$$

适用范围：以下情况除外的所有孔的基本偏差。

当基本尺寸为 3 mm 至 500 mm 时，标准公差等级 ≤IT8 的 K、M、N 和标准公差等级 ≤ IT7 的 P 到 ZC，孔或轴的基本偏差的符号相反，而绝对值相差一个 Δ 值。即

$$\begin{cases} ES = ES（计算值）+\Delta \\ \Delta = IT_n - IT_{(n-1)} = T_h - T_s \end{cases}$$

式中　IT_n——某一级孔的标准公差；

　　　IT_{n-1}——某一级孔高一级的轴的标准公差。

3. 8. 3. 3 公差带与配合的选择

1. 基准制的选择

基准制有基孔制和基轴制两种。

从工艺上看：加工中等尺寸的孔通常要用价格较贵的定值刀具，而加工轴则用一把车刀或砂轮就可以加工不同的尺寸。因此，采用基孔制可以减少备用定值刀具和量具的规格数量，降低成本，提高加工的经济性。所以，一般优先选择基孔制。但在有些情况下，由于结构和材料等原因，选择基轴制更适合。例如：由冷拉材制造的零件，其配合表面不经切削加工、与标准件相配合的孔与轴，同一根轴上（基本尺寸相同）与几个零件孔配合，而且有不同的配合性质、滚动轴承的配合等。基轴制配合选择示例如图3-90所示。

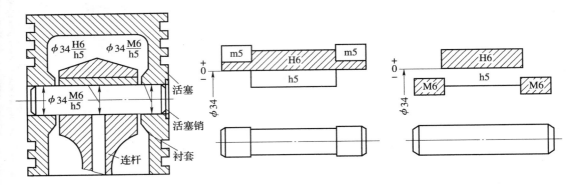

图3-90　基轴制配合选择示例

2. 公差等级的选择

公差等级的选择原则是在满足使用要求的前提下，尽可能选择大的公差等级。

确定方法为类比法。

考虑以下几个方面问题：

（1）工艺等价性。对≤500 mm 基本尺寸，当公差等级小于 IT8 时，推荐轴比孔小一级，H8/f7，H7/n6；公差等级为 IT8，也可采用同级孔、轴配合，如 H8/f8；当公差等级大于 IT9 时，H9/c9。

对 >500 mm 基本尺寸，一般采用同级孔、轴配合。

对≤3 mm 的基本尺寸，由于工艺的多样性，$T_h = T_s$ 或 $T_h < T_s$，$T_h > T_s$。

（2）配合性质。对过渡、过盈配合，公差等级不宜太大，一般为孔≤IT8、轴≤IT 7；对间隙配合，间隙小的公差等级应较小，间隙大的公差等级可较大。

（3）配合零部件的精度要匹配。齿轮孔与轴的配合的公差等级取决于齿轮的精度等级，与滚动轴承配合的外壳孔和轴的公差等级取决于滚动轴承的公差等级。

（4）各方法可选到的公差等级。

（5）非基准制配合，零件精度不高，可与相配合零件的公差等级相差 2~3 级。

（6）常用配合尺寸公差等级的应用。

3. 配合的选择

配合的选择目的是确定非基准轴或非基准孔公差带的位置，即选择非基础基本偏差的代号。

配合的选择步骤包括配合类别的选择和非基准件基本偏差代号的选择。

（1）配合类别的选择。根据使用要求，有三种情况：装配后有相对运动要求，选用间隙配合；装配合需靠过盈传递载荷，选用过盈配合；装配后有定位精度要求，需拆卸的，应选用过渡配合或小间隙、小过盈的配合。

尽可能地选用优先配合，其次选常用配合，再次是一般配合。

（2）非基准件基本偏差代号的选择，包括计算法、试验法和类比法。

（3）各类配合的特性与应用。

确定基孔制，关键是确定轴的基本偏差代号。

确定基轴制，关键是确定孔的基本偏差代号。

各类配合的特性与应用，可根据基本偏差来反映。

例 3－2 某配合的基本尺寸为 $\phi40$ mm，要求间隙在 0.022 ~ 0.066 mm，试确定孔和轴的公差等级与配合种类。

解 （1）选择基准制：

基孔制 EI = 0。

（2）选择孔、轴公差等级：

$$T_f = T_h + T_s = \left| X_{max} - X_{min} \right|$$

$$T'_f = \left| X'_{max} - X'_{min} \right| = \left| 0.066 - 0.022 \right| = 0.044 \ （mm）= 44 \ （\mu m）$$

即孔、轴公差之和 $T_h + T_s$ 应最接近 T'_f 而不大于 T'_f。

查表，孔和轴的公差等级介于 IT6 和 IT7 属于高的公差等级，故取孔比轴大一级，选 IT7，$T_h = 25$ μm；轴为 IT6，$T_s = 16$ μm，则配合满足使用要求。

（3）确定孔、轴公差带代号：

因为是基孔制配合，孔 = IT7，所以 $\phi40H7(^{+0.025}_{0})$。

又因为是间隙配合，$X_{min} = EI - es = 0 - es = - es$，$X'_{min} = +22 \ （\mu m）$。即轴的基本偏差 es 应最接近 -22 μm，查表，取基本偏差为 f，es = -25 （mm），则 ei = es － IT6 = $-25 - 16 = -41$ （μm），所以轴的公差带为 $\phi40f6(^{-0.025}_{-0.041})$。

（4）验算设计结果：

配合代号为 $\phi40H7/f6$，其最大间隙 $X_{max} = +25 - （-41） = +66$ （μm）= $+0.066$ （mm）= X'_{max}，最小间隙 $X_{min} = 0 - （-25）= +25$ （μm）= $+0.025$ （mm）$> X'_{mix}$，故间隙在 0.022 ~ 0.066 mm，设计结果满足使用要求。

孔为 $\phi40H7$ （$^{+0.025}_{0}$），轴为 $\phi40f6$ （$^{-0.025}_{-0.041}$），其公差带图如图 3－91 所示。

3.8.3.4 技术测量的基本知识及常用计量器具

1. 检测的意义

为了满足机械产品的功能要求，在正确合理地完成了可靠性、使用寿命、运动精度等方面的设计以后，还须进行加工和装配过程的制造工艺设计，即确定加工方法、加工设备、工艺参数、生产流程及检测手段。其中，特别重要的环节就是质量保证措施中的精度检测。

2. 测量的基本要素

"测量"是以确定量值为目的的全部操作。测量过程实际上就是一个比较过程，也就是将被测量与标准的单位量进行比较，确定其比值的过程。

一个完整的测量过程应包含被测对象、计量单位、测

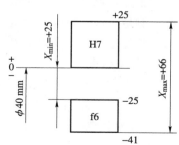

图 3－91 公差带图
（偏差单位：μm）

量方法（含测量器具）和测量精度等四个要素。

（1）被测对象。被测对象在机械精度的检测中主要是有关几何精度方面的参数量，其基本对象是长度、角度、形状、相对位置、表面粗糙度以及螺纹、齿轮等零件的几何参数。

（2）计量单位。计量单位（简称单位）是以定量表示同种量的量值而约定采用的特定量。我国规定采用以国际单位制（SI）为基础的"法定计量单位制"。它是由一组选定的基本单位和由定义公式与比例因数确定的导出单位所组成的。如"米""千克""秒""安"等为基本单位。机械工程中常用的长度单位有"毫米""微米"和"纳米"，常用的角度单位是非国际单位制的单位 rad、μrad（微弧度）和"度""分""秒"。

（3）测量方法。测量方法是根据一定的测量原理，在实施测量过程中对测量原理的运用及其实际操作。

广义地说，测量方法可以理解为测量原理、测量器具（计量器具）和测量条件（环境和操作者）的总和。

（4）测量精度。测量结果与被测量真值的一致程度（不考虑测量精度而得到的测量结果是没有任何意义的）。

真值的定义为：当某量能被完善地确定并能排除所有测量上的缺陷时，通过测量所得到的量值。

由于测量会受到许多因素的影响，其过程总是不完善的，即任何测量都不可能没有误差。对于每一个测量值都应给出相应的测量误差范围，以说明其可信度。

3. 计量器具的分类

计量器具按结构特点可分为量具、量规、量仪和测量装置等四类。

（1）量具。量具是一种具有固定形态、用以复现或提供一个或多个已知量值的器具，可分为单值量具（如量块）和多值量具（如线纹尺）。量具的特点是一般没有放大装置。

（2）量规。量规是没有刻度的专用计量器具，用来检验工件实际尺寸和形位误差的综合结果。量规只能判断工件是否合格，而不能获得被测几何量的具体数值，如光滑极限量规、螺纹量规等。

（3）量仪。量仪是指能将被测量转换成可直接观测的指示值或等效信息的计量器具。其特点是一般都有指示、放大系统。

（4）测量装置。指为确定被测量所必需的测量装置和辅助设备的总体。

4. 测量误差

由于计量器具本身的误差以及测量方法和条件的限制，任何测量过程都不可避免地存在误差，测量所得的值不可能是被测量的真值，测得值与被测量的真值之间的差异在数值上表现为测量误差。测量误差可以表示为绝对误差和相对误差。

1. 绝对误差

绝对误差是指被测量的测得值（仪表的指示值）x 与其真值 x_0 之差，即

$$\delta = x - x_0$$

2. 相对误差

相对误差是指绝对误差 δ 的绝对值 $|\delta|$ 与被测量真值 x_0 之比，即

$$\varepsilon = \frac{|x - x_0|}{x_0} \times 100\% = \frac{|\delta|}{x_0} \times 100\%$$

3.8.3.5　测量长度尺寸的常用量具

1. 长度基准

在国际单位制及我国法定计量单位中，长度的基本单位名称是"米"。

1983 年第 17 届国际计量大会上通过了作为长度基准的"米"的新定义，规定："米"是光在真空中在 1/299 792 458 s 的时间间隔内行进路程的长度。我国采用碘吸收稳定的 0.633 μm 氦氖激光辐射作为波长标准来复现"米"的定义。

2. 量值传递

在实际应用中，不便于用光波作为长度基准进行测量，为了保证量值的准确和统一，必须把复现的长度基准的量值逐级准确地传递到生产中所应用的各种计量器具和被测工件上去。

3. 游标卡尺

1）游标卡尺的结构

（1）游标卡尺是一种比较精密的测量长度的仪器，常用的游标卡尺按测量的准确度分为以下三种，即测量准确度分别为 0.1 mm、0.05 mm、0.02 mm。

（2）构造：图 3 – 92 所示为游标卡尺，主要是一条主尺和一条可以沿着主尺滑动的游标尺（也称游标），左测量爪固定在主尺上并与主尺垂直；右测量爪固定在游标尺上并可随游标尺一起沿主尺滑动；左测量爪与右测量爪平行。利用主尺上方的一对测量爪可以测量槽的宽度和管的内径；利用主尺下方的一对测量爪可以测量零件的厚度和管的外径；利用固定在游标尺上的深度尺可以测量槽和筒的深度。一般的游标卡尺最多可以测量十几个厘米的长度。

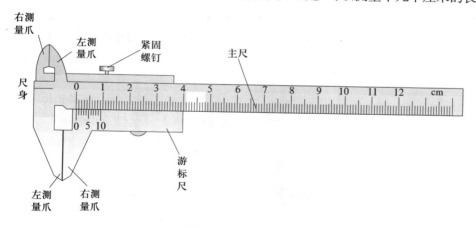

图 3 – 92　游标卡尺

2）原理

一般游标卡尺的主尺刻度的最小分度均为 1 mm，游标尺上有 10、20、50 等分刻度三种，测量分别可以准确到 1/10 mm、1/20 mm、1/50 mm，即 0.1 mm、0.05 mm、0.02 mm。0.1 mm 的游标卡尺示意图如图 3 – 93 所示。

准确度为 0.1 mm 的游标卡尺的游标尺上共 10 个等分刻度，总长为 9 mm。

3）读数

用游标卡尺测量的最终读数为"整毫米数" + "毫米以下部分"。

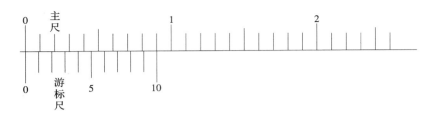

图 3 - 93   0.1 mm 的游标卡尺示意图

整毫米数：整毫米数部分从主尺上读出，看游标尺的零刻线在主尺的多少整毫米刻线的右边，读出以毫米为单位的整毫米数部分。

毫米以下部分：看游标尺的第几条刻线与主尺的某条刻线对齐，毫米以下部分的读数就是该卡尺准确度的几倍。

说明：（1）一般游标卡尺最多只能测十几个厘米的长度。

（2）读数时，先弄清使用卡尺的准确度。

（3）读数时不必估读。

（4）读数先以毫米为单位，再化为所需单位。

4. 螺旋测微器

（1）用途和构造。

螺旋测微器（又叫千分尺）是比游标卡尺更精密的测量长度的工具，用它测量长度可以准确到 0.01 mm，测量范围为几个厘米。

螺旋测微器的构造如图 3 - 94 所示。螺旋测微器的小砧的固定刻度固定在框架上，旋钮、微调旋钮和可动刻度、测微螺杆连在一起，通过精密螺纹套在固定刻度上。

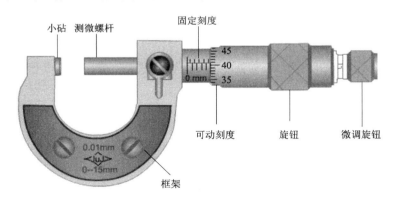

图 3 - 94   螺旋测微器的构造

（2）原理和使用。

螺旋测微器是依据螺旋放大的原理制成的，即螺杆在螺母中旋转一周，螺杆便沿着旋转轴线方向前进或后退一个螺距的距离。因此，沿轴线方向移动的微小距离，就能用圆周上的读数表示出来。螺旋测微器的精密螺纹的螺距是 0.5 mm，可动刻度有 50 个等分刻度，可动刻度旋转一周，测微螺杆可前进或后退 0.5 mm，因此旋转每个小分度，相当于测微螺杆前进或后退 0.5/50 = 0.01（mm）。可见，可动刻度每一小分度表示 0.01 mm，所以螺旋测微器可准确到 0.01 mm。由于还能再估读一位，可读到毫米的千分位，故又名千分尺。

测量时，当小砧和测微螺杆并拢时，可动刻度的零点若恰好与固定刻度的零点重合，旋出测微螺杆并使小砧和测微螺杆的面正好接触待测长度的两端，那么测微螺杆向右移动的距离就是所测的长度。这个距离的整毫米数由固定刻度上读出，小数部分则由可动刻度读出。

（3）使用螺旋测微器应注意以下几点：

① 测量时，在测微螺杆快靠近被测物体时应停止使用旋钮，而改用微调旋钮，避免产生过大的压力，既可使测量结果精确，又能保护螺旋测微器。

② 在读数时，要注意固定刻度尺上表示半毫米的刻度线是否已经露出。

③ 读数时，千分位有一位估读数字，不能随便扔掉，即使固定刻度的零点正好与可动刻度的某一刻度线对齐，千分位上也应读取为"0"。

④ 当小砧和测微螺杆并拢时，可动刻度的零点与固定刻度的零点不相重合，将出现零误差，应加以修正，即在最后测量长度的读数上去掉零误差的数值。

（4）读数范例。千分尺示意图如图 3-95 所示。

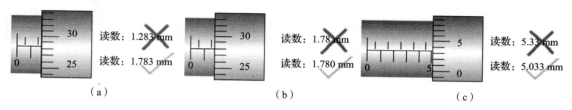

图 3-95　千分尺示意图

3.8.3.6　几何公差

图样上给出的零件都是没有误差的理想几何体，但是，由于加工过程中工艺系统本身存在各种误差，以及存在受力变形、振动、磨损等各种干扰，致使加工后的零件的实际形状和相互位置，与理想几何体的规定形状和线、面相互位置存在差异，这种形状上的差异就是形状误差，而相互位置的差异就是位置误差，统称为几何误差。为保证机械产品的质量和零件的互换性，必须对几何误差加以控制，规定几何公差。

1. 零件的几何要素

任何零件都是由点、线、面组合而构成的，这些构成零件几何特征的点、线、面称为几何要素，如图 3-96 所示。

要素的分类有以下几种。

（1）按存在的状态分。

① 理想要素：理想要素是指具有几何意义的要素，即不存在几何误差的要素。

② 实际要素：零件上实际存在的要素。在测量时由测得的要素代替实际要素。

（2）按所处地位分。

① 被测要素：是指图样上给出了几何公差要求的要素，也就是需要研究和测量的要素。被测要素按功能关系分为单一要素和关联要素。

a. 单一要素：仅对要素本身提出形状公差要求的被测要素。

b. 关联要素：指相对基准要素有方向或位置

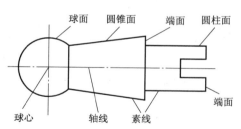

图 3-96　几何要素

功能要求而给出位置公差要求的被测要素。

② 基准要素：是指图样上规定用来确定被测要素的方向和位置的要素。理想的基准要素称为基准。

（3）按结构特征分：

① 轮廓要素：是指构成零件轮廓的点、线、面的要素。

② 中心要素：轮廓要素对称中心所表示的点、线、面各要素。如图 3-96 中的球心、轴线等。

2. 几何公差特征项目及符号

几何公差是被测实际要素允许形状和位置变动的区域。几何公差特征项目有 19 个，见表 3-2。

表 3-2　几何特征符号

公差类型	几何特征	符号	有无基准
形状公差	直线度	—	无
	平面度	▱	无
	圆度	○	无
	圆柱度	⌭	无
	线轮廓度	⌒	无
	面轮廓度	⌓	无
方向公差	平行度	∥	有
	垂直度	⊥	有
	倾斜度	∠	有
	线轮廓度	⌒	有
	面轮廓度	⌓	有
位置公差	位置度	⊕	有或无
	同心度（用于中心点）	◎	有
	同轴度（用于轴线）	◎	有
	对称度	=	有
	线轮廓度	⌒	有
	面轮廓度	⌓	有
跳动公差	圆跳动	↗	有
	全跳动	↗↗	有

3．几何公差带

几何公差是实际被测要素对图样上给定的理想形状、理想位置的允许变动量，包括形状公差和位置公差。形状公差是指实际单一要素的形状所允许的变动量，位置公差是指实际关联要素相对于基准的位置所允许的变动量。

几何公差是用几何公差带来表示的，构成几何公差带的 4 个要素是几何公差带的形状、方向、位置和大小。

3.8.3.7　几何公差的标注

1．几何公差的代号和基准符号

1）公差框格的标注

（1）在矩形方框中给出，方框由二格或多格组成。框格中的内容按从左到右或者从下到上的顺序填写，框格中内容由公差特征符号、公差值、基准（形状公差不标注基准）及指引线等组成，如图 3－97 所示。

（2）公差值用线性值标注时，如公差带是圆形或圆柱形的则在公差值前加注 ϕ；如是球形的则加注 "$S\phi$"，当一个以上要素作为被测要素时，如 6 个要素，应在框格上方标明，如图 3－98 所示。

图 3－97　公差框格的标注　　　　　图 3－98　公差值用线性值标注

（3）如要求在公差带内进一步限定被测要素的形状，则应在公差值后面加注表 3－3 中的特殊符号。

表 3－3　公差带的特殊符号

含义	符号	举例
只许中间向材料内凹下	（—）	— | t （—）
只许中间向材料外凸起	（+）	□ | t （+）
只许从左至右减小	（▷）	⫽ | t （▷）
只许从右至左减小	（◁）	⫽ | t （◁）

（4）如对同一要素有一个以上的公差特征项目要求时，为方便起见，可将一个框格放在另一个框格的下面，如图 3－99 所示。

2．被测要素的标注方法

规定用带箭头的指引线将框格与被测要素相连，指引线可从框格的任一端引出，引出段必须垂直于框格；引向被测要素时允许弯折，但不得多于两次。

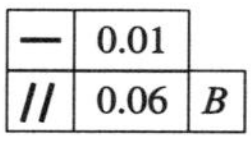

当被测要素是轮廓线或表面时，将箭头置于要素的轮廓线或轮廓线的延长线上（但必须与尺寸线明显地分开），当指向实际表面时，箭头可置于带点的参考线上，该点指在实际表面上，如图 3－100 所示。

当公差涉及轴线、中心平面或由带尺寸要素确定的点时，则带

| — | 0.01 | |
| ⫽ | 0.06 | B |

图 3－99　同一要素有
一个以上公差特征
项目时的标注

箭头的指引线应与尺寸线的延长线重合，如图 3－101 所示。

对几个表面有同一数值的公差带要求，可按图 3－102 所示方法进行标注。

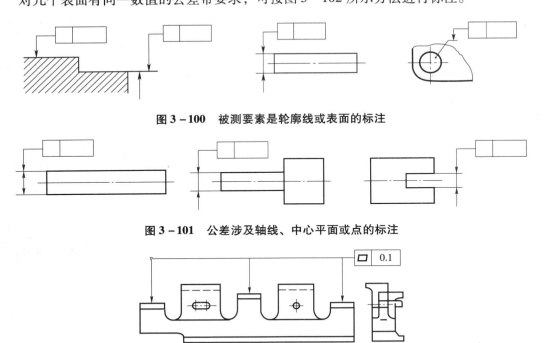

图 3－100　被测要素是轮廓线或表面的标注

图 3－101　公差涉及轴线、中心平面或点的标注

图 3－102　几个表面有同一数值公差带要求的标注

3. 基准要素的标注方法

相对于被测要素的基准，采用带方框的大写英文字母表示基准符号（字母 E、I、J、M、O、P、L、R、F 不采用），方框用细实线与涂黑的三角形相连，表示基准的字母也应注在相应的公差框格内。基准要素的几种标注方法如图 3－103 所示。

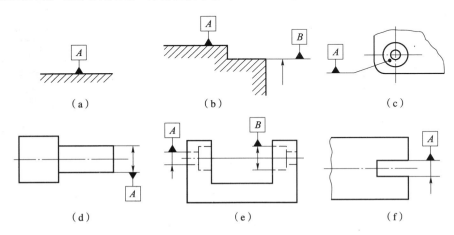

图 3－103　基准要素的几种标注方法

理论正确尺寸是用于确定被测要素的理想形状、理想方向或理想位置的尺寸（或角度），在图样上用带方框的尺寸（或角度）数字表示。理论正确尺寸是表示被测要素或基准的一种没有误差的理想状态，因此理论正确尺寸（或角度）不带公差，如图 3－104 所示。

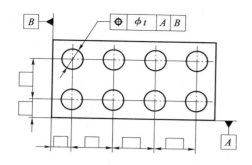 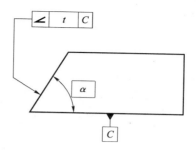

图 3 - 104　理想正确尺寸的标注

对零件局部限制的规定有以下几点：

（1）如对同一要素的公差值在全部被测要素内的任一部分有进一步的限制时，该限制部分（长度或面积）的公差值要求应放在公差值的后面，用斜线相隔。这种限制要求可以直接放在表示全部被测要素公差要求的框格下面，如图 3 - 105 所示。

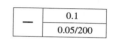

图 3 - 105　对公差值全部被测要素的任一部分进行限制的标注

如仅要求要素某一部分的公差值进行限制，则用粗点画线表示其范围，并加注尺寸，如图 3 - 106 所示。

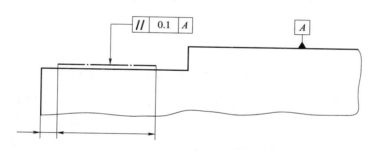

图 3 - 106　对公差值被测要素部分限制的标注

如果只要求要素的某一部分作为基准，则该部分应用粗点画线表示并加注尺寸，如图 3 - 107 所示。

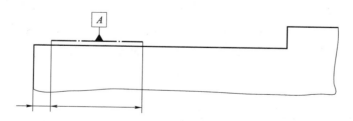

图 3 - 107　公差值被测要素部分作为基准的标注

4.　几何公差选用标注举例

图 3 - 108 所示为减速的输出轴上几何公差应用示例，根据对该轴的功能要求，给出了有关几何公差。

（1）两个 φ55j6 轴颈，与 P0 级滚动轴承内圈配合，为了保证配合性质，故采用包容要求；按 GB/T 275—1993《滚动轴承与轴和外壳孔的配合》规定，与 P0 级轴承配合的轴颈，

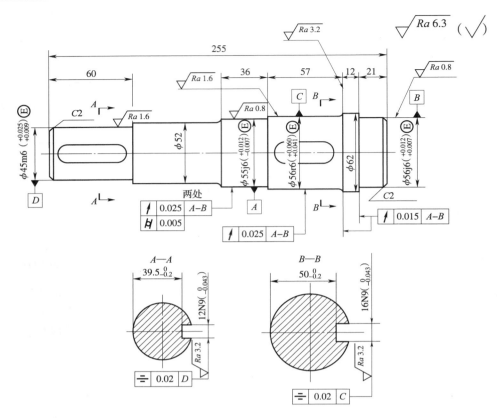

图 3 – 108 减速的输出轴上形位公差应用示例

为了保证轴承套圈的几何精度，在满足轴的几何公差的情况下进一步提出圆柱度公差为 0.005 mm 的要求；该两轴颈安装上滚动轴承后，将分别与减速箱体的两孔配合，需限制两轴颈的同轴度误差，以免影响轴承外圈和箱体孔的配合，故又提出了两轴颈径向圆跳动公差 0.025 mm（相当于 7 级）。

（2）$\phi62$ 处左、右两肩为齿轮、轴承的定位面，应与轴线垂直，参与 GB/T 275—1993 的规定，提出两轴肩相对于基准轴线 A—B 的端面圆跳动公差 0.015 mm。

（3）$\phi56r6$ 和 $\phi45m6$ 分别与齿轮和带轮配合，为保证配合性质，也采用包容要求；为保证齿轮的正确啮合，对 $\phi56r6$ 圆柱还提出了对基准 A—B 的径向跳动公差 0.025 mm。

（4）键槽对称度常用 7~9 级，此处选 8 级，查表为 0.02 mm。

3.8.3.8 表面粗糙度

1. 表面粗糙度的概念

（1）零件表面的几何形状误差分为三类，如图 3 – 109 所示。

① 表面粗糙度：零件表面峰谷波距 <1 mm，属微观误差。

② 表面波纹度：零件表面峰谷波距在 1~10 mm。

③ 形状误差：零件表面峰谷波距 >10 mm，属宏观误差。

（2）表面粗糙度对零件质量的影响有以下几点：

① 影响零件的耐磨性、强度和抗腐蚀性等。

② 影响零件的配合稳定性。

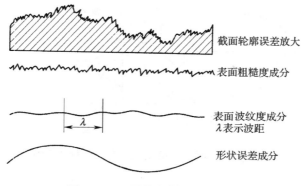

截面轮廓误差放大

表面粗糙度成分

表面波纹度成分
λ 表示波距

形状误差成分

图 3 – 109　零件的截面轮廓形状

③ 影响零件的接触刚度、密封性、产品外观及表面反射能力等。

2. 表面粗糙度的标注

（1）表面粗糙度的表示方法。

表面粗糙度符号及其意义。

（2）表面粗糙度的代号及其标注。

在表面粗糙度符号的基础上，标注上其他有关表面符号特征的符号，即组成了表面粗糙度的代号。

表面粗糙度数值及其有关规定在符号中注写的位置，如图 3 – 110 所示。其中，a_1、a_2 表示粗糙度高度参数的允许值（mm）；b 表示加工方法、镀涂或其他表面处理；c 表示取样长度（mm）；d 表示加工纹理方向符号；e 表示加工余量（mm）；f 表示粗糙度间距参数值（mm）或轮廓支撑长度率。

图 3 – 110　表面粗糙度
代号及其标注

3. 标注示例

① 标注时将其标注在可见轮廓线、尺寸界线、引出线或它们的延长线上，符号的尖端必须从材料外指向加工表面。

② 高度参数：当选用 Ra 时，只标数值，Ra 符号不标。当选用 Rz 时，符号和数值都要标注。

③ 当允许实测值中，超过规定值的个数少于总数的 16% 时，应在图中标注上限值和下限值。

④ 当所有实测值不允许超过规定值时，应在图样上标注最大值或最小值。

⑤ 取样长度：如按国标选用，则可省略不标。

几种表面粗糙度的标注示例如图 3 – 111 ~ 图 3 – 113 所示。

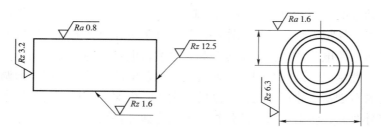

图 3 – 111　表面粗糙度代号的注写方向

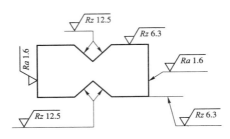

图 3 – 112　表面粗糙度在轮廓线上的标注示例

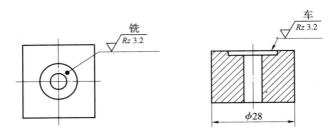

图 3 – 113　用指引线引出标注表面粗糙度

3.9　电工电子技术核心课程介绍

3.9.1　本课程的研究对象与任务

　　电工电子技术课程是一门在电工和电子技术方面入门性质的技术基础课程，它既有自身的理论体系，又有很强的实践性，是工科专业开设的一门电类专业基础课程，是培养应用型人才的重要组成部分。由于电工及电子技术课程的基础性、先进性和应用性，使之在教育中起着重要的作用。通过本课程的学习，使学生掌握电工及电子技术的基本概念、基本电路、基本分析方法和基本实验技能，形成正确的认识论。目前，电工电子技术课程所涉及的理论和技术应用十分广泛，发展迅速，并且日益渗透到其他学科领域。电工电子技术是集电工学、模拟电子技术、数字电路三方面知识为一体的一门课程，其理论性、实践性、应用性均较强。为体现其特点，本课程采用理论与实践紧密结合，施行项目教学方法，并根据专业的不同，每一项目安排其对应的教学内容，由浅入深、逐步递进。在教学过程中采用理论与实践教学相统一的专业教师授课，加大实践教学模式，增加学生的感性认识，以提高学习兴趣。

　　学生通过本课程的学习达到：理解掌握基尔霍夫定律、正弦交流电路电流与电压的关系、变压器的特点、模拟电路的基本元器件，掌握基本单元放大电路与集成电路的组成及分析方法、直流稳压电源电路、组合逻辑电路和时序逻辑电路的特点及应用等。教学中侧重于各种电路的应用。课堂上学到的知识只有通过实用电子电路的设计、制作和调试等环节才能转化为能力。随着对创新人才培养支持力度的加大，学生课外科技活动近年来蓬勃发展，学生要充分利用课外时间，将书本知识的传授拓展到为课外科技活动提供指导，提高综合分析问题和解决问题的能力，为就业打下坚实的基础。

3.9.2　本课程在教学中的地位

　　"电工电子技术"课程是院校机械类各专业教学中必不可少的一门重要的知识拓宽技术基础课程，属于一门具有较强实践性的技术基础课程，为传授发展最快的电知识的一门共有技术和共有理论的课程，学生通过本大纲所规定的全部教学内容的学习，可了解电工、电子技术的发展情况，获得一定的电工、电子基础知识，熟悉在工程应用中涉及的一些问题，对建立一个实际电系统所涉及的技术要点和技术难点有所理解和掌握，从而满足高新科技飞速发展的需要。通过本课程设置的实验、实训教学环节，使学生养成索取知识、处理事情和适应环境的良好习惯，建立一定的工程意识，进而强化学习自信心和培养自己的动手能力，初步掌握工程技术人员必须具备的基本技能，为学习后续课程和专业课打好基础，也为今后从事工程技术工作和科技工作打下一定的基础。

　　"电工电子技术"课程的任务在于培养学生的科学思维能力、创新能力，树立理论联系实际的工程观点和提高学生分析问题和解决问题的能力，提高综合素质。

　　通过本课程的学习，使学生获得电工、模拟电路、数字电路方面必要的基本理论、基本知识和基本技能，了解电工技术的应用和发展情况。为学习后续课程以及从事科研和工程技术方面打下一定的基础。

3.9.3　电工与电子技术基本内容与应用

3.9.3.1　电路的基本概念

1．实际电路与电路模型

1）实际电路的组成和作用

（1）组成：电源（信号源）、负载和中间环节。

（2）作用：① 电能的传输和转换；② 信号的传递与处理。

2）电路模型

考虑电路分析的需要，建立理想电路模型。

（1）理想电路元件：忽略实际元件的次要物理性质，反映其主要物理性质，把实际元件理想化。

（2）电路模型：实际电路中的实际元件用理想元件代替的电路。

例如：手电筒电路如图 3 – 114 所示。

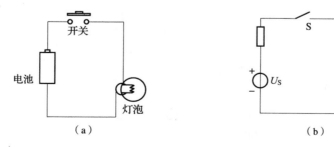

（a）　　　　　　　　　　　　　　（b）

图 3 – 114　手电筒电路

（a）实际电路；（b）电路模型

3）常用的理想元件

（1）产生电能元件：

理想电压源

理想电流源

（2）耗能元件：

电阻

（3）储能元件：

电容

电感

2.电路分析中的若干规定

1）电路参数与变量的文字符号及单位

（1）电路参数是指理想元件的数值。

（2）变量是指电路中的电动势、电压和电流。

（3）文字符号的规定：

① 电路参数的文字符号用大写斜体字母表示，如电阻 R。

② 电路变量的文字符号：

直流量用大写斜体字母表示，如电压 U、电流 I；瞬时量和时变量用小写斜体字母表示，如电压 u、电流 i。

③ 单位的文字符号用国际通用的文字符号表示。单字母的单位用大写正体字母表示，如 V、A 等；复合字母表示的单位，第一个字母为正体大写，以后的字母为正体小写，如 Hz、Wb 等。

2）电路变量的参考方向

电路变量的实际方向：物理学中规定电动势的方向是在电源内部，由低电位点指向高电位点的方向；电压的方向是高电位点指向低电位点的方向。

电流的方向是正电荷流动的方向，如图 3 - 115（a）所示。

变量参考方向又称正方向，为求解变量的实际方向无法预先确定的复杂电路，人为任意设定的电路变量的方向，如图 3 - 115（b）所示。

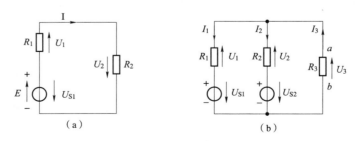

图 3 - 115　电流、电压的实际方向和参考方向

（a）电流、电压的实际方向；（b）电流、电压的参考方向

参考方向标示的方法：

（1）箭头标示；

（2）极性标示；

（3）双下标标示。

注意：

（1）参考方向的设定对电路分析没有影响。

（2）电路分析必须设定参考方向。

（3）按设定的参考方向求解出变量的值为正，说明实际方向和参考方向相同，为负则相反。

关联参考方向和非关联参考方向：一个元件或一段电路上，电流与电压的参考方向一致时称为关联参考方向，反之称为非关联参考方向。

欧姆定律在不同参考方向情况下的表达形式：

关联参考方向　　　　　　　　　　　$U = RI$

非关联参考方向　　　　　　　　　　$U = -RI$

例 3 - 3　已知图 3 - 116 中电路和变量的参考方向，求电流 I。

解　（a）图中电阻电压与流过电阻的电流为关联参考方向，据欧姆定律

$$U = RI$$

则

$$I = \frac{U}{R} = \frac{6}{2} = 3 \text{（A）}$$

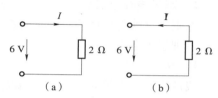

图 3 - 116　例 3 - 3 图

（b）图中电压与电流为非关联参考方向，据欧姆定律的表达式为　$U = -RI$

则

$$I = -\frac{U}{R} = -\frac{6}{2} = -3 \text{（A）}$$

结论：（a）图解得 I 为正，表明电流的实际方向与所设参考方向一致，而（b）图解得 I 为负，表明电流的实际方向与所设参考方向相反。

3）功率

规定：吸收功率为正，发出功率为负。

在此规定下，元件的功率计算在电压、电流取关联和非关联参考方向时具有不同形式。

关联参考方向：　　　　　　　　　　$P = UI$

非关联参考方向：　　　　　　　　　$P = -UI$

根据能量守恒定律，任一电路在任一瞬时所有电源发出的功率的总和等于所有负载吸收功率的总和；或所有元件瞬时功率的代数和为零，即

$$\sum P_{发出} = \sum P_{吸收}$$

或　　　　　　　　　　　　　　　　$$\sum P = 0$$

称为功率平衡方程式，常用于验证电路分析结果的正确与否。

3. 电路中的电位和电压

物理学中给出了电位（电势）和电压（电势差）的定义。电位只有相对的意义，只有选定了参考点，并规定参考点的电位为零，则某点电位才有唯一确定的数值。电力工程中规定大地为电位参考点，在电子电路中常取机壳或公共地线的电位为零，称之为"地"，在电路图中用符号"⊥"表示。

电路中电位的大小、极性和参考点的选择有关，原则上，参考点可以任意选择。参考点不同时，各点的电位值就不一样。

电压是两点间的电位之差，具有绝对的意义，与参考点的选择毫无关系。

图 3 – 37（a）所示电路选择了 e 点为参考点，这时各点的电位是：

$$V_e = 0\ V, V_a = V_{ae} = 10\ V, V_d = V_{de} = -5\ V$$

$$V_b = V_{bd} + V_{de} = (5+6)I + V_d = (5+6) \times \frac{10+5}{4+5+6} + (-5) = 6(V)$$

$$V_c = V_{cd} + V_{de} = 6I + V_d = 6 + (-5) = 1(V)$$

如果选定 d 点为参考点，则各点的电位将是

$$V_d = 0\ V, V_a = 15\ V, V_b = 11\ V, V_c = 6\ V, V_e = 5\ V$$

在电子电路中，电源的一端通常接"地"。为了作图简便和图面清晰，习惯上不画出电源，而在电源的非接地端注明其电位的数值。图 3 – 117（b）就是图 3 – 117（a）的习惯画法。

3.9.3.2　电路的基本元件

1. 理想线性电阻元件

电阻是反映将电能不可逆地转换为其他形式能量性质的理想化元件，如白炽灯、电炉丝等均可理想为电阻。

1）伏安特性

线性电阻 R 为常数，电阻两端电压与流过电流的瞬时关系满足欧姆定律

$$u = Ri$$

电压单位为 V，电流单位为 A，电阻的单位为 Ω（$k\Omega$、$M\Omega$），如图 3 – 118（a）所示。

其伏安特性曲线如图 3 – 118（b）所示。

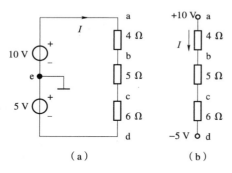

图 3 – 117　电位和电压

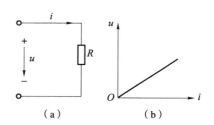

图 3 – 118　电阻元件伏安特性电路及曲线

2）电阻的功率

电压、电流为关联参考方向时

$$p = ui = Ri^2 = \frac{u^2}{R}$$

2. 理想线性电感元件

有电流流过能够产生磁场，能储存磁场能量性质的元件用电感表示，如线圈、日光灯镇流器等。

1）伏安特性

电流流过电感元件产生的磁通为 Φ，电感元件匝数为 N，则磁通匝链数 $\Psi = N\Phi$，元件

的电感（自感系数、电感系数）定义为

$$L = \frac{\Psi}{i}$$

线性电感 L 为常数。Ψ 单位为 Wb，i 单位为 A，则电感的单位为 H。电感单位常用 mH，$1\ \text{H} = 10^3\ \text{mH}$。

根据电磁感应定律，电感中产生的感应电动势

$$e_L = -\frac{\mathrm{d}\Psi}{\mathrm{d}t} = -L\frac{\mathrm{d}i}{\mathrm{d}t}$$

图 3 – 119 所示为变量取关联参考方向时，电感两端的感应电压

$$u = -e_L = L\frac{\mathrm{d}i}{\mathrm{d}t}$$

上式为电感的伏安特性。在任一瞬时，感应电压与电流的时变率成正比。对于直流电流，感应电压 $u = 0$，即电感元件对直流而言相当于短路。

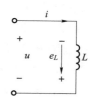

图 3 – 119　电感元件
伏安特性电路

2）电感的能量

理想电感是储存磁能的元件，不耗能。流过电感的电流为 i 时，其储存的能量为

$$W_L = \frac{1}{2}Li^2$$

电感任一时刻的储能多少，只取决于该时刻电流的大小，电感能量的储存与释放过程是电能与磁能的转换过程，是电感与电源能量的互换过程。

3. 理想线性电容元件

具有存储电荷性质的元件用电容表示。

1）伏安特性

电容两端加电压 u，电容器充满电荷，其带电量为 q，电容元件的电容定义为

$$C = \frac{q}{u}$$

电量的单位取 C，电压单位取 V，则电容单位为 F。常用单位为 μF 和 pF，$1\ \text{F} = 10^6\ \mu\text{F} = 10^{12}\ \text{pF}$。线性电容元件的电容 C 为常数。当电压变化时，电容的电量也随之变化，如图 3 – 120 所示。根据电流的定义

$$i = \frac{\mathrm{d}q}{\mathrm{d}t} = C\frac{\mathrm{d}u}{\mathrm{d}t}$$

上式为电容的伏安特性，表明电容两端导线中的电流在任一瞬时与其两端电压的时变率成正比。对于直流电压，电容电流 $i = 0$，即电容元件对直流而言相当于开路。

2）电容的能量

理想电容是以电场形式储能的元件，不耗能。电容两端电压为 u 时，其储存的能量

$$W_C = \frac{1}{2}Cu^2$$

电容任一时刻储能多少，取决于该时刻电压的大小。电容能量

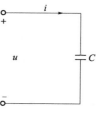

图 3 – 120　电容元件
伏安特性电路

的储存与释放过程是电场能与电能的转换过程，是电容与电源能量的互换过程。

4. 独立电源元件

在电路中能独立提供电能的元件称为独立电源。

1）理想电源

理想电源有恒压源（理想电压源）和恒流源（理想电流源）之分。

（1）恒压源。内阻为零，能提供恒定电压的理想电源。图形符号如图 3 – 121（a）所示，其输出特性（外特性）曲线如图 3 – 121（b）所示。

特点：① 任一时刻输出电压与流过的电流无关。

② 输出电流的大小取决于外电路负载电阻的大小。

（2）恒流源。内阻为无穷大，能提供恒定电流的理想电源。图形符号如图 3 – 121（c）所示，其输出特性曲线如图 3 – 121（d）所示。

特点：① 任一时刻输出电流与其端电压无关。

② 输出电压的大小取决于外电路负载电阻的大小。

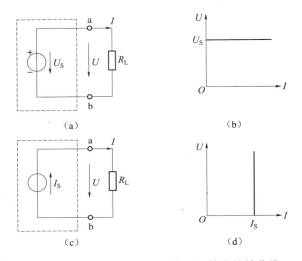

图 3 – 121　理想电源的图形符号及输出特性曲线

2）实际电源的模型

实际电源有内电阻，用理想电源元件和理想电阻元件的组合，表征实际电源的特性。

（1）电压源模型。

① 图形符号：恒压源 U_S 与内电阻 R_0 串联组合，如图 3 – 122（a）所示。

② 外特性：电压源输出电压与输出电流的关系为

$$U = U_S - IR_0$$

当电源开路时，$I = 0$，输出电压 $U = U_S$；

当电源短路时，$U = 0$，输出电流 $I = U_S/R_0$；

当 $R_0 \to 0$ 时，$U \to U_S$，电压源 → 恒压源，其外特性曲线如图 3 – 122（b）所示。

（2）电流源模型。

① 图形符号：恒流源 I_S 与内电阻 R_0 并联组合，如图 3 – 122（c）所示。

② 外特性：电流源输出电流与输出电压的关系为

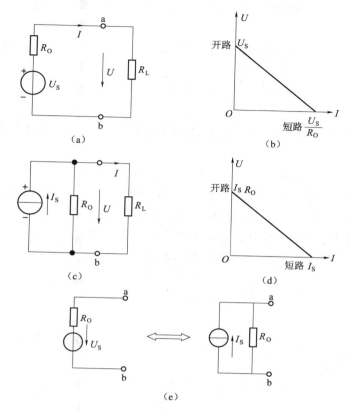

图 3 – 122 实际电源的模型

$$I = I_s - \frac{U}{R_o}$$

当电源开路时，$I = 0$，输出电压 $U = I_s R_o$；

当电源短路时，$U = 0$，输出电流 $I = I_s$；

当 $R_o \rightarrow \infty$ 时，$I \rightarrow I_s$，电流源 $\rightarrow$ 恒流源，其外特性曲线如图 3 – 122（d）所示。

（3）电压源和电流源的等效变换。

一个实际电源可建立电压源和电流源两种电源模型，对同一负载而言，这两种模型应具有相同的外特性，即有相同的输出电压和输出电流，根据电压源和电流源的外特性表达式，可得

$$I_s = \frac{U_s}{R} \quad \text{或} \quad U_s = I_s R$$

即两种电源模型对外电路而言是等效的，可以互相变换，如图 3 – 122（e）所示。

注意：

（1）变换时，恒压源与恒流源的极性保持一致。

（2）等效关系仅对外电路而言，在电源内部一般不等效。

（3）恒压源与恒流源之间不能等效变换。

应用电源的等效变换化简电源电路时，还需用到以下概念和技巧：

（1）与电压源串联的电阻或与电流源并联的电阻可视为电源内阻处理。

（2）与恒压源并联的元件和与恒流源串联的元件对外电路无影响，分别做开路和短路处理。

（3）两个以上的恒压源串联时，可求代数和，合并为一个恒压源；两个以上的恒流源并联时，可求代数和，合并为一个恒流源。

例 3-4 试将给定电路图 3-123（a）化简为电流源。

解

（1）去除对外电路没有影响的元件 5 Ω 和 3 Ω 电阻，合并电阻为等效电阻，如图 3-123（b）所示。

（2）并联电源中的电压源等效变换为电流源，如图 3-123（c）所示。

（3）合并恒流源，合并与恒流源并联的电阻，如图 3-123（d）所示。

（4）电源串联，等效变换电流源为电压源，如图 3-123（e）所示。

（5）合并恒压源，合并与恒压源串联的电阻，如图 3-123（f）所示。

（6）按题目要求变换为电流源，如图 3-123（g）所示。

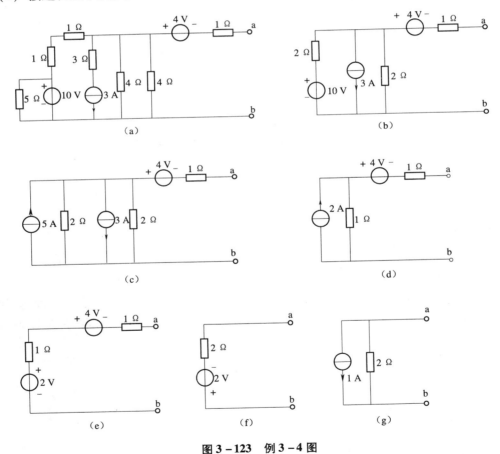

图 3-123　例 3-4 图

3.9.3.3　基尔霍夫定律

解释几个与基尔霍夫定律有关的名词术语，以图 3-124（a）为例。

节点：三个或三个以上元件的连接点。图 3-124（a）中有 a、b、c、d 4 个节点。

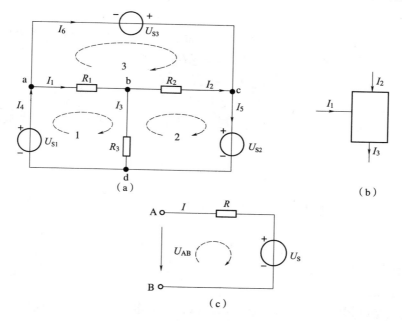

图 3 - 124　基尔霍夫定律电路

支路：连接两个节点之间的电路。3 - 124（a）共 6 条支路，每条支路有一个支路电流。

回路：电路中任一闭合路径。

网孔：内部不含支路的单孔回路。图 3 - 124（a）中有三个网孔回路，并标出了网孔的绕行方向。

电路中的节点数，支路数和网孔数满足下式

$$\text{网孔数} = \text{支路数} - \text{节点数} + 1$$

1. KCL

KCL 又称基尔霍夫第一定律。

1）定律表述

任一瞬时流入某一节点的电流之和等于流出该节点的电流之和，即

$$\sum I_{\text{入}} = \sum I_{\text{出}}$$

移项

$$\sum I_{\text{入}} - \sum I_{\text{出}} = 0$$

则

$$\sum I = 0$$

即任一瞬时任一节点上电流的代数和等于零。习惯上流入节点的电流取正号，流出节点的电流取负号。图 3 - 124（a）中节点 b 据 KCL 有

$$I_1 - I_2 - I_3 = 0$$

2）定律的推广

KCL 不仅适用于节点，也适用于任一闭合面，又称为广义节点。

如图 3 - 124（b）方框表示一个复杂电路，有多个出线端，每条出线端中电流分别为 I_1、I_2 和 I_3，可应用 KCL 表示

$$I_1 + I_2 - I_3 = 0$$

2. KVL

KVL 又称基尔霍夫第二定律

1）定律表述

任一瞬时沿任一闭合回路绕行一周，沿该方向各元件上电压升之和等于电压降之和，即

$$\sum U_升 = \sum U_降$$

移项

$$\sum U_升 - \sum U_降 = 0$$

可表示为

$$\sum U = 0$$

即任一瞬时沿任一闭合回路绕行一周，沿绕行方向各部分电压的代数和为零。如图 3 – 124（a）中1 网孔的 KCL 方程为

$$\sum U = U_{S1} - I_1 R_1 - I_3 R_3 = 0$$

2）定律的推广

KVL 的应用可以推广到开口回路。图 3 – 124（c）电路假想为闭合回路，沿绕行方向，据 KVL 有

$$\sum U = U_{AB} - U_S - IR = 0$$

3. 基尔霍夫定律的应用

1）支路电流法

支路电流法是已知电源激励和电路参数，以各支路电流为未知量，应用 KCL 和 KVL 列方程，求解出各支路电流的方法。

通过例题说明支路电流法分析电路的方法和步骤。

例 3 – 5　如图 3 – 125（a）所示，已知 U_{S1}、U_{S2}、R_1、R_2、R_3、R_4、R_5，用支路电流法求各支路电流。

解　该电路共 5 条支路，有 5 个支路电流，需列出 5 个独立方程。

电路有三个节点，据 KCL 列出的节点电流方程中，（节点数 –1）个方程是独立的。据 KVL 对三个网孔列出的电压方程都是独立的。对网孔列电压方程有表达式最简的优点，也可对任一回路列电压方程，但要注意列出的每一个方程必须是独立的。

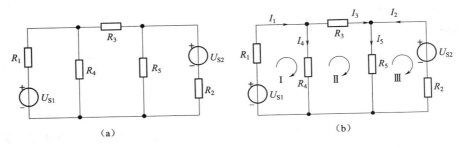

图 3 – 125　例 3 – 5 图

（1）标示各支路电流的参考方向，选节点，如图 3 – 125（b）所示。据 KCL 列方程：

节点 a：$I_1 - I_3 - I_4 = 0$

节点 b：$I_3 + I_2 - I_5 = 0$

（2）确定回路绕行方向，如图 3 – 125（b）所示，据 KVL 列方程：

网孔 I：$U_{S1} - I_1 R_1 - I_4 R_4 = 0$

网孔 II：$I_4 R_4 - I_3 R_3 - I_5 R_5 = 0$

网孔 III：$I_2 R_2 + I_5 R_5 - U_{S2} = 0$

（3）解联立方程组，即可求得 I_1、I_2、I_3、I_4 和 I_5。

2）节点电压法（弥尔曼定理）

对于只有两个节点、多条支路并联的电路，可以直接用公式求解节点电压。

设节点为 A 和 B

$$U_{AB} = \frac{\sum \dfrac{U_{Si}}{R_i} + \sum I_j}{\sum \dfrac{1}{R_k}}$$

公式中的分母为各支路除去与恒流源串联的电阻以外的所有电阻的倒数和。分子中第一项为各恒压源和与其串联电阻比值的代数和，恒压源与节点电压方向一致的取正值，反之取负值；第二项为各恒流源的源电流之代数和，恒流源与节点电压方向相反的取正值，反之取负值。

例3-6 如图3-126所示，节点电压

$$U_{AB} = \frac{\dfrac{U_{S1}}{R_1} - \dfrac{U_{S2}}{R_2} - I_{S1} + I_{S2}}{\dfrac{1}{R_1} + \dfrac{1}{R_2} + \dfrac{1}{R_4}}$$

各支路电流可以根据节点电压分别求出。

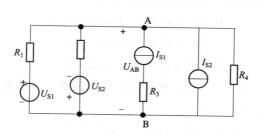

图3-126 例3-6图

3.9.3.4 电路的常用定理

1. 叠加原理

原理表述：由多个独立电源共同作用的线性电路中，任一支路的电流（或电压）等于各独立电源分别单独作用时，在该支路中所产生的电流（或电压）的叠加（代数和）。

对不作用电源的处理方法是恒压源短路，恒流源开路。

通过例题说明应用叠加原理分析电路的方法和步骤。

例3-7 如图3-127（a）所示电路，已知：$U_S = 9$ V，$I_S = 6$ A，$R_1 = 6$ Ω，$R_2 = 4$ Ω，$R_3 = 3$ Ω，试用叠加原理求各支路中的电流。

解 （1）在原电路中标示各支路电流的参考方向。

（2）画出各独立电源单独作用的电路图，并用不同标记标示各支路电流的参考方向，该参考方向应与原电流参考方向取为一致。I_S 单独作用时，恒压源 U_S 用短路线代替（$U_S = 0$），如图3-127（b）所示；U_S 单独作用时，恒流源 I_S 用开路（$I_S = 0$），如图3-127（c）所示。

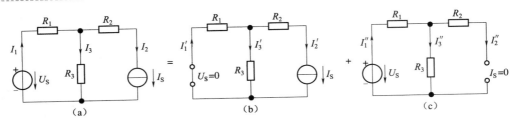

图 3 - 127　例 3 - 7 图

（a）原电路；（b）I_S 单独作用电路；（c）U_S 单独作用电路

（3）按图 3 - 127（b）和（c）所示，分别求出各电源单独作用时的各支路电流。I_S 单独作用时，根据分流原理

$$I_2' = I_S = 6\ A$$

$$I_1' = \frac{R_3}{R_1 + R_3}I_S = \frac{3}{6 + 3} \times 6 = 2(A)$$

$$I_3' = -I_S + I_1' = -6 + 2 = -4(A)$$

U_S 单独作用时，$I_2'' = 0$

$$I_1'' = I_3'' = \frac{U_S}{R_1 + R_2} = \frac{9}{6 + 3} = 1(A)$$

（4）根据叠加原理求出原电路各支路电流

$$I_1 = I_1' + I_1'' = 2 + 1 = 3\ (A)$$

$$I_2 = I_2' + I_2'' = 6 + 0 = 6\ (A)$$

$$I_3 = I_3' + I_3'' = -4 + 1 = -3\ (A)$$

叠加原理是分析线性电路的基础，是处理线性电路的一个普遍适用的规律，灵活运用叠加原理对分析线性电路是非常必要的。

例 3 - 8　试求图 3 - 128 电路的路端电压 U_{ab}。

解　恒压源单独作用时，等效电路如图 3 - 129（a）所示

$$U_{ab}' = 4\ V$$

恒流源单独作用时，等效电路如图 3 - 129（b）所示

$$U_{ab}'' = 5 \times 2 = 10\ (V)$$

根据叠加原理

$$U_{ab} = U_{ab}' + U_{ab}'' = 4 + 10 = 14\ (V)$$

叠加原理只适用于线性电路中电流和电压的计算，不适用于计算功率。

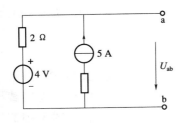

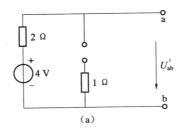

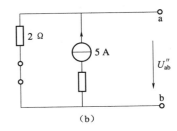

图 3 - 128　例 3 - 8 图

图 3 - 129

2．等效电源定理

等效电源定理包括戴维南定理和诺顿定理，当只需计算复杂电路中某一支路的电流时，应用等效电源定理尤为便利。

有源二端网络：含有电源，且有两个出线端的电路，如图 3 - 130（a）所示。

无源二端网络：不含电源的有两个出线端的电路，如图 3 - 130（b）所示。

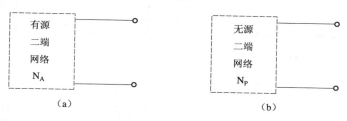

图 3 - 130　有源与无源二端网络
（a）有源二端网络；（b）无源二端网络

1）戴维南定理

定理表述：任一线性有源二端网络对外电路的作用可以用一个恒压源 U_o 和电阻 R_o 串联的电压源等效代替。其中的 U_o 等于该有源二端网络端口的开路电压，R_o 等于该有源二端网络中的独立电源不作用的无源二端网络的输出电阻（入端电阻，内阻）。

独立电源不作用是指去除电源，即恒压源短路，恒流源开路。该定理可通过图 3 - 131 所示理解。

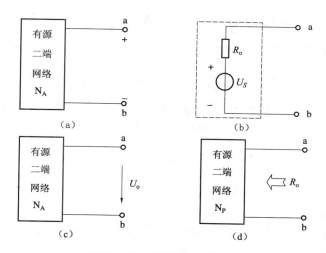

图 3 - 131　戴维南定理图解
（a）有源二端网络；（b）等效电压源；（c）开路电压；（d）去源后等效内阻

通过例题说明应用戴维南定理求某一支路电流的方法及步骤。

例 3 - 9　试用戴维南定理求图 3 - 132（a）所示电路中的电流 I。

解　应用戴维南定理分析电路的方法是把摘除待求电流支路的有源二端网络等效为电压源，在等效电源电路中恢复待求电流支路，在该回路中解出电流，其具体方法步骤如下：

（1）画摘除待求电流支路的有源二端网络，电路图如图 3 - 132（b）所示。

（2）求开路电压 U_o。

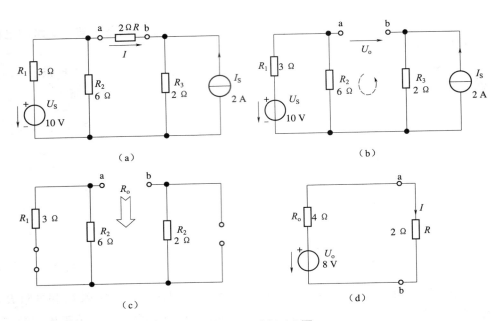

图 3 – 132　例 3 – 9 图

（a）原电路；（b）求 U_o 电路；（c）求 R_o 电路；（d）求电流 I 电路

在图 3 – 132（b）中标示开路电压的参考方向、电位参考点

$$U_o = U_{ab} = U_a - U_b = \frac{R_2}{R_1 + R_2} U_S - I_S R_3 = \frac{6}{3 + 6} \times 18 - 2 \times 2 = 8(\text{V})$$

（3）求等效内阻 R_o。画去源后的等效电路，如图 3 – 132（c）所示

$$R_o = (R_1 /\!/ R_2) + R_3 = \frac{3 \times 6}{3 + 6} + 2 = 4(\Omega)$$

（4）画戴维南等效电源和恢复摘除支路的等效电路，如图 3 – 132 所示。

（5）求电流 I。在图 3 – 132（d）中标示 I 的原方向

$$I = \frac{U_o}{R_o + R} = \frac{8}{4 + 4} = 1(\Omega)$$

用戴维南定理求解电路应注意：

（1）每一步均要配以相应的电路图。

（2）戴维南等效电源的极性应与开路电压 U_o 的参考方向保持一致，戴维南等效电路中电流方向应与原电路待求电流方向保持一致。

2）诺顿定理

定理表述：任一线性有源二端网络对外电路的作用可以用一个恒流源 I_S 和电阻 R_o 并联的电流源等效代替。其中的 I_S 等于该有源二端网络端口的短路电流，R_o 等于该有源二端网络中的独立电源不作用时的入端电阻。

独立电源不作用是指去除电源，即恒压源短路，恒流源开路。

该定理可用图解表示如图 3 – 133 所示。

很显然根据电源等效变换关系，可从戴维南定理导出诺顿定理。

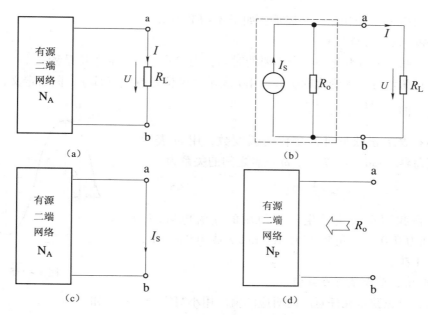

图 3 - 133 诺顿定理图解

（a）有源二端网络；（b）诺顿等效电路；（c）短路求电流 I_S；（d）去源求内阻 R_O

3.9.3.5 正弦交流电的基本概念

1. 什么是交流电

直流电量：大小和方向均不随时间变化而变化的电量。

交流电量：大小和方向均随时间做周期性的变化，且在一个周期内平均值为零。

正弦交流电量：大小和方向均随时间按正弦函数规律变化的电流、电压或电动势称为正弦交流电流、正弦交流电压或正弦电动势，统称为正弦交流电或正弦量。

和直流电相比，交流电具有以下优点：

（1）交流电比直流电输送方便、使用安全。

（2）交流电动机结构比直流电动机简单，成本也较低，使用维护方便、运行可靠。

（3）可以应用整流装置，将交流电变换成所需的直流电。

直流电和交流电如图 3 - 134 所示。

2. 交流电的产生

由交流发电机提供，也可由振荡器产生。

3. 正弦交流电的三要素

瞬时值表达式或解析式为

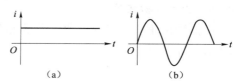

图 3 - 134 直流电和交流电

（a）直流电；（b）交流电

$$i = I_m\sin(\omega t + \phi_i) = \sqrt{2}I\sin(\omega t + \phi_i)$$

$$u = U_m\sin(\omega t + \phi_u) = \sqrt{2}U\sin(\omega t + \phi_u)$$

$$e = E_m\sin(\omega t + \phi_e) = \sqrt{2}E\sin(\omega t + \phi_e)$$

由上式可知，正弦交流电的特征具体表现在变化的快慢、振幅的大小和计时时刻的状态三个方面，这三个量称为正弦交流电的"三要素"，它们分别用角频率（或频率、周期）、最大值（或有效值）和初相位来表示，如图 3-135 所示。

1）周期、频率与角频率

周期：正弦交流量变化一次所需要的时间，用 T 表示，它的单位是秒。

频率：正弦量每秒内变化的次数，用 f 表示，单位是赫兹（Hz）。根据定义，频率与周期互为倒数，即 $T = \dfrac{1}{f}$ 或 $f = \dfrac{1}{T}$。

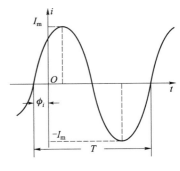

角频率：表示正弦量每秒变化的弧度数，用 ω 表示，单位是弧度每秒（rad/s）。T、f、ω 三者之间的关系为

$$\omega = \frac{2\pi}{T} = 2\pi f$$

常识：在我国工农业及生活中使用的交流电频率为 50 Hz，周期为 0.02 s，角频率为 314 rad/s 或 100π rad/s，习惯上称为工频。

图 3-135

2）瞬时值、最大值与有效值

瞬时值：指正弦量在任意瞬时对应的值。用小写字母表示，如 i、u、e。

最大值：表示瞬时值中最大的值，又叫振幅值、峰值，用带有下标"m"的大写字母表示，如 I_m、U_m、E_m。

工程上常采用有效值来衡量交流电能量转换的实际效果。

有效值是根据交流电流和直流电流的热效应相等的原则来定义的。

经数学推算可以得出正弦交流电的有效值和最大值之间的关系为

$$I_m = \sqrt{2}I; \quad U_m = \sqrt{2}U; \quad E_m = \sqrt{2}E$$

注意：符号不可以乱用。

（1）如无特别说明，本书中所说的交流电流、电压的大小，均指有效值。

（2）电气设备铭牌标注的额定值也是指有效值。

（3）用交流电表测得的值为交流电量的有效值。

（4）市用照明电压为 220 V，指的是有效值，最大值为 $220\sqrt{2} = 311$ V。

3）相位和初相位

正弦量在任意时刻的点角度称为相位角，简称相位或相角，用 $(\omega t + \phi_i)$ 表示，如图 3-136 所示。

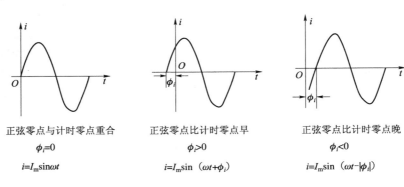

正弦零点与计时零点重合　　　正弦零点比计时零点早　　　正弦零点比计时零点晚

$\phi_i = 0$　　　　　　　　$\phi_i > 0$　　　　　　　　$\phi_i < 0$

$i = I_m \sin\omega t$　　　　$i = I_m \sin(\omega t + \phi_i)$　　　$i = I_m \sin(\omega t - |\phi_i|)$

图 3-136　相位角

$t=0$ 时的相位 ϕ_i 称为初相位或初相角，简称初相。习惯上初相的取值范围在 $-\pi$ 到 π 之间，即 $-\pi \leq \phi_i \leq \pi$。

4．同频率正弦电量的相位关系

一个正弦交流电路中，电压和电流的频率是相同的，但它们的初相位有可能不同，进行加减运算时，常常要考查它们之间的相位关系。相位差是一个关键参数，两个同频率的正弦量的相位角之差称相位差，用 ϕ 表示。

设两个同频率的正弦电压和电流分别为

$$u = U_m\sin(\omega t + \phi_u) = \sqrt{2}U\sin(\omega t + \phi_u)$$
$$i = I_m\sin(\omega t + \phi_i) = \sqrt{2}I\sin(\omega t + \phi_i)$$

它们的相位差为

$$\phi = (\omega t + \phi_u) - (\omega t + \phi_i) = \phi_u - \phi_i$$

即同频率的两个正弦量，其相位差等于它们的初相位之差。同频率正弦电量的几种相位关系如图 3 – 137 所示。

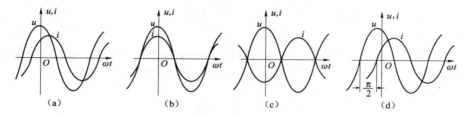

图 3 – 137　同频率正弦电量的几种相位关系

（a）超前、滞后；（b）同相；（c）反相；（d）正交

在图 3 – 137（a）中，$\phi = \phi_u - \phi_i > 0$，称为 u 比 i 超前 ϕ 角，或称为 i 比 u 滞后 ϕ 角。

在图 3 – 137（b）中，$\phi = \phi_u - \phi_i = 0$，称为 u 和 i 同相。

在图 3 – 137（c）中，$\phi = \phi_u - \phi_i = \pm\pi$，称为 u 和 i 反相。

在图 3 – 137（d）中，$\phi = \phi_u - \phi_i = \pi/2$，称为 u 和 i 正交。

3.9.3.6　单一元件正弦交流电路

1．纯电阻交流电路（图 3 – 138）

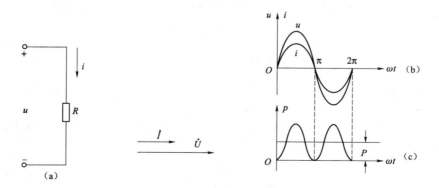

图 3 – 138　纯电阻交流电路

（a）电路图；（b）波形图；（c）相量图

1) 电阻元件

交流电路中如果只有线性电阻，这种电路叫作纯电阻电路。我们日常生活中接触到的白炽灯、电炉、电熨斗等都属于电阻性负载，在这类电路中影响电流大小的主要是负载电阻 R。

2) 电压与电流关系

当 u 和 i 的参考方向相同时，根据欧姆定律得出：$i = \dfrac{u}{R}$，即电阻元件上的电压与通过的电流呈线性关系。

若通过电阻的电流为 $i = I_m \sin\omega t$ 时，电阻两端的电压则为

$$u = iR = I_m \sin\omega t \cdot R$$
$$= U_m \sin\omega t$$

比较两式可得如下结论：

（1）电阻元件上的电压 u 和电流 i 是同频率的正弦电量。

（2）电压和电流的相位差 $\phi = 0°$，即 u 和 i 同相位。

（3）电压和电流的最大值、有效值的关系仍符合欧姆定律：$U_m = I_m R$；$U = IR$。

（4）波形图和相量图如图 3 – 138 （b）、（c）所示。

3) 功率

（1）瞬时功率。在交流电路中，电路元件上的瞬时电压与瞬时电流之积为该元件的瞬时功率，用 p 表示，单位为 W（瓦［特］）。电阻元件上的瞬时功率为

$$p = ui = \frac{U_m^2}{R} \sin^2\omega t \geq 0$$

说明电阻是耗能元件。

（2）有功功率（平均功率）。电阻是耗能元件，为了反映电阻所消耗功率的大小，在工程上常用平均功率（也叫有功功率）来表示。所谓平均功率就是瞬时功率在一个周期内的平均值，用大写字母 P 表示。用数学表达式表示为

$$P = UI = I^2 R = \frac{U^2}{R}$$

计算公式和直流电路中计算电阻功率的公式相同，单位也相同，但要注意这里的 P 是平均功率，电压和电流都是有效值。

例 3 – 10 把一个 100 Ω 的电阻接到 $u = 311 \sin(314t + 30°)$ V 的电源上，求 i，P。

解
$$I_m = \frac{U_m}{R} = \frac{311}{100} = 3.11(\text{A})$$
$$i = 3.11 \sin(\omega t + 30°)(\text{A})$$
$$P = UI = I^2 R = \left(\frac{I_m}{\sqrt{2}}\right)^2 R = \left(\frac{3.11}{\sqrt{2}}\right)^2 \times 100 = 2.2^2 \times 100 = 484(\text{W})$$

例 3 – 11 已知某白炽灯额定值为 220 V/100 W，其两端所加电压为 $u = 220\sqrt{2}\sin(314t)$ V，求 f、R 和 P。

解
$$f = \frac{\omega}{2\pi} = \frac{314}{2 \times 314} = 50(\text{Hz})$$
$$R = \frac{U^2}{P} = \frac{220^2}{100} \times 484(\Omega)$$

$$P = P_N = 100(\mathrm{W})$$

2. 纯电感交流电路（图 3 – 139）

1）电感元件

在电子技术和电气工程中，常常用到由导线绕制而成的线圈，如日光灯整流器线圈、变压器线圈等，称为电感线圈。一个线圈当它的电阻和分布电容小到可以忽略不计时，可以看成是一个纯电感。将它接在交流电源上就构成了纯电感电路。

L 称为线圈的电感量，单位为 H（亨〔利〕）。具有参数 L 的电路元件称为电感元件，简称电感。空心线圈的电感量是一个常数，与通过的电流大小无关，这种电感称为线性电感。

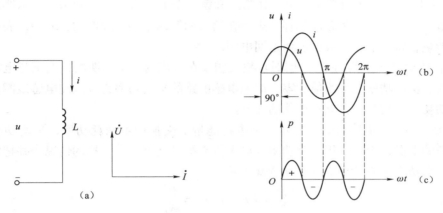

图 3 – 139　纯电感交流电路
（a）电路图；（b）波形图；（c）相量图

2）电压与电流关系

根据电磁感应定律，当线圈中电流 i 发生变化时，就会在线圈中产生感应电动势，因而在电感两端形成感应电压 u，当感应电压 u 与电流 i 的参考方向一致时，其伏安关系为
$u = \dfrac{\mathrm{d}\psi}{\mathrm{d}t} = L\dfrac{\mathrm{d}i}{\mathrm{d}t}$，即电感电压与电流的变化率成正比。

当通过电感的电流为 $i = I_m\sin\omega t$ 时，电感两端的电压为

$$u = L\frac{\mathrm{d}i}{\mathrm{d}t} = \omega L I_m\cos\omega t = \omega L I_m\sin(\omega t + 90°) = U_m\sin(\omega t + 90°)$$

可得出如下结论：

（1）电感元件上的电压 u 和电流 i 是同频率的正弦电量。

（2）电压和电流的相位差 $\phi = 90°$，即 u 超前 i 90°。

（3）电压和电流的最大值、有效值的关系为

$$U_m = \omega L I_m = X_L I_m$$
$$U = \omega L I = X_L I$$

式中　$X_L = \omega L = 2\pi f L$。

X_L 称为电感电抗，简称感抗，单位为 Ω（欧〔姆〕）。它表明电感对交流电流起阻碍作用。在一定的电压下，X_L 越大，电流越小。感抗 X_L 与电源频率 f 成正比。L 不变，频率越高，感抗越大，对电流的阻碍作用越大。在极端情况下，如果频率非常高，且 $f \to \infty$ 时，则 $X_L \to \infty$，此时电感相当于开路。如果 $f = 0$，即直流时，则 $X_L = 0$，此时电感相当于短路。所

以电感元件具有"隔交通直""通低频、阻高频"的性质。在电子技术中被广泛应用，如滤波、高频扼流等。

（4）相量图和波形图如图 3 - 139 所示。

3）功率

（1）瞬时功率

$$p = ui = U_m\sin(\omega t + 90°)I_m\sin\omega t = \frac{1}{2}U_m I_m\sin2\omega t = UI\sin2\omega t$$

可见，瞬时功率也是随时间变化的正弦量，其频率为电源频率的两倍。

从图 3 - 139（c）可以看出，电感在第一和第三个 1/4 周期内，$p > 0$，表示线圈从电源处吸收能量，并将它转换为磁能储存起来；在第二和第四个 1/4 周期内，$p < 0$，表示线圈向电路释放能量，将磁能转换成电能而送回电源。

（2）有功功率（平均功率）。瞬时功率表明，在电流的一个周期内，电感与电源进行两次能量交换，交换功率的平均值为零，即纯电感电路的平均功率为零。纯电感线圈在电路中不消耗有功功率，它是一种储存电能的元件。

（3）无功功率。电感与电源之间只是进行能量的交换而不消耗功率，平均功率不能反映能量交换的情况，因而常用瞬时功率的最大值来衡量这种能量交换的情况，并把它称为无功功率。无功功率用 Q 表示，单位为 Var（乏）。

$$Q = UI = X_L I^2 = \frac{U^2}{X_L}$$

例 3 - 12　一个电感量 $L = 0.7\,H$ 的线圈，电阻忽略不计。（1）先接到 220 V、50 Hz 的交流电源上，求流过线圈的电流和无功功率；（2）若电源频率为 500 Hz，其他条件不变，流过线圈的电流将如何变化？

解　（1）$X_L = \omega L = 2\pi fL = 2 \times 3.14 \times 50 \times 0.7 \approx 220(\Omega)$

$$I = \frac{U}{X_L} = \frac{220}{220} = 1(A)$$

$$Q = UI = 220 \times 1 = 220(Var)$$

（2）若电源频率为 500 Hz 时

$$X_L = \omega L = 2\pi fL = 2 \times 3.14 \times 500 \times 0.7 \approx 2\,200(\Omega)$$

$$I = \frac{U}{X_L} = \frac{220}{2\,200} = 0.1(A)$$

3.9.3.7　简单正弦交流电路的分析

1. 电压与电流的关系 RLC 串联电路

RLC 串联电路如图 3 - 140 所示。

令电流为参考正弦量：$i = I_m\sin\omega t$，则

（1）瞬时值关系：$u = u_R + u_L + u_C$。

（2）相量关系：$\dot{U} = \dot{U}_R + \dot{U}_L + \dot{U}_C$。

（3）有效值关系：$U = \sqrt{U_R^2 + (U_L - U_C)^2}$。

通过画相量图来分析，如图 3 - 141 所示。

由相量图可知，电压相量 $\dot{U}$，$\dot{U}_R$，$(\dot{U}_L - \dot{U}_C)$ 组成了一个直角三角形，称为电压三角形。

（4）欧姆定律式：$U = \sqrt{U_R^2 + (U_L - U_C)^2}$

$$U = I\sqrt{R^2 + (X_L - X_C)^2} = I\sqrt{R^2 + X^2} = IZ$$

式中 $X = X_L - X_C$，称为电抗；$Z = \sqrt{R^2 + X^2}$ 称为阻抗，单位都是 Ω。可以看出 Z，R，$X_L - X_C$ 也组成了一个直角三角形，叫作阻抗三角形，如图 3 – 142 所示。阻抗三角形和电压三角形是相似三角形。

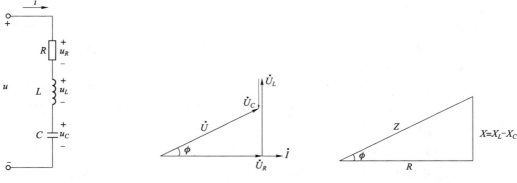

图 3 – 140　RLC 串联电路　　图 3 – 141　电压与电流关系相量图　　图 3 – 142　阻抗三角形

（5）ϕ 角的求解

$$\phi = \phi_u - \phi_i = \arctan\frac{X_L - X_C}{R} = \arctan\frac{U_L - U_C}{U_R}$$

ϕ 角既表示电压相量与电流相量的夹角，还等于阻抗 Z 的阻抗角。

2. 电路性质的讨论

（1）若 $X_L > X_C$，则 $0° < \phi < 90°$，电压超前电流 ϕ 角，电路呈电感性。当 $\phi = 90°$ 时，为纯电感电路。

（2）若 $X_L < X_C$，则 $-90° < \phi < 0°$，电压滞后电流 ϕ 角，电路呈电容性。当 $\phi = -90°$ 时，为纯电容电路。

（3）若 $X_L = X_C$，则 $\phi = 0°$，电压与电流同相位，电路呈电阻性，此时电路发生串联谐振现象。

3. 功率关系

（1）瞬时功率。把电路中电压的瞬时值与电流的瞬时值的乘积叫作瞬时功率，即

$$p = ui = p_R + p_L + p_C$$

（2）有功功率（平均功率）。有功功率是电路所消耗的功率。在 RLC 串联电路中，只有电阻消耗功率。所以，电路的有功功率为 $P = P_R = U_R I = I^2 R$，即 $P = UI\cos\phi$，其中 $\cos\phi$ 称为功率因数，因而 ϕ 角又叫功率因数角。

（3）无功功率。电感元件和电容元件均为储能元件，与电源进行能量交换，其交换的无功功率为 $Q = Q_L + Q_C = (U_L - U_C)I = UI\sin\phi$。

在 RLC 串联电路中，因为电流 I 相同，U_L 与 U_C 反相，所以，当电感储存能量时，电容必定在释放能量；反之亦然。说明电感与电容的无功功率具有互相补偿的作用，而电源只与电路交换补偿后的差额部分。

（4）视在功率。视在功率表示电源提供总功率（包括 P 和 Q）的能力，即电源的容量。在交流电路中，总电压与总电流有效值的乘积定义为视在功率，用字母 S 表示，单位为 V·A（伏·安）或 kV·A（千伏·安），即 $S = UI$。

由于平均功率 P、无功功率 Q 和视在功率 S 三者所代表的意义不同，为区别起见，各采用不同的单位。这三个功率之间有一定的关系，即 $S = \sqrt{P^2 + Q^2}$。

显然，它们也可以用一个直角三角形来表示，叫作功率三角形，如图 3 - 143 所示。

功率、电压和阻抗三角形都是相似的。

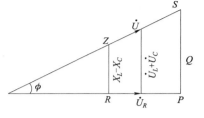

图 3 - 143　功率三角形

3.9.3.8　三相正弦交流电路

单相交流电路中发电机只产生一个交变电动势。但在现代电力系统中，电能的产生、输送和分配，普遍采用三相正弦交流电路。三相交流电路之所以获得广泛应用，是因为它和单相交流电路相比具有下列优点：

（1）三相交流发电机比同容量的单相交流发电机节省材料，体积小。

（2）远距离输电较为经济：电能损耗小，节约导线的使用量。在输送功率、电压、距离和线损相同的情况下，三相输电用量仅是单相的 75%。

（3）三相电器在结构和制造上比较简单，工作性能优良，使用可靠。

1．三相交流电动势的产生

三相对称电源是指由三个频率相同、幅值相等、相位彼此互差 120° 的正弦电压源按一定方式连接而成的对称电源。

三相对称电压是由三相交流发电机产生的。在三相交流发电机中有三个相同的绕组，三个绕组的首端分别用 U_1、V_1、W_1 表示，末端分别用 U_2、V_2、W_2 表示。这三个绕组分别称为 U 相、V 相、W 相，所产生的三相电压分别为

$$u_U = U_m \sin\omega t = \sqrt{2}U_P\sin\omega t$$

$$u_V = U_m \sin(\omega t - 120°) = \sqrt{2}U_P\sin(\omega t - 120°)$$

$$u_W = U_m \sin(\omega t + 120°) = \sqrt{2}U_P\sin(\omega t + 120°)$$

波形图和相量图如图 3 - 144 所示。

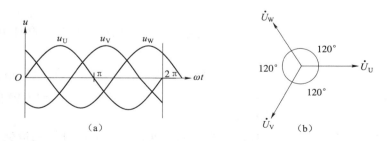

图 3 - 144　三相对称电压的波形图和相量图

（a）波形图；（b）相量图

三个交流电压达到最大值的先后次序叫相序，相序为 U→V→W，称为正序或顺序，反之，当相序为 W→V→U 时，这种相序称为反序或逆序。通常无特殊说明，三相电源均为正序。

2. 三相四线制电源

三相电源的连接有两种：星形连接（Y接）和三角形连接（△接）。而星形连接是电源通常采用的连接方式。图3－145所示为三相电源的星形连接。图3－145（a）中三个电源的末端连接成一个点，该点称为中性点，简称中点或零点。从中点引出的输电线叫中性线或零线，用N表示。在低压供电系统中，中点通常是接地的，因而中性线又俗称地线。由三个电源的首端引出三根输电线称为相线或端线，俗称火线，用U、V、W（或L_1、L_2、L_3）表示。工程上，U、V、W三根相线分别用黄、绿、红颜色来区别，零线的颜色是黑色或黄绿相间色。

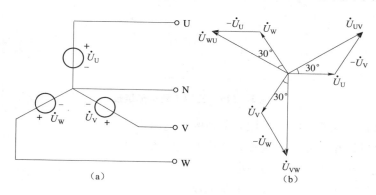

（a）　　　　　　　　　　　　（b）

图3－145　三相电源的星形连接

（a）电路图；（b）相量图

由三根相线和一根中性线所组成的输电方式称为三相四线制。三相四线制通常在低压供电系统中采用。三相电源连接成星形时，可以向用户提供两种电压。相线与中性线之间的电压称为相电压，用$\dot{U}_U$，$\dot{U}_V$，$\dot{U}_W$表示。相线与相线之间的电压称为线电压，用$\dot{U}_{UV}$，$\dot{U}_{VW}$，$\dot{U}_{WU}$表示。

各相电压与线电压之间的关系为　$\dot{U}_{UV} = \dot{U}_U - \dot{U}_V$

$$\dot{U}_{VW} = \dot{U}_V - \dot{U}_W$$

$$\dot{U}_{WU} = \dot{U}_W - \dot{U}_U$$

其相量图如图3－145（b）所示。

由相量图分析得到，三个线电压的幅值相同，频率相同，相位相差120°，且线电压与相电压之间的大小关系为

$$U_L = \sqrt{3} U_P$$

式中　U_L——线电压的有效值；

　　　U_P——相电压的有效值。

线电压与相电压的相位关系为线电压超前相应的相电压30°。

我国供电系统所说的电源电压为220 V，指的是相电压；电源电压为380 V，指的是线电压。由此可见，三相四线制的供电方式可以给负载提供两种电压，线电压380 V和相电压220 V。

3. 三相负载的连接方式

三相负载：接在三相电源上的负载。

对称三相负载：各相负载相同的三相负载。

不对称三相负载：各相负载不相同的三相负载。

1）三相负载星形连接

三相负载星形连接如图 3 – 146 所示。

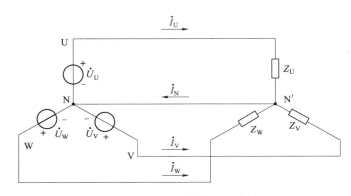

图 3 – 146　三相负载星形连接

相电压：每相负载两端的电压称为负载的相电压。

相电流：流过每相负载的电流称为负载的相电流。

线电流：流过相线的电流称为线电流。

中线电流：中性线上的电流称为中线电流。

负载星形连接的电路特点是：

（1）负载相电压等于电源相电压，线电压有效值为相电压有效值的 $\sqrt{3}$ 倍，且在相位上线电压超前相应的相电压 $30°$。

（2）负载相电流等于线电流。

（3）中线电流 $\dot{I}_N = \dot{I}_U + \dot{I}_V + \dot{I}_W = 0$。

（4）中性线的作用：

① 对称三相电路：三相电源提供的线电压和相电压是对称的。如果三相负载的阻抗相等，则称为对称的三相负载。由对称三相电源和对称三相负载组成的三相电路称为对称三相电路。对称三相电路中线电压、相电压、线电流和相电流均是对称的。

对称三相电路的中线电流 $\dot{I}_N = 0$。中性线没有电流，便可省去，并不影响电路的正常工作，这样三相四线制就变成了三相三线制。

② 不对称三相电路：如果三相负载的阻抗不相等，即三相负载不对称，则中线电流 $\dot{I}_N \neq 0$，中性线便不可省去。若断开中性线变成三相三线制供电，则将导致各相负载的相电压分配不均匀，有时会出现很大的差异，造成有的相电压超过额定相电压而使用电设备不能正常工作。故三相四线制供电时，中性线是非常重要的，决不允许断开，因此在中性线上严禁安装开关、熔断丝等，而且中性线的机械强度要比较好，接头处必须连接牢固。

2）三相负载三角形连接

三相负载三角形连接如图 3 – 147 所示。

负载三角形连接电路的特点为：

（1）负载相电压等于电源线电压。

（2）线电流有效值是相电流有效值的 $\sqrt{3}$ 倍，且在相位上线电流滞后相应的相电流 $30°$。

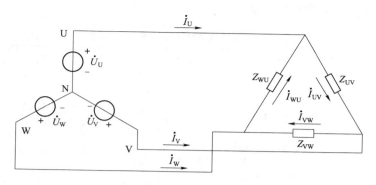

图 3 – 147　三相负载三角形连接

4. 三相负载的功率

在三相交流电路中，不论负载采用星形连接还是三角形连接，三相负载消耗的总功率等于各相负载消耗的功率之和，即 $P = P_U + P_V + P_W$。

如果三相电路为对称的，则表明各相负载的有功功率相等，则有

$$P = 3U_P I_P \cos\phi_P$$

由于负载为星形连接时有 $U_L = \sqrt{3}\,U_P$，$I_P = I_L$；负载为三角形连接时有 $U_L = U_P$，$I_L = \sqrt{3}\,I_P$，因此可得

$$P = \sqrt{3}\,U_L I_L \cos\phi_P$$

同单相交流电路一样，三相负载中既有耗能元件，也有储能元件。因此，三相交流电路中除了有功功率外，也有无功功率和视在功率。在对称三相电路中，三相负载的无功功率和视在功率分别为

$$Q = 3U_P I_P \sin\phi_P = \sqrt{3}\,U_L I_L \sin\phi_P$$

$$S = 3U_P I_P = \sqrt{3}\,U_L I_L = \sqrt{P^2 + Q^2}$$

例 3 – 13　某三相对称负载在线电压为 380 V 三相电源中，其中 $R_{相} = 6\ \Omega$，$X_{相} = 8\ \Omega$。试分别计算负载做星形连接和三角形连接时的相电流、线电流及有功功率，并做比较。

解　（1）星形连接时：$Z_{相} = \sqrt{R_{相}^2 + X_{相}^2} = \sqrt{6^2 + 8^2} = 10\ (\Omega)$

$$I_{相Y} = \frac{U_{相Y}}{Z_{相}} = \frac{220}{10} = 22(A) = I_{LY}$$

$$\cos\phi = \frac{R_{相}}{Z_{相}} = \frac{6}{10} = 0.6$$

$$P_Y = 3U_{相Y}I_{相Y}\cos\phi = 3 \times 220 \times 22 \times 0.6 = 8.7(kW)$$

（2）三角形连接时：$I_{相\triangle} = \dfrac{U_{相\triangle}}{Z_{相}} = \dfrac{380}{10} = 38\ (A)$

$$I_{L\triangle} = \sqrt{3}\,I_{相\triangle} = \sqrt{3} \times 38 = 66(A)$$

$$P_\triangle = 3U_{相\triangle}I_{相\triangle}\cos\phi = 3 \times 380 \times 38 \times 0.6 = 26(kW)$$

（3）比较可知：三角形连接时相电流是星形连接时相电流的 $\sqrt{3}$ 倍，线电流是星形连接线电流的 3 倍，有功功率是星形连接有功功率的 3 倍。

电工电子技术的主要职业技能见表 3-4。

表 3-4　电工电子技术的主要职业技能

序号	名称	专业知识	职业技能
1	直流电路	1. 电路的基本物理量、欧姆定律、电阻元件的串并联； 2. 支路、节点、回路和网孔的概念。基尔霍夫定律、KCL、KVL。电压源、电流源及其等效变换； 3. 叠加定理、戴维南定理、节点电压法	1. 能够了解电路的基本概念、理解电路的基本物理量及其参考方向的概念、能够掌握全电路欧姆定律及电阻元件的串并联电路的分析计算； 2. 能够理解支路、节点、回路和网孔的概念。掌握基尔霍夫定律及其应用，学会运用支路电流法分析计算复杂支路电路； 3. 能够了解叠加定理、节点电压法分析计算电路的方法、能够理解戴维南定理分析计算电路的方法
2	正弦交流电路	1. 正弦量的基本概念、正弦量的相量表示法； 2. 单一参数的正弦交流电路、正弦交流电路的分析与计算、功率因数的补偿； 3. 三相电源及连接、三相负载及连接、三相电路的功率及其测量； 4. 了解掌握数据传送，比较指令的知识应用	1. 能够了解正弦交流电的产生、理解正弦交流量的三要素、理解正弦量相量表示法及四种表示形式的相互变换； 2. 能够了解功率因数的补偿意义及方法，掌握单一参数正弦交流电路电流与电压的关系及功率的分析计算，理解多个参数正弦交流电路的分析与计算； 3. 能够了解三相电源的产生及组成、掌握对称三相电路的计算方法、理解电路的过渡过程及变化规律
3	异步电动机	1. 三相异步电动机的结构和工作原理、三相异步电动机的铭牌与选择、三相异步电动机的使用； 2. 测量定子绕组的直流电阻、测量电动机绝缘电阻及各绕组始末端的判定、动态性能指标的测试	1. 能够了解三相异步电动机的结构和工作原理、了解三相异步电动机铭牌与选择、理解三相异步电动机在启动、调速、制动方面的使用； 2. 能够测量定子绕组的直流电阻和电动机绝缘电阻、测量绕组的空载启动电流和各绕组始末端的判定，学会绕组的星形接法和三角形接法
4	磁性材料和磁路	磁路的基本知识、变压器的工作原理及其使用、特殊变压器的使用方法及其注意事项	能够了解磁路中磁通、磁感应强度等基本物理量的含义，掌握变压器的工作原理及其使用方法，了解特殊变压器的使用方法及其注意事项
5	常用半导体器件	1. PN结的形成与特性，二极管结构、类型和主要参数，一般二极管和特殊二极管的应用； 2. 三极管结构、类型，三极管的放大特征、特性曲线和主要参数，三极管在电路中的应用、场效应管及其应用	1. 能够了解二极管结构、工作原理，掌握二极管特性曲线和主要参数、掌握二极管在电路中的应用； 2. 能够了解三极管结构、工作原理，掌握三极管的放大特征、特性曲线和主要参数，掌握三极管在电路中的应用，了解场效应管的工作原理及其应用

序号	名称	专业知识	职业技能
6	基本放大电路	1．共射极单管放大电路的组成和工作原理、共射极单管放大电路的静态分析和动态分析、分压式偏置放大电路的组成和工作原理、分压式偏置放大电路的静态分析和动态分析； 2．功率放大电路的特点和主要要求、功率放大电路的分类、互补对称功率放大电路的组成和性能分析	1．能够掌握共集电极放大电路的组成和工作原理，掌握共集电极放大电路静态工作点的估算方法和动态参数的微变等效电路分析法，了解多级放大电路的组成和性能分析，掌握多级放大电路的常见三种耦合方式及特点； 2．了解功率放大电路的特点和主要要求，掌握功率放大电路的分类，掌握互补对称功率放大电路的组成和性能分析
7	集成运算放大器	差动放大电路工作原理和抑制零点漂移，差动放大电路的输入、输出方式及主要技术指标，集成运放的组成和性能指标	能够理解差动放大电路的工作原理和抑制零点漂移的过程，掌握集成运放的组成、工作原理和性能指标，掌握集成运放在线性区和非线性区的工作特点
8	逻辑代数与组合逻辑电路	1．数字信号与数字电路的特点、各种数制及数制间的转换、几种常见的码制； 2．基本逻辑关系——与、或、非、异或和同或，常用逻辑门电路，TTL集成门电路的组成和使用注意事项； 3．逻辑代数的基本公式、基本定理、逻辑函数的化简	1．能够了解数字信号与数字电路的特点，掌握各种数制及数制间的转换，了解常见码制的特点； 2．能够掌握与、或、非、异或和同或基本逻辑关系的含义，掌握集成逻辑门电路的逻辑符号、逻辑功能及应用，了解 TTL 集成电路的使用注意事项； 3．能够掌握逻辑代数的基本公式、基本定理；掌握逻辑函数的代数法化简

第4章 课 程 体 系

机械工程学科涵盖了机械制造及其自动化、机械电子工程、机械设计及理论、车辆工程4个二级学科。对应的本科专业主要有：机械设计制造及其自动化、材料成形及控制工程、过程装备与控制工程、机械工程及自动化等。类似名称的专业，例如：机械制造工艺与设备、机械设计及制造、机械电子工程等。

机械工程研究的对象大多是动态的工作机械，其工况随机变化而难以预测。实际选用的材料因不均匀，可能存在各种缺陷而影响受力。不可避免的加工误差会影响装配精度和运动特性等。这些机械工程的各种问题往往难以用理论精确解决。因此，早期的机械设计制造只能运用简单的理论概念，结合实践经验进行。为保证安全，都偏于保守，结果制成的机械笨重而庞大，成本高，生产率低，能量消耗很大。

现代机械工程学科的主要任务是把各种知识、信息融入设计、制造和控制中。应用各种技术（包括设计、制造及加工技术、维修理论及技术、电子技术、信息处理技术、计算机技术、网络技术等）和工程知识，使设计制造的机械系统和产品能够满足使用要求，并且具有市场竞争力。

机械工程学科的主要研究领域包括机械的基础理论、各类机械产品及系统的设计理论与方法、制造原理与技术、检测控制理论与技术、自动化技术、性能分析与实验、过程控制与管理等。随着本学科及其相关学科的飞速发展和相互交叉、渗透、融合，极大地充实和丰富了本学科基础，拓宽和发展了本学科的研究领域。

4.1 国内高校机械工程课程体系设置

国内高校机械工程教育知识体系通常包含5个知识领域：机械设计原理与方法、机械制造工程原理与技术、机械系统中的传动与控制、计算机应用技术和热流体，如图4-1所示。

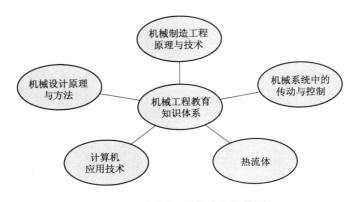

图4-1 机械工程教育知识体系

　　本专业学生主要学习机械设计、机械制造、电工电子技术、计算机技术、信息处理技术及自动化的基础理论，受到现代机械工程师的基本训练，具有从事机械、机电产品的设计、制造及系统的技术分析与生产组织管理，设备控制的基本能力。

　　毕业生应获得以下几方面的知识与能力：

　　（1）具有较扎实的自然科学基础，较好的人文、艺术和社会科学基础及正确运用本国语言、文字的表达能力。

　　（2）较系统地掌握本专业领域宽广的技术理论基础知识，主要包括力学、机械学、电工与电子技术、计算机技术、机械工程材料、机械设计工程学、机械制造基础、市场经济及经营管理等基础知识。

　　（3）具有本专业必需的制图、计算、测试、文献检索和基本工艺操作等基本技能及较强的计算机和外语应用能力。

　　（4）具有本专业领域所必要的专业知识，了解其科学前沿及发展趋势。

　　（5）具有初步的科学研究、科技开发及组织管理能力。

　　（6）具有较强的自学能力、创新意识和较高的综合素质。

4.1.1　机械设计原理与方法

　　机械设计是机械工程的重要组成部分，是机械生产的第一步，是决定机械性能的最主要的因素。机械设计的努力目标是：在各种限定的条件（如材料、加工能力、理论知识和计算手段等）下设计出最好的机械，即做出优化设计。优化设计需要综合地考虑许多要求，一般有：最好工作性能、最低制造成本、最小尺寸和重量、使用中最可靠性、最低消耗和最少环境污染。这些要求常常是互相矛盾的，而且它们之间的相对重要性因机械种类和用途的不同而异。设计者的任务是按具体情况权衡轻重，统筹兼顾，使设计的机械有最优的综合技术经济效果。过去，设计的优化主要依靠设计者的知识、经验和远见。随着机械工程基础理论和价值工程、系统分析等新学科的发展，制造和使用的技术经济数据资料的积累，以及计算机的推广应用，优化逐渐舍弃主观判断而依靠科学计算。机械设计原理与方法知识领域及对应主要课程见表 4 - 1。

表 4 - 1　机械设计原理与方法知识领域及对应课程

知识领域	子知识领域	对应主要课程
机械设计原理与方法	形体设计原理与方法	机械制图与画法几何
	机构运动与动力设计原理	理论力学、机械原理、机械振动学
	结构与强度设计原理与方法	材料力学、机械设计
	精度设计原理与方法	互换性与技术测量
	现代设计理论与方法	现代设计理论与方法

1. 形体设计原理与方法

　　形体设计原理与方法重点培养机械零部件形体结构的设计构思和表达能力，对应主要课程是机械制图与画法几何。

　　画法几何部分特别注重加强对空间形体的想象能力和表达能力的培养。机械制图部分贯彻最新制图标准及有关标准，主要包括以下内容：

（1）机械制图的基本知识。机械制图的基本知识主要有常用制图工具的使用方法、平面图形的画法、绘图的方法与步骤、图样的复制等知识。

（2）点。点的主要知识有两投影面体系中点的投影、三投影面体系中点的投影、两点的相对坐标、重影点的可见性等。

（3）直线。直线部分主要是直线的投影、直线对投影面的相对位置、一般位置线段的实长及其对投影面的倾角、直线和点的相对位置、直线的迹点、两直线的相对位置、两直线夹角的投影。

（4）平面。平面部分主要有平面的表达法、平面对投影面的相对位置、平面上的点和直线。

（5）直线与平面、平面与平面的相对位置。直线与平面、平面与平面的相对位置主要有直线与平面相平行、两平面互相平行、直线与平面的交点、两平面的交线、直线与平面垂直、平面与平面互相垂直。

（6）投影变换。

（7）基本形体的投影。基本形体的投影有立体的三视图、平面立体的投影、曲面立体的投影。

（8）立体表面的交线。如曲面立体的截交线、两曲面立体的相贯线。

（9）展开图及焊接图。

（10）轴测图。如正等轴测图、斜二等轴测图、轴测图的剖视画法。

（11）组合体的三视图及其尺寸标注。

（12）机件的各种表达方法。如剖视图、剖面图等其他表示法。

（13）零件图、装配图。

2. 机构运动与动力设计原理

机构运动与动力设计原理是以实现运动传递与变换的机构为对象，主要解决机构设计中的运动学、动力学等问题，包括运动学、动力学分析模型的建立与求解，基于功能、运动、动力性能要求的机构系统方案设计和参数设计，并从中培养创新意识与创新设计能力。对应主要课程有理论力学、机械原理、机械振动学。

1）理论力学

理论力学是研究物体机械运动的基本规律的学科，是力学的一个分支，是一般力学各分支学科的基础。理论力学通常分为三个部分：静力学、运动学与动力学。静力学研究作用于物体上的力系的简化理论及力系平衡条件；运动学只从几何角度研究物体机械运动特性而不涉及物体的受力；动力学则研究物体机械运动与受力的关系。动力学是理论力学的核心内容。理论力学的研究方法是从一些由经验或实验归纳出的反映客观规律的基本公理或定律出发，经过数学演绎得出物体机械运动在一般情况下的规律及具体问题中的特征。理论力学中的物体主要指质点、刚体及刚体系，当物体的变形不能忽略时，则成为变形体力学（如材料力学、弹性力学等）的讨论对象。静力学与动力学是工程力学的主要部分。

2）机械原理

机械原理研究机械中机构的结构和运动，以及机器的结构、受力、质量和运动的学科。这一学科的主要组成部分为机构学和机械动力学。人们一般把机构和机器合称为机械。机构是由两个以上的构件通过活动连接以实现规定运动的组合体。机器是由一个或一个以上的机构组成，用来做有用的功或完成机械能与其他形式的能量之间的转换，内容包括平面机构的结构分析，机构的运动分析，连杆机构、凸轮机构、齿轮机构、其他常用机构、机械的平衡、机器运转和速度波动的调节，平面机构的力分析以及 Matlab 语言在机械原理中的应用。

3）机械振动学

机械振动学包括机械振动的若干基本概念及其种类和特点，单自由度系统的自由振动和受迫振动及其应用，二自由度系统的自由振动和受迫振动及其应用，多自由度系统的振动及应用，单自由度非线性系统的振动以及振动的利用与控制。

3. 结构和强度设计原理与方法

结构和强度设计原理与方法使学生能结合机械装置的使用工况，进行机械系统组成单元的方案设计、工作能力设计和结构设计，包括标准零部件的选择和计算等。对应主要课程有材料力学、机械设计。

1）材料力学

材料力学是研究材料在各种外力作用下产生的应变、应力、强度、刚度、稳定和导致各种材料破坏的极限。一般是机械工程和土木工程以及相关专业的大学生必须修读的课程，学习材料力学一般要求学生先修高等数学和理论力学。材料力学与理论力学、结构力学并称三大力学。材料力学的研究对象主要是棒状材料，如杆、梁、轴等。对于桁架结构的问题在结构力学中讨论，板壳结构的问题在弹性力学中讨论。

材料力学的研究内容包括两大部分：一部分是材料的力学性能（或称机械性能）的研究，材料的力学性能参量不仅可用于材料力学的计算，而且也是固体力学其他分支的计算中必不可缺少的依据；另一部分是对杆件进行力学分析。杆件按受力和变形可分为拉杆、压杆（见柱和拱）、受弯曲（有时还应考虑剪切）的梁和受扭转的轴等几大类。杆中的内力有轴力、剪力、弯矩和扭矩。杆的变形可分为伸长、缩短、挠曲和扭转。在处理具体的杆件问题时，根据材料性质和变形情况的不同，可将问题分为三类：① 线弹性问题。② 几何非线性问题。③ 物理非线性问题。

2）机械设计

机械设计是机械类专业的一门专业基础课程，主要讲述机械设计的基本理论和常用机械零件的设计方法，包括机械设计总论、螺纹连接和螺旋传动、带传动、链传动、齿轮传动、轴系零件以及弹簧设计等。

4. 精度设计原理与方法

精度设计原理与方法使学生能从工作要求、工艺性、经济性等角度进行常用零件配合、形状与位置公差级表面粗糙度的选用和标注，并了解有关检验、测量技术方法。对应的主要课程是互换性与技术测量。

互换性与技术测量是应用型高等院校机械类、仪器仪表类和机电结合类各专业重要的主干技术基础课程，是和机械工业发展紧密联系的基础学科。本教材切合当前教育改革需要，侧重培养适应 21 世纪现代工业发展要求的机械类高级应用技术型人才。

在机械产品的精度设计和制造过程中，如何正确应用相关的国家标准和零件精度设计的原则、方法进行机械产品的精度设计，如何运用常用的、现代的检测技术手段来保证机械零件加工质量是本课程教学的培养目标。

5. 现代设计理论与方法

现代设计理论与方法是为获得可行、可靠、优化的设计结果提供理论与方法的支持。重点介绍现代设计理论与方法中的基本理论与方法，具体内容包括：优化设计、摩擦学设计、计算机辅助设计、可靠性设计、创造性设计、反求工程设计、绿色设计、人机工程学和设计方法学。

4.1.2 机械制造工程原理与技术

制造是把原材料加工成适用的产品制作，或将原材料加工成器物。机械制造业指从事各种动力机械、起重运输机械、农业机械、冶金矿山机械、化工机械、纺织机械、机床、工具、仪器、仪表及其他机械设备等生产的行业。机械制造业为整个国民经济提供技术装备，其发展水平是国家工业化程度的主要标志之一，是国家重要的支柱产业。机械制造工程原理与技术知识领域围绕机械制造工程系统各环节设置相关课程和实践教学环节，保证学生能有效地掌握各子知识领域所涉及的基本理论、基础知识和基本技能，具备机械制造工程师所需要的基本专业素质。机械制造工程原理与技术知识领域及对应主要课程有工程材料与应用、材料成形技术基础、机械制造技术基础、制造装备和过程自动化技术、数控技术与数控加工编程、特种加工等，见表4-2。

表4-2 机械制造工程原理与技术知识领域及对应课程

知识领域	子知识领域	对应主要课程
机械制造工程原理与技术	材料科学基础	工程材料与应用
	机械制造技术	材料成形技术基础、机械制造技术基础、制造装备和过程自动化技术
	现代制造技术	数控技术与数控加工编程、特种加工

1. 材料科学基础

材料科学基础结合金属和合金、陶瓷、硅酸盐等各类材料，着重阐述材料科学的基础理论及其应用，包括晶体学、晶体缺陷、固体材料的结构和键合理论、材料热力学和相图、固体动力学（扩散）、凝固与结晶和相变等内容。

材料科学基础也包括热处理、常用材料和工程材料的选用。热处理是指材料在固态下，通过加热、保温和冷却的手段，改变材料表面或内部的化学成分与组织，获得所需性能的一种金属热加工工艺。

2. 机械制造技术

1）材料成形技术基础

材料成形技术基础介绍了凝固成形、塑性成形、焊接成形、表面成形、粉末成形和塑料成形的基本原理、工艺方法和技术要点等。

材料成形技术基础包括材料凝固理论（凝固的热力学基础、形核、生长、溶质再分配、共晶合金的凝固、金属及合金的凝固方式、凝固成形的应用）；材料成形热过程（材料成形热过程的基本特点、热效率、温度场和焊接热循环及冶金过程）；塑性成形理论基础（金属塑性变形的物理基础、应力状态和应变状态分析、屈服准则、塑性变形时应力应变关系、应力状态对塑性和变形抗力的影响、真实应力—应变曲线、主应力法）；凝固成形技术（凝固成形的基本方法、先进凝固成形方法、结构设计以及计算机在凝固成形中的应用）；塑性成形技术（板料、体积数字化塑性成形方法及其模具）；焊接成形技术；表面成形及强化技术（金属表面的物理化学特点、表面失效、热喷涂及表面堆焊成形、表面强化原理及应用）；粉末合金及陶瓷成形技术（原材料加工、粉末成形、烧结、粉末合金及陶瓷成形技术的新发展）以及塑料成形技术等知识。

2）机械制造技术基础

机械制造技术基础主要包含以下内容。

机械加工方法：车削、铣削、钻削、镗孔、刨削、磨削、齿轮加工、生产过程与组织、生产过程和工艺过程、生产类型、组织生产。

金属切削原理：切削运动、切削用量、切削层参数、刀具的结构、刀具的组成、确定刀具角度的参考平面、刀具标注角度、刀具工作角度、刀具的材料、刀具材料应具有的性能、常用刀具材料及其合理选用、金属切削过程及切削参数的选择、切屑的形成、切屑的类型、积屑瘤、切削力和切削功率、切削热和切削温度、刀具的主要种类及应用、车刀、孔加工刀具、铣刀、螺纹刀具、齿轮刀具、工件材料的切削加工性、刀具几何参数的选择、切削用量的选择原则、切削液。

金属切削机床：机床的传动、运动、技术性能。金属切削机床主要结构组成：主轴部件、机床支撑部件、机床导轨、常见的金属切削机床。

机床夹具与设计：机床夹具的分类、组成、作用、工件的完全定位与不完全定位、欠定位和过定位、常见定位方式及其定位元件的选择、定位误差的分析计算、工件夹紧装置的组成、夹紧装置的基本要求、夹紧力的确定、基本夹紧机构、机床夹具的设计步骤、各类机床夹具。

机械零件加工质量分析与控制：工艺系统的几何误差、工艺系统受力变形产生的误差、工艺系统受热变形引起的误差、内应力重新分布引起的误差、提高加工精度的措施、加工误差的性质、加工误差的分布图分析法、工艺过程的点图分析、机械加工表面质量的含义、机械加工表面质量对零件使用性能的影响、影响表面粗糙度的因素、影响加工表面物理力学性能的因素、提高机械加工表面质量的措施、机械加工过程中的振动及其控制。

机械加工工艺规程：机械加工工艺过程、机械加工工艺过程的组成、生产类型的工艺特征、机械加工工艺规程设计、工艺路线的拟定（定位基准的选择、工件表面加工方法的选择、加工阶段的划分、确定工序数目和内容、加工顺序的安排、时间定额的确定、工艺方案的技术经济分析、加工余量及工序尺寸、公差、工艺尺寸链、机械装配工艺规程设计）。

先进制造技术：超高速切削技术（超高速加工的特点、应用领域、新趋势）；超精密加工技术（超精密加工的特点、加工方法、支撑环境）；现代制造模式的新发展（绿色制造、精益生产、智能制造）；微型机械与微细加工。

3）制造装备和过程自动化技术

装备制造业又称装备工业，是为满足国民经济各部门发展和国家安全需要而制造各种技术装备的产业总称。按照国民经济行业分类，其产品范围包括机械、电子和兵器工业中的投资类制成品，分属于金属制品业、通用装备制造业、专用设备制造业、交通运输设备制造业、电气机械及器材制造业、通信计算机及其他电子设备制造业、仪器仪表及文化办公用装备制造业 7 个大类 185 个小类。

过程自动化指采用计算机技术和软件工程帮助电厂以及造纸、矿山和水泥等行业的工厂更高效、更安全地运营。过程自动化相对于运动自动化采样时间较大。对于过程自动化技术而言，计算机程序不仅能够监测和显示工厂的运行状况，还能模拟不同的运行模式，找到最佳策略以提高能效。这些程序的独特优势是能够"学习"和预测趋势，提高对外界条件变化的响应速度。

3. 现代制造技术

1) 数控技术与数控加工编程

数控技术也叫计算机数控技术（Computerized Numerical Control，CNC），它是采用计算机实现数字程序控制的技术。这种技术用计算机按事先存储的控制程序来执行对设备的控制功能。由于采用计算机替代原先用硬件逻辑电路组成的数控装置，使输入数据的存储、处理、运算、逻辑判断等各种控制机能的实现，均可以通过计算机软件来完成。数控技术是制造业信息化的重要组成部分。

数控技术主要包括数控机床的基本概念（数控机床的分类，数控加工的原理、特点及应用范围和数控的指标与功能）；计算机数控装置（CNC装置的硬件结构、CNC装置的软件结构、典型数控功能原理及实现）；进给伺服驱动系统（位置检测装置、进给电动机及驱动、交流进给伺服驱动系统的控制原理与方法、伺服系统性能分析）；机床运动系统与典型部件（数控机床的主运动系统、进给运动，数控机床的换刀装置及过程）；典型数控机床（数控车床及车削中心、数控铣床及加工中心、数控磨床、数控特种加工机床）；数控加工技术的发展趋势（数控机床主机的发展、数控加工控制系统的发展、伺服驱动系统的发展趋势、柔性制造技术的发展、基于网络的数控加工技术）。

数控车床编程与操作主要包括数控车床加工（数控车床的基本编程方法、数控车床的基本操作、数控车床编程与加工实例）；数控铣床编程与操作（数控铣床的基本编程方法、数控铣床的基本操作、数控铣床编程与加工实例）；数控加工中心编程与操作（加工中心的基本编程方法、加工中心的基本操作、加工中心编程与加工实例）；数控电火花线切割机床编程与操作（数控电火花线切割机床的基本编程方法、数控电火花线切割机床的基本操作、数控线切割机床编程与加工实例）和自动编程。

2) 特种加工

特种加工是指那些不属于传统加工工艺范畴的加工方法，它不同于使用刀具特种加工、磨具等直接利用机械能切除多余材料的传统加工方法。特种加工是近几十年发展起来的新工艺，是对传统加工工艺方法的重要补充与发展，目前仍在继续研究开发和改进。直接利用电能、热能、声能、光能、化学能和电化学能，有时也结合机械能对工件进行的加工。特种加工中以采用电能为主的电火花加工和电解加工应用较广，泛称电加工。

电火花加工：是利用工具电极与工件电极之间脉冲性的火花放电，产生瞬时高温将金属蚀除，又称放电加工、电蚀加工、电脉冲加工。电火花加工主要用于加工各种高硬度的材料（如硬质合金和淬火钢等）和复杂形状的模具、零件，以及切割、开槽和去除折断在工件孔内的工具（如钻头和丝锥）等。

电火花加工机床通常分为电火花成形机床、电火花线切割机床和电火花磨削机床，以及各种专门用途的电火花加工机床，如加工小孔、螺纹环规和异形孔仿形板等的电火花加工机床。

电火花线切割加工：是电火花加工的一个分支，是一种直接利用电能和热能进行加工的工艺方法，它用一根移动着的导线（电极丝）作为工具电极对工件进行切割，故称线切割加工。在线切割加工中，工件和电极丝的相对运动是由数字控制实现的，故又称为数控电火花线切割加工，简称线切割加工。按走丝速度可分为慢速走丝方式和高速走丝方式线切割机床。按加工特点可分为大、中、小型以及普通直壁切割型与锥度切割型线切割机床。按脉冲电源形式可分为 RC 电源、晶体管电源、分组脉冲电源及自适应控制电源线切割机床。

激光加工：国外激光加工设备和工艺发展迅速，现已拥有 100 kW 的大功率 CO_2 激光器、kW（千瓦）级高光束固体激光器，有的可配上光导纤维进行多工位、远距离工作。激光加工设备功率大、自动化程度高，已普遍采用 CNC 控制、多坐标联动，并装有激光功率监控、自动聚焦、工业电视显示等辅助系统。

激光焊接薄板已相当普遍，大部分用于汽车工业、宇航和仪表工业。激光精微焊接技术已成为航空电子设备、高精密机械设备中微型件封装结点的微型连接的重要手段。激光表面强化、表面重熔、合金化、非晶化处理技术应用越来越广，激光微细加工在电子、生物、医疗工程方面的应用已成为无可替代的特种加工技术。激光快速成形技术已从研究开发阶段发展到实际应用阶段，已显示出广阔的应用前景。

电子束加工：该技术在国际上日趋成熟，应用范围广。国外定型生产的 40 ~ 300 kV 的电子枪（以 60 kV、150 kV 为主），已普遍采用 CNC 控制，多坐标联动，自动化程度高。电子束焊接已成功地应用在特种材料、异种材料、空间复杂曲线、变截面焊接等方面。目前正在研究焊缝自动跟踪、填丝焊接、非真空焊接等，最大焊接熔深可达 300 mm，焊缝深宽比 20∶1。电子束焊已用于运载火箭、航天飞机等主承力构件大型结构的组合焊接，以及飞机梁、框、起落架部件、发动机整体转子、机匣、功率轴等重要结构件和核动力装置压力容器的制造。例如：F−22 战斗机采用先进的电子束焊接，减轻了飞机重量，提高了整机的性能；"苏−27" 及其他系列飞机中的大量承力构件，如起落架、承力隔框等，均采用了高压电子束焊接技术。

电子束加工技术今后应积极拓展专业领域，紧密跟踪国际先进技术的发展，针对需求，重点开展电子束物理气相沉积关键技术研究、主承力结构件电子束焊接研究、电子束辐照固化技术研究、电子束焊机关键技术研究等。

离子束：表面功能涂层具有高硬度、耐磨、抗蚀功能，可显著提高零件的寿命，在工业上具有广泛用途。美国及欧洲国家目前多数用微波 ECR 等离子体源来制备各种功能涂层。等离子体热喷涂技术已经进入工程化应用，已广泛应用在航空、航天、船舶等领域的产品关键零部件耐磨涂层、封严涂层、热障涂层和高温防护层等方面。

等离子焊接已成功应用于 18 mm 铝合金的储箱焊接。配有机器人和焊缝跟踪系统的等离子体焊在空间复杂焊缝的焊接也已实用化。微束等离子体焊在精密零部件的焊接中应用广泛。我国等离子体喷涂已应用于武器装备的研制，主要用于耐磨涂层、封严涂层、热障涂层和高温防护涂层等。

真空等离子体喷涂技术和全方位离子注入技术已开始研究，与国外尚有较大差距。等离子体焊接在生产中虽有应用，但焊接质量不稳定。离子束及等离子体加工技术今后应结合已取得的成果，针对需求，重点开展热障涂层及离子注入表面改性的新技术研究，同时，在已取得初步成果的基础上，进一步开展等离子体焊接技术研究。

电解加工：国外电解加工应用较广，除叶片和整体叶轮外已扩大到机匣、盘环零激光雕刻加工件和深小孔加工，用电解加工可加工出高精度金属反射镜面。目前电解加工机床最大容量已达到 5 万安培，并已实现 CNC 控制和多参数自适应控制。电火花加工气膜孔采用多通道、纳秒级超高频脉冲电源和多电极同时加工的专用设备，加工效率 2~3 秒/孔，表面粗糙度 $Ra0.4\mu m$，通用高档电火花成形及线切割已能提供微米级加工精度，可加工 $3\mu m$ 的微细轴和 $5\mu m$ 的孔。精密脉冲电解技术已达 $10\mu m$ 左右。电解与电火花复合加工、电解磨削、电火花磨削已用于生产。

超声波：超声波加工基本原理是在工件和工具间加入磨料悬浮液，由超声波发生器产生超声振荡波，经换能器转换成超声机械振动，使悬浮液中的磨粒不断地撞击加工表面，把硬而脆的被加工材料局部破坏而撞击下来。在工件表面瞬间正负交替的正压冲击波和负压空化作用下强化了加工过程。因此，超声波加工实质上是磨料的机械冲击与超声波冲击及空化作用的综合结果。

在传统超声波加工的基础上发展了旋转超声波加工，即工具在不断振动的同时还以一定的速度旋转，这将迫使工具中的磨粒不断地冲击和划擦工件表面，把工件材料粉碎成很小的微粒去除，以提高加工效率。

超声波加工精度高，速度快，加工材料适应范围广，可加工出复杂型腔及型面，加工时工具和工件接触轻，切削力小，不会发生烧伤、变形、残余应力等缺陷，而且超声加工机床的结构简单，易于维护。

特种加工的发展方向主要是：提高加工精度和表面质量，提高生产率和自动化程度，发展几种方法联合使用的复合加工，发展纳米级的超精密加工等。

4.1.3 机械系统中的传动与控制

自动化是指机器设备、系统或过程（生产、管理过程）在没有人或较少人的直接参与下，按照人的要求，经过自动检测、信息处理、分析判断、操纵控制，实现预期的目标的过程。自动化技术广泛用于工业、农业、军事、科学研究、交通运输、商业、医疗、服务和家庭等方面。采用自动化技术不仅可以把人从繁重的体力劳动、部分脑力劳动以及恶劣、危险的工作环境中解放出来，而且能扩展人的器官功能，极大地提高劳动生产率，增强人类认识世界和改造世界的能力。机械系统中的传动与控制知识领域及对应课程见表 4-3。

表 4-3　机械系统中的传动与控制知识领域及对应课程

知识领域	子知识领域	对应主要课程
机械制造工程原理与技术	材料科学基础	工程材料与应用
机械系统中的传动与控制	机械电子学	电工技术基础、电子技术基础、测试技术
	控制理论	控制工程基础、计算机控制技术
	传动与控制技术	微机原理、液压与气压传动、机电传动与控制工程

1. 材料科学基础

材料的内部结构：固体材料的结构（晶态结构、非晶态结构、晶体和非晶体的性能特点）；金属晶体结构与结晶（常见金属晶体的结构、实际金属的结构、金属结晶过程）；高分子化合物的组成、大分子链的组成与结构、大分子链的聚集态结构；陶瓷材料的组成与结构（晶体相、玻璃相、气相、同质多晶转变）。

材料的力学行为：材料的性能（静态力学性能，动态力学性能，高、低温性能，材料的工艺性能，工艺过程对材料性能的影响）；金属的塑性变形与再结晶（单晶体的弹性及塑性变形、实际金属的塑性变形、塑性变形对金属组织与性能的影响、金属的再结晶）；金属的热加工（金属的热加工与冷加工、热加工对金属组织和性能的影响）；材料的超塑性（超塑性现象、合金超塑性的应用、陶瓷材料超塑性）；高聚物的力学状态。

合金的结构及平衡相图：合金的结构（固溶体、金属化合物、机械混合物）；平衡相图的概念（平衡相图、冷却曲线、溶解度的研究）；平衡相图的应用（表象点的研究、合金的结晶、三相反应、金属化合物、相图与合金性能之间的关系）；铁—碳平衡相图（铁碳合金的基本相图、$Fe-Fe_3C$ 相图中点和线的意义、单相区、钢的组织转变、白口铁的组织转变、含碳量与铁碳合金性能关系）。

热处理：改善工艺性能的热处理、提高强度的热处理；钢在加热时的转变；钢在冷却时的转变（等温冷却转变、连续冷却转变）；钢的退火与正火（钢的退火、正火、淬火、淬火加热温度的选择、淬火介质、淬火方法）；钢的回火（回火的目的、淬火钢回火时的组织转变、回火种类及其应用、回火脆性）；淬火钢的三大特性（钢的淬硬性、淬透性、钢的回火稳定性、表面热处理、表面淬火、化学热处理）。

工业用钢及铸铁：钢材生产简介、分类、编号与成分特点，碳钢和合金钢的特点；结构钢（工程结构钢、机器结构钢）；工具钢（刃具钢、模具钢、量具钢）；特殊性能钢（不锈钢、耐热钢、耐磨钢）；铸铁（灰铸铁、蠕墨铸铁、可锻铸铁、球墨铸铁、合金铸铁）。

有色金属及其合金：铝及铝合金；铜及铜合金（黄铜、青铜）；轴承合金（锡基轴承合金、铅基轴承合金、铝基轴承合金、铜基轴承合金、锌基轴承合金）；其他有色金属及合金（钛及钛合金、锌基合金、镍基合金）。

非金属材料：塑料（塑料的组成、特点及分类，常用工程塑料简介）；橡胶（橡胶的组成、常用橡胶材料）；工业陶瓷（陶瓷的性能、常用工业陶瓷）；复合材料（纤维复合材料、层合复合材料、颗粒复合材料）。

机械零件选材：选材的原则与方法、材料选择方法举例（以综合力学性能为主的选材方法、以耐磨性为主的钢材选择方法、以弹性为主的选材方法、常用工具的选材）。

2．机械电子学

1）电工技术基础

电工技术基础包括电路的基本概念与定律、电路的分析方法、一阶电路的暂态过程、正弦稳态电路、三相电路、变压器与电动机、直流电动机、低压控制电器、可编程控制器、企业用电及安全用电、电工测量。

电路的基本概念和基本定律：电路的组成、作用及电路模型，电流、电压及其参考方向、电位；电路的工作状态及最大功率传输（额定值与实际值、电路的工作状态、最大功率传输）；电路的基本元件［无源元件、独立电源（元件）、受控电源］；基尔霍夫定律及应用（基尔霍夫电流定律、基尔霍夫电压定律、基尔霍夫定律的基本应用）。

电路的分析方法：支路电流法、结点电压法、电阻的串并联分析（等效变换的概念、电阻的串并联）；电源的两种模型及其等效变换（电压源模型、电流源模型、电源两种模型之间的等效变换）；叠加定理；戴维南定理与诺顿定理。

电路的暂态分析：暂态过程及换路定则（暂态过程、换路定则及初始值的确定）；RC电路的响应（RC电路的零输入响应、RC电路的零状态响应、RC电路的全响应）；一阶线性电路暂态分析的三要素法；RL电路的响应（RL电路的零输入响应、RL电路的零状态响应、RL电路的全响应）。

正弦交流电路：正弦交流电路的基本概念（正弦量的三要素、正弦量的相量表示法）；单元件的正弦交流电路（电阻元件的正弦交流电路、电感元件的正弦交流电路、电容元件的正弦交流电路）；电路定律的相量形式；简单正弦交流电路的分析（正弦交流电路的阻抗、功率、功率因数的提高）；电路的谐振（串联谐振、并联谐振）；非正弦周期信号的电路。

三相电路：三相电压；负载星形连接的三相电路；负载三角形连接的三相电路；三相功率。

磁路与铁芯线圈电路：磁路的基本概念；铁芯线圈电路（直流铁芯线圈电路、交流铁芯线圈电路）；变压器（变压器的基本结构、变压器的工作原理、变压器的主要技术指标、特殊变压器、变压器绕组的极性）；电磁铁（直流电磁铁、交流电磁铁）。

异步电动机：三相异步电动机的构造；三相异步电动机的工作原理（转动原理、旋转磁场、转差率）；三相异步电动机的电磁转矩和机械特性；三相异步电动机的铭牌数据；三相异步电动机的使用（启动、调速、制动）；单相异步电动机。

直流电动机：直流电动机的构造；直流电动机的基本工作原理；直流电动机的机械特性；他励电动机的启动与反转；他励电动机的调速（调磁调速、调压调速）。

继电接触器控制系统：常用低压控制电器（手动电器、自动电器）；笼型电动机的基本控制（点动控制、直接启停控制、正反转控制、异地控制）；行程控制（限位行程控制、自动往复行程控制）；时间控制（时间继电器原理、时间继电器控制电路）。

可编程控制器及其应用：PLC的组成及工作原理（基本组成及作用、工作原理、主要功能及特点）；PLC的基本编程指令；PLC的应用指令（分支指令IL/ILC、微分指令DIFU和DIFD、保持指令KEEP）；PLC的应用举例（三相异步电动机直接启动控制、异步电动机的正反转控制）。

输配电及安全用电：输电概述、工业企业配电、安全用电（电流对人体的危害、触电方式、用电保护）。

电工测量：电工测量仪表的分类；电工测量仪表的形式（直读式仪表、磁电系仪表、电磁系仪表、电动系仪表）；电流的测量；电压的测量；万用表（磁电式万用表、数字式万用表）；功率的测量（单相交流和直流功率的测量、功率表的读数、三相功率的测量）；兆欧表（兆欧表的结构和工作原理、兆欧表的使用）。

2）电子技术基础

常用的半导体器件：PN结（半导体的导电特性、PN结）；半导体二极管（二极管的结构、二极管的伏安特性及等效电路模型、二极管的主要参数）；特殊二极管（稳压二极管、发光二极管、光电二极管）；双极型三极管（三极管的基本结构及类型、三极管的电流分配关系和电流放大作用、三极管的伏安特性曲线、三极管的主要参数）；场效应晶体管（绝缘栅场效应管、场效应管的主要参数、场效应管和三极管性能比较）。

基本单管放大电路：晶体管共发射极放大电路（共发射极交流放大电路的组成、放大电路的静态分析、放大电路的动态分析）；放大电路静态工作点的稳定（稳定静态工作点的必要性、分压式偏置电路）；共集电极放大电路和共基极放大电路（共集电极放大电路的组成及分析、共基极放大电路的组成及分析、三种基本放大电路的比较）；场效应管放大电路简介（共源极场效应管放大电路的组成、静态分析、动态分析）。

多级放大电路：多级放大电路（多级放大电路的组成、级间耦合方式、动态分析）；差分放大电路（基本差分放大电路、改进型差分放大电路——长尾式差分放大电路、恒流源式差分放大电路、差分放大电路的输入输出方式）；功率放大电路（功率放大电路特点和分类、乙类互补对称功率放大电路、甲乙类互补对称电路、集成功率放大电路）；集成运算放大器简介（集成运算放大器的组成、主要技术指标、理想集成运算放大器及其分析依据）。

负反馈放大电路：反馈的基本概念（放大电路中的反馈、反馈的分类）；负反馈的四种基本组态（电压串联负反馈、电压并联负反馈、电流串联负反馈、电流并联负反馈）；反馈放大电路的方块图和一般表达式（反馈放大电路的方块图、负反馈放大电路的一般表达式）；负反馈对放大电路性能的影响（负反馈对放大电路性能的影响、放大电路引入负反馈的一般原则）。

集成运算放大器的应用：模拟信号运算电路（比例运算电路、减法运算电路、求和运算电路、积分运算电路和微分运算电路）；电压比较器（过零比较器、单限比较器、滞回比较器）；波形产生电路（正弦波振荡电路的组成、桥式 RC 正弦波振荡电路）；集成运放使用中的几个实际问题。

直流稳压电源：单相整流电路（直流稳压电源的组成、单相半波整流电路、单相桥式全波整流电路）；滤波电路（电容滤波电路、电感滤波及复式滤波电路）；直流稳压电路（并联型稳压电路、串联型直流稳压电路、三端集成稳压器及其应用、稳压电源的质量指标、开关稳压电源简介）；晶闸管及可控整流电路（晶闸管的基本特性、单相半控桥式可控整流电路、单结晶体管触发电路）。

逻辑代数与逻辑门电路：数字电路概述（数字信号与数字电路、数制及其转换、编码）；逻辑代数基础（基本逻辑运算、逻辑代数的基本概念、逻辑代数的公式和定理、逻辑函数的表示方法、逻辑函数的化简方法）；集成门电路概述（TTL 与非门电路、CMOS 门电路、集成逻辑门电路的使用）。

组合逻辑电路：组合逻辑电路的分析与设计；常用的组合逻辑部件（加法器、编码器、译码器、数据选择器、数值比较器）。

集成触发器：基本 RS 触发器（电路结构及功能特点、基本 RS 触发器的应用示例）；同步触发器（同步 RS 触发器、同步 JK 触发器、同步 D 触发器、同步 T 触发器、同步触发器存在的问题）；无空翻触发器（主从触发器、边沿触发器）；集成触发器逻辑功能转换和特性参数；集成触发器的脉冲工作特性及主要参数。

时序逻辑电路：时序逻辑电路的分析方法（时序逻辑电路概述、时序逻辑电路的分析方法）；寄存器（数码寄存器、移位寄存器）；计数器（计数器分类、集成计数器）；集成电路 555 定时器及其应用（555 定时器的结构和工作原理、应用）。

大规模集成电路：数模转换器（数模转换的基本原理、权电阻网络 DAC、集成 DAC 简介、DAC 的主要技术指标）；模数转换器（模数转换的基本原理、逐次逼近型 ADC、集成

ADC 简介、ADC 的主要技术指标）；半导体存储器（半导体存储器概述、随机存储器、只读存储器、存储器容量的扩展）；可编程逻辑器件简介（PLD 的电路表示法、可编程阵列逻辑器件、可编程通用阵列逻辑器件、复杂的可编程逻辑器件、现场可编程门阵列、可编程逻辑器件的编程）。

3）测试技术

测试是测量与试验的概括，是人们借助于一定的装置，获取被测对象有相关信息的过程。测试包含两方面的含义：一是测量，指的是使用测试装置通过实验来获取被测量的量值；二是试验，指的是在获取测量值的基础上，借助于人、计算机或一些数据分析与处理系统，从被测量中提取被测量对象的有关信息。测试分为动态测试和静态测试。如果被测量不随时间变化，称这样的量为静态量，相应的测试称为静态测试；反之为动态。

信号及其描述：信号的分类；信号的描述（周期信号的描述、非周期信号的描述、随机信号的描述）；几种典型信号的频谱［单位脉冲函数（8 函数）的频谱、矩形窗函数和常值函数的频谱、指数函数的频谱、符号函数和单位阶跃函数的频谱、谐波函数的频谱、周期单位脉冲序列的频谱］。

信号的分析与处理：信号的时域分析（特征值分析、概率密度函数分析）；信号的相关分析（相关系数、自相关分析、互相关分析、相关分析的应用）；信号的频域分析（巴塞伐尔定理、功率频谱分析及其应用、相干函数、倒谱分析）；数字信号处理基础（数字信号处理的基本步骤、时域采样和采样定理、截断、泄漏和窗函数、频域采样与栅栏效应、DFT 和FFT）。

测试系统的特性：线性系统及其主要性质；测试系统的静态特性（非线性度、灵敏度、分辨力、回程误差、漂移）；测试系统的动态特性（传递函数、频率响应函数、脉冲响应函数、环节的串联和并联、一阶和二阶系统的特性）；测试系统在典型输入下的响应；实现不失真测试的条件；测试系统特性参数的测定（测试系统静态特性的测定、测试系统动态特性的测定）。

常用传感器：传感器的分类、主要应用、发展趋势；传感器的选用（传感器的主要技术指标、传感器的选用原则）；电阻式传感器（电阻应变式传感器、压阻式传感器、变阻式传感器）；电感传感器（自感式传感器、互感式传感器、压磁式传感器）；电容传感器；压电传感器；磁电传感器（磁电感应传感器、霍尔传感器）；光电传感器（光电效应及光电器件、光电传感器的应用）；光纤传感器；其他类型传感器（气敏传感器、湿度传感器）；传感器在汽车上的综合应用。

3. 控制理论

1）控制工程基础

控制工程基础主要介绍经典控制理论和现代控制理论中控制系统分析和综合的基本方法。

概论：自动控制系统的工作原理与组成、基本类型、对控制系统性能的基本要求。

控制系统的数学模型：控制系统的微分方程、传递函数、系统结构图、系统信号流图及梅逊公式、控制系统的传递函数。

控制系统的时域分析：时域分析的基本概念、控制系统的典型输入信号、一阶系统的瞬态响应、二阶系统的瞬态响应、高阶系统的瞬态响应。

控制系统的频域分析：频率特性的基本概念；乃奎斯特图分析法；开环系统的伯德图分析；由频率特性曲线求系统传递函数；控制系统的闭环频率响应。

控制系统的稳定性分析：系统稳定性的基本概念；系统的稳定条件；代数稳定判据；乃奎斯特稳定判据；对数幅相频率特性的稳定判据；系统的相对稳定性。

控制系统的误差分析与计算：稳态误差的基本概念；给定信号作用下的稳态误差及计算；扰动信号作用下的稳态误差及计算；改善系统稳态精度的方法。

控制系统的性能分析与校正：控制系统的校正；串联校正；反馈校正；工程最优模型及频率法的校正设计。

现代控制理论概述：概述；状态变量法；控制系统的可控性与可观测性；状态反馈与输出反馈；最优控制；自适应控制。

典型控制系统举例：单闭环调速系统的性能分析、双闭环调速系统的设计举例、随动系统的组成与特点、典型控制系统举例。

2）计算机控制技术

计算机控制技术是一门以电子技术、自动控制技术、计算机应用技术为基础，以计算机控制技术为核心，综合可编程控制技术、单片机技术、计算机网络技术，从而实现生产技术的精密化、生产设备的信息化、生产过程的自动化及机电控制系统的最佳化的专门学科。

绪论：计算机控制系统概述（自动控制系统、计算机控制系统、计算机控制系统的组成、常用的计算机控制系统主机）；计算机控制系统的典型形式（操作指导控制系统、直接数字控制系统、监督控制系统、集散控制系统、现场总线控制系统、综合自动化系统）；计算机控制系统的发展概况和趋势（计算机控制系统的发展概况、发展趋势）。

计算机控制系统的硬件设计技术：总线技术（总线的定义、层次结构及种类、PC/ISA/EISA 总线简介、PCI/Compact PCI 总线简介、其他总线简介、串行外部总线简介）；总线扩展技术（微型计算机系统 VO 端口与地址分配、I/O 端口地址译码技术、基于 ISA 总线端口扩展）；数字量输入输出接口与过程通道［数字量输入输出接口技术、数字量输入通道、数字量输出通道、数字（开关）量输入/输出通道模板举例］；模拟量输入接口与过程通道（模拟量输入通道的组成、信号调理和 VV 变换、多路转换器、采样、量化及采样/保持器、A/D 转换器及其接口技术、模拟量输入通道模板举例）；模拟量输出接口与过程通道（模拟量输出通道的结构形式、D/A 转换器及其接口技术、单极性与双极性电压输出电路、V/I 变换、模拟量输出通道模板举例）；基于串行总线的计算机控制系统硬件技术［智能远程 UO 模块、智能调节器、可编程序控制器（PLC）、运动控制器］；硬件抗干扰技术（过程通道抗干扰技术、主机抗干扰技术、系统供电与接地技术）。

数字控制技术：数字控制基础（数控技术发展概况、数字控制原理、数字控制方式、数字控制系统、数控系统的分类）；逐点比较法插补原理（逐点比较法直线插补、逐点比较法圆弧插补）；多轴步进驱动控制技术（步进电动机的工作原理、步进电动机的工作方式、步进电动机控制接口及输出字表、步进电动机控制程序、数控系统设计举例——三轴步进电动机控制）；多轴伺服驱动控制技术（伺服系统、现代运动控制技术、数控系统设计举例——基于 PC 的多轴运动控制）。

常规及复杂控制技术：数字控制器的连续化设计技术（数字控制器的连续化设计步骤、数字 PID 控制器的设计、数字 PID 控制器的改进、数字 PID 控制器的参数整定）；数字控制器的离散化设计技术（数字控制器的离散化设计步骤、最少拍控制器的设计、最少拍有纹波控制器的设计、最少拍无纹波控制器的设计）；纯滞后控制技术（史密斯预估控制、达林算法）；串级控制技术（串级控制的结构和原理、数字串级控制算法、副回路微分先行串级控制算法）；前馈—反馈控制技术（前馈控制的结构和原理、前馈—反馈控制结构、数字前馈—反馈控制算法）；解耦控制技术（解耦控制原理、数字解耦控制算法）。

现代控制技术：采用状态空间的输出反馈设计法（连续状态方程的离散化、最少拍无纹波系统的跟踪条件、输出反馈设计法的设计步骤）；采用状态空间的极点配置设计法（按极点配置设计控制规律、按极点配置设计状态观测器、按极点配置设计控制器、跟踪系统设计）；采用状态空间的最优化设计法（LQ 最优控制器设计、状态最优估计器设计、LQD 最优控制器设计、跟踪系统的设计）。

先进控制技术：模糊控制技术（模糊控制的数学基础、模糊控制原理、模糊控制器设计）；神经网络控制技术（神经网络基础、神经网络控制）；专家控制技术（专家系统、专家控制介绍、专家控制基本思想、专家控制组织结构）；预测控制技术（内部模型、预测模型、预测控制算法、其他先进控制技术）。

计算机控制系统软件设计：程序设计技术（模块化与结构化程序设计、面向过程与面向对象的程序设计、高级语言 I/O 控制台编程）；人机接口（HML/SCADA）技术（HML/SCADA 的含义、基于工业控制组态软件设计人机交互界面、基于 VB/VC++语言设计人机交互界面）；测量数据预处理技术（误差自动校准、线性化处理和非线性补偿、标度变换方法、越限报警处理）；数字控制器的工程实现（给定值和被控量处理、偏差处理、控制算法的实现、控制量处理、自动/手动切换技术）；系统的有限字长数值问题（量化误差来源，A/D、D/A 及运算字长的选择）；软件抗干扰技术（数字滤波技术、开关量的软件抗干扰技术、指令冗余技术、软件陷阱技术）。

分布式测控网络技术：工业网络技术（工业网络概述、数据通信编码技术、网络协议及其层次结构、IEEE 802 标准、工业网络的性能评价和选型）；分布式控制系统（DCS）（DCS 概述、DCS 的分散过程控制级、DCS 的集中操作监控级、DCS 的综合信息管理级）；现场总线控制系统（现场总线概述、五种典型的现场总线、FF 现场总线技术、工业以太网）；系统集成与集成自动化系统（系统集成的含义与框架、集成自动化系统的体系结构、综合自动化技术）；分布式测控网络设计举例（基于 PIC 的 Profibus 分布式测控网络、基于 PC 串行总线的测控网络、测控网络应用设计举例）。

计算机控制系统设计与实现：系统设计的原则与步骤、系统的工程设计与实现（系统总体方案设计、硬件的工程设计与实现、软件的工程设计与实现、系统的调试与运行）。

4. 传动与控制技术

1）微机原理

微机原理主要包含基础知识编辑［数和数制（二进制、十进制、十六进制和八进制）及其转换，二进制编码，二进制逻辑运算，二进制算术运算，BCD 码，计算机中字符表示，计算机的组成结构，补码、反码、原码之间的转换方法］；8086 指令编辑（基本数据类型、寻址方式、6 个通用指令）；汇编语言编辑（汇编语言的格式、语句行的构成、指示性语句、指令性语句、汇编语言程序设计的过程、程序设计、宏汇编与条件汇编）；操作时序编辑（总线操作的概念、8086 的总线、8086 的典型时序、计数器和定时器电路 Intel 8235）；存储结构编辑［半导体存储器的种类、读写存储器（RAM）、只读存储器（ROM）、PC/XT 的存储结构］；输入输出编辑（输入输出的寻址方式、CPU 与外设数据传送方式、DMA 控制器主要功能、DMA 控制器 8237）；中断编辑（中断的基本概念、8086 的中断方式、PC/XT 的中断结构、Intel 8259A）；芯片 8255 编辑（微机系统并行通信的概念、并行芯片 8255 的结构、并行芯片 8255 的方式、PC/XT 中 8255 的使用）；接口电路编辑（串行通信的基本概念、异步通信接口 Intel 8251A）；数模模数编辑（D/A 转换的概念、D/A 转换器接口、A/D 转换的概念、A/D 转换器接口）。

2）液压与气压传动

液压与气压传动主要内容包括液压与气压传动的流体力学基础，液压与气压传动元件的结构、工作原理及应用，液压与气压传动基本回路和典型系统的组成与分析等。

概述：液压与气压传动的研究对象、工作原理、组成类型、优缺点及其发展与应用。

液压传动基础知识：液体的性质［液体的密度、液体的可压缩性、液体的黏性、液压油（液）的选用］；液体的静压力及其性质、液体静力学的基本方程、压力的传递、绝对压力、相对压力、真空度、液体作用在固体壁面上的力；液体动力学基础（基本概念、连续性方程、伯努利方程、动量方程）；管道内的压力损失（层流、紊流和雷诺数，沿程压力损失，局部压力损失，管道系统中的总压力损失）；液体流经小孔和间隙的流量（液体流经小孔的流量、液体流经间隙的流量）；液压冲击和空穴现象（液压冲击、空穴现象）。

液压动力元件：液压泵概述（液压泵的工作原理和类型、液压泵的基本性能参数）；齿轮泵（外啮合齿轮泵、内啮合齿轮泵）；叶片泵（单作用叶片泵、双作用叶片泵、限压式变量叶片泵）；柱塞泵（斜盘式轴向柱塞泵、斜轴式轴向柱塞泵、径向柱塞泵）；液压泵的主要性能和选用（液压泵的主要性能和选用、液压泵常见故障的分析和排除方法）。

液压执行元件：液压马达概述（液压马达的特点与分类、液压马达的主要性能参数）；高速马达（齿轮马达、叶片马达、轴向柱塞马达）；低速马达（曲轴连杆式径向柱塞马达、多作用内曲线径向柱塞马达）；液压缸（液压缸的类型和特点、液压缸的结构形式及安装方式、液压缸常见故障的分析和排除方法）。

液压控制元件：液压阀概述（液压阀的分类、液压阀的共性问题、液压阀的基本参数）；压力控制阀（溢流阀、减压阀、顺序阀、压力继电器）；流量控制阀（节流口的形式和流量特征、节流阀、调速阀、溢流节流阀）；方向控制阀（单向阀、换向阀）；叠加阀和插装阀（叠加阀、二通插装阀）；电液比例控制阀（比例电磁铁、比例压力控制阀、比例流量控制阀、比例方向控制阀、比例控制阀的主要性能指标）；液压阀的选择与使用（液压阀的选择、液压阀的安装、液压阀常见故障的分析和排除方法）。

液压辅助元件：蓄能器（蓄能器的类型、结构和工作原理，蓄能器的功能，蓄能器的安装和使用）；过滤器（过滤器的主要性能指标、过滤器的种类和结构特点、过滤器的选用、过滤器的安装）；油箱（油箱的结构、油箱的设计要点）；管道及管接头（管道的种类和材料、管道的尺寸、管接头）；密封件（接触密封、间隙密封）。

液压基本回路：压力控制回路（调压回路、减压回路、增压回路、卸荷回路、平衡回路）；速度控制回路（调速回路、速度变换回路）；方向控制回路。

3）机电传动与控制工程

机电传动内容包括直流电动机的工作原理及特性，三相异步电动机的工作原理及特性，常用控制电动机的工作原理和应用及电动机的选择，机电传动系统的继电器—接触器控制、可编程序控制器控制和微机控制。

机电传动系统的驱动电动机，集中介绍了机电传动系统中的各种电动机的结构、工作原理及运行特性；第三章机电传动系统中的传感技术，介绍了位移、位置、压力、速度、温度等传感器和典型应用线路；第四章可编程序控制器，介绍了可编程序控制器工作原理、程序编写方法及应用系统设计基本知识；第五章单片机，介绍单片机系统组成原理和系统扩展技术；第六章气动与液压系统基础知识，气动部分介绍了气源产生、净化处理、控制元件、执行元件及气路分析，液压部分介绍了传动原理、流体力学基础、液压泵与液压马达及常见液压回路分析；第七章机电传动控制系统，结合实例着重分析了直流传动、交流传动控制系统和步进电动机驱动系统。

控制工程是处理自动控制系统各种工程实现问题的综合性工程技术，包括对自动控制系统提出要求（即规定指标）、进行设计、构造、运行、分析、检验等过程。它是在电气工程和机械工程的基础上发展起来的。

培养从事设备制造及生产、工程施工、经济社会系统运行中的控制系统设备、控制装置的设计、研发、管理的高级工程技术人才。

控制工程领域工程硕士要求掌握现代控制领域的基础理论、方法和技术。具有从事实际控制系统、设备或装置的开发设计能力、工艺设计和实施能力及使用维护等能力。更重要的应具有一定实际工作经验，能解决工程实际中出现的实际问题，掌握一门外语，能够顺利阅读本工程领域的科技资料及文献。

4.1.4 计算机应用技术

计算机应用技术是指可以利用任何一种计算机软件的任何功能，为可能用到它的人提供一定的服务。或对各种软件的各种功能/设置属性有足够的了解和应用能力，可以在各种情况下驾驭计算机高效率地为不同人群提供他们所需要的各种服务。总之，凡是利用计算机软件为需要或者可能需要它的人提供服务的技术就是计算机应用技术。

计算机应用技术知识领域及对应课程见表4-4。

表4-4 计算机应用技术知识领域及对应课程

知识领域	子知识领域	对应主要课程
计算机应用技术	计算机技术基础	计算机应用基础、数据库原理与应用、高级语言程序设计
	计算机辅助技术	计算机绘图、计算机辅助设计与制造、计算机辅助工程

1. 计算机技术基础

1）计算机应用基础

计算机基础知识：计算机概述（计算机的发展及特点、计算机的分类和应用领域）；数制及信息存储（进位计数制、常见的进位计数制、不同进制之间的转换、二进制算术运算、数据与编码、数据单位）；计算机系统组成（计算机硬件系统、计算机的工作原理、计算机软件系统）；多媒体计算机系统（多媒体概述、多媒体计算机配置）。

中文操作系统 Windows XP：Windows XP 的基础知识（Windows XP 的新特点、Windows XP 的运行环境及安装、Windows XP 的退出）；Windows XP 的基本概念与基本操作（桌面图标、任务栏的组成、窗口的组成及操作、对话框的组成、"开始"菜单的组成及操作）；文件和文件夹的管理（设置与操作文件和文件夹、搜索文件和文件夹、设置共享文件夹、"回收站"的使用、资源管理器）；控制面板与环境设置（调整鼠标及键盘、设置桌面背景及屏幕保护）；Windows XP 附件（画图、记事本、计算器）。

文字处理软件 Word：Word 概述（Word 的功能与特点、Word 的启动和退出）；Word 窗口及帮助的使用（Word 的窗口、Word 的帮助系统）。

电子表格软件 Excel：Excel 概述（Excel 的功能与特点、Excel 的启动和退出）；Excel 窗口及帮助的使用（Excel 的窗口、Excel 的帮助系统）。

演示文稿软件 PowerPoint：PowerPoint 概述（PowerPoint 的功能与特点、PowerPoint 的启动和退出）；PowerPoint 窗口及帮助的使用（PowerPoint 的窗口、PowerPoint 的帮助系统）。

网页设计软件 FrontPage：FrontPage 概述（FrontPage 的功能与特点、FrontPage 的启动和退出）；FrontPage 窗口及帮助的使用（FrontPage 的窗口、FrontPage 的帮助系统）。

Internet 的概念与使用。

2）数据库原理与应用

数据库系统基础：数据与数据处理（数据与信息、数据处理）；计算机数据管理技术的发展（人工管理阶段、文件系统阶段、数据库系统阶段）；数据库系统概述；数据模型（概念模型与 E－R 图、逻辑数据模型）；关系数据库（关系模型、关系的完整性、关系运算）；商品进销存系统的数据库设计（商品进销存系统背景介绍、商品进销存系统功能介绍、商品进销存系统数据库设计）。

Visual FoxPro 系统环境及语言基础：Visual FoxPro 概述（Visual FoxPro 的发展与特点、启动与退出、系统环境、窗口组成、窗口及其操作、文件概述、项目管理器、配置）；语言基础（Visual FoxPro 命令、主要数据类型、常量、变量、常用标准函数、运算符和表达式）。

数据库与数据表：Visual FoxPro 数据表与数据库（创建数据表、创建数据库、打开数据库、关闭数据库、删除数据库、修改数据库）；Visual FoxPro 数据表操作（表的打开与关闭、添加表记录、记录的浏览与显示、编辑与修改记录、记录指针的定位、记录的删除与恢复、表与表结构的复制）；数据表索引（建立索引、独立索引文件的打开与关闭、指定主控索引、索引定位）；数据表统计（求记录个数的命令、求和命令、求平均值命令、计算命令、分类汇总命令）；多表同时操作（工作区与多个表、建立表的临时关系、表的物理连接）；数据字典（设置数据库表字段的扩展属性、设置数据库表的有效性规则、表的永久关系、参照完整性规则、存储过程）。

SQL 语言、查询与视图：SQL 语言（数据定义语言、数据操纵语言、SQL 查询、SQL 查询结果的输出与处理）；使用查询设计器（查询设计器简介、查询设计器的应用）；视图（视图的概念、视图设计器概述）。

Visual FoxPro 程序设计基础：程序文件（程序的概念、程序文件的建立与执行、程序调试、输入/输出命令）；程序控制结构（顺序结构、选择结构、循环结构）；过程和自定义函数（子程序、过程、自定义函数、参数传递方法、变量的作用域）。

表单设计：创建表单（使用表单向导创建表单、使用表单设计器创建表单）；表单设计器环境（表单设计器工具栏、表单控件工具栏、"属性"窗口、代码窗口、控件对象的基本操作、设置数据环境、表单的设计步骤）；表单设计基础（对象与类、Visual FoxPro 中的类、Visual FoxPro 中的对象、对象引用、设置对象属性值与调用对象方法）；表单及常用表单控件（表单、标签控件、文本框控件与编辑框控件、命令按钮控件、命令按钮组控件、选项按钮组控件、复选框控件、组合框控件和列表框控件、微调按钮控件、表格控件、图像控件、计时器控件、页框控件、ActiveX 控件与 ActiveX 绑定控件、线条控件和形状控件、容器控件和超级链接控件）；自定义类、属性和方法（自定义类、添加类属性与方法、使用自定义类）。

报表设计：创建报表（利用报表向导创建报表、利用快速报表创建简单的报表、利用报表设计器创建报表）；设计报表（报表工具栏、设置报表数据源、设计报表布局）；输出报表。

菜单设计：概述（菜单的种类及组成、菜单的创建步骤）；菜单设计器（菜单设计器简介、使用菜单设计器、完善菜单设计）；下拉式菜单设计（规划菜单、创建下拉式菜单）；快速菜单设计；快捷菜单设计；加载菜单（数据库应用系统的主菜单、表单控件的快捷菜单、顶层表单中的下拉式菜单）。

数据库应用系统的开发：数据库应用系统的开发步骤；Visual FoxPro 应用程序（应用程序的组成、应用程序的组织与管理、应用程序的主文件、连编应用程序、发布应用程序）；商品进销存系统开发实例（商品进销存系统的组织，建立商品进销存系统项目，商品进销存系统的连编、测试、发布）。

3）高级语言程序设计

C 语言程序设计是掌握计算机软、硬件系统工作原理必需的基本知识，也是计算机相关专业重要的入门知识。C 语言既有高级语言的特性，又具有汇编语言的特点，可以作为系统程序设计语言，也可以作为应用程序设计语言。

C 语言程序设计概述：程序设计基础（计算机语言和程序、算法、结构化程序设计）；C 语言程序简介（C 语言概况、简单的 C 程序举例、C 语言程序的基本特点）；Turbo C 编程环境及 C 程序执行过程（Turbo C 编程环境、编辑、编译、链接、运行第一个 C 程序、运行 C 程序前的 Directories 选项设置）；编码规范及编程习惯（编程错误和调试、注意养成良好的编程风格）。

基本数据类型、运算符和表达式：变量和常量（变量、常量）；基本数据类型；整型（整型常量、整型变量）；实型（实型常量、实型变量）；字符型（字符常量、字符变量、字符串常量）；运算符和表达式（运算符简介\算术运算符和算术表达式、赋值运算符和赋值表达式、关系运算符和关系表达式、逻辑运算符和逻辑表达式、逗号运算符和逗号表达式、条件运算符和条件表达式）；基本的输入输出函数〔printf 函数、scanf 函数、putchar 函数（字符输出函数）、getchar 函数（字符输入函数）〕。

程序的控制结构：算法（算法的特性、算法的表示）；C 语句概述（顺序结构、选择结构）；条件语句（if 语句）、switch 语句、程序设计举例；循环结构（while 语句、do-while 语句、for 语句、循环的嵌套、三种循环的比较、流程控制语句、穷举与迭代—两类具有代表性的循环算法）。

数组；结构体和共用体；函数；指针；指针的应用——链表；位运算；文件；编译预处

理；C 语言绘图功能简介；综合实例。

2．计算机辅助技术

1）计算机绘图

计算机绘图所研究的内容，主要有图形变换的矩阵方法，立体图形的绘制和消稳技术，图形数据库，样条曲线和自由曲面，几何造型，动画技术，以及上述内容的程序设计。

其中，图形变换的基本原理是用矩阵描述一个图形，用变换矩阵表示平移、旋转、缩小和放大等功能，而通过这两种矩阵的运算，即可改变图形的位置、方向或大小。消隐指的是自动消除立体图中被前面遮挡的不可见线条，从而显示清晰图形的技术。由于复杂的实际曲线很难用单数学曲线表示，所以借助工程图中用样条或曲线板描画曲线的原理，用多条首尾衔接的数学曲线来近似替代实际的曲线，这些分段曲线称为样条曲线。它们既可以用数学公式描述，又便于设计人员控制和修改，同时还要求衔接光滑。几何造型的主要工作，先是用定义语言描述一个形体的形状，再由专门的程序转换成形体的几何表达式和拓扑表达式，最后经过形体的拼合运算，构造出新形体。三维几何实体造型和特征技术是实现集成 CAD/CAM 的关键技术之一。

2）计算机辅助设计与制造

计算机辅助设计是指利用计算机及其图形设备帮助设计人员进行设计工作，简称 CAD。在工程和产品设计中，计算机可以帮助设计人员担负计算、信息存储和制图等工作。在设计中通常要用计算机对不同方案进行大量的计算、分析和比较，以决定最优方案；各种设计信息，不论是数字的、文字的或图形的，都能存放在计算机的内存或外存里，并能快速地检索；设计人员通常用草图开始设计，将草图变为工作图的繁重工作可以交给计算机完成；利用计算机可以进行与图形的编辑、放大、缩小、平移和旋转等有关的图形数据加工工作。

计算机辅助制造是指在机械制造业中，利用电子数字计算机通过各种数值控制机床和设备，自动完成离散产品的加工、装配、检测和包装等制造过程，简称 CAM。CAM 系统一般具有数据转换和过程自动化两方面的功能。CAM 所涉及的范围，包括计算机数控、计算机辅助过程设计。

数控除了在机床应用以外，还广泛地用于其他各种设备的控制，如冲压机、火焰或等离子弧切割、激光束加工、自动绘图仪、焊接机、装配机、检查机、自动编织机、电脑绣花和服装裁剪等，成为各个相应行业 CAM 的基础。

3）计算机辅助工程

计算机辅助工程（CAE）技术的提出就是要把工程（生产）的各个环节有机地组织起来，其关键就是将有关的信息集成，使其产生并存在于工程（产品）的整个生命周期。因此，CAE 系统是一个包括了相关人员、技术、经营管理及信息流和物流的有机集成且优化运行的复杂的系统。

CAE 软件的主体是有限元分析（FEA）软件。有限元方法的基本思想是将结构离散化，用有限个容易分析的单元来表示复杂的对象，单元之间通过有限个节点相互连接，然后根据变形协调条件综合求解。由于单元的数目是有限的，节点的数目也是有限的，所以称为有限元法。这种方法灵活性很大，只要改变单元的数目，就可以使解的精确度改变，得到与真实情况无限接近的解。

4.1.5　热流体

热现象与流动几乎是每一个工程领域中都会碰到的物理现象，如各种耗能设备的散热、动力机械设备中的热工转换效率、液压机械中的流体静压传动等。热流体知识领域及对应课程见表4-5。

表4-5　热流体知识领域及对应课程

知识领域	子知识领域	对应主要课程
热流体	热力学	工程热力学
	流体力学	流体力学
	传热学	传热学

1. 热力学

工程热力学。

基本概念：热力系统；状态和状态参数；基本状态参数；平衡状态；状态方程、状态参数坐标图；准静态过程与可逆过程；功量；热量与熵；热力循环。

热力学第一定律：热力学第一定律的实质、储存能量、闭口系统的能量方程、开口系统的能量方程、稳定流动能量方程、稳定流动能量方程的应用。

理想气体的性质与过程：理想气体状态方程、热容；理想气体的内能、焓和比热容；理想气体的熵；研究热力过程的目的和方法；绝热过程；基本热力过程的综合分析；变比热容的可逆绝热过程；气体的压缩；活塞式气压机的过程分析。

热力学第二定律与熵：自然过程的方向性、热力学第二定律的实质与表述、卡诺循环与卡诺定理、热力学温标、熵的导出、克劳修斯不等式、不可逆过程熵的变化、孤立系统熵增原理、熵方程、热学第二定律的应用及其相关计算。

体动力循环：活塞式内燃机动力循环、活塞式内燃机各种理想循环的比较、斯特林循环、勃雷登循环、提高勃雷登循环热效率的其他途径、喷气发动机简介。

水蒸气：纯物质的热力学面及相图、汽化与饱和、水蒸气的定压发生过程、水及水蒸气状态参数的确定及其热力性质图表、水蒸气的热力过程。

蒸汽动力循环：概述、朗肯循环、实际蒸汽动力循环分析、蒸汽再热循环、回热循环、热电联产循环。

制冷循环：空气压缩制冷循环、蒸汽压缩制冷循环、制冷剂、吸收式制冷循环、吸附式制冷循环、热泵循环。

理想混合气体和湿空气：混合气体的成分、分压定律与分容积定律、混合气体的参数计算、在相同参数条件下理想气体绝热混合过程的熵增、湿空气的性质、湿空气的焓、熵与容积、比湿度的确定和湿球温度、湿空气的焓湿图与热湿比、湿空气的基本热力过程。

热力学微分关系式及实际气体的性质：研究热力学微分关系式的目的、特征函数、数学基础；热系数、熵、内能和焓的微分关系式；比热容的微分方程；克拉贝龙方程和焦汤系数；实际气体对理想气体性质的偏离；维里方程；经验性状态方程；普遍化状态方程与对比态原理。

气体在喷管中的流动：稳定流动基本方程式、声速、促进速度变化的条件、喷管的计算、有摩擦阻力的绝热流动、定熵滞止参数。

化学热力学基础：概述、热力学第一定律在反应系统中的应用、化学反应过程的热力学第一定律分析、化学反应过程的热力学第二定律分析、化学平衡、热力学第三定律、绝对熵及其应用。

2．流体力学

流体力学的研究领域包括：理论流体力学、水动力学、气体动力学、空气动力学、悬浮体力学、湍流理论、黏性流体力学、多相流体力学、渗流力学、物理—化学流体力学、等离子体动力学、电磁流体力学、非牛顿流体力学、流体机械流体力学、旋转与分层流体力学、辐射流体力学、计算流体力学、实验流体力学、环境流体力学、微流体力学、生物流体力学等。

3．传热学

通常被称为热科学的工程领域包括热力学和传热学。传热学的作用是利用可以预测能量传递速率的一些定律去补充热力学分析，因后者只讨论在平衡状态下的系统。这些附加的定律是以三种基本的传热方式为基础的，即导热、对流和辐射。传热学是研究不同温度的物体或同一物体的不同部分之间热量传递规律的学科。传热不仅是常见的自然现象，而且广泛存在于工程技术领域。例如，提高锅炉的蒸汽产量，防止燃气轮机燃烧室过热、减小内燃机气缸和曲轴的热应力、确定换热器的传热面积和控制热加工时零件的变形等，都是典型的传热学问题。

4.2　国外高校机械工程课程体系设置

4.2.1　美国机械工程课程体系设置（以加州理工学院为例）

1．机械工程专业的本科课程体系概况

该专业设置的目标是为院校、企业以及政府部门中关系到流体、固体、热力以及机械系统的高级职位培养合格的毕业生，尤其为希望进一步深造的学生做好铺垫，同时也为进入快速发展的跨学科领域的学生提供专业实习训练。为了实现以上目标，学院核心课程将个人在某一个选定的机械工程专业的经验与能力和基础科学与工程科学的强大背景结合起来。该课程设置有利于维持课堂讲座，实验室与设计经验的平衡，并将重点放在问题构想与快速发展的生物与计算机科学上。重要的是，该领域同时特别注意问题提出、设计、最优化、制造以及新系统、新设备的控制过程。

最近几十年的技术发展，已经表明跨学科工程与科学的重要性，因此，机械工程出现了新兴技术学科，而这些新兴领域则是基于对物理系统的基本行为的理解之上的；但其研究重点却是在传统学科的交叉处。新兴的学科有微米级或纳米级机械系统，模仿与合成，集成复杂分布式系统和生物工程。

许多领域均涉及机械工程，这些领域包括汽车、航空航天、材料处理与研究、产生功率、消费性产品、机器人与自动化、半导体处理、测试仪器等。机械工程同时也是生物工程、环境与航空工程、金融、商务管理等职业的起点。第一学年末，学院为了选择机械工程专业的学生尽可能与其所选专业相关的导师，同时导师与学生共同制订以下三个学年的课程计划。除了学院规定的物理学、数学、人文学科外，这些课程计划还必须包括一年的应用与计算机数学和额外的课程，具体要求如下：学生虽对机械工程感兴趣，但却想上一些知识面更广的课程，而这些超出了规定所允许的，那么这些学生可以选择工程与应用科学选项。

2．机械工程专业课程内容

加州理工学院机械工程专业的学生在学年末积分必须高于 1.9 的后两年才能进入专业领域的学习。其中：

主修课程有应用数学、静力学与动力学、热力学、流体力学、材料力学、工程材料学、机械工程、工程设计入门、材料科学、微分方程、概率论与数理统计、光学、量子力学和统计物理。

选修单元数必须达到 486 个，其中必须包括以上课程，并获得通过分数。选择跨学科课题的或对某专业领域感兴趣的学生，在第三第四学年选修时，应该咨询学生的顾问。这些专业领域包括微米级或纳米级机械系统、模拟与合成、集成复杂分布式计算机系统、运动学、动力学、流体力学、固体力学、机械系统、控制系统、工程设计、热系统、能源系统、燃烧或生物工程。机械工程专业典型课程表见表 4－6

表 4－6　机械工程专业典型课程表

		每学期单元数		
		第一学期	第二学期	第三学期
第二学年				
微分方程、概率论与数理统计	大二数学	9	9	0
光学、量子力学和统计物理	大二物理	9	9	0
人文社科选修课		9	9	9
菜单课程		0	0	9
静力学和动力学	静力学与动力学	9	9	9
热力学	热力学	0	9	9
工程设计入门	工程设计入门	0	0	9
每学期总单元数		36	45	45
第三学年				
应用数学法	应用数学算法入门	12	12	12
流体力学	流体力学	9	9	0
人文社科选修课		9	9	9
选修课		0	0	9
实验室		0	0	9
技术研讨报告	技术研讨报告	3	0	0
书面技术通信	书面技术通信	3	0	0
每学期总单元数		36	30	39
第四学年				
材料力学	材料力学	9	0	0
控制理论入门	控制理论入门	12	0	0

续表

		每学期单元数		
		第一学期	第二学期	第三学期
机械工程实验室	机械工程实验室	0	0	9
人文社科选修课		9	9	9
机械工程选修课		9	9	9
选修课		9	18	18
每学期总单元数		48	36	45

3．机械工程专业课程设置模块

通过对美国加州理工学院机械工程专业四年的课程总表分析，我们可以发现该专业的课程主要是有下述几部分组成：

1）核心课程

选择机械工程专业的学生第一年也是一头扎进核心课程。核心课程分别是：5 个学期的数学、5 个学期的物理、2 个学期的化学、1 个学期的生物、1 个学期新生自由选修课程、2 个学期的实验室入门课程、2 个学期的科学写作、12 学期的人文课程、3 学期体育课程。加州理工学院的课程设置十分强调为各专业的学生提供渊博的知识面，其目的是使学生能适应更加广泛的工作需要。

2）主修课程

第一学年的大学生和第二学年的大学生学习基本相同的基础和综合系列课程。学生完成每学年的课程要求方可进入下一个学年的学习。主修的课程有：工程学（6 units）、应用数学法（36 units）、计算数学和应用、计算机科学、电气工程、物理学课程（9 units）、指定的机械工程课程、控制动力系统课程（90 units）、机械工程实验室（18.27 units）、序列具体工程（27 units）、设计项目（9.18 units）。主修课程总量为 186.195 units。

3）辅修课程

机械工程专业作为工程类的一种，其辅修专业可选的是：航天工程学（54 units）、结构力学（54 units）、控制动力系统（57 units）。硕士学位论文通过对加州理工学院机械工程专业的课程统计，具体课程数目见表 4 - 7。

表 4 - 7　机械工程专业课程模块统计表

课程模块	课程门数
核心课程	9
主修课程	12
辅修课程	8

从加州理工学院的应用物理学专业和机械工程专业的课程设置来看，可以从课程类型和课程安排时间两个不同的角度来分析。从课程类型的角度来说：核心课程集中分布在第一、第二学年；专业必修课程和专业选修课程分布在第二、第三、第四学年；限选课程和自由选修课程分布在第二、第三、第四学年。从时间安排的角度来分说：第一学年该校所有的专业都是安排的核心课程；第二学年安排的课程是核心课程和部分专业课程；第三学年安排的是主修课程和辅修课程；第四年安排的是主修课程和辅修课程。

4.2.2　德国机械工程课程体系设置

实践性和应用人才培养是德国应用技术大学人才培养的突出特色，也是其核心的比较优势，这体现在专业设置、课程设置、实习安排、师资配备和考核等多个方面。

1. 应用性导向的专业设置

德国应用技术大学的专业设置集中在农林/食品营养、工程学、经济/经济法、社会服务、行政管理与司法服务、计算机技术、卫生护理、设计、通信传媒等领域，具有显著的应用性特色和职业导向。这样的专业设置与应用技术大学明确的人才培养目标相一致，并与综合性大学注重基础性和学术性的专业设置形成良好的互补。希望学习基础性知识或从事学术研究的学生通常选择进入综合性大学学习，而那些希望从事某类具体专业性工作的学生则可以选择专业对口的应用技术大学。这样一种专业设置也在很大程度上保障了毕业生的就业竞争力。对于德国人而言，应用技术大学和综合性大学只有学校定位和专业设置的不同，并不存在地位高下或生源质量的显著差别。

2. 课程设置和授课方式强调实践性

应用技术大学开设大量的实践性课程，即使是理论性课程的学习也注重联系实践，特别强调学生应用理论知识解决实际问题的能力。例如，应用技术大学很多实践性课程采用项目化教学方式。这类课程要求学生在学习期间完成至少一个项目作业，所需的时间一般为一学期，由5~8名学生组成项目小组共同完成。项目选题可以由教师指导完成，也可由学生自选，还有很多时候是由学校的合作企业提出的。企业往往通过这种方式来解决生产实践中的一些具体问题，并会安排专业人员与教师一起指导学生完成此类项目课题。

3. 实习是必修环节

应用技术大学在培养方案中安排有一至两个学期的"实习学期"，期间学生需要进入企业或其他工作单位学习，积累实践经验。这种实习不是走马观花地简单体验，而是真正深入与所学专业密切相关的生产和经营实践，参与实际工作，并且多数学生会在实习过程中明确未来毕业设计的主题。为了让企业的实践教学和大学的理论教学有机结合起来，学校会与企业负责培训的人员进行专门的沟通和协调。很多学校都设有专门办公室，帮助学生联系实习岗位。近年来，部分应用技术大学还开设了"双元制"专业，在这些专业中，申请者首先要经过企业的筛选，获得企业提供的培训合同和资助，方有可能被大学录取。双元制专业的理论教学部分在大学完成，实践教学部分则在企业完成，分别为期3个月，轮流进行。

4. 师资配备注重实际工作经验

德国应用技术大学对于教师的实践性工作经验有特殊要求。除了拥有博士学位，担任应用技术大学教授还必须拥有相关领域不少于五年的实践工作经历，并且其中至少有三年是学术性机构之外的工作。除了常任的全职教授外，德国应用技术大学还大量聘任来自企业界或其他社会单位的具有丰富实践经验的特聘教师来校兼职授课，在很多学校，兼职特聘教师的数量甚至远远多于全职教授的数量。

5. 毕业设计与实践应用密接结合

德国应用技术大学有60%~70%的学生选择在实习企业中完成自己的毕业设计或毕业论文，选题通常就是该企业中的一项具体工作或一个具体问题的解决方案，具有非常强的实践性。在完成毕业设计的过程中，除了得到大学方面相关教授的指导之外，学生还会得到企业相关领域专家、技术人员的辅导。而在毕业设计或毕业论文的评价过程中，是否有助于解决实际问题也成为一项重要的评定标准。

斯图加特大学的机械工程专业有 5 个大的专业方向，即机械工程、微机电系统及精密仪器、机械产品开发与设计、生产技术以及计算机辅助工程。一些传统领域课程，如机械加工、机床、能源工程学、工业工程、材料科学、汽车工程及控制技术的学习将结合现代计算机辅助设计、制造及仿真方法等的学习而进行。机械工程专业学制为 9 个学期，整个课程体系由基础课程、专业课程、实验、实习与讨论课程、非技术类选修课程、课程设计与毕业设计 5 大模块构成。

1）基础课程

基础课程的学习一般安排在前 4 个学期。教学计划见表 4 - 8。

表 4 - 8　教学计划

课程名称	第 1 学期		第 2 学期		第 3 学期		第 4 学期		总学分
	V	O	V	O	V	O	O	V	
设计学 1 ~ 4 实验	2 1	1 1	2	2	3	2	2	2	16 2
高等数学 1 ~ 3	4	2	4	2	3	2			17
工程材料学实验	2 0	0 1	2 0	0 1					4 2
实验物理	4	0	0	2					4 2
普通化学	2	0							2
制造技术	2	0							2
工程力学 1 ~ 3			4	2	4	2	3	1	16
电工学 1，2 电工学实验			2	1	2 0	0 1			5 1
热力学 1，2					2	1	2	2	7
计算机技术基础/计算方法					2	1	2	2	7
机械工程导论							3	0	3
合计	22		24		25		19		90

注：1. SWS 为德文 Semester Wochen Stunde 的简写，意为一个学期每周一学时，由于德国一个学期一般为 16 周（公休假除外）。所以，一个 SWS 对应为 16 学时，故也可将 SWS 翻译成学分；V：Vorlesung，讲授课。O：Obung：练习课。

2. 工程图学、机械原理、机械零件等内容均包含在设计学中。

3. 工程数学内容包含在高等数学中。

4. 在第 4 学期有 4 个 SWS 的非技术选修课未在此表中列出。

2）专业课程

学生完成基础课程阶段后即进入专业课程阶段。专业课程大致分为专业方向课程、专业必修课程以及选修课。

（1）专业方向的选择：学生首先需要在机械工程专业下属的众多研究方向中自行选择

· 197 ·

两个方向作为自己的主修方向。斯图加特大学机械工程专业共有 38 个专业方向，分别开设在对应的研究所，基本涵盖了目前机械工程的研究领域，主要可分为：① 专业机械设计开发，如汽车工程、农业机械、内燃机、建筑机械、医疗机械、化工机械等专业方向。② 应用技术研究，如控制理论及应用、光学技术及应用、工程力学及应用研究、动力学及应用等。③ 现代设计与制造技术，如建模与仿真技术、塑性成形技术及仿真、激光加工技术、精密加工技术等。④ 技术管理，如企业管理、交通工程等。⑤ 能源系统，如核能技术、能源的循环使用、火力发电技术等。

（2）专业方向课程：每个专业方向课程有 10 门以上，学生必须从中选修 10 个 SWS，即 4 门左右。这些课程可以是跨研究所开设的，但最后的考试成绩只有一个，所有的课程考试成绩将送到子专业方向所在的研究所，最后由该研究所给出一个综合成绩。

（3）专业课程：由专业选修课和专业必修课组成。教学计划中共有八组课程可供选择，学生须在给定的这八个课程组中每组选修 4 个 SWS。一旦专业确定后，在对应的课程目录中就规定了其必修课程，由学生所选专业所在的研究所从中确定必修课程，而且所选课程不得与所选的两个主修专业方向中已修课程重复。对于机械工程专业，8 组课程分别为：

第 1 组：流体机械，共有两门课程。

第 2 组：机械系统动力学及传热学，共有两门课程。

第 3 组：工程材料及力学性能，共有三门课程。

第 4 组：企业管理及劳动学，共有两门课程。

第 5 组：控制技术，共有两门课程。

第 6 组：设计与制造技术，共有 21 门课程。

第 7 组：能源与特种加工技术，共有 15 门课程。

第 8 组：建模与仿真，共有 6 门课程。

每组课程基本能够涵盖该方向基础内容，以第八组"建模与仿真"课程为例，6 门课程分别为：机电系统建模与仿真、仿真技术、计算流体力学、优化设计、高性能计算机的仿真技术、静力学和动力学中的有限元法。

（4）专业必选课程：每位机械工程专业的学生都必须选修"测试技术"课程（包含相应实验课），由此也可见测试技术在现代机械工程中的重要地位。

3）实验、实习与讨论课程

（1）实验：很多课程在教学计划中都安排有实验环节，如上述基础课程中的实验物理、电工学等。课程中规定有实验学分，在相应研究所的实验室中由专门的实验人员开设。

除课程规定的实验外，学生对每个所选的专业方向必须完成 8 个实验，每个专业方向的实验记为两个 SWS。其中有 4~6 个为主修课程的实验，其余为自选实验。例如作者所在的研究所开设有 4 个自选实验。分别为：可编程序控制器实验、液压系统实验、工业机器人编程实验、数控机床编程实验。

通过两个主修方向的 16 组实验，可以培养学生的感性认识，增强动手能力。

（2）实习：在整个学习过程中要求完成 26 周的实习，其中有 6 周的实习需要在学校之前完成，这是认识性实习。德国大学的研究所和企业均有开放日，在此期间，中学生们就可以到感兴趣的研究所或企业进行参观实习。通过这种认识性实习，学生在选择专业时就可以对将要学习的专业有了较为感性的认识。

在进行毕业设计之前，还需要完成 20 周的实习工作。与国内不同的是，这种实习是真正到企业中进行实际的工作，是真正地从实践中学习。一般而言，德国的企业均会拿出一些与生产紧密联系而且是学生力所能及的工作，提供给学生进行实习。当有了这方面的实习工作安排后，企业的人事部门就会将其挂上网，学生可以通过网络去寻找和申请这样的实习机会，面试合格录用后，即与企业签订实习合同。实习完成后，企业提供实习证明。学生凭该证明才可申请进行毕业设计。具体的实习时间学生根据自己所选的课程情况自行安排。

（3）讨论课：各研究所经常有一些专题研讨会，一般会提前在研究所的网页上挂出，也会在大学公告栏发布。有兴趣参加的学生需要提前登记，因为一般的讨论会限制参加人数不超过 30 人。除自发参加的讨论课外，还规定每个学生必须参加一次所选主修专业方向的讨论课，且需要至少做 20 分钟的报告（一个 SWS），这是必修环节。

4）非技术类选修课程

按规定，机械工程专业学生应每 4 个学期至少完成一门非技术类选修课程。前 4 个学期的非技术选修课程包含有一篇论文或报告，课程与报告各占 2 个 SWS。后 4 个学期课程为 4 个 SWS。非技术类选修课程一般包含：外语类、德国及世界历史、文化类、美学、音乐欣赏类、哲学类（含技术哲学、经济学等）和其他。

文凭阶段课程共 66 个 SWS（不含实习与课程设计、毕业设计，含非技术选修课程）。

5）课程设计与毕业设计

（1）课程设计：要求学生在每个主修专业方向完成一份课程设计。

① 题目：由研究所科研人员从正在研究或已结题的项目中分解出来，学生根据自己的需要和兴趣进行选择。

② 指导：一般一名指导教师同时指导最多三名学生，学生与指导教师每周有固定的讨论时间，也可以临时预约。

③ 时间及工作要求：一份课程设计要求在 350 学时（4 个月）内完成，最后论文字数要求打印成标准 A4 纸不少于 40 页。

④ 答辩：每个研究所安排有固定的时间进行答辩工作，答辩小组由指导教师、研究所教学秘书以及研究课题相关的人员参加，学生报告时间为 20 分钟，每个参加人员（含旁听的学生）都可以提问。

（2）毕业设计：每个学生可以从自己主修的两个专业方向中选择一个进行毕业设计工作。毕业设计的过程与课程设计差不多，只是要求更高。

① 题目：每个研究所的科研人员根据自己的项目分解出毕业设计的题目，报研究所教学秘书，题目可以是工程实际问题，也可以是理论方法研究。所有题目要在研究所例行的讨论课上安排讨论，大家充分发表意见，对题目做出取舍及完善，通过后上网公布。学生选择了合适的题目后即可与指导教师联系，双方沟通均无意见后即可开题，这一题目将在网上标明已有人选。

② 指导：与课程设计基本一样，只是每周固定的讨论时间更长一些，学生经指导教师同意、教学秘书备案后，可以自由使用研究所内的仪器设备进行所需的实验工作。

③ 时间及要求：一份毕业设计建议在 5 个月时间内完成，最后的论文根据研究性质不同，要求的页数也不一样，一般不应少于 50 页。

　④ 评阅及答辩：每份论文在答辩前至少提前 4 周提交评阅。评阅人至少两人，其中一人为指导教师，另外一人须为机械学院成员。两位评阅人之间不能相互协商沟通，应独立打分。答辩小组至少由三人组成，指导教师可以参加答辩小组。学生报告时间一般不少于 30 分钟，学生通过毕业设计后即可获得学位。

第5章　现代设计方法

5.1　机械优化设计

5.1.1　机械优化设计概述

优化设计是20世纪60年代随计算机技术发展起来的一门新学科，是构成和推进现代设计方法产生与发展的重要内容。机械优化设计是综合性和实用性都很强的理论与技术，为机械设计提供了一种可靠、高效的科学设计方法，使设计者由被动地分析、校核进入主动设计，能节约原材料，降低成本，缩短设计周期，提高设计效率和水平，提升企业竞争力、经济效益与社会效益。国内外相关学者和科研人员对优化设计理论方法及其应用研究十分重视，并开展了大量工作，其基本理论和求解手段已逐渐成熟。国内优化设计起步较晚，但在众多学者和科研人员的不懈努力下，机械优化设计发展迅猛，在理论上和工程应用中都取得了很大进步和丰硕成果，但与国外先进优化技术相比还存在一定差距，在实际工程中发挥效益的优化设计方案或设计结果所占比例不大。计算机等辅助设备性能的提高、科技与市场的双重驱动，使得优化技术在机械设计和制造中的应用得到了长足发展，遗传算法、神经网络、粒子群法等智能优化方法也在优化设计中得到了成功应用。

5.1.2　机械优化设计数学模型建立方法

1. 目标函数的建立

目标函数是以设计变量表示设计所要追求的某种性能指标的解析表达式，目标函数的构造与选择，关系到优化结果的实用性，从不同角度出发或根据设计对象和要求的不同，可从条件中筛选出最合理的标准作为目标函数，一般没有量化的原则和规律可以遵循，但可以根据以往机械优化设计的许多案例做参考。

2. 约束条件的确定

产品的设计过程通常对设计变量有各种限制，这些限制用函数的形式反映在模型中，就称为设计变量的约束条件，或简称为设计约束。在机械设计领域，设计的限制是多种多样的，但一般都归属于两大类，第一类称为性态约束，是预测可能被破坏或失效的特征，性态约束具体表现为设计对象的某项性能指标，因而一般性态约束也可以当作目标函数来处理。从计算角度上讲，性态约束的检验相对容易处理，因此可利用目标函数和设计约束相互置换的特点，根据具体问题的具体要求，更加灵活地处理和利用。第二类称为边界约束，用来规定设计变量的取值范围。不论是哪一类的约束条件，为了能定量处理，都必须是连，还可同时使用一个排烟道。随着人们生活水平不断提高，电冰箱已不再作为奢侈品放在起居厅，微波炉、电烤箱等厨房电气产品不断增多，若将厨房使用面积增加 2 m² 左右，使用功能却会大大提高，这样的厨房一定会身受广大住户的喜爱。

3. 数学模型的尺度变换

数学模型的尺度变换就是通过放大和缩小某些坐标的比例尺，从而改善数学模型的性态，使之易于求解的技巧，多数情况下，数学模型经过尺度变化后，可以加速优化计算的收敛，提高计算过程的稳定性。

4. 数据表和线图资料的使用

在机械优化设计中，经常需要使用以数据表、线图等形式给出的设计数据，不同的数据来源其特点也有所不同。

5. 优化结果的分析与处理

优化设计方法和其他的设计方法一样，是一种解决复杂问题的工具，而不是解决问题的原则。在优化设计中，建立正确的数学模型和选用适当的优化方法固然是取得正确设计结果的先决条件，但绝非充要条件。由于工程问题的复杂性，在优化求解后，还必须依据初始数据、中间结果和最终结果进行认真对比、分析，以查明优化计算过程是否正常和最终结果是否具有合理性与可行性。目标函数的最优值是对计算结果分析的重要依据。将它与原始方案的目标函数值做比较，可以看出优化设计比原设计方案改进的效果。若多给几个不同的初始点进行计算，从其结果可大致看出全局最优解。利用目标函数值的几组中间输出数据作曲线或列表，可查看其最优化过程进行的是否正常。对于大多数机械优化设计问题，最优解往往位于一个或几个不等式约束条件的约束界面上，其约束函数值应等于或接近于零。若约束函数值全部不接近于零，即其所有的约束条件都不起作用，这时必须进一步研究所给约束条件对该设计问题是否完善、所取得的最优解是否正确。如有错误，可尝试改变初始点甚至重新选择优化方法重新进行计算。在机械优化设计的实际应用中，其最后的分析与处理，常常是不容忽视的，特别是对设计变量的敏感度分析，其对进一步提高工程优化设计的质量很有意义。

总之，在进行机械优化设计时，建立模型一定要根据实际情况，考虑周全实际影响因素，将每个因素考虑在内而建立模型，然后利用误差更小化的计算方法来求解，越接近实际情况优化就越合理，最终实现误差为零的优化设计方案。

5.1.3 优化设计方法的选择

优化设计方法是机械优化设计的灵魂，随着数学科学和计算机技术的飞速发展，优化方法的发展经历了解析法、数值分析法和非数值分析法 3 个阶段。20 世纪 50 年代以前，古典的微分法和变分法是解决最优化问题的最主要的两种数学方法。这两种方法具有概念清晰和计算精确的特点，但只限于解决小型或特殊的问题，在处理大多数实际问题时，由于计算量很大，计算难度也增加很多。20 世纪 50 年代末，数学规划方法成了优化设计中求优方法的理论基础。这种方法建立在数值分析的基础之上，利用已知的信息和条件，通过一系列迭代过程求得问题的最优解。它的相关理论并不复杂，计算过程也很简单，但计算量非常大，而这正是计算机所擅长的工作，因此计算机成了解决数值优化方法的重要工具。在这个时期涌现出了很多其他的优化算法，其中比较常用、效果较好的优化算法有简约梯度法、复合形法、约束变尺度法、罚函数法、随机方向法、可行方向法等。20 世纪 80 年代后，一些新颖的优化方法逐渐出现，如模拟退火、混沌、进化规划、遗传算法、人工神经网络、晋级搜索等，这些算法通过模拟自然现象或者自然规律得出一些结论，逐渐形成了其具有鲜明特色的优化方法，其内容涉及生物学、神经学、物理学、数学、人工智能、统计力学等。

在优化设计中，对于同一优化问题往往可以有不同的优化方法。有的优化方法效果较好，有的则较差，甚至会导致错误的结果。因此，根据优化设计问题的特点（如约束条件），选取适当的优化方法是非常关键的。以下列举了 4 个选择优化方法的基本原则：

（1）效率要高。所谓效率要高就是所采用的优化算法所用的计算时间或计算函数的次数要尽可能的少。

（2）可靠性要高。可靠性要高是指在一定的精度要求下，在一定迭代次数内或一定计算时间内，求解优化问题的成功率要尽可能的高。

（3）采用成熟的计算程序。解题过程中要尽可能采用现有的成熟的计算程序，以使解题简便并且不容易出错。

（4）稳定性要好。稳定性好是指对于高度非线性偏心率大的函数，不会因计算机字长截断误差迭代过程正常运行而中断计算过程。除了上述 4 个基本原则外，选择恰当的优化方法还需要个人的经验，这样可以运用一些技巧，简便解题程序和步骤。这些经验包括对各种常用优化算法的特点要非常清楚，比如它们的计算精度、收敛性、稳定性等，这样才能互相比较，从中找到一个最合适的算法出来。此外，还需深入分析优化模型的约束条件、约束函数、设计变量以及目标函数，根据复杂性、准确性等条件对它们进行正确的选取和建立。综上，机械优化设计是适应现代设计要求而发展起来的一门崭新学科。它是在传统机械设计理论的基础上，结合各种现代设计方法而出现的一种更科学的设计方法，可使机械产品的设计质量达到更高的水平。机械优化设计的研究必须与工程实践、力学理论、数学、电子计算机技术紧密联系起来，才能具有更加广阔的发展前景。

5.1.4　机械优化应用实例与产品开发

1. 汽车变速器的最优化设计

减小体积和质量，提高传扭能力，是当前汽车变速器优化设计的主要目的，是设计师们追求的目标。因为减小变速器的体积和质量可减少制造费用、降低轮齿动载荷、提高齿轮寿命、使汽车的总体布置更为方便和灵活。因此，汽车变速器的最优化设计，常常是在保证零件的强度、刚度、使用寿命等条件下，以使变速器齿轮及轴系的质量最小作为追求的目标，建立目标函数。

2. 弹簧的最优化设计

弹簧的用途极广，结构类型繁多。作为一种具有弹力的机械元件，广泛用于各种机械装置及机构中。例如，汽车悬架是用螺旋弹簧、扭杆弹簧或叶片钢板弹簧来支承汽车的车架或车厢，做缓冲、减振之用；汽车离合器是用螺旋弹簧或膜片弹簧，内燃机气门是用螺旋弹簧来控制运动的；钟表是用盘簧来储蓄能量的；弹簧秤是用螺旋拉伸弹簧来测量载荷的。

3. 离合器盖结构形状的最优化设计

离合器盖与飞轮固定在一起，通过它传递发动机的部分扭矩，它还是离合器压紧弹簧和分离杆的支承壳体。设计时要求质量小、刚度好，便于通风散热，且相对于飞轮轴线必须有良好的对中，以保持离合器的平衡。为了减轻重量和增强刚度，小轿车和一般载货汽车的离合器盖常选用低碳钢板冲压成带有加强筋和卷边的复杂形状。以复杂的形状增强刚度，从而避免受力变形引起的离合器分离不彻底和摩擦片的早期磨损。因此，离合器盖的设计关键在于其结构形状的尺寸选择。

5.2　计算机辅助设计

5.2.1　三维设计软件概述

产品设计是决定产品外形和产品功能，同时也是决定产品质量最重要的环节，产品的设计工作对产品的成本也起到至关重要的作用。随着计算机的不断发展，CAD 技术即计算机辅助设计已成为设计人员不可缺少的工具。CAD 技术正从二维 CAD 向三维 CAD 过渡。三维设计软件具有工程及产品的分析计算、几何建模、仿真与试验、绘制图形、工程数据库的管理、生成设计文件等功能。三维 CAD 技术诞生以来，已广泛地应用于机械、电子、建筑、化工、航空航天以及能源交通等领域，产品的设计效率得以迅速提高。我国 CAD 技术的研究、开发和推广已取得较大进展，产品设计已全面完成二维 CAD 技术的普及，结束了手工绘图的历史，对减轻人工劳动强度、提高经济效益起到了明显的作用。有相当一部分 CAD 应用较早的企业已完成了从二维 CAD 向三维 CAD 转换，并取得了巨大的经济效益和社会效益。随着市场经济的逐步深入，市场竞争日趋激烈，加强自身的设计能力是提高企业对市场变化和小批量、多品种要求的迅速响应能力的关键。

5.2.2　三维设计软件的应用

1. CAD 技术应用在机械设计的多个方面

1）零件的实体建模

设计软件为三维建模提供了多种工具，包括最基本的几何造型，如球体、圆柱等，对简单的零件，可通过对其结构进行分析，将其分解成若干基本体，对基本体进行三维实体造型，之后再对其进行交、并、差等布尔运算，便可得出零件的三维实体模型。对于较复杂的图形，软件提供了草图工具，设计人员可以通过它先勾勒出截面，再拉伸出较复杂的几何形体。为了满足人们不断提高的审美要求，目前主要流行的几款三维设计软件基本上都提供面片模块，该模块为设计人员提供了非常方便的曲面设计工具。对于具有大块曲面的零件，设计师可以方便地对单个面或片体进行变形处理，以达到需要的曲面。

2）产品造型修改简便

企业生产的产品往往是按系列区分，各系列中每一代产品与上一代产品之间的区别较小，也许只是增加了一个功能部件或是产品造型尺寸上有所改动。三维 CAD 可以方便地修改一些参数就能达到设计师更改造型的目的。三维 CAD 在建模中一般使用参数化建模，整个建模的步骤和产品的外形尺寸被参数化，这些参数是与产品的造型直接关联的。若要对尺寸或造型进行局部的更改，只需要更改相关参数，整个造型将被自动更新。这样不仅大大减少了设计人员的工作量，还保证了产品外部造型的延续性。

3）生成实体装配图

实体装配不仅能让设计人员直观地看到各零件装配后的状态，还可以测量各零件之间的空间大小，方便零件的布置。在装配完成后，零件可以被隐藏或设置成半透明的状态，方便设计人员观察内部结构。此外，在装配状态下，软件提供的标准件库，也方便了设计人员对标准件型号的选择。装配状态下的干涉分析也是常用的功能，计算机通过计算各装配零件的体积的大小和位置来确定是否有相交的部分，并确定各零件是否干涉，自动生成分析报告，明确指出互相干涉零件的名称和干涉的尺寸，方便设计师修改产品设计尺寸。

2. 模具 CAD/CAM 的集成制造

随着科学技术的不断发展，为了减轻人工劳动强度，提高产品的精度，制造行业装备从普通机床逐步到数控机床和加工中心，同时，模具 CAD/CAM 技术、模具激光快速成形技术（RPM）等，几乎应用到整个制造行业。这些数控加工装备基本都具有各三维设计软件的接口。当产品模型在三维 CAD 软件中完成后，再由 CAD 软件模拟出加工刀具路径，随后生成数控语言，通过接口输入数控设备中，再由数控设备按照模拟出的加工路径加工产品。

3. 机械 CAE 功能应用

CAE 是三维 CAD 软件的重要模块，CAE 功能包括工程数值分析，结构优化设计，强度设计评价与寿命预估，动力学、运动学仿真等。CAD 技术在建模模块完成产品造型后，才能由 CAE 模块针对设计的合理性、强度、刚度、寿命、材料、结构合理性、运动特性、干涉、碰撞问题和动态特性进行分析。CAE 技术在我国也得到了广泛应用，以汽车制造业为例，国内多家主车厂和汽车设计公司在使用三维 CAD 软件完成新车型的设计后，都进行了CAE 分析，如干涉检查、钣金成形分析、塑料件拔模角分析、车身强度刚度的测试，在车窗、车门、雨刮器等运动部件上广泛采用 CAE 模块中的运动仿真功能，计算出零件的运动轨迹，以及零部件在运动中的状态，为设计人员提供直观的参考。这些分析工作大大提高了新车型的可靠度，缩短了新车型的开发周期，减少了返工，节约了研发成本。采用三维CAD 技术，机械设计时间缩短了近 1/3。同时，三维 CAD 系统具有高度变形设计能力，能通过快速重构，得到一种全新的机械产品，大大提高了工作效率。

5.2.3　三维设计软件在我国的应用趋势及存在的问题

1. 三维设计软件在我国应用趋势

在过去的 10 多年间，我国一直是生产大国，然而生产环节是整个经济过程中耗费最多、污染最多、利润相对较小的一个环节。随着中国制造行业的不断壮大，越来越多的产品要从中国制造转向中国创造，不断增强我国企业在国际市场上的竞争力。借助各种计算机设计工具，是提高我国创造能力的重要方法。现代装备制造业的产品结构复杂，一般是由多个部件组成的大型设备。因而这样的设计不再是为了生产某一个零部件，而是要考虑到产品整体的造型和结构，仅凭二维设计技术是不够的，三维必不可少。先进的设计能力才能产生先进的制造企业。从长远看，从二维到三维是设计软件一个不可逆转的趋势。充分挖掘三维设计软件中的功能，把这些功能应用到实际设计中，并作为生产加工的依据，是我国制造业发展的必由之路。

2. 我国三维设计软件在应用中的问题

我国三维设计软件的应用始于 20 世纪 80 年代，发展迅速，已取得了良好的经济效益。少数大型企业，如一汽、二汽等，已经建立起比较完整的三维 CAD 设计和制造系统，其应用水平也接近国际先进水平。许多中小企业也运用了三维 CAD 技术，在保证产品质量、提高劳动效率等方面取得了显著的经济效益。但总的来说，国内在三维机械设计软件应用的深度和广度方面与国外先进水平相比还有很大差距。主要原因在于：

1）未能真正实现辅助设计

很多使用企业并未实现真正的辅助设计，目前很多单位用 CAD 软件可以作出三维模型，但仅仅是为了做三维效果图，并未真正实现运用三维 CAD 软件进行整体空间设计和受力分析，还停留在平面图设计方面。他们只是做到用计算机出图，只停留在这个阶段，就失去了其应有的作用，因为 CAD 是辅助设计，不是辅助绘图。特别是三维 CAD 软件中的 CAE 功能在各企业中应用得就更少了。以汽车行业为例，虽然现在汽车企业普遍认识到，CAE 功能可以进行产品的性能与安全可靠性分析，并对产品未来的工作状态和运行行为进行模拟，及早发现设计缺陷，实现优化设计。但对于如何有效开展 CAE 的工作就没有明确的认识。首先，汽车行业相关企业的领导层要充分认识 CAE 的作用和难度，再次企业还要努力建立自己的 CAE 分析标准。目前，我国汽车 CAE 应用中的最大问题就在于我们的企业没有自己的标准或者标准不完善，换句话说，就算做了 CAE 分析，也无法有效地评价分析结果。标准的解决途径有两个：一是自己通过试验和仿真相互校核，建立相关产品的评价标准；二是利用相关行业已有的经验来辅助建立自己的 CAE 分析标准。由此可见，CAE 分析标准的建立相当不易，需要做大量的工作，并且要结合试验结果。然而，这个过程是必须要建立的。

2）缺乏精通 CAD 技术的设计人员

三维 CAD 系统是一个复杂、多样的系统，并不是每个设计人员都能很好地掌握，更何况大部分设计人员并没有接受过 CAD 的应用培训，对 CAD 的多数功能知之甚少，他们完成的设计很可能就存在一些缺陷。世界著名的汽车制造商福特、通用、戴姆勒—克莱斯勒等企业之所以 CAD/CAM 技术应用得好，是因为得益于几十年来一直大力开展 CAD/CAM 应用而积淀下来的宝贵经验，以及培养出了一支高水平的技术队伍。现在国内既懂计算机软、硬件，又有丰富专业知识的人才匮乏，而这恰是企业最为宝贵的财富。为了留住人才，各企业也做出了很大的努力，但整个行业还是缺乏培养人才的氛围，部分企业还是没有意识到自己培养出的人才比在市场上招聘的人才更了解自己的企业，也是企业发展的中坚力量。改变这一点还需要付出大量的努力，需要经历一个长期的过程。

5.2.4　计算机辅助设计实例

AutoCAD（Auto Computer Aided Design）是 Autodesk（欧特克）公司首次于 1982 年开发的自动计算机辅助设计软件，用于二维绘图、详细绘制、设计文档和基本三维设计。现已经成为国际上广为流行的绘图工具。AutoCAD 具有良好的用户界面，通过交互菜单或命令行方式便可以进行各种操作。它的多文档设计环境，让非计算机专业人员也能很快地学会使用。在不断实践的过程中更好地掌握它的各种应用和开发技巧，从而不断提高工作效率。AutoCAD 具有广泛的适应性，它可以在各种操作系统支持的微型计算机和工作站上运行。下面通过两个实例来了解一下 AutoCAD 的设计过程。

例 5 - 1　按给定尺寸绘制图 5 - 1 所示图形。

作图要点：

（1）根据有关数据制作必要的辅助线［图 5 - 2（a）］。

（2）画出图形［图 5 - 2（b）］。

用有关命令画出圆、切线和平行线。

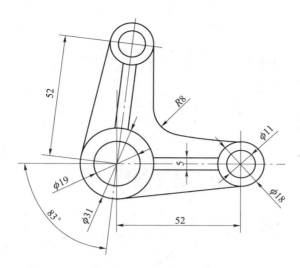

图 5 - 1　零件图

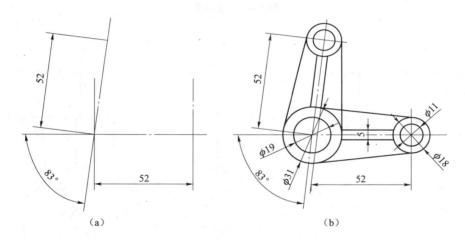

（a）　　　　　　　　　　　　　　　（b）

图 5 - 2　零件图画法演示

（3）修整图形，得到最终结果。

把多余的辅助线删除，对右上两条切线修剪掉左下部分，然后倒圆角（R8）。

例 5 - 2　按给定尺寸绘制图 5 - 3 所示图形。

作图要点：

（1）根据有关数据制作必要的辅助线［图 5 - 4（a）］。

（2）画出图形［图 5 - 4（b）］。

用圆弧（圆心、起点、端点）命令分别画出 R12、R29、R14 和 R24 的圆弧，用直线命令画出上部的垂直线和水平线。

（3）修整图形，得到最终结果。

将 R14 的圆弧和 R24 的圆弧倒圆角（R2），将 R12 的圆弧和左侧垂直线倒圆角（R36），将 R29 的圆弧和右侧垂直线倒圆角（R24），将最顶端的水平线和两条垂直线分别倒直角，然后把多余对象删除。

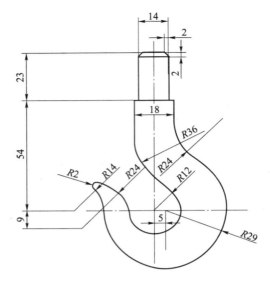

图 5 – 3　零件图

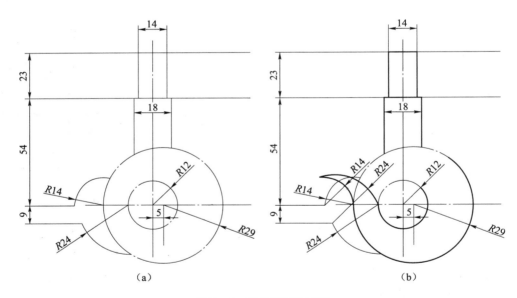

（a）　　　　　　　　　　　　　　（b）

图 5 – 4　零件图画法演示

5.3　有　限　元　法

5.3.1　有限元法的基本思想

　　有限元法是随着计算机的发展而发展起来的一种有效的数值方法。其基本思想是：将连续的结构分割成数目有限的小单元体（称为单元），这些小单元体彼此之间只在数目有限的指定点（称为节点）上相互连接。用这些小单元体组成的集合体来代替原来的连续结构。再把每个小单元体上实际作用的外载荷按弹性力学中的虚功等效原理分配到单元的节点上，构成等效节点力，并按结构实际约束情况决定受约束节点的约束，这一过程称为结构的离散化。其次，对每个小单元体选择一个简单的函数来近似地表示其位移分量的分布规律，并按弹性力学中的变分原理建立起单元节点力和节点位移之间的关系（单元刚度方程）。最后，把全部单元的节点力和节点位移之间的关系组集起来，就得到了一组以结构节点位移为未知量的代数方程组（总体刚度方程），同时考虑结构的约束情况，消去那些结构节点位移为零的方程，再由最后的代数方程组就可求得结构上有限个离散节点的各位移分量。求得了结构上各节点的位移分量之后，即可按单元的几何方程和物理方程求得各单元的应变和应力分量。有限元模型如图 5 – 5 所示。

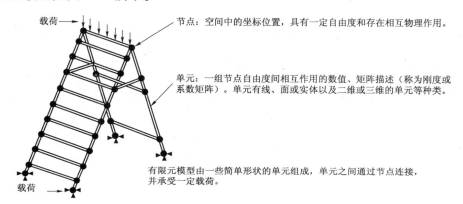

图 5 – 5　有限元模型

　　有限元法的实质就是把具有无限个自由度的连续体，理想化为有限个自由度的单元的集合体，使问题简化为适合于数值解法的结构型问题。

　　经典解法（解析法）与有限元法的区别：

$$解析法 \xrightarrow{微元} \begin{cases} 数目增加到\infty \\ 大小趋于 0 \end{cases} 建立一个描述连续题性质的偏微分方程组；$$

$$有限元解法 \xrightarrow{有限元} 连续体 \xrightarrow{离散化} 单元（单元分析） \xrightarrow{集合} 代替原连续体 \longrightarrow 总体分析。$$

5.3.2　结构力学模型的简化和结构离散化

1.　结构力学模型的简化

　　用有限元法研究实际工程结构问题时，首先要从工程实际问题中抽象出力学模型，即要对实际问题的边界条件、约束条件和外载荷进行简化，这种简化应尽可能地反映实际情况，不至于使简化后的解答与实际差别过大，但也不要带来计算上的过分复杂，在力学模型的简化过程中，必须判断实际结构的问题类型，是二维问题还是三维问题。如果是平面问题，是平面应力问题，还是平面应变问题。同时还要搞清楚结构是否对称，外载荷大小和作用位置，结构的几何尺寸和力学参数（弹性模量 E、波松比 μ 等）。

2.　结构的离散化

　　将已经简化好的结构力学模型划分成只在一些节点连续的有限个单元，把每个单元看成是一个连续的小单元体，各单元之间只在一些点上互相连接，这些点称作节点，每个单元体称为一个单元。用只在节点处连接的单元的集合体代替原来的连续结构，把外载荷按虚功等效原理移置到有关受载的节点上，构成节点载荷，把连续结构进行这样分割的过程称为结构的离散化。现举例说明：

设一平面薄板，中间有一个圆孔，其左端固定，右端受面力载荷 q，试对其进行有限元分割和力学模型简化，如图 5-6 和图 5-7 所示。

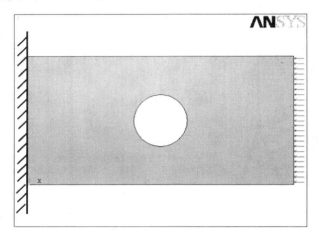

图 5-6　薄板结构的力学模型

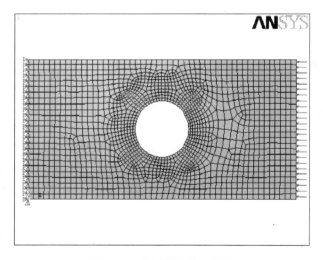

图 5-7　薄板结构的离散化

5.3.3　有限元方法的实施过程

有限元方法的实施过程可以分为三个步骤：

（1）前处理。将整体结构或其一部分简化为理想的数学模型，用离散化的网格代替连续的实体结构。

（2）计算分析。分析计算结构的受力、变形及特性。

（3）将计算结果进行整理和归纳。

对于有限元程序使用者而言，第（1）步和第（3）步的工作量最大，一个有限元程序的好坏，在很大程度上取决于第（1）步的前处理和第（3）步的后处理功能是否强大。

1．前处理

对于第（1）步的前处理而言，要根据计算的目的和所关心的区域，将结构模型化、离散化。需要给出下列信息：

（1）节点的空间位置。

（2）单元与节点的连接信息。

（3）结构的物质特性和材料参数。

（4）边界条件或约束。

（5）各类载荷。

在构成离散模型时，为了使模型较为合理，必须遵循以下两点原则：

（1）使计算模型尽量简化，以减少计算时间和容量，但又必须抓住主要因素，以不影响计算精度。

（2）在所关心的区域加密计算网格。

2．后处理

有限元计算是一种大规模的科学计算，其特点是除了要花费巨大的计算机处理能力外，在计算过程中还会产生巨大数量的数字信息。只有在计算输出信息进行仔细分析理解之后，才能洞察计算中发生的情况和问题，才能获得对被研究对象的认识和见解。

在大多数情况下，被研究的对象都是三维介质中的场分布问题（应力分布、位移分布、压力分布、电场分布等），即所谓的"四维"问题。鉴于其计算结果分析的复杂性，人们提出了科学计算可视性的要求，即把四维的数据进行图形处理或称为可视化处理，使人们能够看到场的分布图像，从图像上直接进行分析、判断来获得有用的结论。这大大加快和加深了人们对计算对象的物理变化过程的认识，发现通常通过数值信息发现不了的现象，甚至获得意料之外的启发和灵感，从而缩短了研究和设计周期，提高了效率，获得更多的结果。

薄板模型的有限元法如图 5 – 8 ~ 图 5 – 11 所示。

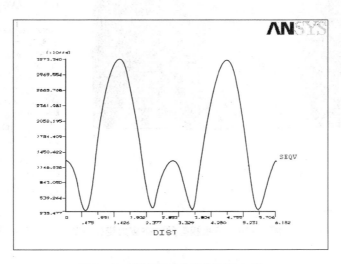

图 5 – 8　薄板模型的位移变化曲线

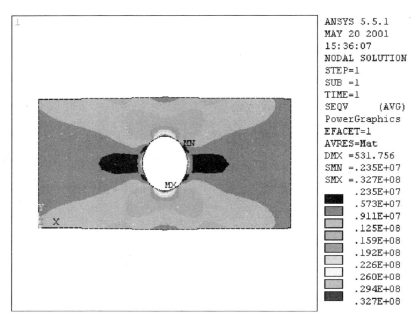

图 5 - 9　薄板模型的动态应力变化（一）

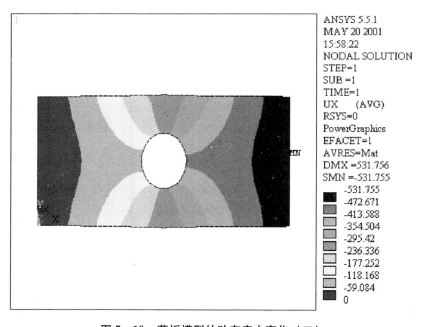

图 5 - 10　薄板模型的动态应力变化（二）

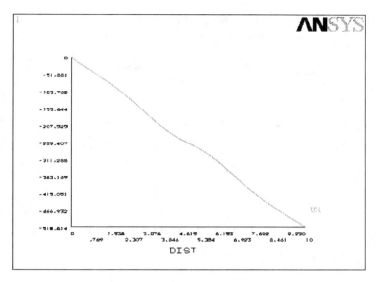

图 5 – 11　薄板模型的应力变化曲线

5.4　机械可靠性设计

5.4.1　可靠性分析概述

　　机械可靠性一般可分为结构可靠性和机构可靠性。结构可靠性主要考虑机械结构的强度以及由于载荷的影响使之疲劳磨损、断裂等引起的失效；机构可靠性则主要考虑的不是强度问题引起的失效，而是考虑机构在动作过程中由于运动学问题而引起的故障。机械可靠性设计可分为定性可靠性设计和定量可靠性设计。所谓定性可靠性设计就是在进行故障模式影响及危害性分析的基础上，有针对性地应用成功的设计经验使所设计的产品达到可靠的目的。所谓定量可靠性设计就是充分掌握所设计零件的强度分布和应力分布，以及各种设计参数的随机性基础上，通过建立隐式极限状态函数或显式极限状态函数的关系，设计出满足规定可靠性要求的产品。系统可靠性设计的目的，就是要使系统在满足规定的可靠性指标、完成预定功能的前提下，使该系统的技术性能、重量指标、制造成本及使用寿命等取得协调并达到最优化的结果，设计出高可靠性系统。机械可靠性设计方法是常用的方法，是目前开展机械可靠性设计的一种最直接有效的方法，无论结构可靠性设计还是机构可靠性设计都是大量采用的常用方法，可靠性定量设计虽然可以按照可靠性指标设计出满足要求的恰如其分的零件，但由于材料的强度分布和载荷分布的具体数据目前还很缺乏，加之其中要考虑的因素很多，从而限制其推广应用，一般在关键或重要的零部件设计时采用。

5.4.2　机械产品可靠性设计特点

　　机械产品可靠性设计有以下几个特点：

1.　应力和强度是随机变量

　　由于零部件所受的应力和材料的强度都不是定值，而是具有离散性的随机变量，因此数学上必须用分布函数来描述，这是因为载荷、强度、结构尺寸、工况等都具有变动性和统计本质，从而需要应用概率和统计方法来进行分析与求解。

2. 可定量描述产品的失效概率和可靠度

由于所设计的产品存在一定的失效概率，但不能超过技术文件所规定的允许值，而可靠性设计能定量地给出所设计产品的失效率和可靠度。

3. 有多种可靠性指标供选择

传统的机械设计方法仅有一种可靠性评价指标，即安全系数；而机械可靠性设计则要求根据不同产品的具体情况选择不同的、最适宜的可靠性指标，如失效率、可靠度、平均无故障工作时间、首次故障里程（用于车辆）、维修度、有效度等。

4. 考虑了环境的影响

由于温度、冲击、振动、潮湿、烟雾、腐蚀、沙尘、磨损等环境条件对应力有很大影响，从而对可靠度有很大影响，因此考虑环境的影响后更能反映出零部件的实际工作状况。

5.4.3 机械产品可靠性设计原则

机械产品相对电子产品有其自身的特点，其设计和分析方法与电子产品也不尽相同，归纳起来，机械产品可靠性设计应遵循以下原则：

1. 传统设计与可靠性设计相结合

传统的安全系数法直观、简单，容易掌握，设计工作量小，在多数情况下能保证机械零部件的可靠性，在一定程度上基本满足了机械产品的可靠性要求。但目前在某些特殊情况下，对机械产品进行传统的可靠性设计比较困难，因此采用概率设计法的概念去完善和改进传统的安全系数法，对一些条件成熟或精度要求非常高的关键件可逐步开展可靠性概率设计。

2. 定性设计与定量设计相结合

定量设计是对可靠性进行定量的分析和计算，但定量设计并不能解决所有的可靠性问题。有些可靠性要求不宜或无法用定量表达，因此可靠性要求中有可靠性定量要求与可靠性定性要求，对于提出可靠性定性要求以及难以进行定量计算的零部件，进行可靠性定性设计往往更加合理和有效。实践证明，可靠性定性设计对于保证和提高机械产品的可靠性有着重要的作用，因此在可靠性设计工作中，应当把定性设计与定量设计有机地结合起来。

3. 机械可靠性与耐久性设计并行

机械产品的可靠性包括可靠性和耐久性，因此机械可靠性设计既要进行可靠性设计，又要进行耐久性设计。可靠性设计针对的是偶然性故障，而耐久性设计针对的是渐变性故障，它们的故障机理是不同的。

4. 系统与零部件可靠性设计并行

机械零部件由于标准化、通用化程度低，功能状态复杂，结构形式各异，因此机械产品的可靠性设计人员既要进行系统的可靠性设计，又要进行零部件的可靠性设计。零件强度是系统可靠性的基本保证，机械零件是构成系统的最基本单元，零部件设计必须在传统强度设计的基础上增加可靠性设计的内容。

5.4.4 产品可靠性设计的方法

产品可靠性设计的方法有以下几种：

1. 预防故障设计

机械产品一般属于串联系统，要提高整机可靠性，首先应从零部件的严格选择和控制做起。例如，优先选用标准件和通用件；选用经过使用分析验证的可靠的零部件；严格按标准的选择及对外购件的控制；充分运用故障分析的成果，采用成熟的经验或经分析试验验证后的方案。

2. 简化设计

在满足预定功能的情况下，机械设计应力求简单、零部件的数量应尽可能减少，越简单越可靠是可靠性设计的一个基本原则，是减少故障提高可靠性的最有效方法。但不能因为减少零件而使其他零件执行超常功能，或在高应力的条件下工作。否则，简化设计将达不到提高可靠性的目的。

3. 降额设计和安全裕度设计

降额设计是使零部件的使用应力低于其额定应力的一种设计方法。降额设计可以通过降低零件承受的应力或提高零件的强度的办法来实现。工程经验证明，大多数机械零件在低于额定承载应力条件下工作时，其故障率较低，可靠性较高。为了找到最佳降额值，需做大量的试验研究。当机械零部件的载荷应力以及承受这些应力的具体零部件的强度在某一范围内呈不确定分布时，可以采用提高平均强度（如通过加大安全系数实现）、降低平均应力，减少应力变化（如通过对使用条件的限制实现）和减少强度变化（如合理选择工艺方法，严格控制整个加工过程，或通过检验和试验剔除不合格的零件）等方法来提高可靠性。对于涉及安全的重要零部件，还可以采用极限设计方法，以保证其在最恶劣的极限状态下也不会发生故障。

4. 余度设计

余度设计是对完成规定功能设置重复的结构、备件等，以备局部发生失效时，整机或系统仍不至于发生丧失规定功能的设计。当某部分可靠性要求很高，但目前的技术水平很难满足，比如采用降额设计、简化设计等可靠性设计方案，还不能达到可靠性要求，或者提高零部件可靠性的改进费用比重复配置还高时，余度技术可能成为唯一或较好的一种设计方法，例如，采用双泵或双发动机配置的机械系统，但应该注意，余度设计往往使整机的体积、重量、费用均相应增加。余度设计提高了机械系统的任务可靠度，但基本可靠性相应降低了，因此采用余度设计时要慎重。

5. 耐环境设计

耐环境设计是在设计时就考虑产品在整个寿命周期内可能遇到的各种环境影响，如装配、运输时的冲击，振动影响，储存时的温度、湿度、霉菌等影响，使用时的气候、沙尘振动等影响。因此，必须慎重选择设计方案，采取必要的保护措施，减少或消除有害环境的影响。具体地讲，可以从认识环境、控制环境和适应环境三方面加以考虑。认识环境指的是：不应只注意产品的工作环境和维修环境，还应了解产品的安装、储存、运输的环境。在设计和试验过程中必须同时考虑单一环境和组合环境两种环境条件，不应只关心产品所处的自然环境，还要考虑使用过程所诱发出的环境。控制环境指的是：在条件允许时，应在小范围内为所设计的零部件创造一个良好的工作环境条件，或人为地改变对产品可靠性不利的环境因素。适应环境指的是：在无法对所有环境条件进行人为控制时，在设计方案、材料选择、表面处理、涂层防护等方面采取措施，以提高机械零部件本身耐环境的能力。

6. 人机工程设计

人机工程设计的目的是减少使用中人的差错，发挥人和机器各自的特点，以提高机械产品的可靠性。当然，人为差错除了人自身的原因外，操纵台、控制及操纵环境等也与人的误操作有密切的关系。因此，人机工程设计是要保证系统向人传达的住处的可靠性。例如，指示系统不仅靠显示器，而且显示的方式、显示器的配置等都使人易于无误地接受；二是控制、操纵系统可靠，不仅仪器及机械有满意的精度，而且适于人的使用习惯，便于识别操作，不易出错，与安全有关的，更应有防误操作设计；三是设计的操作环境尽量适合于人的工作需要，减少引起疲劳、干扰操作的因素，如温度、湿度、气压、光线、色彩、噪声、振动、沙尘、空间等。

7. 健壮性设计

健壮性设计最有代表性的方法是日本田口玄一博士创立的田口方法，即所谓的一个产品的设计应由系统设计、参数设计和容差设计的三次设计来完成，这是一种在设计过程中充分考虑影响其可靠性的内外干扰而进行的一种优化设计。这种方法已被美国空军制定的RM2000年中作为一种抗变异设计，以及提高可靠性的有效方法。

8. 概率设计法

概率设计法是以应力—强度干涉理论为基础的，应力—强度干涉理论将应力和强度作为服从一定分布的随机变量处理。

9. 权衡设计

权衡设计是指在可靠性、维修性、安全性、功能重量、体积、成本等之间进行综合权衡，以求得最佳的结果。

10. 模拟方法设计

随着计算机技术的发展，模拟方法日趋完善，它不但可用于机械零件的可靠性定量设计，也可用于系统级的可靠性定量设计。当然，机械可靠性设计的方法绝不能离开传统的机械设计和其他的一些优化设计方法，如机械计算机辅助设计、有限元分析等。

5.4.5　预防故障设计的设计实例

故障模式的基本概念，在国军标 GJB 451—1990《可靠性维修性术语》中，故障模式的定义是故障的表现形式。更确切地说，故障模式一般是对产品所发生的、能被观察或测量到的故障现象的规范描述。

在分析产品故障时，一般是从产品故障的现象入手，通过故障现象（故障模式）找出原因和故障机理。对机械产品而言，故障模式的识别是进行故障分析的基础之一。

故障模式一般按发生故障时的现象来描述。由于受现场条件的限制，观察到或测量到的故障现象可能是系统的，如发动机不能起动；也可能是某一部件，如传动箱有异常响；也可能就是某一具体的零件，如履带断裂、油管破裂等。因此，针对产品结构的不同层次，其故障模式有互为因果的关系。例如，"发动机损坏"这一故障模式是它上一层次"汽车不能开动"的原因，又是它下一层次故障模式"连杆疲劳断裂"的结果，表 5－1 反映出故障模式的层次。

表 5-1　故障模式的层次

故障现象（故障模式）	故障产生的原因和机理
汽车不能开动 发动机损坏 曲轴断裂 曲轴断裂	发动机损坏 曲轴断裂 疲劳 硬度不合格、热处理温度偏低、测温仪表故障、管理等

由于故障分析的目的是采取措施、纠正故障，因此在进行故障分析时，需要在调查、了解产品发生故障现场所记录的系统可分系统故障模式的基础上，通过分析、试验逐步追查到组件、部件或零件（如曲轴）的故障模式，并找出故障产生的机理。

故障模式不仅是故障原因分析的依据，也是产品研制过程中进行可靠性设计的基础，如在产品设计中，要对组成系统的各部、组件潜在的各种故障模式对系统功能的影响及产生后果的严酷程度，进行故障模式、影响及危害性分析，以确定各故障模式的严酷度等级和危害度，提出可能采取的预防改进措施。因此将故障的现象用规范的词句进行描述是故障分析工作中不可缺少的基础工作。目前，一些行业、专业均编制了故障模式表。中国汽车工业总公司在 1992 年发布了标准 QC/T 34—1992《汽车的故障模式及分类》。装甲兵组织有关专家研究现役装备使用可靠性，编制了装甲车辆的故障模式表。

为了便于分析和统计故障模式，一般将故障模式进行分类，在 QC/T 34—1992《汽车的故障模式及分类》将汽车常见故障模式分成 6 类：

（1）损坏型故障模式。例如：断裂、碎裂、开裂、点蚀、烧蚀、击穿、变形、拉伤、龟裂、压痕等。

（2）退化型故障模式。例如：老化、变质、剥落、异常磨损等。

（3）松脱型故障模式。例如：松动、脱落等。

（4）失调型故障模式。例如：压力过高或过低、行程失调、间隙过大或过小、干涉等。

（5）堵塞与渗漏型故障模式。例如：堵塞、气阻、漏水、漏气、渗油等。

（6）性能衰退或功能失效型故障模式。例如：功能失效、性能衰退、异响、过热等。

齿轮轮齿故障模式分类及其特征，见表 5-2。

表 5-2　齿轮轮齿故障模式分类及其特征

分类	故障模式特征	举例	损坏部位示意图
表面接触疲劳损伤	**麻点疲劳剥落** 在轮齿节圆附近，由表面产生裂纹，造成深浅不同的点状或豆状凹坑	承受较高的接触应力的软齿面（正火调质状态）和部分硬齿面齿轮	
	浅层疲劳剥落 在轮齿节圆附近，由内部或表面产生裂纹，造成深浅不同、面积大小不同的片状剥落	承受高接触应力的重载硬齿面（表面经强化处理）齿轮	
	硬化层剥落 经表面强化处理的齿轮在很大接触应力作用下，由于应力/强度比值大于 0.55，在强化层过渡区产生平行于表面的疲劳裂纹，造成硬化层压碎，大块剥落	承受高接触应力的重载硬齿面（表面经强化处理）齿轮	硬化层深度

分类	故障模式特征	举 例	损坏部位示意图
齿轮弯曲断裂	**疲劳断齿** 表面硬化（渗碳、碳氮共渗、感应淬火等）齿轮，一般在轮齿承受最大交变弯曲应力的齿轮根部产生疲劳断裂。断口呈疲劳特征	承受弯曲应力较大的变速箱齿轮和最终传动齿轮等	裂纹源 裂纹扩展区 最后断裂区
	过载断齿 一般发生在轮齿承受最大弯曲应力的齿根部位，由于材料脆性过大或突然受到过载和冲击，在齿根处产生脆性折断，断口粗糙	变速箱齿轮等	
磨损	**磨粒磨损** 润滑介质中含有类角硬质颗粒和金属屑粒，犹如刀刃切削轮齿表面，使齿面几何形状发生畸变，严重时会使齿顶变尖，磨得像刀刃一样	在有灰沙环境工作的开式齿轮，矿山机械传动齿轮等	
	腐蚀磨损 在润滑介质中含有化学腐蚀成分，与材料表面发生化学和电化学反应，产生红褐色腐蚀产物（主要是二氧化铁），受啮合摩擦和润滑剂的冲刷而脱落	在化学腐蚀环境中工作的齿轮	
	胶合磨损 轮齿表面在相对运动时，由于速度大，齿面接触点局部温度升高（热黏合）或低速重载（冷黏合）使表面油膜破坏，产生金属局部黏合而又撕裂，一般在接近齿顶或齿根部位速度大的地方，造成与轴线垂直的刮伤痕迹和细小密集的黏焊节瘤，齿面被破坏，噪声变大	高速传动齿轮、蜗杆等	
	齿端冲击磨损 变速箱换挡齿轮在换挡时齿端部受到冲击载荷，使齿端部产生磨损、打毛或崩角	变速箱换挡齿轮受多次换挡冲击载荷作用	
齿面塑性变形	**塑性变形** 在瞬时过载和摩擦力很大时，软齿面齿轮表面发生塑性变形，呈现凹沟、凸角和飞边，甚至使齿轮扭曲变形，造成轮齿塑性变形	软齿面齿轮过载	
	压痕 当有外界异物或从轮齿上脱落的金属碎片进入啮合部位，在齿面上压出凹坑，一般凹痕线平，严重时会使轮齿局部变形	齿轮啮合时有异物压入	压痕
	塑变褶皱 硬齿面齿轮（尤其是双曲线齿轮）当短期过载摩擦力很大时，齿面出现塑性变形现象，呈波纹形褶皱，严重破坏齿廓	硬齿面齿轮过载	

通过对汽车、拖拉机的 931 个齿轮损坏实例进行统计分析，得出了齿轮的各故障式比例，见表 5 - 3。

表 5 - 3　齿轮故障模式所占比例

序号	齿轮故障模式	占总故障模式比例/%
1	疲劳断齿	32.8
2	过载断齿	19.5
3	轮齿碎裂	4.3
4	轮毂撕裂	4.6
5	表面疲劳	20.3
6	表面磨损	13.2
7	齿面塑性变形	5.3

轴件的故障模式可以分成两种类型，见表 5 - 4。

表 5 - 4　轴件的故障模式

模式分类		说　明
断裂	静载断裂	超出设计允许的过度的弹性、塑性变形
	冲击断裂	一次性施加的静载荷过大，引起断裂
	应力腐蚀及腐蚀疲劳断裂	一次性高速冲击载荷引起的断裂
	疲劳断裂	在腐蚀性介质中使用的零件，在静应力或交变应力作用下产生的断裂
表面损伤	磨损	零件在交变应力作用下产生的断裂
	腐蚀	零件表面与周围介质发生化学或电化学反应形成腐蚀，导致表面损伤
	接触疲劳	零件在交变接触应力作用下，出现表面剥落现象

弹簧是机械产品中的重要基础件之一。它的种类很多，按形状划分有：螺旋弹簧、板（片）簧、碟形弹簧、环形弹簧、平面（截锥）蜗卷弹簧等；按承载特点划分有：压缩、拉伸、扭转等弹簧。还有按成形方式、材质等划分弹簧的方法。

弹簧承受的应力主要有：弯曲应力、扭转应力、拉压应力和复合应力等。

弹簧的故障模式主要有：断裂、变形、松弛、磨损。其中最主要的是断裂和变形（松弛），见表 5 - 5。

表 5 - 5　弹簧的故障模式分类

模式分类		说　明
断裂	脆性断裂	弹簧断裂中绝大部属于脆性断裂。只有当工作温度较高时，才有可能出现塑性断裂（如切变形断裂及蠕变断裂等）。在工程上把疲劳断裂、应力腐蚀断裂及氢脆断裂等称为脆性断裂
	疲劳断裂	弹簧在循环载荷作用下的断裂
	应力腐蚀断裂	在拉应力和腐蚀介质共同作用下引起弹簧断裂现象
	腐蚀疲劳断裂	弹簧在循环载荷和腐蚀介质共同作用下发生的断裂
	氢脆、镉脆、黑脆	由于弹簧材料中有害物质含量过高引起的脆断
松弛或变形		载荷超出弹性极限或长期高负荷工作
磨损		磨损分为：磨料、疲劳和腐蚀磨损

紧固件一般分为：螺纹紧固、铆钉和专用紧固件（如卡环等），其中螺纹紧固和一些专用紧固件能方便拆卸，重复使用。铆钉类的紧固是永久性连接的紧固件。

紧固件一般承受：静载（拉伸、剪切、弯曲、扭转），疲劳载荷，冲击载荷。

紧固件主要故障模式见表 5 - 6。

表 5 - 6　紧固件主要故障模式

故障模式		说　明
断裂	脆性断裂	
	延滞破坏断裂	包括氢损伤、应力腐蚀破坏、液体金属脆断
	腐蚀断裂	
	高温应力断裂	
变形		
扣滑		

几种常见的故障模式见表 5 - 7 ~ 表 5 - 12。

表 5 - 7　损坏型故障模式

	故障模式	说　明
1	断齿	齿轮在外力或内应力作用下发生至少有一个轮齿掉落（但不包含整个轮齿的掉落）现象
2	剃齿	齿轮件在外力或内应力作用下发生全部轮齿掉落的现象
3	断裂	零件在外力或内应力作用下断开的现象，如轴类、杆类、支架、齿轮等的断裂
4	碎裂	零件在外力的作用下，超过了强度极限而被破坏，成为多个不规则形状碎块的现象，如轴承、衬套等的碎裂
5	龟裂	零件表面网状裂纹扩展的现象，如离合器摩擦片等的龟裂
6	开裂	零件因强度不够，裂开一个或多个可见缝隙的现象，如橡胶件等的开裂
7	裂纹	零件表面或内层产生细微纹路的现象，如轴类、杆类、支架、齿轮、摩擦片等的裂纹
8	开焊	焊缝或焊缝与基体间出现裂纹或开裂的现象
9	滑扣	螺纹连接件因螺纹损坏造成不能拧紧的现象，如乱扣亦归入滑扣之列
10	点蚀	零件表面在循环变化的接触应力作用下，由于疲劳而产生的点状剥落的现象，如齿轮齿面、凸轮表面、轴承滚道等出现的点蚀
11	拉伤	相对运动的摩擦副之间由于过热或含有杂质，在摩擦表面滑动方向形成明显伤痕的现象，如筒式减震器、发动机缸套、轴瓦等的拉伤
12	黏附	零件间的接触表面由于过热等原因，致使接触表面处材料分子的转移，产生局部吸附的现象，如摩擦片的黏附
13	咬住	零件间接表面由于黏附或滞卡严重，产生阻力，进而导致相对运动中断的现象
14	塑性变形	零件的许用应力在超过弹性极限后，产生永久变形，即使除去外力也不能恢复到变形前状态的现象，如轴类、杆类、弹簧等的塑性变形
15	压痕	零件表面在接触压应力作用下，产生有规律凹状波的现象，如离合器活动盘弹子槽表面出现的压痕
16	烧蚀	零件因高温、过热等原因，致使其局部表面产生损伤或熔化等现象，如发动机活塞顶部、轴瓦等的烧蚀

	故障模式	说　明
17	击穿	（1）绝缘体（在高电压的作用下）丧失绝缘能力，通过绝缘体的电流突然大量增加，造成破坏性放电的现象，如电容器的击穿；（2）在装甲车辆中也指尘土直接穿过空气滤清器而进入发动机的现象
18	爆炸	高压、骤热造成零件突然损坏的现象，如蓄电池爆炸
19	炸裂	骤冷造成零件突然损坏的现象，如潜望镜玻璃炸裂
20	脱胶	负重轮胶带出现整条胶带从钢圈上脱开（或脱落），或胶带内外层碎裂（掉块）的现象

表5-8　失调型故障模式

序号	故障模式	说　明
1	干涉	零部件之间因外部或内部原因，出现运动件与运动件或运动件与固定件之间发生碰撞或摩擦现象
2	顶齿	齿轮件因啮合间隙消失而不能转动的现象
3	发卡	因调整不当，维护不善等原因，致使运动不灵活，产生滞卡，如操纵装置拉杆的发卡
4	异响	机件运转中发生不正常声响的现象
5	不能调压	高压装置（例如高压继电器）丧失调压能力的现象
6	压力过高（或过低）	油或气压不符合技术条件规定值，出现过高（或低）的现象。如发动机机油压力过高（或过低）
7	压力不稳定	油压或气压出现压力忽高忽低的现象
8	行程过大（或过小）	操纵件或运动件所能达到极限位置之间的距离不符合技术要求，出现过大（或过小）的现象，如踏板、操纵杆等的选择过大（或过小）
9	间隙过大（或过小）	配合件的配合间隙或触点间隙不符合技术要求，出现过大（或过小）的现象
10	照度过亮（或过暗）	照明元器件因电压等原因出现照度不适（过亮或过暗）的现象
11	接触不良	电子元器件出现时通时断的现象，如继电器接触不良
12	断路	通电电路出现电流中断的现象
13	短路	电路中电阻消失造成破坏性放电的现象
14	指示不准	装甲车辆车载监测仪表出现指针显示值与实际工况不符合的现象，如发动机转速表指示不准
15	指示不归零	监测仪表指针不能回归起始原点的现象
16	无指示	因监测仪表结构等故障出现指针不显示的现象
17	性能下降	车辆行驶一定时间后，出现性能降至低于规定的性能指标的现象，如车辆最大行驶速度达不到规定指标
18	功率不足	发动机工作一定时间后，出现发出功率低于同样条件新发动机发出功率的现象
19	功率变大	发动机工作一定时间后，其功率出现反常（变大）的现象
20	不能熄火	因发动机操纵装置等零部件发生故障，致使发动机无法正常停止工作的现象
21	着火	装甲车辆内发生明火燃烧的不应有的现象，如发动机因铜石棉垫断裂引起的发动机着火
22	倒爆	因操作不当，出现发动机反常程序工作，造成发动机短时间严重磨损或损坏的现象
23	起动困难	发动机、起动电动机的起动齿轮等零部件按操作规程起动时，出现不易起动的现象

序号	故障模式	说　明
24	不运转	发动机、起动电动机的起动齿轮等零部件因外部或内部等原因，出现起动不起来的现象
25	转速不稳	发动机工作时，出现转速忽高忽低，且很难或无法控制的现象
26	飞车	发动机调控失效，转速迅速无限升高，超过允许的最高值，并伴有巨大响声的现象
27	过热	某一部位的零部件温度超过正常工作温度的现象，如冷却系统开锅
28	供油不畅	出现发动机燃油供给系统供给的油量不足或断续供油的现象
29	不供油	出现发动机燃油供给系统不供给燃油，致使发动机无法正常工作的现象
30	供气不足	出现发动机空气供给系统不能正常供给所需的空气，致使发动机无法正常工作的现象
31	供油过大	因发动机油量调整器故障，造成超供油，出现燃油消耗率增大、发动机工作粗暴等不良的现象
32	排黑烟	因油和（或）气供给不均，雾化不良等原因，引起发动机排黑烟现象
33	自行熄火	在发动机正常使用的情况下，出现发动机突然停止工作的现象
34	不充电	发动机正常工作时，出现由发动机拖动的发电机不能向本车蓄电池充电的现象
35	抖动	传动箱、变速箱等组件工作时，出现箱体上下剧烈、频繁颤动的现象
36	摆动	因磨损过度等原因，造成转动件以支承轴为轴线的前后晃动，如负重轮的摆动
37	不传递动力	发动机工作时，出现具有独立功能的组件（如传动箱）输不出动力的现象
38	分离不彻底	工作中需要正常开合的主、被动摩擦零件出现闭合后不能完全分开的现象
39	不分离	工作中需要正常开合的主、被动摩擦零件，出现闭合后不能分开的现象
40	打滑	主、被动摩擦零件闭合后，施以规定的作用力仍不能中止相对运动和传递所需扭矩的现象
41	踏板沉重	出现脚蹬踏板费力的现象
42	踏板回不到原位	蹬下的踏板卸载后不能自行回到原始位置的现象
43	踏板抖动	踏板上下运动过程中出现明显颤抖的现象
44	不闭锁	换（挂）挡时因闭锁器故障，出现传动（变速）杆不能到位的现象
45	乱挡	换（连）挡时，实际挡位与挡位指针不一致的现象
46	挂不上挡	使用中变速杆已到挂挡位置仍不能挂上挡的现象
47	自行挂挡	使用中挂挡后，未做任何操作而变速杆自动挂上挡或变速杆一次操作同时挂上双挡的现象
48	摘不下挡	变速杆挂上挡后不能正常退挡，或变速杆已在空挡位置实际仍未脱挡的现象
49	自行掉挡	在未做任何变速操纵情况下，变速杆自动回到空挡位置或变速杆还在原挡位上实际已发生脱挡，使车辆速度突然减慢或停止的现象
50	转向困难	按规定操作要求操纵，行驶的车辆仍不能正常转向的现象
51	不转向	在未做任何转向操纵情况下，行驶的车辆向一侧转向的现象
52	操纵困难	车辆起步和转向时，推拉操纵杆费力或挂（换）挡时变速杆操作费力的现象
53	回位不彻底	操纵杆不能完全恢复到规定位置的现象
54	不回位	操纵杆不能恢复到规定位置的现象
55	无助力	操纵装置助力机构不起助力作用的现象
56	联动	制动车辆过程中，出现手操纵装置工作也带动脚操纵装置工作，或脚操纵装置工作也带动手操纵装置工作的不应有的现象
57	雾化不良	有能形成均匀雾状油气的现象，如喷油器雾化不良

表 5 – 9　装甲车辆松脱型故障模式

序号	故障模式	说　明
1	窜动	零、部件离开原安装位置一定距离的现象，如扭力轴的窜动
2	松动	紧固件、连接件丧失应有的紧固力的现象，如螺栓、铆钉等连接件的松动
3	脱开	由于连接失效造成被连接零件位移、错开一段原安装位置但未彻底分离的现象，如减震器连接臂、连接销的脱开
4	脱落	由于连接失效造成被连接零件原安装位置彻底分离的现象，如减震器连接销的脱落

表 5 – 10　装甲车辆退化型故障模式

序号	故障模式	说　明
1	老化	非金属零件随着使用或存放时间的延长，丧失原有性能的现象，如橡胶密封件，橡胶管等的老化
2	氧化	电子元器件随着使用或存放时间的延长，其接触面丧失原有良好的导电性能的现象，如接线柱的氧化
3	超泡	橡胶件、塑料件表层出现气泡的现象，如轮式装甲车辆轮胎的起泡
4	变质	油、脂及特种液由于内部或外部原因，改变原有物理或化学特性的现象，如钙基脂、机油的变质
5	剥落	金属或涂层以薄片状从零件表面脱落或分离的现象
6	锈蚀	由于水、杂质等原因致使零件表面产生锈、斑及腐蚀的现象
7	异常磨损	由于设计、制造、装配或使用等原因，在寿命期内运动件表面产生超过正常磨损的现象
8	翘曲	片板状零件由于内部或外部原因，致使表面出现高低不平，或标准平台上检测时贴合面出现超过规定的间隙值的现象

表 5 – 11　装甲车辆堵塞与渗透漏型故障模式

1	堵塞	管路中有异物阻挡，造成液体或气体不能流动或流动不畅的现象，如柴油箱油路堵塞
2	气阻	因油、水管路中有空气，造成发动机或液压系统无法正常工作的现象，如发动机高压泵气阻
3	泄油	密封装置严重失效或管路等零件损坏，引起油料、特种油液在短时间内大量漏出的现象
4	甩油	旋转机件工作时，由于离心力作用，使其内的润滑油（脂）从密封失效处甩出的现象，如转向机甩油，负重轮甩油
5	漏油	因密封装置失效或零件损坏等引起油、脂较快流出的现象
6	滴油	因密封装置失效或零件损坏等引起油、脂呈点滴状流出来的现象
7	渗油	因密封装置失效或零件损坏等引起油、脂少量渗透，零件表面出现油迹的现象
8	漏水	因密封装置失效或零件损坏等引起水较快流出的现象
9	滴水	因密封装置失效或零件损坏等引起水呈点滴状流出的现象
10	渗水	因密封装置失效或零件损坏等引起水少量渗透，零件表面出现水迹的现象
11	喷水	因密封装置严重失效或零件损坏等，引起冷却水在短时间内大量漏出呈柱状的现象
12	进泥水	因密封失效，出现泥水进入零件内腔，造成润滑油（脂）变质的现象
13	漏气	因密封装置失效或零件损坏引起泄漏，可听见明显的气流声，或有"手感"或肥皂液检查出现连续起泡的现象，如发动机缸垫漏气
14	渗气	轻微漏气，听不见气流声或无明显的"手感"，用肥皂液检查有连续气泡出现的现象
15	油水混合	因加工、装配缺陷或零件损坏，造成发动机燃油、润滑油和水混合在一起的现象

表 5 – 12　装甲车辆综合型故障模式

序号	故障模式	说　明
1	跑偏	车辆直线行驶时，自动偏向一边的现象
2	损坏	"损坏"作为故障模式太笼统不确切。但在当时对可靠性问题尚未有深刻认识的情况下，当试验现场出现零部件已不符合规定的要求时，因工作责任心不强，或因一时难以判明其确切的故障形式，试验员以"损坏"给予记录。目前整理时，只好予以保留

5.5　机械创新设计

5.5.1　机械创新设计概述

1. 引言

机械设计是指根据使用要求对机械的工作原理、结构、运动方式、力和能量的传递方式、各个零件的材料和形状尺寸、润滑方法等进行构思、分析和计算，并将其转化为具体的描述，以作为制造依据的工作过程。一般来说，机械设计分为以下几步：① 敢发现问题，感悟需求；② 弄清问题的本质；③ 寻求问题的科学原理，解决问题都是要遵循科学原理或利用科学规律、现象；④ 选定科学原理，规划工艺动作，规划功能；⑤ 机械系统的构思，尺度综合；⑥ 机械系统的评价选优；⑦ 对被选定机械系统做结构设计；⑧ 造型包装设计。

创新是以新思维、新发明和新描述为特征的一种概念化过程。起源于拉丁语，它原意有三层含义：① 更新；② 创造新的东西；③ 改变。创新是人类特有的认识能力和实践能力，是人类主观能动性的高级表现形式，是推动民族进步和社会发展的不竭动力。

机械创新设计是充分发挥设计者的创造力和智慧，利用人类已有的相关科学理论、方法和原理，进行新的构思，设计出新颖、有创造性及实用性的机构和机械产品。

2. 机械创新设计的内涵

狭义的机械创新设计是指规划构思出新颖有价值的机械产品的活动过程，它的标志是设计产品具有新颖性。广义的机械创新设计应该包括设计思想方法、手段的创新。一般情况下，机械创新设计是被理解为狭义的。

从机械的定义、机械设计过程看机械创新设计的内涵，主要在以下几方面：

（1）产品功能的创新设计，包括满足人类需求的全新功能的产品和增加新功能的产品的创造。

（2）完成产品功能的新的科学原理的运用。

（3）实现工艺动作的新规划，用工艺动作完成产品功能是机械产品的重要特征。

（4）机械系统的创新组合。

（5）机构创新，包括基本机构的演变创新和机构的组合创新。

（6）结构创新。机器由具体的功能结构结合而成，结构元素的变化构成机械创新设计最为具体的部分。

（7）检测控制系统创新。

（8）产品造型创新。

机械创新设计的实质内容是"新"字，构成一个机械产品的某一部分相对于旧有产品而言，具有新颖价值，其设计过程中就进行了创新设计。机械创新设计只是在机械设计过程中，对产品规划构思的某些部分做了新颖而有价值的设计。机械创新设计只是机械设计中的一个环节，前者不能取代后者。

5.5.2　机械创新设计的常用方法

机械创新设计的常用方法有以下几种：

1. 头脑风暴法

头脑风暴法的特点是要求与会者尽可能地解放思想，无拘无束地思考问题，不必顾虑自己的想法是否"离经叛道"或"荒唐可笑"。创造一种自由、活跃的气氛，激发参加者提出各种荒诞的想法，使与会者思想放松。这是获得高质量创造性设想的条件。

2. 6-3-5 法

即每次会议请 6 个人参加，每人在卡片上默写 3 个设想，每轮历时 5 分钟。这种方法和头脑风暴法很像，针对头脑风暴法的局限性，即有创造性很强的人喜欢沉思，但会议无此条件，会上表现力和控制力强的人会影响他人提出设想，会议严禁批评，虽然保证了自由思考，但难于及时对众多的设想进行评价和集中，于是提出了 635 法。635 法的特点是，组织者给每个人发几张卡片，每张卡片上标上 1、2、3 号，在每两个设想之间留出一定的空隙，好让其他人再填写新的设想。在第一个 5 分钟内，要求每个人针对议题在卡片上填写 3 个设想，然后将设想卡片传递给右邻的与会者。在第二个 5 分钟内，要求每个人参考他人的设想后，再在卡片上填写 3 个新的设想，这些设想可以是对自己原设想的修正和补充，也可以是对他人设想的完善，还允许将几种设想进行取长补短式的综合，填写好后再有传给他人。这样，半小时内传递 5 次，可产生 108 条设想。从收集上来的设想卡片中，将各种设想，尤其是最后一轮填写的设想进行分类整理，然后根据一定的评判准则筛选有价值的设想。

3. 类比法

类比法即比较分析两个对象之间某些相同或相似之处，从而认识事物或解决问题的方法。类比法应用比较广泛，比如我们常见的仿生技术的原理也是类比法。再比如雷达的发明灵感是从蝙蝠来的，飞机的发明是根据鸟类的飞行来的，军用越野车的发明是按蜘蛛爬行的原理来的。

4. 从现有发明专利中找灵感

通常我们要设计的产品都会有发明专利，所以在设计之前可以参考一下别人已有的专利，了解别人的设计思想，从而对自己的设计进行改进，但是要注意不能抄袭别人的专利。这种方法的特点是，可以查到的专利很多，所以对我们来说可以借鉴的资源也很丰富，但是也有个缺点，那就是别人已有的专利越多，我们自己可以发挥的空间也越有限。

5. TRIZ 理论

TRIZ 理论说明发明创造和解决技术难题是有规律可循的。发明的过程就是解决系统冲突的过程。Altshuller 发现任何领域的产品改进、技术的变革、创新和生物系统一样，都存在产生、生长、成熟、衰老、灭亡，是有规律可循的。人们如果掌握了这些规律，就可以能动地进行产品设计并能预测产品的未来趋势。TRIZ 解决问题的过程：发明问题解决理论的核心是技术进化原理。按这一原理，技术系统一直处于进化之中，解决冲突是其进化的推动力，按照 TRIZ 理论，解决冲突的方法是采用分离原理，比如时间上的分离（飞机襟翼），空间上的分离（舰艇的拖弋声呐系统），条件上的分离（喷水可以用来洗澡也可以用来切割），部分的分离（标准生产线和柔性制造系统）。进化速度随技术系统一般冲突的解决而降低，使其产生突变的唯一方法是解决阻碍其进化的深层次冲突。

TRIZ 理论的主要内容：

（1）TRIZ 理论中提供了如何系统分析问题的科学方法，如多屏幕法等；而对于复杂问题的分析，则包含了科学的问题分析建模方法——物—场分析法，它可以帮助快速确认核心问题，发现根本矛盾所在。

（2）技术系统进化法则，针对技术系统进化演变规律，在大量专利分析的基础上，TRIZ 理论总结提炼出 8 个基本进化法则，即由单一趋向复合（螺旋桨叶片）、由整体趋向分割（印刷机）、由刚性趋向于柔性（汽车转向机构）、由单向趋向于双向（光控电灯），由一维趋向多维（灯管的发展）、由单一用途趋向于多用途（汽车上的显示屏）。利用这些进化法则，可以分析确认当前产品的技术状态，并预测未来发展趋势，开发富有竞争力的新产品。

（3）技术矛盾解决原理，不同的发明创造往往遵循共同的规律。TRIZ 理论将这些共同的规律归纳成 40 个创新理论，即空间的转换（可折叠的交通灯）、时间的转换（焊接时防止变形，可以施加作用力）、主体的转换（沙发床）、作用力的转换（激光雕刻机）；材料或形态的转换、环境的转换（使用氧离子）。针对具体的技术矛盾，可以基于这些创新原理，结合工程实际，寻求具体的解决方案。

（4）创新问题标准解法，针对具体问题的物—场模型的不同特征，分别对应有标准的模型处理方法，包括模型的修整、转换、物质与场的添加等。

（5）发明问题解决算法 ARIZ，主要针对问题情景复杂，矛盾及其相关部件不明确的技术系统。它是一个对初始问题进行一系列变形及在定义等非计算性的逻辑过程中，实现对问题的逐步深入分析，问题转化，直至问题解决。

（6）基于物理、化学、几何学等工程学原理而构建的知识库，基于物理、化学、几何学等领域的数百万项发明专利的分析结果而构建的知识库，可以为技术创新提供丰富的方案来源。

6. 教授咨询

教授通常做过的项目比较多，所以经验丰富，对于一个解决实际问题的设计方案也会比我们考虑得周全，所以咨询教授是一种很可靠的方法。

7. 查有关参考书，浏览网站

现在网络覆盖范围很广，许多人都通过网络来发表自己的看法，所以网上有很多值得我们借鉴的好的想法，这种方法的特点就是获取方便。

5.5.3 机械创新设计中的机构创新

1. 新机构的创新设计

任何一个设计，其首要工作应明确设计目的和设计任务，以及设计出机构应实现的功能。机械系统的功能分析是机构创新设计中非常重要的环节，是后续设计的基础。最基本的功能分析是确定输入、输出运动形式和相关约束条件，从而总结出为实现所需功能所需的机构自由度、各类型构件数目、机构中各类运动副的分配情况等。在进行机械装置的功能分析之后，可根据现有的单铰运动链图谱找出满足机构自由度要求和基本功能要求的单铰运动链，且这些仅含连杆与转动副的所有单铰运动链原型可作为下一步创新综合的基础。

例如，要求设计一个能较精确地实现预期运动规律（将转动变换为移动）的传动系统—凸轮控制机构。则可确定凸轮为原动件，滑块为输出构件，该凸轮要求恒速转动，以驱动滑块沿固定导轨移动。而滑块要按规定的行程做往复运动。按以上要求分析，机构的自由度为1，应选择 $F=1$ 的运动链，而满足需求的最简单运动链为平面四杆链。由于机构中存在凸轮高副，且输出为移动副，则应对四杆机构进行运动副的替代，不难发现替代后运动链为 1R1P1Z 形式（R 为转动副、P 为移动副、Z 为凸轮高副）。同时可明确输入运动为转动，构件 1 为驱动件（即为凸轮），输出运动为移动，构件 3 为输出件（滑块），构件 2 为相对固定的机架，从而得到其机构简图如图 5-12 所示。滚子 4 并非运动链中的构件，在此只是起到减少凸轮副摩擦损耗的作用。

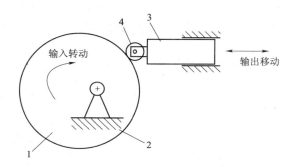

图 5-12 平面四杆运动链替代后的机构简图
1，2，3—构件；4—滚子

若要满足力或运动的扩大功能，则可分别选择瓦特链与斯蒂芬森链为原型的六杆运动链，并使机构中同时存在凸轮高副和齿轮高副。先来讨论瓦特链的形式，如图 5-13 所示。根据运动副替代方法，可将瓦特链中的构件 2 与转动副 B 和 C 替代为凸轮副 HS，构件 1 则为凸轮；构件 4 与转动副 E 和 G 替代为齿轮副 HS，构件 3 为齿轮，构件 5 为齿条，也即是滑块。接下来确定出三元素杆 6 为机架，即可设计出机构运动简图，如图 5-13 所示。图 5-14 中 1 为主动凸轮，通过主动凸轮带动齿轮 3 摆动，再通过齿轮齿条的啮合，实现滑块 5 的往复移动输出，达到预期功能。

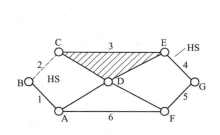

图 5-13 替代后的瓦特链

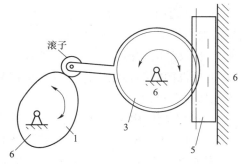

图 5-14 根据瓦特链创作的机构简图

再来看斯蒂芬森链，如图 5 - 15 所示。可将构件 2 和转动副 B 和 C 替代为凸轮副 HS，构件 1 则为凸轮；构件 5 与转动副 E 和 F 替代为齿轮副 HS，构件 3 为齿轮，构件 6 为齿条，此时三元素杆 3 既是与凸轮连接的从动杆，又是齿轮。三元素杆 6 则既可能成为带固定齿条的机架［图 5 - 15（a）］，也可能成为与机架通过移动副连接的齿条滑块［图 5 - 15（b）］。从而可能得出两种不同结构的机构。

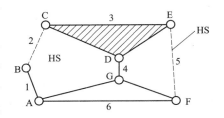

图 5 - 15　替代后的斯蒂芬森链

图 5 - 16（a）方案是以构件 6 为带固定齿条的机架，当输入转矩驱动凸轮 1 转动时，利用凸轮传动使齿轮 3 实现往复摆动，由于齿轮 3 与机架 6 所含齿条的啮合，齿轮 3 的中心相对于机架 6 做往复直线运动，再通过齿轮 3 与滑块 4 的铰接，最终形成滑块 4 相对于机架 6 的往复直线运动输出。图 5 - 16（b）方案是以构件 4 为机架，通过凸轮驱动输入转动，再通过凸轮 1 将转动传递给齿轮 3，齿轮 3 与滑块齿条 6 啮合，使滑块齿条 6 相对机架 4 做往复移动输出。在上述方案中为减少凸轮上的摩擦损耗均采用了滚子结构。

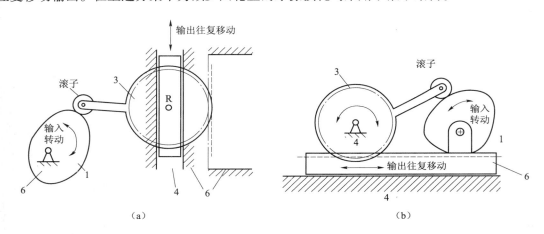

（a）　　　　　　　　　　　（b）

图 5 - 16　根据斯蒂芬森链创新出的机构

2. 基于原机构的再生创新与综合

另一种基于现有装置的再生创新综合，其设计全过程可分如下 5 步：① 明确所设计机器的功能要求，并做相关调研；② 根据已有的机构将其转换成仅含构件和转动副的单铰运动链；③ 根据原型单铰运动链的基本特性进行构型综合，即在机构自由度保持不变的情况下，根据需要可适当调整原机构杆件数，并对其各类运动链型综合而获得所有独立异构的运动链；④ 根据设计的功能需求与约束条件，选取满足条件的运动链，并进行机构的演化与创新；⑤ 进行机构的结构化设计，得到机械装置的运动简图。现以一个凸轮控制机构的创新设计为例做简单讨论。

已知一凸轮控制机构使一个大质量 M，按给定的行程 D 做往复运动，要求根据创新综合方法，提出其他设计方案，并要求比原机构能获得更大的机械效益。首先应明确机构设计的基本功能是用机械效益大的凸轮控制机构去驱动连接点 P，同时机构的自由度应为 1。为简化问题，仅研究驱动点 P 之前的传动机构，它是 $F=1$ 的凸轮摇杆机构，其对应运动链如图 5 - 17 所示。

接下来进行运动链的综合。因创新机构需要获得更大的机械效益，故应考虑增加机构杆件数。为保证自由度不变，最少应增加两个杆件，则得到新装置应为六杆运动链，它仅有两种独立异构型式，即瓦特链与斯蒂芬森链。以斯蒂芬森链为例，根据功能需求进行结构的演化。因该装置为凸轮控制机构，必然进行运动副的替代，即用一个凸轮副去替代运动链中的一个二元素杆与两个转动副，故得到演化后的运动链，如图 5-18 所示，其中虚线表示的 HS 即是凸轮副的替代部分。

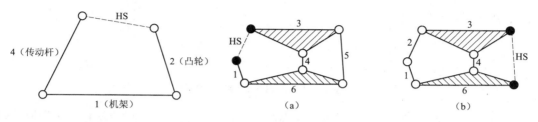

图 5-17　传动部分运动链图　　　　图 5-18　斯蒂芬森链的代替

3. 机构创新设计应用实例

折叠式担架车能在急救中快速实现担架与担架车的转换，大大降低了急救时间。

如图 5-19 所示，台板承担病人，支杆和连杆通过若干个转动副与台板相连。该设备中应用了 4 个万向轮，同高度的 4 个为一组，展开时一组工作，折叠时另一组工作。连杆之间由转动副连接，该担架车由两套这种杆机构组合而成，其中左右对称的支杆—触板连杆—短连杆分别组成两套复合铰链。根据需要该车有两个工作状态：高位工作状态和低位工作状态。高位工作状态是该车作为担架车急救时推行所用；而低位工作状态则是该车作为担架或进入救护车时所用。

当需要将担架车折叠或将其推上救护车时，只需要挨着锁死挂钩的急救人员将挂钩 7 旋转就可以打开，如图 5-20 所示。其后面的急救人员用力向前推，前面的支杆 3′ 撞到车沿，向里面扣进来。由长连杆 6′，短连杆 5′ 和触板连杆 4′ 组成的杆机构也就是 E 点向右上方移动，之后带动长连杆 6′，在长连杆 6′ 的作用下，向右拉动支杆 3，支杆 3 也随着向里面扣进去。随后由触板连杆 4、短连杆 5 和长连杆 6 组成的杆机构，也就是 B 点向左上方移动，带动长连杆 6，同时又给支杆 3′ 一个向里面扣的力。这样就实现了自动平稳折叠的功能。在支杆全部收进去后，旋转挂钩，挂在车体的台板 L 点的柱销上，就实现了折叠时的锁死，其示意图如图 5-20 所示。

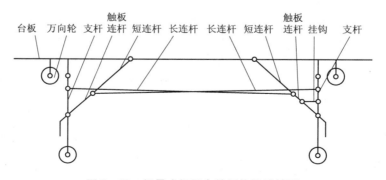

图 5-19　折叠式担架车的机构运动简图

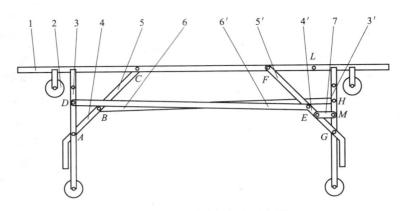

图 5 – 20 折叠式担架车示意图

如果想要将担架车展开，只要将 L 点挂钩旋转，向外扳动一个触板连杆。例如扳动触板连杆 $4'$，如图 5 – 21 所示，由连杆组成的转动副短连杆 $5'$ 和触板连杆 $4'$ 运动到一条直线上。连在 E 点的长连杆 $6'$ 驱动支杆 3 展开。长连杆 6 也就是 H 点向右下方运动，同时驱动触板连杆 4，短连杆 5 组成的转动副成一条直线，驱动支杆 3 展开，最后经长连杆之间相互作用成展开状态。展开后将挂钩挂在支杆的柱销上，进行锁死。

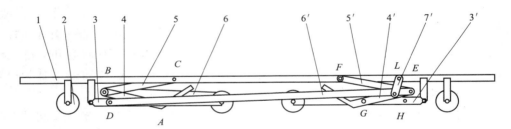

图 5 – 21 折叠式担架车的折叠状态

第6章　先进制造技术

随着人类工业文明的不断进步，制造业已成为国家经济和综合国力的基础，制造业的发达与先进程度是国家工业化的重要表征。人类社会在步入新世纪的同时也逐渐由工业经济时代步入知识经济时代，知识和技术被认为是提高生产率和实现经济增长的驱动器。因而，先进制造技术已成为制造企业在激烈市场竞争中立于不败之地并取得迅速发展的关键因素，成为世界经济发展和满足人类日益增长需要的重要支撑，成为加速高新技术发展和实现国防现代化的助推器。

6.1　先进制造技术概述

先进制造技术（Advanced Manufacturing Technology，AMT）的概念源于20世纪80年代。它是指在制造过程和制造系统中融合电子、信息和管理技术以及新工艺、新材料等现代科学技术，使材料转换为产品的过程更有效、成本更低、更及时满足市场需求的先进的工程技术的总称。

6.1.1　制造技术的基本概念与发展概况

制造（manufacturing）是人类按照市场需求，运用主观掌握的知识和技能，借助于手工或可以利用的客观物质工具，采用有效的工艺方法和必要的能源，将原材料转化为最终物质产品并投放市场的全过程。

制造的概念有狭义和广义之分。狭义的制造，是指生产车间内与物流有关的加工和装配过程；而广义的制造，则包含市场分析、产品设计、工艺设计、生产准备、加工装配、质量保证、生产过程管理、市场营销、售前售后服务，以及报废后的回收处理等整个产品生命周期内一系列相互联系的生产活动。

制造是人类所有经济活动的基石，是人类历史发展和文明进步的动力。

制造系统是指由制造过程及其所涉及的硬件、软件和人员组成的一个具有特定功能的有机整体。这里所指的制造过程，即为产品的经营规划、开发研制、加工制造和控制管理的过程；所谓的硬件包括生产设备、工具和材料、能源以及各种辅助装置；而软件则包括制造理论、制造工艺和方法及各种制造信息等。可以看出，上述所定义的制造系统实际上就是一个工厂企业所包含的生产资源和组织机构。而通常意义所指的制造系统仅是一种加工系统，仅是上述定义系统的一个组成部分。

制造业是指以制造技术为主导技术进行产品制造的行业。随着人类工业文明的不断进步，制造业已成为国家经济和综合国力的基础。它一方面直接创造价值，成为社会财富的主要创造者和国民经济收入的重要来源；另一方面，它为国民经济各部门，包括国防和科学技术的进步及发展提供先进的手段和装备。制造业的发达与先进程度是国家工业化的表征。制造业是人类创新发明和新技术的最大用户，在最能体现人类创造性的发明专利中，绝大部分都与制造业的需求有关，并用于制造业。制造业涉及国民经济的大多数部门，包括一般机械、食品工业、化工、建材、冶金、纺织、电子电器、运输机械等。

先进制造技术 AMT 的产生不仅是科学技术范畴的事情，而且也是人类历史发展和文明进步的必然结果。无论是发达国家、新兴工业国家还是发展中国家，都将制造业的发展作为提高竞争力，振兴国家经济的战略手段来看待，先进制造技术应运而生。先进制造技术的产生和发展有其自身的社会经济、科学技术以及可持续发展的根源和背景。

从传统的制造技术发展成为当代的先进制造技术是社会进步与技术进步的必然结果，是世界各民族竞争与合作在制造领域的体现，也是制造技术发展的主方向。20 世纪 90 年代以来，各工业发达国家和新兴工业化国家纷纷调整其技术政策，大力发展先进制造技术，力图在国际大市场中占据先机，其中具有代表性的是美国的先进制造技术、关键技术（制造）计划、敏捷制造使能技术计划（TEAM），日本的智能制造技术（IMS），韩国的高级先进制造技术计划（G-7）和德国的制造 2000 计划等。

6.1.2　21 世纪制造业的主要特点

21 世纪制造业将具有以下主要特点：

（1）产品开发周期显著缩短，上市时间更快，这是 21 世纪市场环境和用户消费观所要求的，也是赢得竞争的关键所在。这一点从美国制造业策略的变化可以看出。美国制造业的策略从 20 世纪 50 年代的"规模效益第一"，经过 70 年代和 80 年代的"价格竞争第一"和"质量竞争第一"，发展到 90 年代的"市场速度第一"，时间因素被提到了首要位置。

（2）具备赢得竞争，提高市场占有率的四种基本能力：

① 时间竞争能力，产品上市快、生产周期短、交货及时。

② 质量竞争能力，产品不仅可靠性高，而且使用户在各方面都满意。

③ 价格竞争能力，产品生成成本低，销售价格适中。

④ 创新竞争能力，产品有特色、生产有柔性、竞争有策略。

这四种能力中最重要的能力是创新能力，企业的创新不仅指产品设计和生产工艺上的创新，还要包括制造观念的更新、组织的重构、经营的重组。历史证明，综合创新能力是推动企业发展的动力和最强大的竞争武器。

（3）柔性更加提高，以响应"瞬息万变、无法预测"的市场。企业不仅要具备技术上的柔性，还要具备管理上的柔性，以及人员和组织上的柔性。

（4）全生命周期内的质量保证。产品质量的完整概念是顾客的满意度，可靠性仅是质量的一个指标，但它不再能赋予产品以足够的竞争优势。在用户看来，产品可靠、具有一定的使用寿命是理所当然的。对产品质量更全面的理解是：用户占有、使用产品的一种综合主观反映，包括可用、实用、耐用、好用。

（5）企业的组织形式将是跨地区、跨国家的虚拟公司或动态联盟。Internet 国际网为虚拟公司或动态联盟的实现提供了一定的基础。

（6）生产过程更加精良。产品开发、生产、销售、维护过程更加简化，生产工序更加简单，从而降低成本、提高劳动生产率、缩短上市时间。

（7）人员素质更加提高。21 世纪制造业要求全体职员具有更高的技术、管理和协作素质，每个人都应掌握多种技术、胜任多种工作。

（8）智能化程度更高。在产品设计和制造过程中广泛应用人工智能技术，各种设备的智能化程度大大提高。

（9）更加注重环境问题。因为环境问题是关系到人类自下而上的大问题，也是社会能否持续发展的重要问题。

（10）分布、并行、集成并存。分布性更强、分布范围更广，是全球范围的分布；并行化程度更高，许多作业可以跨地区、跨部门分布式并行实施；集成化程度更高，不仅包括信息、技术的集成，而且包括管理、人员和环境的集成。21 世纪制造业的 4 个关键因素是技术、管理、人员和环境。

6.1.3　21 世纪制造业面临的挑战

21 世纪，先进制造技术仍是关系国民经济的最根本的基础技术之一，是直接创造社会财富的重要手段，是国家经济发展的主要技术支撑。制造业要适应 21 世纪社会发展的需求，将面临以下挑战：

（1）信息时代的挑战。人类社会自 20 世纪 90 年代已开始进入信息时代，信息产业将成为 21 世纪全球经济中最宏大、最具活力的产业。信息产业将给 21 世纪经济和社会带来革命性的改变。21 世纪的制造业正在从以机器为特征的传统技术时代向着以信息为特征的系统技术时代迈进。先进制造技术的发展也必然与信息技术的发展密不可分。

（2）有限的资源与日益增长的环保压力的挑战。地球这个宇宙中的一个村落已日益变小，环境污染正威胁着人类的生存，而有限的资源正威胁着人类的继续发展。因而如何实现可持续发展已是 21 世纪人类的一个重要课题。绿色制造是 21 世纪制造技术的一个重要特征。绿色设计技术、废旧产品的拆卸与回收技术、生态工厂的循环式制造技术将得到迅速发展。

（3）制造全球化和贸易自由化的挑战。随着世界贸易体制的进一步完善以及全球交通运输体系和通信网络的建立，国际经济合作与交往日益紧密，全球产业界进入了结构大调整的重要时期，世界正在形成一个统一的大市场。制造业的全球化与一体化的格局已初步形成。制造技术的发展必须与此相适应，新的先进制造生产模式必将是全球化的生产模式。

（4）消费观念变革的挑战。21 世纪消费者的行为更加具有选择性，"客户化、小批量、快速交货"的要求不断增加，批量生产的产品逐渐为个性化、多样化的产品所取代，产品的生产和服务的界限越来越模糊，市场的动态多变性迫使制造业改变策略。

（5）技术变革和成果扩散速率加快的挑战。据资料统计，目前国际上处于前导的公司每年的技术废置比率已高达 20%。随着技术的发展，新概念、新创造和新产品的比率将是指数增长，伴随而来的现象是快速的技术扩散，即教育和推广使科技很快地大面积扩散，导致企业竞争不能再长期地、简单地依靠某项技术维系，必须靠不断的技术升级来获得竞争优势，同时还要承受昂贵投入的市场风险。

如果说 20 世纪 60 年代制造业企业战略追求的是生产规模的扩大，70 年代是生产成本的降低，80 年代是产品质量的提高，90 年代追求的则是市场响应速度，即缩短交货期。结合 21 世纪已经过去的 15 年的发展情况，可以预料，21 世纪技术创新将是制造业企业经营战略的焦点，这样才能以新颖的产品满足日益"挑剔"的顾客的需求。

6.1.4　先进制造技术的提出和进展

1.　制造技术的进步和发展

近两百年来，在市场需求不断变化的驱动下，制造业的生产规模沿着"小批量→少品种→大批量→多品种变批量"的方向发展。在科学技术高速发展的推动下，制造业的资源配置沿着"劳动密集→设备密集→信息密集→知识密集"的方向发展。与之相适应，制造技术的生产方式沿着"手工→机械化→单机自动化→刚性流水自动化→柔性自动化→智能自动化"的方向发展：

自 18 世纪以来，制造技术的发展经历了 5 个发展时期。

（1）工场式生产时期。18 世纪后半叶，以蒸汽机和工具机的发明为标志的产业革命，揭开了近代工业的历史，促成了制造企业的雏形——工场式生产的出现，标志着制造业已完成从手工业作坊式生产到以机械加工和分工原则为中心的工厂生产的艰难转变。

（2）工业化规模生产时期。19 世纪电气技术得到了发展，由于电气技术与其他制造技术的融合，开辟了崭新的电气化新时代，制造业得到了飞速发展，制造技术实现了批量生产、工业化规范生产的新局面。

（3）刚性自动化发展时期。20 世纪初，内燃机的发明，引起了制造业的革命，流水生产线和泰勒式工作制及其科学管理方法得到了应用。特别是第二次世界大战期间，以大批量生产为模式，以降低成本为目的的刚性自动化制造技术和科学管理方式得到了很大的发展。例如：福特汽车制造公司用大规模刚性生产线代替手工作业，使汽车的价格在几年内降低到原价格的 1/8，促进了汽车进入家庭，奠定了美国经济发展的基础。然而，这类自动机和刚性自动线生产工序与作业周期固定不变，仅仅适用于单一品种的大批量生产的自动化。

（4）柔性自动化发展时期。自第二次世界大战之后，计算机、微电子、信息和自动化技术有了迅速的发展，推动了生产模式由大中批量生产自动化向多品种小批量柔性生产自动化转变。在此期间，形成了一系列新型的柔性制造技术，如数控技术（NC）、计算机数控（CNC）、柔性制造单元（FMC）、柔性制造系统（FMS）等。同时有效地应用系统论、运筹学等原理和方法的现代化生产管理模式，如及时生产（JIT）、全面质量管理（TQM）开始应用于生产，以提高企业的整体效益。

（5）综合自动化发展时期。自 20 世纪 80 年代以来，随着计算机及其应用技术的迅速发展，促进了制造业中包括设计、制造和管理在内的单元自动化技术逐渐成熟和完善，如计算机辅助设计与制造（CADcam）、计算机辅助工艺规划（CAPP）、计算机辅助工程（CAE）、计算机辅助检测（CAT）；在经营管理领域内的物料需求规划（MRP）、制造资源规划（MRPⅡ）、企业资源规划（ERP）、全面质量管理（TQM）等；在加工制造领域内的直接或分布式数控（DNC）、计算机数控（CNC）、柔性制造单元系统（FMC/FMS）、工业机器人（ROBOT）等。为了充分利用各项单元技术资源，发挥其综合效益，以计算机为中心的集成制造技术从根本上改变了制造技术的面貌和水平，并引发了企业组织机构和运行模式革命性的飞跃。在此期间，体现新的制造模式的计算机集成制造系统（C1MS）、并行工程（CE）及精益生产（LP）得到了实践、应用和推广。此外，各种先进的集成化、智能化加工技术和装备，如精密成形技术与装备、快速成形技术与系统、少无切削技术与装备、激光加工技术与装备等进入了一个空前发展的时期。

2.　先进制造技术产生背景

1）社会经济发展背景

制造业的核心要素是质量、成本和生产率。面对当代社会变化迅速且无法预料的买方市场和多品种变批量成为主导生产方式。制造业应以对市场的快速响应为宗旨，满足顾客已有的和潜在的需求，主动适应市场，引导市场，从而赢得竞争，获取最大利润。

2）科学技术发展背景

制造技术已由技艺发展为集机械、材料、电子及信息等多门学科的交叉科学——制造工程学。科学技术和生产发展在推动制造技术进步的同时，以其高新技术成果，尤其是计算机、微电子、信息、自动化等技术的渗透、衍生和应用，极大地促进了制造技术在宏观（制造系统的建立）和微观（精密、超精密加工）两个方向上蓬勃发展，急剧地改变了现代制造业的产品结构、生产方式、生产工艺和设备及生产组织体系，使现代制造业成为发展速度快、技术创新能力强、技术密集甚至知识密集型产业。尤应指出的是：信息逐渐成为主宰制造业的决定性因素，企业内联网（Intranet）和国际互联网（Internet）已经对制造业产生重大影响，并将产生更大影响。

3）可持续发展战略

日益严峻的环境问题引起国际社会的普遍关注，世界环境与发展委员会（WCED）于1987年向联合国42届大会递交的报告（我们共同的未来）正式提出了可持续发展的思路，其定义是：既满足当代人的需求，又不对子孙后代满足其需要之生存环境构成危害的发展。世界资源研究所于1992年对可持续发展给出了更简洁明确的定义，即建立极少产生废料和污染物的工艺或技术系统。上述定义强调了当代人在创造和追求今世发展和消费的时候，不能以牺牲今后几代人的利益为代价；社会经济发展模式应由粗放经营、掠夺式开发向集约型、可持续发展转变。面向可持续发展的制造业，应力求对环境的负面影响最小，资源利用效率最高。

3.　各国先进制造技术的发展概况

1）美国的先进制造技术计划和制造技术中心计划

该计划是美国联邦政府科学、工程和技术协调委员会于1993年制订的6大科学和开发计划之一，其目标为：

（1）为美国工人创造更多的高技术、高工资的就业机会，促进美国经济增长。

（2）不断提高能源效益，减少污染，创造更加清洁的环境。

（3）使美国的私人制造业在世界市场上更具有竞争力，保持美国的竞争地位。

（4）使教育系统对每位学生进行更具有挑战性的教育。

（5）鼓励科技界把确保国家安全以及提高全民生活质量作为中心目标。

2）日本的政策和智能制造技术计划

1990年日本通产省提出了智能制造计划（Intelligent Manufacturing System，IMS），并约请美国、欧共体、加拿大、澳大利亚等国参加研究，形成了一个大型国际共同研究项目，由日本投资10亿美元保证计划的实施。该计划目标为：要全面展望21世纪制造技术的发展趋势，先行开发未来的主导技术，并同时致力于全球信息、制造技术的体系化、标准化。

3）欧共体的EBEKA计划、ESPRIT计划和BRITE计划

欧共体各国政府与企业界共同掀起了一场旨在通过欧共体统一市场法案的运动，并制订

了尤里卡计划（EBEKA）、欧洲信息技术研究发展战略计划（ESPRIT）和欧洲工业技术基础研究（BRITE）等一系列发展计划。

在尤里卡计划（EBEKA）中，1988 年用 5 亿美元资助了涉及 16 个欧洲国家 6 印家公司的 165 个合作性高科技研究开发项目。

欧洲信息技术研究发展战略计划（ESPRIT）的 13 个成员国向 5 500 名研究人员提供了资助。把 CIM 中信息集成技术的研究列为五大重点项目之一，明确要向 CIM 投资 620 万欧洲货币单位作为研究开发费用，抓好 CIM 的设计原理、工厂自动化所需的先进微电子系统，以及实时显示系统进行生产过程管理的三大课题。

欧洲工业技术基础研究计划（BRITE），重点资助材料、运作方式等方面的研究。

4）韩国的先进制造系统计划

韩国的先进制造系统计划起全球竞争能力。该项目由三部分组成：

（1）共性的基础研究，包括集成的开放系统、标准化及性能费用评价。

（2）下一代加工系统包括加工设备、加工技术、操作过程技术。

（3）电子产品的装配和检验系统包括下一代印刷电路板装配和检验系统、高性能装配机构和制造系统、先进装配基础技术、系统操作集成技术、智能技术。

6.1.5 先进制造技术的内涵及体系结构

1. 先进制造技术的内涵和特点

先进制造技术是在传统制造技术基础上不断吸收机械、电子、信息、材料、能源以及现代管理技术的成果，将其综合应用于产品设计、加工装配、检验测试、经营管理、售后服务乃至回收的制造全过程，以实现优质、高效、低耗、清洁、灵活的生产，提高对动态多变市场的适应能力和竞争能力的制造技术的总称。

先进制造技术的核心是优质、高效、低耗、清洁生产的基础制造技术，其目的是满足用户个性化、多样化的市场需求，提高制造业的综合经济效益，赢得激烈的市场竞争。为此，先进制造技术比传统制造技术更加重视技术与管理的结合，重视制造过程组织和管理体制的简化及合理化。

与传统制造技术比较，先进制造技术具有如下的特征：

（1）系统性。由于计算机技术、信息技术、传感技术、自动化技术和先进管理等技术的引入，并与传统制造技术的结合，使先进制造技术成为一个能够驾驭生产过程中的物质流、信息流和能量流的系统工程；而传统制造技术一般只能驾驭生产过程中的物质流和能量流。

（2）广泛性。传统制造技术通常只是指将原材料变为成品的各种加工工艺，而先进制造技术则贯穿了从产品设计、加工制造到产品销售及使用维护的整个过程，成为"市场→设计开发→加工制造→市场"的大系统。

（3）集成性。传统制造技术的学科专业单一、独立，相互间界限分明；而先进制造技术由于专业和学科间的不断渗透、交叉、融合，其界限逐渐淡化甚至消失，技术趋于系统化、集成化，已发展成为集机械、电子、信息、材料和管理技术为一体的新型交叉学科——制造系统工程。

（4）动态性。先进制造技术是在针对一定的应用目标，不断吸收各种高新技术逐渐形成和发展起来的新技术，因而其内涵不是绝对的和一成不变的。反映在不同的时期、不同的国家和地区，先进制造技术有其自身不同的特点、重点、目标和内容。

（5）实用性。先进制造技术的发展是针对某一具体的制造需求而发展起来的先进、实用的技术，有着明确的需求导向。先进制造技术不是以追求技术的新高度为目的，而是注重产生最好的实践效果，以促进国家经济的快速增长和提高企业综合竞争力。

2. 先进制造技术的体系结构及其分类

1）先进制造技术的体系结构

先进制造技术所涉及的学科较多，包含的技术内容广泛。1994年美国联邦科学、工程和技术协调委员会将先进制造技术分为三个技术群：主技术群、支撑技术群、管理技术群。这三个技术群相互联系、相互促进，组成一个完整的体系，每个部分均不可或缺，否则就很难发挥预期的整体功能效益。图6-1所示为先进制造技术的体系结构。

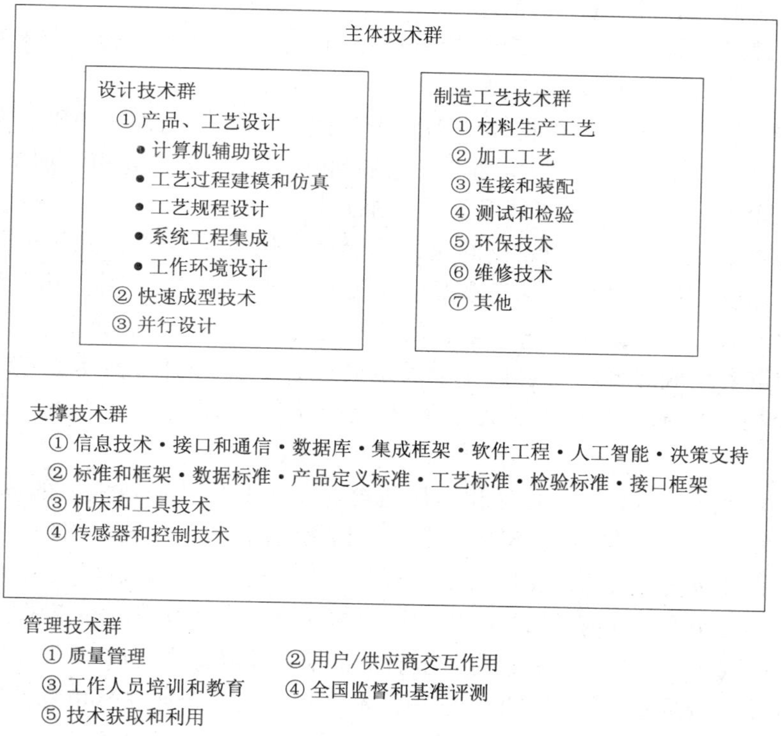

图6-1 先进制造技术的体系结构

2）先进制造技术的分类

根据先进制造技术的功能和研究对象，可将先进制造技术归纳为如下几个大类。

（1）现代设计技术。现代设计技术是根据产品功能要求，应用现代技术和科学知识，制订设计方案并使方案付诸实施的技术，其重要性在于使产品设计建立在科学的基础上，促使产品由低级向高级转化，促进产品功能不断完善，产品质量不断提高。现代设计技术包含如下的内容：

① 现代设计方法。其包括有模块化设计、系统化设计、价值工程、模糊设计、面向对象的设计、反求工程、并行设计、绿色设计、工业设计等。

②产品可信性设计。产品的可信性是产品质量的重要内涵，是产品的可用性、可靠性和维修保障性的综合。可信性设计包括可靠性设计、安全性设计、动态分析与设计、防断裂设计、防疲劳设计、耐环境设计、维修设计和维修保障设计等。

③设计自动化技术。设计自动化技术是指用计算机软硬件工具辅助完成设计任务和过程的技术，它包括产品的造型设计、工艺设计、工程图生成、有限元分析、优化设计、模拟仿真、虚拟设计、工程数据库等内容。

（2）先进制造工艺。先进制造工艺是先进制造技术的核心和基础，是使各种原材料、半成品成为产品的方法和过程。先进制造工艺包括高效精密成形技术、高精度切削加工工艺、特种加工以及表面改性技术等内容。

①高效精密成形技术。它是生产局部或全部无余量或少余量半成品工艺的统称，包括精密洁净铸造成形工艺、精确高效塑性成形工艺、优质高效焊接及切割技术、优质低耗洁净热处理技术、快速成型和制造技术等。

②高效高精度切削加工工艺。其包括有精密和超精密加工、高速切削和磨削、复杂型面的数控加工、游离磨粒的高效加工等。

③现代特种加工工艺。它是指那些不属于常规加工范畴的加工工艺，如高能束加工（电子束、离子束、激光束加工）、电加工（电解和电火花加工）、超声波加工、高压水射流加工、多种能源的复合加工、纳米技术及微细加工等。

④表面改性、制膜和涂层技术。它是采用物理、化学、金属学、高分子化学、电学、光学和机械学等技术及其组合，赋予产品表面耐磨、耐蚀、耐（隔）热、耐辐射、抗疲劳的特殊功能，从而达到提高产品质量、延长使用寿命、赋予产品新性能的新技术统称，是表面工程的重要组成部分。它包括化学镀层处理、非晶态合金技术、节能表面涂装技术、表面强化处理技术、热喷涂技术、激光表面熔覆处理技术、等离子化学气相沉积技术等。

（3）加工自动化技术。加工自动化是用机电设备工具取代或放大人的体力，甚至取代和延伸人的部分智力，自动完成特定的作业，包括物料的存储、运输、加工、装配和检验等各个生产环节的自动化。加工过程自动化技术涉及数控技术、工业机器人技术、柔性制造技术、传感技术、自动检测技术、信号处理和识别技术等内容。其目的在于减轻操作者的劳动强度，提高生产效率，减少在制品数量，节省能源消耗及降低生产成本。

（4）现代生产管理技术。现代生产管理技术是指制造型企业在从市场开发、产品设计、生产制造、质量控制到销售服务等一系列的生产经营活动中，为了使制造资源（材料、设备、能源、技术、信息以及人力资源）得到总体配置优化和充分利用，使企业的综合效益（质量、成本、交货期）得到提高而采取的各种计划、组织、控制及协调的方法和技术的总称。它是先进制造技术体系中的重要组成部分，包括现代管理信息系统、物流系统管理、工作流管理、产品数据管理、质量保障体系等。

（5）先进制造生产模式及系统。先进制造生产模式及系统是面向企业生产全过程，是将先进的信息技术与生产技术相结合的一种新思想和新哲理，其功能覆盖企业的生产预测、产品设计开发、加工装配、信息与资源管理直至产品营销和售后服务的各项生产活动，是制造业的综合自动化的新模式。它包括计算机集成制造（CIM）、并行工程（CE）、敏捷制造（AM）、智能制造（IM）、精良生产（LP）等先进的生产组织管理模式和控制方法。

6.1.6　先进制造技术发展趋势及我国先进制造技术的发展战略

在 21 世纪中，随着电子、信息等高新技术的不断发展，随着市场需求个性化与多样化，未来先进制造技术发展的总趋势是向精密化、柔性化、网络化、虚拟化、智能化、清洁化、集成化、全球化的方向发展。

当前先进制造技术的发展趋势大致有以下几个方面：

（1）信息技术对先进制造技术的发展起着越来越重要的作用。

信息化是当今社会发展的趋势，信息技术正在以人们想象不到的速度向前发展。信息技术也正在向制造技术注入和融合，促进着制造技术的不断发展。可以说先进制造技术的形成与发展，无不和信息技术的应用与注入有关。它使制造技术的技术含量提高，使传统制造技术发生质的变化。信息技术对制造技术发展的作用目前已占第一位。在 21 世纪对先进制造技术的各方面发展将起着今日焦点的作用：

① 机械业全球化下的成长拐点。

② 铸造模具行业的现状与发展。

③ 现代机床对设备和配件提出高要求。

信息技术促进着设计技术的现代化，加工制造的精密化、快速化，自动化技术的柔性化、智能化，整个制造过程的网络化、全球化。各种先进生产模式的发展，如 CIMS、并行工程、精益生产、灵捷制造、虚拟企业与虚拟制造，也无不以信息技术的发展为支撑。

（2）设计技术不断现代化。

产品设计是制造业的灵魂。现代设计技术的主要发展趋势是：

① 设计手段的计算机化。

在实现了计算机计算、绘图的基础上，当前突出反映在数值仿真或虚拟现实技术在设计中的应用，以及现代产品建模理论的发展上，并且向智能化设计方向发展。

② 新的设计思想和方法不断出现。

如并行设计、面向 "X" 的设计（Design For X – DFX）、健壮设计（Robust Design）、优化设计（Optimal Design）、反求工程技术（Reverse Engineering）等。

③ 向全寿命周期设计发展。

传统的设计只限于产品设计，全寿命周期设计则由简单的、具体的、细节的设计转向复杂的总体的设计和决策，要通盘考虑包括设计、制造、检测、销售、使用、维修、报废等阶段的产品的整个生命周期。

④ 设计过程由单纯考虑技术因素转向综合考虑技术、经济和社会因素。

设计不只是单纯追求某项性能指标的先进和高低，而是注意考虑市场、价格、安全、美学、资源、环境等方面的影响。

（3）成形及改进制造技术向精密、精确、少能耗、无污染方向发展。

成形制造技术是铸造、塑性加工、连接、粉末冶金等单元技术的总称。展望 21 世纪，成形制造技术正在从制造工件的毛坯、从接近零件形状（Near Net Shape Process）向直接制成工件精密成形或称净成形（Net Shape Process）的方向发展。据国际机械加工技术协会预测，到 21 世纪初，塑性成形与磨削加工相结合，将取代大部分中小零件的切削加工。改性技术主要包括热处理及表面工程各项技术，主要发展趋势是通过各种新型精密热处理和复全处理达到零件性能精确、形状尺寸精密以及获得各种特殊性能要求的表面（涂）层，同时大大减少能耗及完全消除对环境的污染。

（4）加工制造技术向着超精密、超高速以及发展新一代制造装备的方向发展。

① 超精密加工技术。

目前加工精度达到 0.025 μm，表面粗糙度达 0.004 5 μm，已进入纳米级加工时代。超精切削厚度由目前的红外波段向可见光波段甚至更短波段接近；超精加工机床向多功能模块化方向发展；超精加工材料由金属扩大到非金属。

② 超高速切削。

目前铝合金超高速切削的切削速度已超过 1 600 m/min，铸铁为 1 500 m/min，超耐热镍合金为 300 m/min，钛合金为 200 m/min。超高速切削的发展已转移到一些难加工材料的切削加工。

③ 新一代制造装备的发展。

市场竞争和新产品、新技术、新材料的发展推动着新型加工设备的研究与开发，其中典型的例子是"并联桁架式结构数控机床"（或俗称"六腿"机床）的发展。它突破了传统机床的结构方案，采用 6 个轴长短的变化，以实现刀具相对于工件的加工位置的变化。

（5）工艺由技艺发展为工程科学，工艺模拟技术得到迅速发展。

先进制造技术的一个重要发展趋势是，工艺设计由经验判断走向定量分析，加工工艺由技艺发展为工程科学。

热加工过程的数值模拟与物理模拟是一个重要的发展方向，是使热加工工艺由技艺走向科学的重要标志。应用数值模拟于铸造、锻压、焊接、热处理等工艺设计中，并与物理模拟和专家系统相结合，来确定工艺参数，优化工艺方案，预测加工过程中可能产生的缺陷及应采取的防止措施，控制和保护加工工件的质量。采用这种科学的模拟技术并与少量的实验验证结合，以代替过去一切都要通过大量重复实验的方法，不仅可以节省大量的人力和物力，而且还可以通过数值模拟来解决一些目前无法在实验室进行直接研究的复杂问题。

工艺模拟也发展并应用于金属切削加工过程、产品设计过程。最新的进展是在并行工程环境下，开展虚拟成形制造，使得在产品的设计完成时，成形制造的准备工作（如铸造）也同时完成。

（6）专业、学科间的界限逐渐淡化、消失。

先进制造技术的不断发展，在冷热加工之间，加工、检测、物流、装配过程之间，设计、材料应用、加工制造之间，其界限均逐渐淡化，逐步走向一体化。例如，CAD、CAPP、CAM 的出现，使设计、制造成为一体；精密成形技术的发展，使热加工可能直接提供接近最终形状、尺寸的零件，它与磨削加工相结合，有可能覆盖大部分零件的加工，淡化了冷热加工的界限；快速原型/零件制（Rapid Prototyping/Parts Manufacturing，RPM）技术的产生，是近 20 年制造领域的一个重大突破，它可以自动而迅速地将设计思想物化为具有一定结构和功能的原型或直接制造零件，淡化了设计、制造的界限；机器人加工工作站及 FMS 的出现，使加工过程、检测过程、物流过程融为一体；现代制造系统使得自动化技术与传统工艺密不可分；很多新材料的配制与成形是同时完成的，很难划清材料应用与制造技术的界限。这种趋势表现在生产上是专业车间的概念逐渐淡化，将多种不同专业的技术集成在一台设备、一条生产线、一个工段或车间里的生产方式逐渐增多。

（7）绿色制造将成为 21 世纪制造业的重要特征。

日趋严格的环境与资源的约束，使绿色制造业显得越来越重要，它将是 21 世纪制造业的重要特征，与此相应，绿色制造技术也将获得快速的发展。主要体现在：

① 绿色产品设计技术。使产品在生命周期符合环保、人类健康、能耗低、资源利用率高的要求。

② 绿色制造技术。在整个制造过程中，使得对环境负面影响最小，废弃物和有害物质的排放最小，资源利用效率最高。绿色制造技术主要包含了绿色资源、绿色生产过程和绿色产品三方面的内容。

③ 产品的回收和循环再制造。例如，汽车等产品的拆卸和回收技术，以及生态工厂的循环式制造技术。它主要包括生产系统工厂——致力于产品设计和材料处理、加工及装配等阶段，恢复系统工厂——主要对产品（材料使用）生命周期结束时的材料处理循环。

（8）虚拟现实技术在制造业中获得越来越多的应用。

虚拟现实技术（Virtual Reality Technology，VRT）主要包括虚拟制造技术和虚拟企业两个部分。

虚拟制造技术将从根本上改变设计、试制、修改设计、规模生产的传统制造模式。在产品真正制出之前，首先在虚拟制造环境中生成软产品原型（Soft Prototype）代替传统的硬样品（Hard Prototype）进行试验，对其性能和可制造性进行预测和评价，从而缩短产品的设计与制造周期，降低产品的开发成本，提高系统快速响应市场变化的能力。

虚拟企业是为了快速响应某一市场需求，通过信息高速公路，将产品涉及的不同企业临时组建成为一个没有围墙、超越空间约束、靠计算机网络联系、统一指挥的合作经济实体。虚拟企业的特点是企业在功能上的不完整、地域上的分散性和组织结构上的非永久性，即功能的虚拟化、组织的虚拟化、地域的虚拟化。

（9）信息技术、管理技术与工艺技术紧密结合，先进制造生产模式获得不断发展。

制造业在经历了少品种小批量→少品种大批量→多品种小批量生产模式的过渡后，20 世纪 70 年代、80 年代开始采用计算机集成制造系统（CIMS）进行制造的柔性生产的模式，并逐步向智能制造技术（IMT）和智能制造系统（IMS）的方向发展。精益生产（LP）、灵捷制造（AM）等先进制造模式相继出现，预计 21 世纪初，先进制造模式必将获得不断发展。

上述几种先进制造生产模式的进展，主要体现了以下 5 个转变：

① 从以技术为中心向以人为中心转变。

② 从金字塔式的多层次生产向扁平的网络结构转变。

③ 从传统的顺序工作方式向并行工作方式转变。

④ 从按功能划分部门的固定组织形式向动态的、自主管理的小组工作组织形式转变。

⑤ 从质量第一的竞争策略快速向市场的竞争策略转变。

在七五、八五、九五期间，国家科学技术部的"国家科技攻关计划""国家高新技术研究发展计划""国家基础研究重大项目计划""国家技术创新计划"都将先进制造技术作为重要内容投入了实施，其中的"计算机集成制造系统"和"智能机器人"主题经过 10 多年的研究和开发，取得了众多令人瞩目的成果，不少关键技术取得了重大的进展和突破。

我国的先进制造技术发展战略应为：

① 提高认识，全面规划，力促先进制造技术的发展。

② 深化科技体制改革，推动技术创新体系的建设。

③ 将引进、消化国外先进制造技术与自主开发创新相结合。

④ 大力发展先进高新制造技术及其产业。

⑤ 积极培养创造性人才，努力提高制造业的全员素质。

2015 年 5 月 8 日，国务院公布《中国制造 2025》是中国版的"工业 4.0"规划。规划提出了中国制造强国建设三个十年的"三步走"战略，是第一个十年的行动纲领。

2015 年 6 月 24 日，备受关注的"中国制造 2025"领导小组正式出现在公众面前。主管工业和金融的马凯副总理领衔，国务院 24 个部门相关领域的负责人作为小组成员出现，辅佐马凯组长的 5 位副组长分别来自工信部、国务院、国家发改委、科技部和财政部。

该小组主要职责是统筹协调国家制造强国建设全局性工作，审议推动制造业发展的重大规划、重大政策、重大工程专项和重要工作安排，加强战略谋划，指导各地区、各部门开展工作，协调跨地区、跨部门重要事项，加强对重要事项落实情况的督促检查。

制定该规划，立足国情，立足现实，力争通过"三步走"实现制造强国的战略目标。

第一步：力争用 10 年时间，迈入制造强国行列。到 2020 年，基本实现工业化，制造业大国地位进一步巩固，制造业信息化水平大幅提升。掌握一批重点领域关键核心技术，优势领域竞争力进一步增强，产品质量有较大提高。制造业数字化、网络化、智能化取得明显进展。重点行业单位工业增加值能耗、物耗及污染物排放明显下降。到 2025 年，制造业整体素质大幅提升，创新能力显著增强，全员劳动生产率明显提高，两化（工业化和信息化）融合迈上新台阶。重点行业单位工业增加值能耗、物耗及污染物排放达到世界先进水平。形成一批具有较强国际竞争力的跨国公司和产业集群，在全球产业分工和价值链中的地位明显提升。

第二步：到 2035 年，我国制造业整体达到世界制造强国阵营中等水平。创新能力大幅提升，重点领域发展取得重大突破，整体竞争力明显增强，优势行业形成全球创新引领能力，全面实现工业化。

第三步：新中国成立一百年时，制造业大国地位更加巩固，综合实力进入世界制造强国前列。制造业主要领域具有创新引领能力和明显竞争优势，建成全球领先的技术体系和产业体系。

2020 年和 2025 年制造业主要指标见表 6-1。

表 6-1 2020 年和 2025 年制造业主要指标

类别	指 标	2013 年	2015 年	2020 年	2025 年
创新能力	规模以上制造业研发经费内部支出占主营业务收入比重/%	0.88	0.95	1.26	1.68
	规模以上制造业每亿元主营业务收入有效发明专利数/件	0.36	0.44	0.70	1.10
质量效益	制造业质量竞争力指数	83.1	83.5	84.5	85.5
	制造业增加值率提高	—	—	比 2015 年提高 2 个百分点	比 2015 年提高 4 个百分点
	制造业全员劳动生产率增速/%	—	—	7.5 左右（"十三五"期间年均增速）	6.5 左右（"十四五"期间年均增速）

续表

类别	指　标	2013 年	2015 年	2020 年	2025 年
两化融合	宽带普及率/%	37	50	70	82
	数字化研发设计工具普及率/%	52	58	72	84
	关键工序数控化率/%	27	33	50	64
绿色发展	规模以上单位工业增加值能耗下降幅度	—	—	比 2015 年下降 18%	比 2015 年下降 34%
	单位工业增加值二氧化碳排放量下降幅度	—	—	比 2015 年下降 22%	比 2015 年下降 40%
	单位工业增加值用水量下降幅度	—	—	比 2015 年下降 23%	比 2015 年下降 41%
	工业固体废物综合利用率/%	62	65	73	79

6.2　先进制造工艺技术

机械制造工艺是将各种原材料通过改变其形状、尺寸、性能或相对位置，使之成为成品或半成品的方法和过程。

6.2.1　高速切削技术

1. 高速切削（High Speed Machining，HSM）理论的提出

高速切削理论最早是由德国物理学家 Carl. J. Salomon 在 1931 年 4 月提出，并发表了著名的 Salomon 曲线，如图 6-2（a）所示。

主要内容是：在常规切削速度范围内，切削温度随着切削速度的提高而升高，但切削速度提高到一定值后，切削温度不但不升高反会降低，如图 6-2（b）所示，且该切削速度值与工件材料的种类有关。

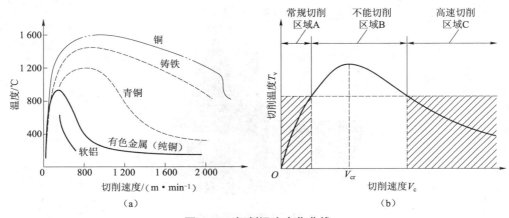

图 6-2　切削温度变化曲线

2. 高速切削定义

目前高速切削技术比较普及的定义是根据 1992 年国际生产工程研究会（CIRP）年会主题报告的定义：高速切削通常指切削速度超过传统切削速度 5 ～ 10 倍的切削加工。机床主轴转速在 10 000 ~ 20 000 r/min 以上，进给速度通常达 15 ~ 50 m/min，最高可达 90 m/min。

实际上，高速切削是一个相对概念，它包括高速铣削、高速车削、高速钻孔与高速车铣（绝大部分应用是高速铣削）等不同的加工方式，根据被加工材料的不同及加工方式的不同，其切削速度范围也不同。

目前，不同的加工材料，切削速度范围见表 6-2。

表 6-2 切削速度范围

被加工材料	切削速度范围/（m·min⁻¹）
铝合金	1 000 ~ 7 500
铜合金	900 ~ 5 000
铸铁	900 ~ 5 000
钢	500 ~ 2 000
耐热镍基合金	500
钛合金	150 ~ 1 000
纤维增强塑料	2 000 ~ 9 000

3. 高速切削的特征

现代研究表明，高速切削时，切屑变形所消耗的能量大多数转变为热量，切削速度越高，产生的热量越大，基本切削区的高温有助于加速塑性变形和切屑形成，而且大部分热量都被切屑带走。

高速切削变形过程显著特征为：第一变形区变窄，剪切角增大，变形系数减少，如图 6-3 所示；第二变形区的接触长度变短，切屑排出速度极高，前刀面受周期载荷的作用。所以高速切削的切削变形小，切削力大幅度下降，切削表面损伤减轻。

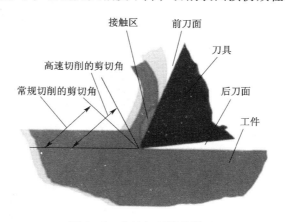

图 6-3 高速切削简化模型

4. 高速切削加工的优点

与传统切削加工相比，高速切削加工的切屑形成、切削力学、切削热与切削温度和刀具磨损与破损等基础理论有其不同的特征，高速切削的切削机理发生了根本性的变化，从而切削加工的结果也发生了本质的变化，表现出很多优点：

1）加工效率高

高速切削具有高切削率、高进给率，可显著提高切削速度，其材料去除率通常可达传统切削的 3~5 倍以上。

2）切削力小

与传统切削相比较，高速切削的切削力小，振动频率低，可降低切削力 30%~90%，径向力降低更明显，利于薄壁零件加工。国外采用数控高速切削加工技术加工铝合金、钛合金薄壁零件的最小壁厚可达 0.005 mm。

3）切削热对工件影响小

高速切削中 90% 的切削热被切屑带走，工件受热影响小，大大提高了工件的尺寸精度和形位精度。实验证明，当切削速度超过 600 m/min 后，切削温度的上升在大多数情况下不会超过 3℃，故高速切削特别适合加工易产生热变形的零件。

4）加工精度高

高速旋转时刀具切削的激励频率远离工艺系统的固有频率，不会造成工艺系统的受迫振动，保证了良好的加工状态，从而可获得较高的表面加工质量，而且残余应力较小。

5）可实现绿色加工

高速切削中刀具红硬性好，刀具切削寿命能提高 70%，可不用或少用冷却液，实现绿色加工。

6）高速切削可加工各种难加工材料

在加工难切削材料时，采用高速切削技术，使用乳化切削液，采用油雾轻度润滑和冷却，不但能改善材料的切削状况，减小切削力，减少刀具的磨损，延长刀具的使用寿命，而且能减少工件的热变形与加工硬化，提高工件的表面质量，大大提高劳动生产率。

5. 应用领域

应用领域图如图 6-4 所示。

图 6-4　应用领域图

（1）航空航天工业铝合金零件的加工。

高速切削主要用于铣削高强度铝合金整体构件、薄壁类零件。飞机上的零件通常采用"整体制造法"，其金属切除量相当大（一般在 70% 以上，有的高达 98%），成品壁厚只有

1 mm。采用高速切削可以大大缩短切削时间，又保证了零件的质量。另外，飞机的蜂窝结构件必须采用高速铣削技术才能保证质量。

（2）模具制造业。

型腔加工同样有很大的金属切除量，过去一直为电加工所垄断，其加工效率低。电火花加工表面粗糙度达不到要求，一般还要进行抛光或研磨，生产周期长。模具的传统加工工艺流程如图 6−5（a）所示。

大部分模具均适用于高速铣削技术，高速切削可加工硬度达 50～60HRC 的淬硬钢，因而可取代大部分电火花加工，在模具行业高速切削采用的是典型的高转速、多速进给、低切深的加工方法，可以大大简化工艺过程，缩短生产周期，其工艺流程如图 6−5（b）所示。

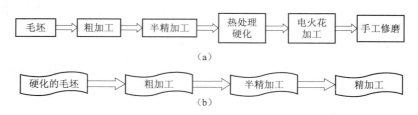

图 6−5　模具的传统加工与高速切削加工工艺流程

（a）传统加工；（b）高速切削加工

（3）汽车制造工业。

对技术变化较快的汽车零件，采用高速加工（过去多用组合机加工，柔性差），如汽车发动机机体、缸盖、汽车覆盖件模具。

（4）难加工材料的加工。

如 Ni 基高温合金和 Ti 合金。所有的高速切削研究成果均表明：在高速切削条件下，普通高速钢刀具可切削高强度钢，加工合金材料的脆性失效现象并没有发生，工件的表面质量明显提高。

（5）纤维增强复合材料加工。

（6）精密零件加工。

6. 研究现状

1）国外研究现状

1952 年 2 月，美国的 R. L. Vaughn 教授首次主持超高速切削试验，经过试验指出：高速切削条件下刀具的磨损比普通速度减少了 95%。1976 年美国的 Vought 公司首次推出 1 台有级高速铣床，该铣床采用 Bryant 内装式电动机主轴系统，最高转速达 20 000 r/min，功率为 15 kW。近年来，新成立的隶属于美国国家科学研究委员会的 "2010 年及其以后国防制造工业委员会" 提出了把生产加工工艺作为重大公关领域，把超高速切削列为与民用工业公用的先进制造基础技术的规划。如今，美国波音公司采用数控高速切削加工技术超高速铣切铝合金、钛合金整体薄壁零件；休斯飞机公司采用超高速精密铣削技术加工平面阵列天线、挠性陀螺框架。

日本对高速切削技术的研究始于 20 世纪 60 年代。田中义信利用来复枪改制的高速切削装置实现了高速切削，并指出高速切削的切屑形成完全是剪切作用的结果。Y. Tanaka 研究发现在高速切削时，切削热大部分被切屑带走，工件基本保持冷态。

自从 20 世纪 80 年代以来，一些高速切削车床和加工中心陆续问世，并且逐步商品化。国外主轴转速在 10 000 ~ 20 000 r/min 的加工中心越来越普及，转速高达 100 000 r/min、200 000 r/min、250 000 r/min 的实用高速主轴正在研究开发之中。

2）国内研究现状

我国对于高速切削技术的研究起步较晚，一些高校和科研院所陆续开始对高速切削机理和实践进行应用研究。南京航空航天大学对高速切削高温合金、钛合金、不锈钢等难加工材料进行了试验研究，发现切削变形为集中剪切滑移，且滑移区很窄，形成锯齿状不连续切屑，其变形机理完全不同于连续性切屑。山东大学比较系统地研究了 Al_2O_3 基陶瓷刀具有高速硬切削的切削力、切削温度、刀具磨损和破损、加工表面质量等，建立了有关切削力、切削温度模型及刀具磨损与破损的理论。哈尔滨工业大学等用 PCBN 刀具对干式切削不同硬度轴承钢的切削力、切削温度、已加工表面完整性进行了切削试验研究，发现存在区分普通切削与硬态切削的临界硬度。在临界硬度附近切削时，刀具的磨损严重，加工表面质量最差。北京理工大学较为系统地研究了软钢、高强度装甲钢的高速铣削和淬硬钢、钨合金和硅铁的高速切削机理（刀具磨破损及刀具可靠性、切削力和表面粗糙度）。天津大学和大连理工大学也都对高速硬切削机理进行了研究。

高速机床方面，东北大学研究了热压氮化硅陶瓷轴承，建立了高速磨削实验台，能进行 200 m/s 的磨削加工实验。同济大学、广东工业大学分别对主轴单元动态特性和直线电动机的应用技术进行了系统的研究。

7. 高速切削的关键技术

高速切削的关键技术如图 6 - 6 所示。

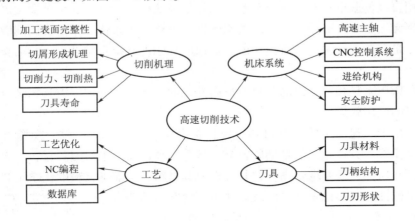

图 6 - 6　高速切削的关键技术

1）高速切削机床系统

高速切削机床不仅要有良好的刚性、优良的吸振特性和热稳定性，还必须具备下述条件：具有高速旋转的主轴部件，快速的进给系统，优良的机床动态特性，稳定的机床结构等。其中关键的是高速主轴和高速进给系统。

（1）高速主轴。高速机床主轴是高速切削加工的最重要的关键技术，国外主轴转速在 10 000 ~ 20 000 r/min 的加工中心越来越普及，转速高达 100 000 r/min、200 000 r/min、250 000 r/min 的实用高速主轴正在研究开发之中。高速主轴主要有电主轴、气动主轴、水动主轴三种类型，目前高速机床中采用电主轴居多。但最高主轴转速受限于主轴轴承，目前较多使用热压氮化硅陶瓷轴承和液体动静压轴承及空气轴承，或磁力极佳的磁力轴承。液体静压轴承回转误差在 0.2 μm 以下，空气静压轴承回转误差在 0.05 μm 以下。

高速电主轴结构简图如图 6 - 7 所示。

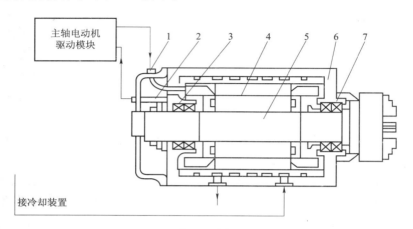

图 6 - 7 高速电主轴结构简图
1—电源接口；2—电动机反馈；3—后轴承；
4—无外壳主轴电动机；5—主轴；6—主轴箱体；7—前轴承

（2）直线电动机进给驱动系统。如果采用通常的伺服电动机 + 滚珠丝杠副的轴向直线进给系统，提高轴向进给速度和加速度将受到传统结构的限制，不能满足高速切削加工的要求，只有采用直线伺服电动机高速驱动系统，它是高速机床设计的一个重要发展趋势。直线电动机可实现无接触直接驱动，避免了滚珠丝杠、齿轮和齿条传动中的反向间隙、惯性、摩擦力和刚度不足等缺点，提高了进给速度、加速度、刚度和定位精度。

2）刀具

刀具与机床历来是相辅相成的，只有将高性能的切削机床和加工刀具相结合，高速切削才能获得良好的应用效果。

近年来，用于高速加工的刀具材料主要包括金刚石、立方氮化硼、陶瓷刀具、金属陶瓷、硬质合金涂层刀具、超细晶粒硬质合金刀具等。高速切削中对刀具材料、刀具结构、刀柄系统、刀具几何参数等要求较高，尤其要求刀具材料与被加工材料的化学亲和力要小，并具有优异的机械性能和热稳定性，以及抗冲击、耐磨损的能力。

3）高速切削数控系统

用于高速切削加工的 CNC 控制系统必须具有快速的数据处理能力和高精度，以及快速响应的伺服控制以满足高速度及复杂型腔的加工要求。目前在高速加工机床上采用的控制系统大多为较先进的多 CPU 结构，主要采用的是 32 位 CPU，甚至多个 32 位 CPU，具有高速插补与程序块处理以及有效的超前处理能力。较强的超前处理能力用于预防刀具轨迹偏移与避免高速下突发事故。

4）数据库

在已建立的切削数据库中，当属 CUTDATA（美）与 NIFOS（德）最为著名。

（1）世界上的第一个金属切削数据库是 1964 年美国技术切削联合研究所和美国空军材

料研究所建立的，叫作美国空军加工性数据中心（AFMDC）。

（2）成都工具研究所在1987年建成了我国第一个实验性车削数据库TRN10。

（3）南京航空航天大学开发了一个通用型切削数据库软件系统NAIMDS和KBMDBS切削数据库系统。

（4）北京理工大学建立了一个面向硬质合金刀具材料生产厂家的切削数据库系统BIT – NCDBS。

（5）山东大学首次提出了基于实例推理的高速切削数据库系统HISCUT。最近山东大学正在开发研究混合智能推理高速切削数据库系统、模具高速切削数据库。

国际上最近对切削数据库的研究主要是使原有数据库具有智能化功能，即在智能刀具选择系统方面。

8. 发展趋势及研究方向

高速切削发展趋势和未来研究方向归纳起来主要有：

（1）新一代高速大功率机床的开发与研制。

（2）高速切削动态特性及稳定性的研究。

（3）高速切削机理的深入研究。

（4）新一代抗热振性好、耐磨性好、寿命长的刀具材料的研制及适宜于高速切削的刀具结构的研究。

（5）进一步拓宽高速切削工件材料及其高速切削工艺范围。

（6）开发适用于高速切削加工状态的监控技术。

（7）建立高速切削数据库，开发适于高速切削加工的编程技术，以进一步推广高速切削加工技术。

（8）基于高速切削工艺，开发推广干式（准干式）切削绿色制造技术。

6.2.2　超精密加工技术

1. 超精密加工的范畴

不断地提高加工精度和加工表面质量，是现代制造业的永恒追求，其目的是提高产品的性能、质量以及可靠性。超精密加工技术是精加工的重要手段，在提高机电产品的性能、质量和发展高新技术方面都有着至关重要的作用。因此，超精密加工技术已经成为全球市场竞争的关键技术，是衡量一个国家先进制造技术水平的重要指标之一。

超精密加工方法主要有超精密切削（车削、铣削）、超精密磨削、超精密研磨和超微细加工等，它包括了所有能使零件的形状、位置和尺寸精度达到微米和亚微米范围的机械加工方法。精密和超精密加工只是一个相对的概念，其界限随时间的推移而不断变化，也许今天的所谓超精密加工，到明天只能作为精密加工甚至作为普通加工的范畴。

按我国目前的加工水平，普通加工、精密加工和超精密加工的划分标准是：

（1）普通加工。加工精度在$1\ \mu m$、表面粗糙度值大于$Ra\ 0.1\ \mu m$的加工方法。在目前的工业发达国家中，一般工厂均能稳定达到这样的加工精度。

（2）精密加工。加工精度在$0.1\sim 1\ \mu m$、表面粗糙度值为$Ra\ 0.01\sim 0.1\ \mu m$的加工方法，如金刚车、金刚镗、精磨、研磨、珩磨、镜面加工等，主要用于加工精密机床、精密测量仪器等制造业中的关键零件加工，在当今制造工业中占有极重要的地位。

（3）超精密加工。加工精度小于 0.1 μm，表面粗糙度值小于 Ra 0.01 μm 的加工方法，主要加工技术有金刚石刀具超精密切削、超精密磨削加工、超精密特种加工和复合加工等。目前，超精密加工的精度正在从微米工艺向纳米工艺提高。

2. 超精密加工技术的国内外发展及现状

超精密加工技术是在 20 世纪 60 年代初美国用单刃金刚石车刀镜面切削铝合金和无氧铜开始的。1977 年，日本精机学会精密机床研究委员会根据当时技术发展的要求，对机床的加工精度标准提出补充 IT－1 和 IT－2 两个等级，见表 6－3。

表 6－3　机床的加工精度标准

精度等级		IT2	IT1	IT0	IT－1	IT－2
零件	尺寸精度	2.50	1.25	0.75	0.30	0.25
	圆度	0.70	0.30	0.20	0.12	0.06
	圆柱度	1.25	0.63	0.38	0.25	0.13
	平面度	1.25	0.63	0.38	0.25	0.13
	表面粗糙度	0.20	0.07	0.05	0.03	0.01
机床	主轴跳动	0.70	0.30	0.20	0.12	0.06
	运动直线度	1.25	0.63	0.38	0.25	0.13

表 6－3 是补充后该标准的具体内容，可以看到比原来的最高精度等级 IT0 提高了很多。日本著名学者谷口纪男教授从综合加工精度出发，将加工的发展分为普通加工、精密加工、高精密加工和超精密加工 4 个阶段。由于物质的原子或分子的尺寸大小，即原子晶格间距是 0.2 ~ 0.4 nm，因此，提出了纳米加工技术是当今的极限工艺。

超精密加工提出以后，首先受到了日本等国的重视。日本在工科大学里，大多设置了精密工学科，十分注重培养精密加工方面的高级技术人才。许多著名的企业，如东芝、精工、三菱电气、住友、冈本、西铁城等，在超精密加工设备、测量系统等方面卓有成效。

美国在超精密加工方面也有雄厚的实力，加利福尼亚大学的国家实验室（LLNL）和美国空军合作研制出的大型光学金刚石车床是为镜面加工大直径光学镜头而开发的，其分辨力为 0.7 nm，定位误差为 0.002 5 μm。英、德等欧洲国家在超精密加工机床的制造与精密测量方面也处于世界的先进行列。

我国的超精密加工技术在 20 世纪 70 年代末期有了长足进步，80 年代中期出现了具有世界水平超精密机床和部件，并向专业化批量生产发展，研制出了多种不同类型的超精密机床、部件和相关的高精度测试仪等，如精度达 0.025 μm 的精密轴承等，达到了国际先进水平。

3. 超精密加工技术的重要性及相关技术范围

超精密加工技术在军事、航空、计算机等领域的高科技尖端产品中占有非常重要的地位。例如：陀螺仪是决定导弹命中精度的关键部件，如果 1 kg 重的陀螺转子，其质量中心偏离对称轴 0.5 nm，将会引起 100 m 的射程误差和 50 m 的轨道误差。美国民兵Ⅲ型洲际导弹系统陀螺仪的精度为 0.03° ~ 0.05°，其命中精度的圆概率误差为 500 m；而可装载 10 个核弹头的 MX 战略导弹，其命中精度的圆概率误差仅为 50 ~ 150 m。

人造卫星的仪表轴承是真空无润滑轴承，其孔和轴的表面粗糙度达到 1 nm，其圆度和圆柱度均以 nm 为单位。再如，若将飞机发电机转子叶片的加工精度由 60 μm 提高到

12 μm，而加工表面粗糙度值由 0.5 μm 降低至 0.2 μm，则发电机的压缩效率将从 89% 提高到 94%。

计算机磁盘的存储量在很大程度上取决于磁头与磁盘之间的距离（即所谓"飞行高度"），目前已达到 0.15 μm。为了实现如此微小的"飞行高度"，要求加工出极其平坦、光滑的磁盘基片及涂层。

近十几年来，随着科学技术和人们生活水平的提高，精密和超精密加工不仅进入了国民经济和人民生活的各个领域，而且从单件小批量生产方式走向大批量的产品生产。在工业发达国家，已经改变了过去那种将精密机床放在后方车间仅用于加工工具、量具的陈规，已将精密机床搬到前方车间直接用于产品零件的加工。

4. 超精密加工所涉及的技术范围

超精密加工不是一种孤立的加工方法和单纯的加工工艺，而是一门综合多学科的高新技术，其加工精度和表面质量受被加工工件材料、加工设备及工艺装备、检测方法、工作环境和人的技艺水平等方面的影响，主要涉及的技术领域有以下几个方面：

（1）超精密加工机理。超精密加工是从被加工表面去除一层微量的表面层，包括超精密切削、超精密磨削和超精密特种加工等。当然，超精密加工也应服从一般加工方法的普遍规律，但也有不少其自身的特殊性，如刀具的磨损、积屑瘤的生成规律、磨削机理、加工参数对表面质量的影响等。

（2）超精密加工的刀具、磨具及其制备技术。其包括金刚石刀具的制备和刃磨、硬砂轮的修整等是超精密加工的重要的关键技术。

（3）超精密加工机床设备。超精密加工对机床设备有高精度、高刚度、高的抗振性、高稳定性和高自动化的要求，具有微量进给机构。

（4）精密测量及补偿技术。超精密加工必须有相应级别的测量技术和装置，具有在线测量和误差补偿。

（5）严格的工作环境。超精密加工必须在超稳定的工作环境下进行，加工环境的极微小的变化都可能影响加工精度。因而，超精密加工必须具备各种物理效应恒定的工作环境，如恒温室、净化间、防振和隔振地基等。

5. 超精密切削加工

超精密切削加工主要指金刚石刀具超精密车削，主要用于加工有色金属及其合金，以及光学玻璃、石材和碳素纤维等非金属材料，加工对象是精度要求很高的镜面零件。

1）超精密切削对刀具的要求

为实现超精密切削，刀具应具有如下的性能：

（1）极高的硬度、耐用度和弹性模量，以保证刀具有很高的刀具耐用度。

（2）刃口能磨得极其锋锐，刃口半径 ρ 值极小，能实现超薄的切削厚度。目前，国外金刚石刀具刃口半径已达到纳米级水平。

（3）刀刃应无缺陷。因切削时刃形将复印在加工表面上，而不能得到超光滑的镜面。

（4）与工件材料的抗黏结性好、化学亲和性小、摩擦因数低，能得到极好的加工表面完整性。

2）金刚石刀具的性能特征

金刚石有人造金刚石和天然金刚石两种，由于人造金刚石制造技术和加工技术的发展，聚晶金刚石刀具已得到广泛应用。这种人造金刚石刀具是由一层细颗粒人造金刚石和添加的催化剂及溶剂经高温、高压处理，与硬质合金结合成一体（金刚石层厚度约 0.5 mm），根据需要，用电火花、线切割方法将刀片切成要求的形状，然后，再将硬质合金焊接在刀杆上制成的，亦可做成可转位刀片。天然单晶体金刚石一般为八面体和十二面体，有时也会是六面体或其他晶形，目前，超精密切削刀具用的金刚石为大颗粒（0.5 ~ 1.5 克拉，1 克拉 = 200 mg）、无杂质、无缺陷、浅色透明的优质天然单晶金刚石，具有如下的性能特征：

（1）具有极高的硬度，其硬度达到 6 000 ~ 10 000 HV；而 TiC 仅为 3 200 HV；WC 为 2 400 HV。

（2）能磨出及其锋锐的刃口，且切削刃没有缺口、崩刃等现象。普通切削刀具的刃口圆弧半径只能磨到 5 ~ 30 μm，而天然单晶金刚石刃口圆弧半径可小到数纳米，没有其他任何材料可以磨到如此锋利的程度。从理论上说，单晶金刚石刀具的钝圆半径可小到 1 nm，目前日本可磨到 10 ~ 20 nm，而美国可达 5 nm 的水平。

（3）热化学性能优越，具有导热性能好，与有色金属间的摩擦因数低、亲和力小的特征。

（4）耐磨性好，刀刃强度高。金刚石摩擦因数小，和铝之间的摩擦因数仅为 0.06 ~ 0.13，如切削条件正常，刀具磨损极慢，刀具耐用度极高。

因此，天然单晶金刚石虽然价值昂贵，但被一致公认为是理想的、不能代替的超精密切削的刀具材料。

3）超精密切削时的最小切削厚度

超精密切削实际能达到的最小切削厚度是与金刚石刀具的锋锐度、使用的超精密机床的性能状态、切削时的环境条件等直接有关。

6. 超精密磨削加工

超精密磨削加工是指利用细粒度的磨粒或微粉磨料进行砂轮磨削、砂带磨削，以及研磨、珩磨和抛光等进行超精密加工的总称，是加工精度达到或高于 0.1 μm、表面粗糙度值小于 Ra 0.025 μm 的一种亚微米级加工方法，并正向纳米级发展，是当前超精密加工的重要研究之一。

对于铜、铝及其合金等软金属，利用金刚石刀具进行超精密车削是十分有效；而对于黑色金属、硬脆材料等，用精密和超精密磨削加工在当前是最主要的精密加工手段。

精密磨削，超精密磨削的关键在于砂轮的选择、砂轮的修整、磨削用量和高精度的磨削机床。

7. 超精密加工的机床设备

超精密机床是实现超精密加工的最重要、最基础的条件，是超精密加工水平的标志。对超精密机床的基本要求包括：① 高精度，即高的静态精度和动态精度；② 高刚度，包括静刚度、动刚度和热刚度等；③ 高稳定性，即设备在规定的工作环境下使用过程中应能长时间保持精度、抗干扰、稳定地工作，因此设备应有良好的耐磨性、抗振性等；④ 高自动化，高自动化机床可减少人为因素影响，提高加工质量，加工设备多用数控系统实现自动化。

现在美国和日本均有 20 多家工厂和研究所生产超精密机床；英国、荷兰、德国等也都有工厂研究所生产和研究开发超精密机床，且均已达到较高的水平。近年来，我国超精密机床的研究也上了一个新台阶，北京机床研究所研制成功大型纳米级超精密数控车床 NAM –

800。NAM－800 纳米级超精密数控车床采用了当今最先进的数控技术、伺服技术、精密制造及测量技术，该车床的反馈系统分辨率为 2.5 nm，机械进给系统可实现 5 nm 的微小移动，可对被加工表面实现微小的切除，使其达到极高的精度和表面质量。主轴的回转精度为 0.03 μm，溜板移动直线度为 0.15 μm/200 mm，最大可加工直径为 $\phi800$ mm，粗糙度 $Ra <$ 0.008 μm。

切削类、磨削类超精密机床目前已发展了许多种模块化的功能部件，如精密主轴部件、精密导轨部件、微量进给装置等。这些关键部件的质量是超精密机床的重要基础。

值得注意的是，为了适应精密和超精密加工的需要，达到微米甚至纳米级的加工精度，必须对它的工作环境提出较高的要求，超精密加工的工作环境是达到其加工质量的必要条件，主要包括空气环境、热环境、振动环境、电磁环境等。

6.2.3　微细加工技术

1. 微机械概念及应用

微机械（Micro machine，日本惯用词）的概念是由诺贝尔物理奖获得者 Richard P. Feynman 于 1959 年首先提出的，是指可以批量制作的，集微型机构、微型传感器、微型执行器以及信号处理和控制电路，甚至外围接口、通信电路和电源等于一体的微型器件或系统，也称微型机电系统（Micro Electro－Mechanical Systems，MEMS，美国惯用词）或微型系统（Micro systems，欧洲惯用词）。

随着科技的发展，人们对许多工业产品的功能集成化和外形小型化的需求，使零部件的尺寸日趋微小化。例如，在医学领域，利用微机械技术可以制造用于视网膜手术、修补血管等方面的机械；进入人体的医疗机械和管道自动检测装置中所需的微型齿轮、微型电动机、传感器和控制电路等装置。

在工业领域，微型机械系统也可大显身手。例如，用于加工光通信机械激光二极管 LD 模块中微小非球面透镜制造用的模具仅 0.1～1 mm；维修用的微型机械产品可以在狭窄空间和恶劣环境下进行诊断和修复工作，如进行管路检修和飞机内部检修等场合。大量的微型机械系统能发挥集群优势，可用来清除大机器锈蚀，检查和维修高压容器，船舶的焊缝等。在公共福利服务领域，也可以利用大量微型机械系统，在地震、火灾、水灾等灾害现场从事救援和护理等工作。

由此可见，以本身形状尺寸微小和操作尺度极小为特征的微机械技术已涉及电子、电气、机械、材料、制造、信息与自动控制以及物理、化学、光学、医学、生物技术等多种工程技术和科学，并集约了当今科学技术的许多尖端成果。

2. 微机械的基本特征

微机械按其尺寸特征可以分为：微小机械（1～10 mm）；微机械（1 μm～1 mm）；纳米机械（1 nm～1 μm）。而制造微机械所采用的微细加工可分为微米级微细加工、亚微米级微细加工和纳米级微细加工等。

微机械主要有以下几个特点：

（1）体积小、精度高、重量轻。其体积可达亚微米以下，尺寸精度达纳米级，重量可至纳克，通过微细加工已经制出了直径细如发丝的齿轮、3 mm 大小能开动的汽车和花生米大小的飞机。

（2）性能稳定，可靠性高。由于微机械的体积小，几乎不受热膨胀、噪声、挠曲等因素影响，具有较高的抗干扰性，可在较差的环境下进行稳定的工作。

（3）能耗低，灵敏度和工作效率高。微机械所消耗的能量远小于传统机械的1/10，但却能以10倍以上的速度来完成同样的工作，如5 mm×5 mm ×0.7 mm的微型泵，其流速是体积大得多的小型泵的1 000倍，而且机电一体化的微机械不存在信号延迟问题，可进行高速工作。

（4）多功能和智能化。微机械集传感器、执行器、信号处理和电子控制电路为一体，易于实现多功能化和智能化。

（5）适用于大批量生产，制造成本低。微机械采用和半导体制造工艺类似的方法生产，可以像超大规模集成电路芯片一样，一次制成大量的完全相同的部件，故制造成本大大降低，如美国的研究人员正在用该技术制造双向光纤维通信所必需的微型光学调制器，通过巧妙的光刻技术制造芯片，将制造成本从过去的5 000美元降低至如今的几美分。

（6）集约高技术成果，附加价值高。

3. 微细加工工艺方法

微细加工是指加工尺度为微米级范围的加工方式，是MEMS发展的重要基础。由于微细加工起源于半导体制造工艺，因此，迄今为止，硅微细加工仍在微细加工中占有重要的位置，其加工方式十分丰富，主要包含了微细机械加工、各种现代特种加工、高能束加工等方式，而微机械制造过程又往往是多种加工方式的组合。目前，常用的有以下几种加工方法。

1）超微机械加工

超微机械加工是指用精密金属切削和电火花、线切割等加工方法，制作毫米级尺寸以下的微机械零件，是一种三维实体加工技术，多是单件加工，单件装配，费用较高。微细切削加工适合所有金属、塑料及工程陶瓷材料，主要切削方式有车削、铣削、钻削等。

当利用精密微细磨削外圆表面时，高速钢材料的最小直径可达20 μm，长度1.2 mm；硬质合金直径达25 μm，长度0.27 mm；石英玻璃直径达200 μm，长度0.61 mm。精密磨削急需解决的问题是：进给精度的控制、在线观察测量及微型砂轮的整形。

微细电火花加工是利用微型EDM电极对工件进行电火花加工，可以对金属、聚晶金刚石、单晶硅等导体、半导体材料做垂直工件表面的孔、槽异型成形表面的加工。微细电火花线切割加工也可以加工微细外圆表面。工件做回转运动，在工件的一侧装有线切割用的钼丝，钼丝在走丝中对工件放电并沿工件轴线做进给运动，完成对工件外圆的加工。

由于切削力的存在，一般认为切削加工不适于微型机械的加工，但超精密微细切削已成功地制作出尺寸在10～100 μm的微小三维构件。日本FANUC公司开发的能进行车、铣、磨和电火花加工的多功能微型超精密加工机床，其数控系统的最小设定单位为1 nm。

目前，微细切削加工存在的主要困难是各类微型刀具的制造、刀具的安装、加工基准的转换、定位等。利用聚焦离子束可加工出直径在ϕ22～ϕ100 μm的微小高速钢铣刀，该铣刀在PMMA材料上能加工出壁厚约为8 μm，高度为62 μm的螺旋槽。

2）光刻加工

半导体加工技术的核心是光刻，又称光刻蚀加工或刻蚀加工，简称刻蚀。1958年左右，光刻技术在半导体器件制造中首次得到成功应用，研制成平面型晶体管，从而推动了集成电路的飞速发展。数十年以来，集成技术不断微小型化，其中光刻技术发挥了重要作用。目前可以实现小于 1 μm 线宽的加工，集成度大大提高，已经能制成包含百万个甚至千万个元器件的集成电路芯片。

光刻加工是用照相复印的方法将光刻掩模上的图形印刷在涂有光致抗蚀剂的薄膜或基材表面，然后进行选择性腐蚀，刻蚀出规定的图形。所用的基材有各种金属、半导体和介质材料。光致抗蚀剂俗称光刻胶或感光剂，是一种经光照后能发生交联、分解或聚合等光学反应的高分子溶液。

光刻的基本过程如图 6-8 所示。

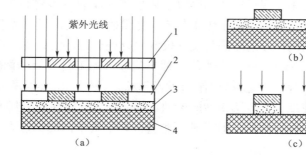

图 6-8　光刻的基本过程
1—光掩模板；2—感光胶层；3—成膜材料；4—基板

首先设计制作出光掩膜板，掩膜的基本功能是当光束照在掩膜上时，图形区和非图形区对光有不同的吸收和透过能力，图 6-8（a）中 1 为光掩膜板。理想的情况是图形区可让光完全透射过去，而非图形区则将光完全吸收；或与之完全相反。加工时，先在基板上沉积成膜材料，涂感光胶并进行曝光，如图 6-8（a）所示。然后，进行显影，结果如图 6-8（b）所示。感光胶同掩膜类似，有正胶和反胶之分。曝光部分溶解而光线未照射到的部分保留的感光胶称为正胶；曝光部分保留而光线未照射到的部分显影溶解的感光胶称为负胶。利用显影的感光胶图形作为刻蚀掩膜，就可以使其下面的材料受刻蚀，将掩膜保护的部分保留下来，如图 6-8（c）所示。有选择地溶解、除去基板上沉积的成膜材料甚至基板材料，再去除刻蚀掩膜层即可得到所期望加工的结构。

光掩膜制造技术、曝光技术和刻蚀加工技术是组成光刻技术的关键技术。

（1）光掩膜制造技术。光掩膜制造技术起源于光刻，尔后在其发展中逐渐独立于光刻技术。

（2）曝光技术。

目前，微机械光刻采用的曝光技术主要有电子束曝光技术、离子束曝光技术、X 射线曝光技术、远紫外曝光技术和紫外准分子激光曝光技术等。其中，离子束曝光技术的分辨率最高，可达 0.01 μm；电子束曝光技术代表了最成熟的亚微米级曝光技术；而紫外准分子激光曝光技术则具有最佳的经济性，成为近年来发展速度极快且实用性较强的曝光技术，已在大批量生产中保持主导地位，其极限分辨率为 0.2 μm。

（3）刻蚀加工技术。

刻蚀加工技术是一类可以独立于光刻的微型机械关键的成形技术。刻蚀分为湿法刻蚀和干法刻蚀。湿法刻蚀主要有等向性刻蚀、结晶异向性刻蚀和掺杂浓度选择刻蚀；干法刻蚀包括等离子体刻蚀和离子刻蚀。

等向性刻蚀是在以几乎相同的速度对基板进行纵向蚀除的同时，也出现侧向刻蚀。例如，以 SiO_2 作掩膜，使用 $HF-HNO_3$ 系的腐蚀溶液可进行 Si 的等向性刻蚀加工。等向性刻蚀的缺点是在刻蚀图形时容易产生塌边现象，以致刻蚀图形的最小线宽受到限制。等向刻蚀也是制造复杂立体形状的有效方法。

结晶异向性刻蚀是利用被加工材料各结晶面蚀除速度不同的性质，设计一定的掩膜形状，使侧面蚀除量很小，从而能够加工出 V 形或矩形槽等。掺杂浓度选择刻蚀是利用刻蚀速度依赖掺杂浓度的性质，有选择地蚀除特定的被加工层。

干法刻蚀是在气体中利用反应性气体、等离子体取代化学腐蚀液进行刻蚀加工的方法。等离子体刻蚀是利用反应性气体的等离子体中具有高能量的反应性离子游离基进行刻蚀的方法。与离子刻蚀相比，使用同样厚的掩膜可实现较深的刻蚀加工。用微波产生高密度的等离子体，刻蚀速度可达 15 $\mu m/min$。离子刻蚀是一种不依赖被加工材料结晶面的有向性刻蚀，利用 Ar 离子等不活泼离子的动能产生物理作用进行刻蚀，另外，还可利用反应性离子的化学和物理作用，提高刻蚀速度，进行选择性的刻蚀。后者称为反应性离子刻蚀，虽不及湿法刻蚀、等离子体刻蚀的方向选择性好，但一般也能进行数十微米深的刻蚀。当以厚 1 μm 的 Al 作为掩膜时，能够加工 Si 至 40 μm 深。

就湿法和干法比较而言，湿法的腐蚀速率快、各向异性好、成本低，但较难控制腐蚀深度。干法的腐蚀虽然速度慢、成本高，但能精确控制腐蚀深度。对要求精密、刻蚀深度浅的最好采用干法刻蚀工艺；对要求各向异性大、腐蚀深度很深的则最好采用湿法腐蚀工艺。

4. 微细加工技术的发展与趋势

微型机械加工技术的发展刚刚经历了十几年，在加工技术不断发展的同时发展了一批微小器件和系统，显示了巨大生命力。作为大批量生产的微型机械产品，将以其价格低廉和优良性能赢得市场，在生物工程、化学、微分析、光学、国防、航天、工业控制、医疗、通信及信息处理、农业和家庭服务等领域有着巨大的应用前景。当前，作为大批量生产的微型机械产品，如微型压力传感器、微细加速度计和喷墨打印头已经占领了巨大市场。目前市场上以流体调节与控制的微机电系统为主，其次为压力传感器和惯性传感器。一些令人瞩目的微系统引起人们的广泛关注，各种微型元件被开发出来，显示出现实和潜在的价值，微细加工技术已被认为是微机械发展的关键技术之一。从目前来看，微细加工技术总的发展趋势是：

（1）加工方法的多样化。迄今为止，微细加工技术是从两个领域延伸发展起来的：一是用传统的机械加工和电加工，研究其小型化和微型化的加工技术；二是在半导体光刻加工和化学加工等高集成、多功能化微细加工的基础上提高其去除材料的能力，使其能制作出实用的微型零件的机器。因此，如何从单一加工技术向组合加工技术发展，研究和制备几十微米至毫米级零件的高效加工工艺和设备，是今后一段时期的重点攻关领域。

（2）加工材料从单纯的硅向着各种不同类型的材料发展。例如，玻璃、陶瓷、树脂、金属及一些有机物，大大扩展微机械的应用范围，满足更多的需求。

（3）提高微细加工的经济性。微细加工实用化的一个重要条件就是要求经济上可行，以实现加工规模由单件向批量生产发展。LIGA 工艺的出现是微机械进行批量生产的范例，微细成形、微细制模和微细模铸等方法也能适用于批量生产微型零件。此外，加工方式从手工操作向自动化发展也是提高微细加工经济性的途径。例如，日本微机械研究中心正在研制一种微机械制造设备，它可以完成从设计参数输入、加工、部件制造组装到封装整个工艺过程。

（4）加快微细加工的机理研究。伴随着机械构件的微小化，将出现一系列的尺寸效应，如构件的惯性力、电磁力的作用相应地减少，而黏性力、弹性力、表面张力、静电力等的作用将相对较大；随着尺寸的减小，表面积与体积之比相对增大，传导、化学反应等加速，表面间的摩擦阻力显著增大。因而，加快微细加工的机理研究对微机械的设计和制造加工工艺的制定有很大的实际应用意义。

可以预测，微机械及其制造技术将如同微电子技术的出现和应用所产生的巨大影响一样，将导致人类认识和改造世界的能力有重大的突破。

6.2.4　高能束加工技术

高能束加工技术也叫高能束流加工技术，它是以高能量密度束流（电子束、激光、离子束等）为热源与材料作用，从而实现材料去除、连接、生长和改性。高能束流加工技术具有独特的技术优势，受到越来越多的重视，应用领域不断扩大。经过多年的发展，高能束流加工技术已经应用到焊接、表面工程和快速制造等方面，在航空、航天、船舶、兵器、交通、医疗等诸多领域发挥了重要作用。

1. 高能束流束源品质的发展

高能束流加工技术的应用与发展和高能束流束源品质有着密切的关系。随着科学技术的不断发展，无论是电子束还是激光束，束流品质越来越好，能量密度、功率等参数越来越高，加工能力和加工质量都有所提高。

电子束束流品质主要有两方面的内涵：一是束流和高压的稳定性；二是束流的形态和能量分布。前者主要取决于高压电源及相应控制系统；后者主要取决于电子枪及其电磁聚焦系统。

高压电源是电子束加工设备的重要组成部分，自 20 世纪 50 年代以来，高压电源的设计及制造技术经历了 3 个阶段，即工频变压器、中频发电机组、高频开关式电源。在每个发展阶段，高压电源性能都得到了很大提高，特别是开关式高压电源，高压调节范围更广，有效功率更高，高压纹波、设备体积更小。目前，高压开关电源的各个部分均实现了高频工作方式，通常在束流满量程的情况下，束流稳定度达到 ±0.25%，高压的稳定度达到 ±0.25%。

束流形态和能量分布主要取决于电子枪及其所属的电磁聚焦系统，目前没有专属的量化指标，通常可对束流的不同截面进行能量分布的测定，来分析束流形态和能量分布是否良好。目前，电子束流发生装置（电子枪）技术发展迅速，已经由低压小功率型发展到高压大功率型（如表 1 所示），大大提升了加工能力和加工质量，同时拓展了电子束加工技术手段。

近年来，一些新型激光器相继进入激光加工领域（如准分子激光器、发射 5 μm 附近激光波长的 CO 激光器等），这将拓展激光焊接设备的新领域，促进激光加工技术向前发展。特别是光纤激光器的出现，无论是束流品质还是输出功率，都应该说是激光加工技术的一场革命性变化。

2. 高能束流焊接技术

与传统焊接技术相比，高能束流焊接技术具有诸多优势：

（1）功率密度高。高能束流斑点尺寸小，功率密度大。焊接束流的功率密度通常达

$10^5 \sim 10^8$ W/cm^2，而一般常规电弧焊的功率密度为 $10^2 \sim 10^4$ W/cm^2。

（2）焊缝深宽比高。高能束流可实现高深宽比（即焊缝深而窄）的焊接，其中电子束深宽比达 60∶1，可一次焊透 0.1 ～ 300 mm 厚度的不锈钢板，激光焊的深宽比也达到 20∶1。

（3）焊接速度快。高能束流的高能量密度使得焊接加热集中，焊接熔化和凝固过程快、效率高，如利用电子束焊接厚 125 mm 的铝板，焊接速度达 4 m/min，是氩弧焊的 40 倍，1 mm 厚薄板激光焊接速度可达到 20 m/min。

（4）焊件热变形小，焊缝性能好。高能束流功率密度高，使得焊接热输入量少、焊件变形小、焊后加工量小，有利于降低制造成本，且能避免焊接接头组织晶粒长大，使接头性能改善；高温作用时间短、合金元素烧损少，能有效改善焊缝抗蚀性能。

（5）焊缝纯洁度高。真空对焊缝有良好的保护作用，高真空电子束焊尤其适合焊接钛及钛合金等活性材料。

（6）工艺适应性强。焊接参数易于精确调节，焊接头便于偏转，焊接位置的可达性好，对焊接结构的焊接适应性优于常规电弧焊，不仅可应用于对接接头、搭接接头，而且特别适合于 T 形接头焊接。

（7）可焊材料多。适合于难焊材料焊接，不仅能焊金属和异种金属材料接头，也可焊非金属材料（如陶瓷、石英玻璃等）。

国外高能束流焊接技术研究水平与应用程度都比我国好。在电子束焊接方面，国外围绕超高能密度装置研制，设备智能化、柔性化、电子束流特性诊断，束流与物质作用机制，以及非真空电子束焊设备及工艺等方面开展了卓有成效的研究。在日本，加速电压 600 kV、功率 300 kW 的超高压电子束焊机已问世，一次可焊 200 mm 的不锈钢，深宽比达 70∶1。同时，日、俄、德开展了双枪及填丝电子束焊接技术研究。在对大厚度板第一次焊接的基础上，通过第二次填丝来弥补顶部下凹或咬边缺陷；日本采用双枪实现了薄板超高速焊接，反面无飞溅，成形良好。关于非真空电子束焊接，德国斯图加特大学实现了母材为 AlMg0.4Si1.2 的旋转件的填丝焊接，加丝材料为 AlMg4.5Mn，送丝速度 35 m/min，焊接速度高达 60 m/min。非真空电子束焊接在汽车制造领域一直倍受重视并得到应用，如手动变速器中同步环与齿轮采用非真空电子束焊接，生产率已超过 500 件/小时。最近，德国和波兰的学者共同研制了真空电子束焊接时，安装于真空室中的非接触测温装置测量点最小直径 1.8 mm，主要用于陶瓷和硬质合金的钎焊，该装置可排除随机的热流干扰，测量精度高。

与常规焊接方法相比，激光能量密度高、加热集中，以具有小孔效应的大功率激光深熔模式进行焊接时，焊缝深宽比大，焊接速度快，焊接结构变形小，焊缝质量高，而且激光焊接在大气环境下完成，焊接可达性好。另外，激光焊接过程还具有易于集成化、自动化、柔性化的特点。因此，激光焊接特别适合于大型结构件的焊接，已成为 21 世纪解决大型复杂结构制造的先进焊接技术之一。目前，激光焊接技术已成为衡量一个国家制造业现代化水平的重要标志。

目前，基于深熔焊的激光焊接已成为汽车行业焊接标准化工艺之一，在造船工业和航空、航天工业中的应用也已经起步，如空客公司 A380 大型宽体客机制造技术中的亮点就是激光焊接技术在飞机壁板制造中的应用，且已成为 A380 先进性的主要标志之一。另外，欧洲造船工业中船体板架构件（16 m×20 m）制造中激光焊接的实际应用，美国海军焊接中心（NJC）针对战舰和装甲车等开展的激光焊接应用技术研究，都充分展示了激光焊接在大型结构制造中的优势和应用前景。

当前高能束流焊接被关注的主要领域为：高能束流设备的大型化——功率大型化及可加工零件（乃至零件集成）的大型化；设备的智能化和加工的柔性化；束流品质的提高及诊断；束流、工件、工艺介质相互作用机制的研究；束流的复合及其效应研究；新材料的焊接及异种材料的焊接；焊接过程稳定性与可靠性调控。

3. 高能束流表面工程技术

高能束流表面工程技术是高能束流加工技术中一个重要的组成部分，已广泛使用于武器装备及国民经济的多个领域。按照涂层的厚度来划分，可分为无涂层的表面改性技术（激光冲击强化、电子束毛化、精密局部热处理）、10 μm 以下的涂层（薄膜）制备技术（离子注入及沉积）、用于 100 μm 以上的涂层制备技术（电子束物理气相沉积及等离子喷涂）。

1）激光冲击强化技术

在激光冲击强化技术应用方面，美国 GE 公司已开始利用激光对涡轮风扇叶片和 F110 - GE - 100/129 的风扇第 I 级工作叶片进行冲击强化，以提高叶片表面压应力、防止叶片裂纹；LLNL 与 MIC 公司合作进行 F110 发动机（F15E，F16C/D）及 F119 发动机（F - 22）叶片的强化工作；LSP 公司采用可移动的激光冲击强化装置对飞机结构进行强化。

我国现役的 WP13 发动机压气机 I 级、II 级叶片在外场使用中发生多起叶尖裂纹、掉块故障。近年来，国家某重点型号、空军"撒手锏"工程发动机在外场也发生了多起压气机二级叶片叶尖裂纹、掉块故障，造成故障的主要原因是高阶复合振动导致叶片高周疲劳失效。目前一级压气机叶片采用常规的喷丸技术，但覆盖率、零件变形都难以控制，强化工艺存在困难。与机械喷丸相比，叶片经激光冲击强化后叶片表面产生的残余压应力层深、表面质量好、疲劳性能提高幅度大。激光束的可达性好，可以对叶片进行局部强化，叶片的双面强化工艺可以很好地控制叶片变形。另外，航空飞机上部分疲劳关键部位的孔结构难以采用机械喷丸强化，但可以用激光束对孔结构进行强化，并且在飞机焊接结构上也存在焊后强化的需求。

2）离子注入及沉积技术

对于离子注入及沉积技术，国外已在航空零件、生物材料、模具和刀具等方面有了广泛的应用，该技术日益成为金属材料表面处理不可缺少的重要手段。在此项工艺的发展进程中，美国和英国进展最快，效果最明显。1983 年美国国防部制订了一项离子束联合发展计划，联合美国各军事研究所、科研部门和高等院校开展改善武器装备的研究，即采用离子束技术改善热汽轮机、航天器、飞机、舰艇和其他武器装备关键部件的性能，以延长这些装备的使用寿命。目前在航空航天及其他军事领域的应用有：航天飞机主机的涡轮使用泵轴承、导航仪器轴承、喷气发动机主轴轴承、直升机传动装置的齿轮、航天设施的小型精密齿轮、燃料喷嘴和火箭往复活塞等，成效显著。

3）电子束物理气相沉积技术

电子束物理气相沉积技术在航空领域也具有独特的优势，如国外在飞机发动机上广泛应用电子束物理气相技术制造涡轮叶片热障涂层，提高了涡轮使用温度 50℃ ~ 200℃。德国 ALD 公司对 EB - PVD 技术的研究已经达到了一个相当高的水平，其产品不仅在航空领域得到了广泛应用，而且在光学涂层、半导体制造等其他工业领域也有所应用。目前，ALD 公司已经拥有大规模生产叶片涂层的 EB - PVD 设备，一台工业化生产的设备日产量估计可达上百片叶片甚至更多。其前景规划中，一方面针对 TBC 涂层材料，找到比 w（Y2O3）= 6%～8% 稳定的 ZrO_2 陶瓷隔热效果更好、性能更优越的新型改性陶瓷或几种陶瓷联合的复合陶瓷，从而进一步提高热端部件的工作温度；另一方面致力于多种工艺的联合交叉，从而降低工艺复杂性和制作成本，提高涂层质量；此外还将对涂层的结构展开新的研究，有可能采用多层材料的涂层等。美国宾夕法尼亚州立大学也在进行微层及微结构涂层的研究，以及制备具有更好黏结强度的结合层。

4. 高能束流快速制造技术

高能束流快速制造技术是基于离散/堆积原理的增材成形技术，由零件三维 CAD 模型数据驱动，可以直接制造出零件实体，能够大大减少制造工序、缩短生产周期、节省材料及经费，目前已发展到金属原型直接制造阶段。其热源主要有激光、电子束等，加工形式有熔融沉积（丝材、粉末）及选区熔化（粉末）等。高能束流快速制造技术主要有金属粉末激光熔融沉积技术、金属丝材高能束熔融沉积技术和高能束选区熔化技术等。

高能束流诸多加工技术已在多种制造领域取得了较为广泛的应用，是 21 世纪先进制造技术中不可缺少的特种加工技术。随着激光、电子束、等离子体等高能束流品质的发展，高能束流加工技术及其设备将不断改进，其加工质量会更高，加工制造领域会更广。

6.2.5　高速磨削技术

高速磨削加工与普通磨削比，它有很多优点，且集粗精加工于一身，能达到与车、铣、刨等切削加工相媲美的金属磨除率，能实现对难磨材料的高性能加工。阐述了高速磨削加工工艺的确定，高速磨削加工在工业中的具体应用，以及进一步提高磨削速度的设想。

1. 高速磨削概述

高速磨削是通过提高砂轮线速度来达到提高磨削效率和磨削质量的工艺方法。它与普通磨削的区别在于很高的磨削速度和进给速度，而高速磨削的定义随时间的不同在不断推进。20 世纪 60 年代以前，磨削速度在 50 m/s 时，即被称为高速磨削；而 20 世纪 90 年代磨削速度最高已达 500 m/s。在实际应用中，磨削速度在 100 m/s 以上即被称为高速磨削。高速磨削可大幅度提高磨削生产效率、延长砂轮使用寿命、降低磨削表面粗糙度值、减小磨削力和工件受力变形、提高工件加工精度、降低磨削温度，能实现对难磨材料的高性能加工。随着砂轮速度的提高，目前比磨削去除率已猛增到了 3 000 $mm^3/(mm \cdot s)$ 以上，可达到与车、铣、刨等切削加工相媲美的金属磨除率。近年来各种新兴硬脆材料（如陶瓷、光学玻璃、光学晶体、单晶硅等）的广泛应用，更推动了高速磨削技术的迅猛发展。高速磨削技术是适应现代高科技需要而发展起来的一项新兴综合技术，集现代机械、电子、光学、计算机、液压、计量及材料等先进技术于一体。日本先进技术研究会把高速加工列为五大现代制造技术之一。国际生产工程学会（CIRP）将高速磨削技术确定为面向 21 世纪的中心研究技术之一。

2. 高速磨削加工工艺

高速磨削的加工工艺涉及磨削用量、磨削液及砂轮修整等方面，下面将分别进行阐述。

1）磨削用量选择

在应用高速磨削工艺时，磨削用量的选择对磨削效率、工件表面质量以及避免磨削烧伤和裂纹十分重要。磨削用量与砂轮速度具有相关性。除了砂轮速度以外，决定磨削用量的因素还有很多，因此应用中需综合考虑加工条件、工件材料、砂轮材料、冷却方式等因素，以选择最优的磨削用量。

2）磨削液

在高速磨削过程中，所采用的冷却系统的优劣常常能决定整个磨削过程的成败。冷却润滑液的功能是提高磨削的材料去除率，延长砂轮的使用寿命，降低工件表面粗糙度值。它在磨削过程中必须完成润滑、冷却、清洗砂轮和传送切削屑四大任务，与普通磨削液要求类似。

3）砂轮的修整

目前应用较为成熟的砂轮修整技术有 ELID 在线电解修整技术、电火花砂轮修整技术、杯形砂轮修整技术和电解—机械复合整形技术等。

3. 高速磨削的应用

高速磨削的应用技术有高速深切磨削、高速精密磨削、难磨材料及硬脆材料的高速磨削。

1）高速深切磨削

以砂轮高速、高进给速度和大切深为主要特点的高效深磨（High Efficiency Deep Grinding, HEDG）技术是高速磨削在高效加工方面的应用之一。高效深磨技术起源于德国。1979 年德国 P. G. Werner 博士预言了高效深磨区的存在合理性，开创了高效深磨的概念，并在 1983 年由德国 Guhring Automation 公司创造了当时世界上最具威力的 60 kW 强力磨床，转速为 10 000 r/min，砂轮直径为 400 mm，砂轮圆周速度达到 100 ~ 180 m/s，标志着磨削技术进入了一个新纪元。1996 年由德国 Schaudt 公司生产的高速数控曲轴磨床，是具有高效深磨特性的典型产品，它能把曲轴坯件直接由磨削加工到最终尺寸。德国 Aachen 工业大学宣称，该校已采用了圆周速度达到 500 m/s 的超高速砂轮，此速度已突破了当前机床与砂轮的工作极限。

高速深切磨削可直观地看成是缓进给磨削和高速磨削的结合。与普通磨削不同的是高效深磨可通过一个磨削行程，完成过去由车、铣、磨等多个工序组成的粗精加工过程，获得远高于普通磨削加工的金属去除率（磨除率比普通磨削高 100 ~ 1 000 倍），表面质量也可达到普通磨削水平。例如，采用陶瓷结合剂砂轮以 120 m/s 的速度磨削，比磨削率可达 500 ~ 1 000 $mm^3/$（mm·s），比车削和铣削高 5 倍以上。英国用盘形 CBN 砂轮对低合金钢 51CrV4 进行了 146 m/s 的高效深磨试验研究，材料去除率超过 400 $mm^3/$（mm·s）。高效成形磨削作为高效深磨的一种也得到广泛应用，并可借助 CNC 系统完成更复杂型面的加工。此项技术已成功地用于丝杠、螺杆、齿轮、转子槽、工具沟槽等以磨代铣加工。日本丰田工机、三菱重工等公司均能生产 CBN 高速磨床。GP – 33 型高速磨床采用 CBN 砂轮以 120 m/s 磨削速度实现对工件不同部位的自动磨削。美国 Edgetrk Machine 公司也生产高效深磨机床，该公司主要发展小型 3 轴、4 轴和 5 轴 CNC 成形砂轮，可实现对淬硬钢的高效深磨，表面质量可与普通磨削媲美。高速深切磨削具有加工时间短（一般为 0.1 ~ 10 s）、磨削力大、磨削速度高的特点，除了应具备高速磨削的技术要求外，还要求机床具有高的刚度。

2）高速精密磨削

高速精密磨削（Precision High Speed Grinding, PHSG）是采用高速精密磨床，并通过精密修整微细磨料磨具，采用亚微米级切深和洁净加工环境获得亚微米级以下的尺寸精度。高速精密磨削主要是高速外圆磨削。即使用 150 ~ 200 m/s 的砂轮周速和 CBN 砂轮，配以高性能 CNC 系统和高精度微进给机构，对凸轮轴、曲轴等零件外圆回转面进行高速精密磨削加工的方法。它既能保证高的加工精度，又可获得高的加工效率。

4. 高速磨削技术的研究

高速磨削技术的研究，主要从制约切削速度的各个方面进行研究。

（1）发展高功率高速主轴。

（2）研制适应高速磨削的新型砂轮，这样才能提高磨削速度。

（3）磨床结构的改进。

为了尽可能降低机床在高速时由于砂轮不平衡引起的振动，应配置在线自动平衡系统，以使机床在不同转速时，始终处于最佳的运行状态。为了提高生产效率和工件的加工精度，则应采用高速、高效和高精度进给驱动系统。比如，在平面磨床上采用直线电动机替代丝杠螺母传动；在进行偏心磨削时，外圆磨床除了须具备高速滑台系统外，还要配备高速数控系统，以保证工件的精度及较高的生产率。

（4）优化冷却润滑系统。

除了要注意冷却润滑液本身的化学构成外，其供给系统也十分重要。因此，在研制高速磨床时，必须配置高压的冷却润滑供给系统。

（5）磨削速度向超音速迈进。

高速磨削应用研究的下一个目标将是冲破音速大关，把磨削速度提高到 350 m/s 以上，进而使 500 m/s 的磨削速度在工业应用上成为可能。当然，单就磨削速度一个参数并不能全面评价磨削过程的优劣，最佳的磨削速度应是磨削过程经济效益最好时的速度。这一最佳速度，必须经过改进机床设计，优化切削条件和配套系统等深入研究才能达到。

6.2.6 激光加工技术

1. 激光技术原理

激光被广泛应用是因为它具有的单色波长、同调性和平行光束等三大特性。科学家在电管中以光或电流的能量来撞击某些晶体或原子易受激发的物质，使其原子的电子达到受激发的高能量状态。当这些电子要恢复到平静的低能量状态时，原子就会射出光子，以放出多余的能量。这些被放出的光子又会撞击其他原子，激发更多的原子产生光子，引发一连串的连锁反应，并且都朝同一个方前进，进而形成集中的朝向某一方向的强烈光束。由此可见，激光几乎是一种单色光波，频率范围极窄，又可在一个狭小的方向内集中高能量，所以利用聚焦后的激光束可以穿透各种材料。以红宝石激光器为例，它输出脉冲的总能量不够煮熟一个鸡蛋，但却能在 3 mm 的钢板上钻出一个小孔。激光拥有上述特性，并不是因为它有与别的光不同的光能，而是它的功率密度十分高，这就是激光能够被广泛应用的主要原因。

2. 激光加工技术先进性

激光的上述特性给激光加工带来一些其他加工方法所不具备的优势。由于激光加工是无接触加工，对工件无直接冲击，所以无机械变形。激光加工过程中无刀具磨损，无切削力作用于工件；激光束能量密度高，加工速度快，并且是局部加工，对非激光照射部位没有影响或影响极小，因此受其热影响的工件热变形小，后续加工量少。激光束易于导向、聚焦，能够便捷地实现方向变换，使其极易与数控系统配合，对复杂的工件进行加工。因此，它是一种极为灵活的加工方法，具备生产效率高、加工质量稳定可靠、经济效益和社会效益好等优点。激光加工作为先进制造技术已广泛应用于航空、汽车、机械制造等国民经济重要部门，在提高产品质量、劳动生产率、自动化、降低污染和减少材料消耗等方面起到重要的作用。

3. 激光切割

激光切割一直是激光加工领域中最为活跃的一项技术，它是利用激光束聚焦形成高功率密度的光斑，将材料快速加热至汽化温度，再用喷射气体吹化，以此分割材料。脉冲激光适用于金属材料，连续激光适用于非金属材料，通过与计算机控制的自动设备结合，使激光束具有无限的仿形切割能力，切割轨迹修改十分方便。激光切割技术的出现使人类可以切割一些硬度极高的物质，包括硬质合金，甚至金刚石。高科技已经让"削铁如泥"的传说变成了现实。

激光切割技术是激光加工技术应用的重要方面之一，广泛应用于金属和非金属材料的加工中，可大大减少加工时间，降低加工成本，提高工件质量。激光切割是应用激光聚焦后产生的高功率密度能量来实现的，与传统的板材加工方法相比，具有高切割质量、高切割速度、高柔性（可随意切割任意形状）和广泛的材料适应性等优点。目前激光加工在航天、汽车等领域的应用最为广泛，如众多航天发动机企业采用 3D 激光设备进行燃烧器段的高温合金材料切割；军民用航空器的铝合金材料或特殊材料的激光切割；奔驰、奥迪、宝马、VOLVO 等众多著名汽车公司的轿车车身整体切割等，已经实现了常规加工无法达到的技术要求。农机制造中会应用到较厚的金属材料，应用其他加工方法不但加工难度大，而且不能保证工件的精度。利用激光切割技术即可切割极厚的金属板，而且切割光束点小，材质不易变形，保证了加工工件的精密度。此外，由于激光束易于导向，使激光切割能够加工复杂、不规则的几何图形；激光切割技术利用计算机进行制图排版，能够有效地节省材料，可大大降低农机制造成本。

4. 激光焊接

激光焊接是一种高速度、非接触、变形极小的焊接方式，非常适合大量而连续的在线加工。随着激光设备和加工技术的发展，激光焊接的能力也在不断增强，其主要工作方式有两种：传导焊与穿透焊，目前以穿透焊工艺为主。其应用主要分为以下三类。① 用于移动通信，如手机电池的焊接，电容、仪器仪表元件的焊接。这类焊接设备主要采用的是 Nd：YAG 激光器。② 用于焊接钢板。这种钢板多用于钢铁工业（如钢板在线拼焊）、汽车板拼接焊以及多种壳形类零件的焊接。③ 用于金刚石锯片的焊接。由于金刚石锯片广泛用于基建工程、石材工业等领域，加之欧洲早已禁止使用热阻焊的金刚石锯片，取而代之的是利用 CO_2 激光器将金刚石刀头焊接到锯片基体上，因此国内外对激光焊接金刚石锯片的需求日益猛增。由于激光焊接系统不是定型产品，因此大多都是根据生产需求"量身定做"，这就保证了产品生产的标准化与高速化。

初期的激光焊接主要以单激光作为焊接热源，主要进行精密薄壁件的焊接加工。近几年来，随着工业用激光器和激光技术的发展，尤其是千瓦级大功率固体激光器的出现，由于其极高的能量密度和柔性（可用光导纤维传输），使激光焊接技术进入了一个快速发展和应用阶段。特别要指出的是近几年来以激光为核心的激光—电弧复合热源焊接技术的出现，使激光焊接技术不仅可以应用到薄板的高速焊接上，而且还可以进行中厚板的高速焊接；不仅适用于一般的碳钢材料焊接，也适用于能源、交通运输、航空航天、工程机械等领域使用的新型高性能材料（高性能不锈钢、高强铝合金、高强钢、钛合金、镁合金及镍基合金等）的焊接，是减小构件的变形、提高质量和效率的最有效焊接方法之一。此外，激光、激光填丝、激光—电弧复合技术还是材料的表面强化与改性的重要方法之一。这些新技术都使得激光焊接技术的应用范围大大拓宽，目前国外已将这些新技术应用到了汽车、航空航天、造船等领域。随着激光焊接技术的不断发展与应用面的不断扩大，迫切需要对激光焊接技术标准化进行研究，通过标准化手段，带动和引导激光焊接技术向规范、健康、环保的方向发展。

5. 激光表面改性

激光表面改性技术的研究始于 20 世纪 60 年代，随着 60 年代第一台红宝石激光器的诞生及 70 年代大功率激光器的成功研制，又由于激光在材料加工中的优点有能量传递方便、集中，加工时间短、速度快、无污染，操作简单，加工激光技术的应用日趋广泛。激光表面改性技术是将现代物理学、化学、计算机、材料科学、先进制造技术等多方面的成果和知识结合起来的高新技术。激光表面改性技术是采用大功率密度的激光束以非接触性的方式加热材料表面，借助于材料表面本身传导冷却，使金属材料表面在瞬间（毫秒甚至微秒级）被加热或熔化后高速冷却（可达 $10^4 \sim 10^8$ K/s），来实现其表面改性的工艺方法。表面处理后使材料表面形成有一定厚度的能与本体冶金结合的、含有高度弥散的均匀细小的、具有极好的耐磨及耐蚀性的工作层。激光处理无须淬火介质，处理后具有最小的变形，从而简化了后续加工工序。激光表面改性主要包括激光硬化（激光淬火）、激光表面合金化、激光熔覆等。这些方法的目的和应用都是为了使工作面（各种钢材及铸铁零件表面）获得基材无法达到或者需要太大代价才能得到的高硬度、高耐磨性以及高耐腐蚀性等性能，从而实现既节约成本，又满足工作要求的目的。

6. 激光抛光技术

在宏观领域适用的传统抛光手段（主要是机械抛光），由于实现方式的单一化，很难扩展到微观领域。其他的特种抛光技术，如化学抛光、电化学（电解）抛光、火焰抛光等，在适用于微元器件表面处理上，要做到仅对微米范围内成形的微结构抛光，而对其他部位没有影响，确也勉为其难。激光抛光，作为一种非接触性原理的抛光技术，则是可以成为微结构抛光工艺的重要技术手段。

7. 激光快速成形技术

激光快速成形技术是激光技术与计算机技术相结合的一项高新制造技术，其主要功能是将三维数据快速转化成实体，用激光制造模型，使用材料是液态光敏树脂，它在吸收了紫外波段的激光能量后会发生凝固，变化成固体材料。把要制造的模型编成程序，输入到计算机。激光器输出来的激光束由计算机控制光路系统，使它在模型材料上扫描刻画。在激光束所到之处，原先是液态的材料凝固起来。激光束在计算机的指挥下做完扫描刻画，将光敏聚合材料逐层固化，精确堆积成样件，造出模型。因此，用这个办法制造模型速度快，造出来的模型非常精致准确。其基本原理是先在计算机中生成产品的 CAD 三维实体模型，再将它切成规定厚度的片层数据（变换成一系列二维图形数据），用激光切割或烧结办法将材料进行选区逐层叠加，最终形成实体模型。

激光加工业是一门庞大、复杂、灵活多变的行业，各项技术既各具特色又相互联系，生产的产品也是五花八门，用途广泛，大到军事武器、国家工程项目，小到百姓日常生活用品等，因此这一行业的发展状况足以代表一个国家的工业水平。

6.2.7　3D 打印技术

3D 打印，即快速成形技术的一种，它是一种以数字模型文件为基础，运用粉末状金属或塑料等可黏合材料，通过逐层打印的方式来构造物体的技术。3D 打印通常是采用数字技术材料打印机来实现的。常在模具制造、工业设计等领域被用于制造模型，后逐渐用于一些产品的直接制造，已经有使用这种技术打印而成的零部件。该技术在珠宝、鞋类、工业设计、建筑、工程和施工（AEC）、汽车、航空航天、牙科和医疗产业、教育、地理信息系统、土木工程、枪支以及其他领域都有所应用。

和所有新技术一样，3D 打印技术也有着自己的缺点，它们会成为 3D 打印技术发展路上的绊脚石，从而影响它成长的速度。

3D 打印也许真的可能会给世界带来一些改变，但如果想成为市场的主流，就要克服种种担忧和可能产生的负面影响。

1. 材料的限制

仔细观察你周围的一些物品和设备，你就会发现 3D 打印的第一个绊脚石，那就是所需材料的限制。虽然高端工业印刷可以实现塑料、某些金属或者陶瓷打印，但目前无法实现打印的材料都是比较昂贵和稀缺的。

另外，现在的打印机也还没有达到成熟的水平，无法支持我们在日常生活中所接触到的各种各样的材料。

研究者们在多材料打印上已经取得了一定的进展，但除非这些进展达到成熟并有效，否则材料依然会是 3D 打印的一大障碍。

2. 机器的限制

众所周知，3D 打印要成为主流技术（作为一种消耗大的技术），它对机器的要求也是不低的，其复杂性也可想而知。

目前的 3D 打印技术在重建物体的几何形状和机能上已经获得了一定的水平，几乎任何静态的形状都可以被打印出来，但是那些运动的物体和它们的清晰度就难以实现了。

这个困难对于制造商来说也许是可以解决的，但是 3D 打印技术想要进入普通家庭，每个人都能随意打印想要的东西，那么机器的限制就必须得到解决才行。

3. 知识产权的忧虑

在过去的几十年里，音乐、电影和电视产业中对知识产权的关注变得越来越多。3D 打印技术毫无疑问也会涉及这一问题，因为现实中的很多东西都会得到更加广泛的传播。

人们可以随意复制任何东西，并且数量不限。如何制定 3D 打印的法律法规用来保护知识产权，也是我们面临的问题之一，否则就会出现泛滥的现象。

4. 道德的挑战

道德是底线。什么样的东西会违反道德规律，我们是很难界定的，如果有人打印出生物器官或者活体组织，是否有违道德？我们又该如何处理呢？如果无法尽快找到解决方法，相信我们在不久的将来会遇到极大的道德挑战。

5. 花费的承担

3D 打印技术需要承担的花费是高昂的，对于普通大众来说更是如此。例如，上面提到第一台在京东上架的 3D 打印机的售价为 1.5 万元，又有多少人愿意花费这个价钱来尝试这种新技术呢? 也许只有爱好者们吧。

如果想要普及到大众, 降价是必需的, 但又会与成本形成冲突。如何解决这个问题, 制造商们估计要头疼了。

每一种新技术诞生初期都会面临着这些类似的障碍, 但相信找到合理的解决方案, 3D打印技术的发展将会更加迅速, 就如同任何渲染软件一样, 不断地更新才能达到最终的完善。

6.3 先进制造生产模式

6.3.1 柔性制造

1. 柔性制造系统概述

柔性制造技术是集数控技术、计算机技术、机器人技术以及现代管理技术为一体的现代制造技术。自 20 世纪 60 年代以来, 为满足产品不断更新, 适应多品种、小批量生产自动化需要, 柔性制造技术得到了迅速的发展, 出现了柔性制造系统 (FMS)、柔性制造单元 (FMC)、柔性制造自动线 (FML) 等一系列现代制造设备和系统, 它们对制造业的进步和发展发挥了重大的推动与促进作用。本节以柔性制造系统为例, 主要介绍柔性制造技术概念、特征及组成。

柔性制造系统 (Flexible Manufacturing System, FMS) 概念是由英国莫林 (MOLIN) 公司最早提出的, 并在 1965 年取得了发明专利, 1967 年推出了名为 "Molins System – 24" (意为可 24 小时无人值守自动运行) 的柔性制造系统。此后, 世界各工业发达国家争相发展和完善这项新技术, 以此提高制造的柔性和生产效率。

到目前为止, FMS 尚无统一的定义。广义地说: 柔性制造系统是由若干台数控加工设备、物料运储装置和计算机控制系统组成, 并能根据制造任务或生产品种的变化迅速进行调整, 以适应多品种、中小批量生产的自动化制造系统。国外有关专家对 FMS 进行了更为直观的定义: "柔性制造系统至少由两台机床、一套具有高度自动化的物料运储系统和一套计算机控制系统所组成的制造系统, 通过简单改变软件程序便能制造出多种零件中任何一种零件。"

2. 柔性制造系统的组成

FMS 是一种由计算机集中管理和控制的灵活多变的高度自动化的加工系统, 如图 6 – 9 所示。从定义可以看出, FMS 主要有以下几个组成部分:

(1) 加工系统。其包括由两台以上的 CNC 机床、加工中心或柔性制造单元 (FMC) 以及其他的加工设备所组成, 如测量机、清洗机、动平衡机和各种特种加工设备等。

(2) 工件运储系统。由工件装卸站、自动化仓库、自动化运输小车、机器人、托盘缓冲站、托盘交换装置等组成, 能对工件和原材料进行自动装卸、运输和存储。

(3) 刀具运储系统。其包括中央刀库、机床刀库、刀具预调站、刀具装卸站、刀具输送小车或机器人、换刀机械手等。

(4) 一套计算机控制系统。能够实现对 FMS 进行计划调度、运行控制、物料管理、系统监控和网络通信等。

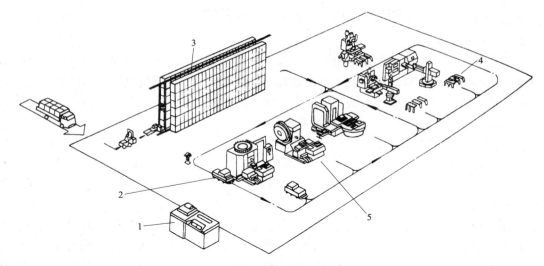

图 6 - 9　柔性制造系统的组成
1—控制系统；2—工件运转系统；3—仓储系统；4—刀具系统；5—加工系统

除了上述 4 个基本组成部分之外，FMS 还包含集中冷却润滑系统、切屑运输系统、自动清洗装置、自动去毛刺设备等附属系统。

3. FMS 的特点

从 FMS 的定义及其组成可以看出，FMS 有如下的特点：① 柔性高，适应多品种中小批量生产；② 系统内的机床在工艺能力上是相互补充或相互替代的；③ 可混流加工不同的零件；④ 系统局部调整或维修不中断整个系统的运作；⑤ 递阶结构的计算机控制，可以与上层计算机联网通信；⑥ 可进行第三班无人值守生产。关于 FMS 的柔性，有关专家认为：一个理想的 FMS 应具有如下几种柔性：

（1）设备柔性：指系统中的加工设备具有适应加工对象变化的能力，衡量指标是当加工对象变化时系统软硬件变更与调整所需的时间。

（2）工艺柔性：指系统能以多种方法加工某一族零件的能力，又称混流柔性，衡量指标是系统能够同时加工的零件品种数。

（3）产品柔性：指系统能够经济而迅速地转换到生产一族新产品的能力，衡量指标是系统从一族零件转向另一族零件所需的时间。

（4）工序柔性：指系统改变每种零件加工工序先后顺序的能力，衡量指标是系统以实时方式进行工艺决策和现场调度的水平。

（5）运行柔性：指系统处理局部故障并维持生产原定工件的能力，衡量指标是系统发生故障时生产量下降程度或处理故障所需的时间。

（6）批量柔性：指系统在成本核算上能适应不同批量的能力，衡量指标是系统保持经济效益的最小运行批量。

（7）扩展柔性：指系统根据生产需要能方便地进行模块化组建和扩展的能力，衡量指标是系统可扩展的规模和扩展难易程度。

4. 柔性制造系统的关键技术

1）计算机辅助设计

未来 CAD 技术发展将会引入专家系统，使之具有智能化，可处理各种复杂的问题。先进的计算机辅助设计技术有助于加快开发新产品和研制新结构的速度。

2）模糊控制技术

模糊数学的实际应用是模糊控制器。最近开发出的高性能模糊控制器具有自学习功能，可在控制过程中不断获取新的信息并自动地对控制量做调整，使系统性能大为改善，其中尤其以基于人工神经网络的自学方法更引起人们极大的关注。

3）人工智能、专家系统及智能传感器技术

FMS 中所采用的人工智能大多指基于规则的专家系统。专家系统利用专家知识和推理规则进行推理，求解各类问题（如解释、预测、诊断、查找故障、设计、计划、监视、修复、命令及控制等）。由于专家系统能方便地将各种事实及经验论证过的理论与通过经验获得的知识相结合，因而专家系统为 FMS 的各方面工作增强了柔性。目前用于 FMS 中的各种技术，预计最有发展前途的仍是人工智能。智能制造技术（IMT）能将人工智能融入制造过程的各个环节，借助模拟专家的智能活动，取代或延伸制造环境中人的部分脑力劳动。在制造过程中，系统能自动监测其运行状态，在受到外界或内部激励时能自动调节其参数，以达到最佳工作状态，具备自组织能力。对未来智能化 FMS 具有重要意义的一个正在急速发展的领域是智能传感器技术。该项技术是伴随计算机应用技术和人工智能而产生的，它使传感器具有内在的"决策"功能。

4）人工神经网络技术

人工神经网络是模拟智能生物的神经网络对信息进行并行处理的一种方法，故人工神经网络也就是一种人工智能工具。在自动控制领域，神经网络不久将并列于专家系统和模糊控制系统，成为现代自支化系统中的一个组成部分。

6.3.2 精益生产

第二次世界大战以后，日本汽车工业开始起步，但此时统治世界的生产模式是以美国福特制为代表的大量生产方式。这种生产方式以流水线形式生产大批量、少品种的产品，以规模效应带动成本降低，并由此带来价格上的竞争力。当美国汽车工业处于发展的顶点时，日本的汽车制造商无法与其在同一生产模式下进行竞争。与此同时，日本企业还面临需求不足与技术落后等严重困难，加上战后日本国内的资金严重不足，也难有大规模的资金投入，以保证日本国内的汽车生产达到有竞争力的规模。此外，丰田汽车公司在参观美国的几大汽车厂之后还发现，在美国企业管理中，特别是人事管理中，存在着难以被日本企业接受之处。因而，鉴于当时的历史环境，在丰田汽车公司不可能，也不必要走大批量生产方式道路的情况下，以大野耐一等人为代表的创始者们，根据自身的特点，逐步创立了一种独特的多品种、小批量、高质量和低消耗的生产方式——精益生产，其核心是追求消除包括库存在内的一切浪费，并围绕此目标发展了一系列具体方法，逐步形成了一套独具特色的生产经营管理体系。

1. 精益生产的基本概念

精益生产（Lean Production），英文原意是"瘦型"生产方式。精益生产简练的含义就是运用多种现代管理方法和手段，以社会需求为依托，以充分发挥人的作用为根本，有效配置和合理使用企业资源为企业谋求经济效益的一种新型企业生产方式。

精益生产方式的资源配置原则，是以彻底消除无效劳动和浪费为目标。精益的"精"

就是精干（瘦型），"益"就是效益，合起来就是少投入，多产出，把成果最终落实到经济效益上，追求单位投入产出量。可见，实施精益生产方式要以去除"肥肋"为先导，改进原有的臃肿组织机构、大量非生产人员、宽松的厂房、超量的库存储备等状况。

2. 生产方式

之所以能产生精益生产方式，是由于精益生产发明人有一套完全与众不同的思维方式做指导。主要的思维方式有下述三点：

（1）逆向思维方式。精益生产的思维方式大多都是逆向思维、风险思维，很多问题都是倒过来看，也是倒过来干的。比如，我们一般认为销售是生产经营的终点，而精益生产却把销售看成是起点，而且把用户看成是生产制造过程的组成部分；传统的生产方式一直是"推动式"的，从上到下发出指令，从前工序送到后工序，一道道往后推，而精益生产却是由后道工序拉动前道工序；过去总认为超前生产是好事，而精益生产却认为超前生产是无效劳动，是一种浪费。

（2）逆境中的拼搏精神。精益生产方式是市场竞争的产物，来自逆境中的拼搏精神。丰田公司在开始 13 年的轿车累计产量不及福特公司一天产量的 40%，在相差这样悬殊的条件下，他们却敢于提出赶上美国，走出一条新路子。经过 20 年努力，终于把理想变成现实。

（3）无止境的尽善尽美追求。在思维方法上，精益生产与以往生产经营目标的根本差别在于追求尽善尽美，这是丰田公司的精神动力。大量生产追求的是有限目标，可以容忍一定的废品率和最大限度库存。而精益生产则追求的是完全目标、低成本、无废品、零库存和产品多种多样，而且永无止境地提高，不断奋斗。精益生产认为，允许出错误，错误就会不断发生，所以从开始就不应出错。

3. 精益生产方式的特点

精益生产方式综合了单件生产与大量生产的优点，既避免了前者的高成本，又避免了后者的僵化，在内容和应用上具有如下的特征：

（1）以销售部门作为企业生产过程的起点，产品开发与产品生产均以销售为起点，按订货合同组织多品种小批量生产。

（2）产品开发采用并行工程方法和主查制，确保高质量、低成本，缩短产品开发周期，满足用户要求。

（3）在生产制造过程中实行"拉动式"的准时化生产，把上道工序推动下道工序的生产变为下道工序要求拉动上道工序的生产，杜绝一切超前、超量生产。

（4）以"人"为中心，充分调动人的潜能和积极性，普遍推行多机器操作，多工序管理，并把工人组成作业小组，不仅完成生产任务，而且参与企业管理，从事各种革新活动，提高劳动生产率。

（5）追求无废品、零库存、零故障等目标，降低产品成本，保证产品多样化。

（6）消除一切影响工作的"松弛点"，以最佳工作环境、最佳条件和最佳工作态度从事最佳工作，从而全面追求尽善尽美，适应市场多元化要求，用户需要什么则生产什么，需要多少就生产多少，达到以尽可能少的投入获取尽可能多的产出。

（7）把主机厂与协作厂之间存在的单纯买卖关系变成利益共同的"共存共荣"的"血缘关系"，把 70% 左右零部件的设计、制造委托给协作厂进行，主机厂只完成约 30% 的设计、制造任务。

4．精益生产的主要内容

精益生产方式的应用涉及企业的产品开发、制造和经营管理的各个方面，主要是改进企业生产劳动组织和现场管理，彻底消除生产制造过程中的无效劳动和浪费，科学、合理地组织与配置生产要素，增强企业适应市场的应变能力，取得更高经济效益。

（1）主查制的开发组织，并行式的开发程序。

精益生产的产品开发组织是比较紧密的矩阵工作组，由主查负责领导。所谓主查就是项目负责人。工作组成员是由各部门抽调来的，根据与开发任务的关系分为核心成员和非核心成员，核心成员自始至终不变动，非核心成员在各自部门里，只有紧急情况下才聚在一起，业务上受主查和所在部门双重领导。

无论什么样生产方式，产品开发都要经过概念设计、产品规划、零部件图样设计、样品试制、工艺设计、工装和设备设计与制造、批量试生产、正式大批量生产等阶段。问题是如何组织好这些必要的阶段。传统大批量生产采用的是串行式程序，一阶段工作完成之后才进行下一阶段，他们各自独立工作互不协调，整个工作被拖得很长。精益生产采用并行式工作程序，产品开发从一开始设计，相关工艺、质量、成本、销售人员就联手参加有关工作，尽早进行阶段衔接，尽可能地同时工作，从而改变了以往接力棒式的推动做法，而是从后面向前面提出各种各样的要求。在产品设计过程就要确定制造工艺，用工艺保证达到质量标准、生产效率、目标成本和各项指标。

（2）拉动式的生产管理。

精益生产组织生产制造过程的基本做法是用拉动式管理代替传统的推动式管理，即每一道工序的生产都是由其下道工序的需要拉动的，生产什么，生产多少，什么时候生产都是以正好满足下道工序的需要为前提的。拉动式方法的特点：一是坚持一切以后道工序要求出发，宁可中断生产也不搞超前生产，用拉动式保证生产的准时化，即在需要的时候生产需要的产品和数量；二是生产指令不仅是生产作业计划，而且还用"看板"进行微调，即以计划为指导，以"看板"为现场指令。"看板"成为拉动式生产的重要指挥手段。

（3）简化产品检验环节，强调一体化的现场质量管理。

精益生产方式对产品质量观点是：质量是制造出来的，而不是检查出来的，认为一切生产线外的检查把关及返修都不能创造附加价值，而把保证产品质量的职能和责任转移到直接生产操作人员，要求每一个作业人员尽职尽责，精心完成工序内的每一项作业。由每一个操作者自己保证和检验产品质量，取消了昂贵的检验场所和修补加工区，这不仅简化了产品的检验，保证了产品的高质量，而且节省了生产费用。

（4）总装厂与协作厂之间的相互依存。

精益生产方式主张在总装厂与协作厂之间建立起一种相互依存的信任关系，以代替单纯订货式的买卖关系。总装厂与协作厂之间的全部关系除了规定在基本合同文件之外，还组织协作厂协会，协会定期开会，交换意见、沟通信息，帮助协作厂培训干部，提高质量，降低成本，改善经营管理。此外，总装厂还常常派高级经理人员去协作厂任职，对主要的协作厂还采取参股、控股办法，建立起资金联合纽带的血缘关系，协作厂参与总装厂的产品开发，使总装厂与协作厂、协作厂与协作厂之间的技术交流得以实现，有利于保证整机和各个总成的性能，并大大缩短了产品开发时间。

精益生产方式建立了总装厂与协作厂共同分析成本、确定目标价格、合理分享利润的体系，放弃了以势压人、讨价还价的做法。首先由总装厂通过市场预测确定产品的目标价格，然后，与协作厂家一起反过来研究如何在这个条件下制造出这种产品，使总装厂与协作厂都能获得利润。

精益生产方式几乎普遍采用直达供应和直送工位的体制。协作厂定时、定量直接将配套件送到总装厂，取消了缓冲环节。这样的供货方式实行起来有很大风险，在日本协作厂一般就近就地选择，距总装厂很近，大体在 50 km 半径范围内，实行直达供应比较容易。

（5）以顾客为中心的销售策略。

精益生产改变了由经销人员在经销点坐等用户上门购买的被动销售方式，而是由经销人员登门拜访，挨家挨户推销的主动销售。例如，丰田公司，每个经销点由多个小组组成，除一个小组留守负责问询工作外，其他小组大部分时间都去挨家挨户推销汽车，了解经销点地区每家基本情况，把信息反馈给产品开发小组；向用户提出最贴切的购车建议，满足用户特定的要求；当用户拿不定主意时，还要带来样车进行演示。总之，用真诚感动用户。

6.3.3　敏捷制造

敏捷制造（Agile Manufacturing，AM），是由里海（Lehigh）大学雅柯卡（Lacocca）研究所与美国通用汽车公司等企业进行联合研究，于 1991 年正式提出来的一种新型生产模式。该生产模式公开后，立即受到世界各国的关注，在 20 世纪 60 年代以前，美国企业生产策略是通过扩大生产规模赢得市场。到了 70 年代，日本和西欧发达国家依靠本国廉价的人力和物力生产廉价的产品打入美国市场，致使美国制造商将策略重点由规模生产转向节约成本。80 年代，原西德和日本生产高质量的工业品与高档的消费品和美国的产品竞争，并源源不断地推向美国市场，又一次迫使美国将制造策略的重心转向产品质量。到 90 年代，美国人认识到只降低成本、提高质量还不能保证赢得市场竞争，还必须缩短产品的开发周期，加速产品的更新换代，因此速度问题成为美国制造商们关注的重心。敏捷制造就是用灵活的应变去应付快速变化的市场需求。敏捷制造是在如下的历史背景下提出的：

（1）全球商品市场的形成。随着全球市场的形成，商品竞争更趋激烈，市场瞬息多变，为了能及时捕捉市场出现的机遇，必须有一个灵活反应的企业生产机制。

（2）对制造业进行了重新认识。自第二次世界大战以后，西欧各国和日本经济遭受战争破坏，工业基础几乎被彻底摧毁，只有美国作为世界上唯一的工业国，经济一枝独秀。加之美国和苏联两国争霸的需要，美国的策略重心转向尖端技术，大力发展军事工业，热衷于军备竞赛，将制造业列为"夕阳产业"而不再予以重视，美国的产业部门一个接一个地"放弃产业制造"，由此产生了一系列的消极影响，致使美国经济严重衰退。例如：美国的汽车工业在 1955 年占世界市场的份额为 3/4，而到 1989 年急降到世界市场份额的 1/4；相反，日本则抢占了 30% 的国际市场。

随着美国制造业在世界市场急剧败退，许多商品所占市场份额急剧下降，美国人已清楚地认识到："不能保持世界水平的制造能力，必将危及国家在国内外市场的竞争能力""制造业是一个国家国民经济的支柱""美国在世界事务中的威望不仅取决于强大的国防态势，而且取决于强大的制造能力，为了保持美国的领导地位，美国应实施各种策略，重振其制造竞争力"。

为了保持美国在国际市场的领导地位，重新夺回美国在制造业上的优势，在美国国防部的资助下，由里海大学牵头，组织了包括美国通用汽车公司在内的百余家公司，联合进行了调查研究。在广泛调查中发现了一个重要而又普遍的现象，即企业营运环境的变化超过了自身的调整速度。面对突然出现的市场机遇，虽然有些企业是因认识迟钝而失利，但有些企业已看到了新机遇的曙光，只是由于不能完成相应调整而痛失良机。为了向企业界描述这种市场竞争的新特征，指明一种制造策略的本质，研究者们在讨论达成共识的基础上提出了"Agility"（敏捷）术语。敏捷制造策略的重点在于促使美国制造业的发展，努力使美国能重新恢复其在制造业中的领导地位。

1. 敏捷制造的基本原理和特点

敏捷制造是改变传统的大批量生产，利用先进制造技术和信息技术对市场的变化做出快速响应的一种生产方式；通过可重用、可重组的制造手段与动态的组织结构和高素质的工作人员的组成，获得企业的长期经济效益。

敏捷制造的基本原理为：采用标准化和专业化的计算机网络与信息集成基础结构，以分布式结构连接各类企业，构成虚拟制造环境；以竞争合作为原则在虚拟制造环境内动态选择成员，组成面向任务的虚拟公司进行快速生产；系统运行目标是最大限度地满足客户的需求。

根据上述的基本原理，敏捷制造的特点有以下几点：

（1）敏捷制造企业不仅能迅速设计、试制全新的产品，而且还易于吸收实际经验和工艺改革建议，不断改进老产品。

敏捷制造企业的这一特点在于敏捷制造对市场、对用户的快速响应能力，通过并行工作方式、快速原型制造、虚拟产品制造、动态联盟、创新的技术水平等措施来完成这一目标。

（2）敏捷制造企业能在整个生命周期中满足用户要求。因为敏捷制造企业能够做到：快速响应用户的需求，及时生产出所需产品；产品出售前逐件检查保证无缺陷；不断改进老产品，让用户使用产品所需的总费用最低；通过信息技术迅速、不断地为用户提供有关产品的各种信息和服务，使用户在整个产品生命周期内对所购买的产品有信心。

（3）敏捷制造企业的生产成本与生产批量无关。产品的多样化和个性化要求越来越高，而敏捷制造的一个突出表现就是可以灵活地满足产品多样化的需求。这一点可通过具有高度柔性、可重组、可扩充的设备和动态多变的组织方式来保证，所以它可以使生产成本与批量无关，做到完全按订单生产。

（4）敏捷制造企业采用多变的动态组织结构。敏捷制造的这一特点主要是由于今后衡量竞争优势的准则在于对市场反映的速度和满足用户的能力。要提高这种速度和能力，采用固定的组织结构是万万不行的，必须以最快的速度把企业内部的优势和企业外部不同公司的优势集合在一起，集成为一个单一的经营实体即虚拟公司。这种虚拟公司组织灵活，市场反应敏捷，自主独立完成项目任务，当所承接的产品或项目一旦完成时，公司既行解体。这里所说的虚拟公司实质上就是高度灵活的动态组织结构。

（5）敏捷制造企业通过所建立的基础结构，以实现企业经营目标。敏捷制造企业要赢得竞争就必须充分利用分布在各地的各种资源，把生产技术、管理和起决定作用的人全面地集成到一个相互依赖、相互协调的系统中。要做到全面集成，就必须建立新的基础结构，包括各种物理基础结构、信息基础结构和社会基础结构等。这就像汽车和公路网的道理一样，要想让汽车能很快地跑到各地，就必须重视高速公路的基础结构。通过充分利用所建立的基础结构，充分利用先进的柔性可重组制造技术，实现企业的综合目标。

（6）敏捷制造企业把最大限度地调动、发挥人的作用作为强大的竞争武器。有关研究表明，影响敏捷制造企业竞争力的最重要因素是工作人员的技能和创造能力，而不是设备。所以敏捷制造企业极为注意充分发挥人的主动性与创造性，积极鼓励工作人员自己定向、自己组织和管理；并且还通过不断进行职工培训和教育来提高工作人员的素质和创新能力，从而赢得竞争的胜利。

综上所述，敏捷制造企业主要在市场/用户、企业能力和合作伙伴这三方面反映自身的敏捷性，如图 6－10 所示。敏捷制造企业就是由敏捷的员工用敏捷的工具，通过敏捷的生产过程制造敏捷的产品。

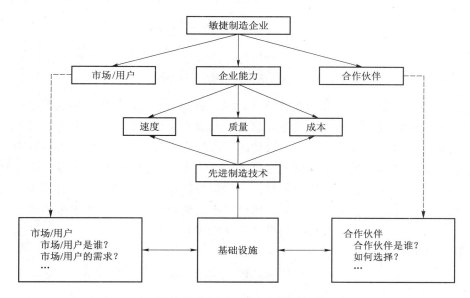

图 6－10　敏捷制造企业反映自身敏捷性的三个方面

2. 敏捷制造的关键因素

1）企业的信息系统

随着全球通信技术的飞速发展，信息已日益成为企业成功最重要的因素之一。企业信息系统的建立和管理，交流各种与企业有关的信息，是敏捷制造的支持环境。建立了通畅的企业信息系统，企业能够迅速明确自己的竞争环境，快速地响应市场/用户需求；通过网络能够进行异地设计，并行地进行产品开发；利用信息技术可持续不断地为用户提供有关产品的各种信息服务，使用户在整个产品寿命周期内对所购买的产品满意；可将各企业有关的经营特点、资源、设备能力等信息上网，在不同企业间进行信息的交换和共享，在"竞争—合作—协同"的前提下异地选择合作伙伴，赢得竞争优势。因此，企业信息系统是企业实施敏捷制造的基础结构。企业信息系统主要由企业内管理信息系统（MIS）和企业外信息互联网两部分组成。在实施敏捷制造过程中，企业内的 MIS 是影响企业信息系统最重要的因素。

2）虚拟公司

虚拟公司又称动态联盟（Virtual Organization），是面向产品经营过程的一种动态组织结构和企业群体集成方式。虚拟公司是指企业群体为了赢得某一个机遇性市场竞争，把某复杂产品迅速开发生产出来并推向市场，由一个企业内部有优势的不同部分和有优势的不同企业，按照资源、技术和人员的最优配置，快速组成一个功能单一的临时性的经营实体，从而迅速抓住市场机遇。这种以最快的速度把企业内部的优势和企业外部不同公司的优势集合起来所形成的竞争力，是以固定专业部门为基础的静态不变的组织结构对市场的竞争力无法比拟的。虚拟公司是一个对市场机遇做出反应而形成的聚集体，其生命周期取决于产品市场机遇，一旦所承接的产品和项目完成，机遇消失，虚拟公司就自行解体，各类人员立即转入其他项目，如图 6 – 11 所示。

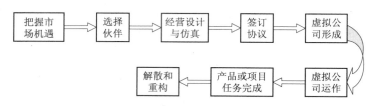

图 6 – 11　虚拟公司的解散和重构

　　虚拟公司的目的是使企业长期获取经济利益，敏捷制造企业采用这种既有竞争、又有合作的多变的动态组织结构，其出发点是建立在共同取胜获益的思想基础上的。虚拟公司的企业之间，是在竞争基础上相互信任、获取共同利益的合作关系，它打破了各种界限，通过整个聚合扩大资源要素配置范围，形成超出自身的竞争优势。为了共同的利益，虚拟公司的各成员只做自己特长的工作，把各成员的专长、知识和信息优势集中起来，有效地投入到以最短的反应时间和最小的投资为目标，满足用户需求的共同努力中去。虚拟公司成员间是平等合作的伙伴关系，实行知识、技能和信息共享及资源有偿共享。

　　3）敏捷制造的基础结构

　　敏捷制造生产模式需要有基础结构的支持，敏捷制造需要的基础结构，包括物理的、法律的、社会的和信息的基础结构。

　　（1）物理基础结构。它是指虚拟公司运行所必需的厂房、设备、实施、运输、资源等必要的物理条件，是指一个企业乃至全球范围内的物理设施。有了这样的物理基础结构，当有一个机遇出现时，为了抓住机会，尽快占领市场，只需要添置少量必要的设备，集中优势，开发关键部分，而多数的物理设施可以通过选择合适的合作伙伴来得到。

　　（2）法律基础结构。它是指国家关于虚拟公司的法律和政策条文。具体来说，它应规定出如何组织一个法律上承认的虚拟公司，这涉及如何交易，利益如何分享，资本如何流动，如何纳税，虚拟公司破产后又如何还债，虚拟公司解散后如何善后，人员又如何流动等问题。

　　（3）社会基础结构。虚拟公司要能够生存和发展，还必须有社会环境的支持。虚拟公司的解散和重组、人员的流动等是非常自然的事，这些都需要社会来提供职业培训、职业中介等服务环境。

　　（4）信息基础结构。这是指敏捷制造所需的信息支持环境，包括企业信息网络、各种服务网点、中介机构等一切为虚拟公司服务的信息手段。

　　4）敏捷型的员工

　　敏捷制造的一个显著特征，就是以其对机会的迅速反应能力来参与激烈的市场竞争，这不仅是计算机所不能胜任的工作，而且也不是思想僵化、被动接收指令的职工或一般模式中偏重于技术的工程师们所能应付得了的。敏捷制造需要具有"创造性思维"的全面发展的敏捷型员工才能胜任。敏捷型员工的特征见表6-4。

表 6-4　敏捷型员工的特性

项目	一般员工	敏捷员工
基本技能	阅读；书写；算数	阅读和写作能力；计算；综合信息；沟通技巧；掌握技术
核心能力	准确复制信息；听从命令；操作机器	寻找方式，学习新技能；系统考虑；做决策；实验
个人内在技能	服从；守时；忍耐；遵守纪律	合作；自定位；有效地相互依赖；从整体出发行动
精神境界	自主；不愿意共享；趋于不信任	建设性地反崇拜；好奇/创造性强；崇尚多样化

拥有敏捷型员工的企业具有明显的优势，这是因为：① 敏捷型员工能够充分发挥主动性和创造性，积极有效地掌握信息和新技术；② 敏捷型员工反应迅速灵活，能快速地从一个项目转换到另一个项目；③ 敏捷型员工得到授权后，能自己组织和管理项目，在各个层次上做出适当的决策；④ 敏捷型员工具有协作精神，在虚拟公司中能与各种人员保持良好的合作关系。

5）虚拟制造

虚拟制造（Virtual Manufacturing，VM）是在计算机环境下将现实制造系统映射为虚拟制造系统，借助三维可视交互环境，对产品从设计、制造到装配的全过程进行全面仿真的技术。虚拟制造不仅可以仿真现有企业的全部生产活动，而且可以仿真未来企业的物流系统，因而可以对新产品设计、制造乃至生产设备引进以及车间布局等各个方面进行模拟和仿真。这一点我们将会在后面专门的章节中详细阐述。

敏捷制造的主要思想是面对市场机遇，组建一个个小规模的模块化的虚拟公司，用最优的组合、最快的速度、最新的技术去赢得市场的竞争。然而，在虚拟公司正式运行之前，必须分析这种组织是否最优，这样的组合能否正常地协调运行，并且还需对这种组合投产后的效益及风险进行有效的评估。为了实现这种分析和评估，就必须把虚拟公司映射为一种虚拟制造系统，通过运行该虚拟制造系统，进行系统的仿真和实验，模拟产品设计、制造和装配的全过程。由此可以看出，虚拟制造是敏捷制造的一项关键技术，是实现敏捷制造的一个重要手段。

敏捷制造不是凭空产生的，是制造型企业为适应经济全球化和先进制造技术及其相关技术发展的必然产物，它的基本思想和方法可以应用于绝大多数类型的行业和企业。制造型企业采用敏捷制造策略后，将在以下几个方面会引起明显的变革：

（1）联合竞争。不同行业和规模的企业将会联合起来构造敏捷制造环境。在这个环境下，每一个企业可以扬长避短，可以利用企业外部资源和技术发展自己，可以与工业发达国家企业之间进行合作。在这种形势下，一个企业将无法单独与组成敏捷制造环境的企业集团进行竞争，而导致某些敏捷制造集团将会主导若干行业的技术和产品的发展主流。

（2）技术和能力交叉。敏捷制造策略将促进制造技术和管理模式的交流与发展，促进各类行业中生产技术的双重转换和多种利用。企业内部的柔性制造单元将不受企业产品类型的限制，可以加工更多的零件，充分发挥各个制造单元的生产能力。

（3）环境意识加强。企业将采用绿色设计和绿色制造技术，自觉地保护生态环境。

（4）信息成为商品。在构成敏捷制造支撑环境的计算机网络上会出现各种信息中介服务机构，它们将向企业和顾客提供各种咨询服务。某些中介机构还可以向企业提供标准零件库，进一步可能出现独立的设计服务机构，在获得认可后加入敏捷制造环境，向企业提供各种设计服务。

6.3.4　虚拟制造

随着全球知识经济的兴起和快速变化，竞争日益激烈的市场对制造业提出了更为苛刻的要求。虚拟制造技术是在 20 世纪 90 年代以后，虚拟现实（Virtual Reality，VR）技术发展成熟以后出现的一种全新的先进制造技术。

1. 虚拟现实的概念

这里的"虚拟"不是虚幻或者虚无，而是指物质世界的数字化，也就是对真实世界的动态模拟和再现，即虚拟现实。它是通过综合利用计算机图形系统和各种显示与控制等接口设备，在计算机上生成可交互的三维环境，同时，向操作者提供"沉浸"感觉。操作者感觉他自己的视点或身体的某一部分处于计算机生成的虚拟空间之中。这种由计算机生成的、可跟使用者交互的三维环境称为虚拟环境；而由图形系统及各种接口设备组成的，用来产生虚拟环境并提供沉浸感觉以及交互性操作的计算机系统称为虚拟现实系统。虚拟现实系统大大提高了人与计算机间的和谐程度，利用虚拟现实系统，可以对真实世界进行动态模拟，计算机能够跟踪用户的输入，及时按修改模拟指令获得虚拟环境，使用户和模拟环境之间建立起一种实时交互性关系，从而使用户产生身临其境的沉浸感觉，成为一种有力的仿真工具。

一个完整的虚拟现实系统包含操作者、计算机及人机接口三个基本要素。操作者在系统中处于主导地位，在虚拟环境中漫游，同时，根据需要发出观察和操作需要的指令，操纵计算机实现环境的虚拟；计算机是虚拟环境的核心，接收操作者指令，通过运算，生成用户能与之交互的虚拟环境；人机接口则是大量传感与控制装置，将虚拟环境与操作者连接起来。

2. 虚拟制造的概念和分类

虚拟制造是实际制造过程在计算机上的一种虚拟，即虚拟现实技术在制造中的应用或者实现。这一全新的制造模式最早由美国于 1993 年首先提出，目前还没有统一的定义。通俗地说，虚拟制造技术是采用计算机仿真与虚拟现实技术，在高性能计算机及高速网络的支持下，在计算机上创造一个虚拟的制造环境，操作者身处其中，可以虚拟实现产品的设计、工艺规则、加工制造、性能分析、质量检验，包括企业各级过程的管理与控制等产品制造。通过这个过程，可以增强人们对制造过程各级的决策与控制能力。

虚拟制造包括与产品开发制造有关的工程活动的虚拟，同时也涉及与企业组织经营有关的管理活动的虚拟。因此，虚拟设计、生产和控制机制是虚拟制造的有机组成部分，按照这种思想可以将虚拟制造分成三类，即以设计为中心的虚拟制造、以生产为中心的虚拟制造和以控制为中心的虚拟制造。

　　由于虚拟制造基本不消耗资源和能量，也不生产实际产品，而是产品的设计、开发与制造过程在计算机上的本质实现，因此，虚拟制造引起了人们的广泛关注，成为现代制造技术发展中最重要的模式之一，而且，已经出现了许多成功的应用实例。

　　以设计为中心的虚拟制造又称为"面向设计的虚拟制造"，它把制造信息引入到设计的全过程，利用仿真技术来优化产品设计，从而在设计阶段就可以对所设计的零件甚至整机进行可制造性分析，包括加工过程的工艺分析、铸造过程的热力学分析、运动部件的运动学分析和动力学分析等，甚至包括加工时间、加工费用、加工精度分析等。它主要解决的问题是"设计出来的产品是怎样的"，能在三维环境下进行设计产品、模拟装配及产品虚拟开发等。

　　以生产为中心的虚拟制造又称"面向生产的虚拟制造"，是在生产过程模型中融入仿真技术，以此来评价和优化生产过程，以便低费用、快速地评价不同的工艺方案、资源需求规划、生产计划等。其主要目标是对产品的"可生产性"进行评价，解决"这样组织生产是否合理"的问题，能对制造资源和环境进行优化组合，提供精确的生产成本信息，便于进行合理化决策。

　　以控制为中心的虚拟制造又称"面向控制的虚拟制造"，是将仿真加到控制模型和实际处理中，达到优化制造过程的目的。其支持技术主要基于仿真的最优控制，其具体的实现工具是虚拟仪器，它利用计算机软硬件的强大功能，将传统的各种控制仪表和检测仪表的功能数字化，并可灵活地进行各种功能的组合。它主要是解决"应如何去控制""这样控制是否合理和最优"的问题。

　　3．虚拟制造体系结构

　　为了实现"在计算机里进行制造"的目的，虚拟制造技术必须提供从产品设计到生产计划和制造过程优化的建模与模拟环境。由于虚拟制造系统的复杂性，人们从不同角度构建了许多不同的虚拟制造系统体系结构。

　　图 6-12 所示为清华大学国家 CIMS 工程技术中心提出的虚拟制造体系结构，它是一个基于 PDM 集成的虚拟加工、虚拟生产和虚拟企业的系统框架结构，归纳出虚拟制造的目标是对产品的"可制造性""可生产性"和"可合作性"的决策支持。

　　虚拟制造事实上研究的是产品的可制造性，所谓"可制造性"是指所设计的产品（包括零件、部件和整机）的可加工性（铸造、冲压、焊接、切削等）和可装配性；而"可生产性"是指企业在已有资源（如设备、人力、原材料等）的约束条件下，如何优化生产计划和调度，以满足市场或顾客的要求；考虑到制造技术的发展，虚拟制造还应对被喻为 21 世纪的制造模式"敏捷制造"提供支持，即为企业动态联盟的"可合作性"提供支持。而且上述三个方面对一个企业来说是相互关联的，应该形成一个集成的环境。因此，应从三个层次（即虚拟开发、虚拟生产和虚拟企业）开展产品全过程的虚拟制造技术及其集成的虚拟制造环境的研究，包括产品全信息模型、支持各层次虚拟制造的技术并开发相应的支撑平台，以及支持三个平台及其集成的产品数据管理技术。

　　虚拟加工平台支持产品的并行设计、工艺规划、加工、装配及维修过程，进行可加工性分析（包括性能分析、费用估计、工时估计等）。它是以全信息模型为基础的众多仿真分析软件的集成，包括力学、热力学、运动学、动力学等可制造性分析。虚拟加工平台的内容包括：

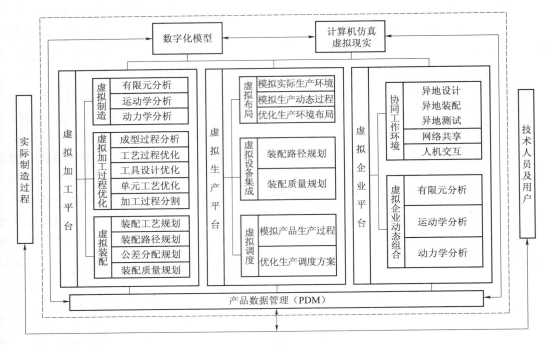

图 6-12 虚拟制造系统体系结构

（1）基于产品技术复合化的产品设计与分析，除了几何造型与特征造型等环境外，还有运动学、动力学、热力学模型分析环境等；

（2）基于仿真的零部件制造设计与分析，包括工艺生成优化、工具设计优化、刀位轨迹优化、控制代码优化等；

（3）基于仿真的制造过程碰撞干涉检验及运动轨迹检验——虚拟加工、虚拟机器人等；

（4）材料加工成形仿真，包括产品设计、加工成形温度场、应力场、流动场的分析，加上加工工艺优化等；

（5）产品虚拟装配，根据产品设计的形状特征、精度特征、三维真实地模拟产品的装配过程，并允许用户以交互方式控制产品的三维真实模拟装配过程，以检验产品的可装配性。

4. 虚拟制造的关键技术

虚拟制造的实现主要依赖于 CAD/CAE/CAM 和虚拟现实等技术，可以看作是 CAD/CAE/CAM 发展的更高阶段。虚拟制造不仅要考虑产品，还要考虑生产过程；不仅要建立产品模型，还要建立产品生产环境模型；不仅要对产品性能进行仿真，还要对产品加工、装配和生产过程进行仿真。因此，虚拟制造涉及的技术领域极其广泛，但一般可以归结为两个方面，一方面是侧重于计算机以及虚拟现实的技术，另一方面则是侧重于制造应用的技术。

1）虚拟现实技术

虚拟现实系统是一种可以创建和体验虚拟世界的计算机系统，包括操作者、机器和人机接口三个基本要素。和一般的计算机绘图系统或模拟仿真系统不同的是，虚拟现实系统不仅能让用户真实地看到一个环境，而且能让用户真正感到这个环境的存在，并能和这个环境进行自然交互，使人产生一种身临其境的感觉。虚拟现实系统的特征有：

（1）自主性：在虚拟环境中，对象的行为是自主的，是由程序自动完成的，要让操作者感到虚拟环境中的各种生物是"有生命的"和"自主的"，而各种非生物是"可操作的"，其行为符合各种物理规律。

（2）交互性：在虚拟环境中，操作者能够对虚拟环境中的生物及非生物进行操作，并且操作的结果能够反过来被操作者准确地、真实地感觉到。

（3）沉浸感：在虚拟环境中，操作者应该能很好地感觉各种不同的刺激，存在感的强弱与虚拟表达的详细度、精确度和真实度有密不可分的关系。强的存在感能使人们深深地"沉浸"于虚拟环境之中。

2）制造系统建模

制造系统是制造工程及所涉及的硬件和相关软件组成的具有特定功能的一个有机整体，其中硬件包括人员、生产设备、材料、能源和各种辅助装置，软件包括制造理论、制造技术（制造工艺和制造方法等）和制造信息等。

虚拟制造要求建立制造系统的全信息模型，也就是运用适当的方法将制造系统的组织结构和运行过程进行抽象表达，并在计算机中以虚拟环境的形式真实地反映出来，同时构成虚拟制造系统的各抽象模型应与真实实体一一对应，并且具有与真实实体相同的性能、行为和功能。

制造系统模型主要包括设备模型、产品模型、工艺模型等。虚拟设备模型主要针对制造系统中各种加工和检测设备，建立其几何模型、运动学模型和功能模型等。制造系统中的产品模型需要建立一个针对产品相关信息进行组织和描述的集成产品模型，它主要强调制造过程中产品和周围环境之间，以及产品的各个加工阶段之间的内在联系。工艺模型是在分析产品加工和装配的复杂过程以及众多影响因素的基础上，建立产品加工和装配过程规划信息模型，是联系设备模型和产品模型的桥梁，并反映两者之间的交互作用。工艺模型主要包括加工工艺模型和装配工艺模型。

3）虚拟产品开发

虚拟产品开发又称为产品的虚拟设计或数字化设计，主要包括实体建模和仿真两个方面，它是利用计算机来完成整个产品的开发过程，以数字化形式虚拟地、可视地、并行地开发产品，并在制造实物之前对产品结构和性能进行分析与仿真，实现制造过程的早期反馈，及早地发现和解决问题，减少产品开发的时间和费用。产品的虚拟开发要求将 CAD 设计、运动学、动力学分析、有限元分析、仿真控制等系统模块封装在 PDM 中，实现各个系统的信息共享，并完成产品的动态优化和性能分析，完成虚拟环境下产品全生命周期仿真、磨损分析和故障诊断等，实现产品的并行设计和分析。虚拟产品开发的主要支持技术是 CAD/CAE/CAM/PDM 技术，其核心是如何实现 PDM 的集成管理。

4）制造过程仿真

制造过程仿真可分为制造系统仿真和具体的生产过程仿真。具体的生产过程仿真又包括加工过程仿真、装配过程仿真和检测过程仿真等。

加工过程仿真（虚拟加工）主要包括产品设计的合理性和可加工性、加工方法、机床和切削工艺参数的选择，以及刀具和工件之间的相对运动仿真与分析。装配过程仿真（虚拟装配）是根据产品的形状特征和精度特征，在虚拟环境下对零件装配情况进行干涉检查，发现设计上的错误，并对装配过程的可行性和装配设备的选择进行评价。

5）可制造性评价

可制造性评价主要包括对技术可行性、加工成本、产品质量和生产效率等方面的评估。虚拟制造的根本目的就是要精确地进行产品的可制造性评价，以便对产品开发和制造过程进行改进与优化。由于产品开发涉及的影响因素非常多，影响过程又复杂，所以建立适用于全制造过程的、精确可靠的产品评价体系是虚拟制造一个较为困难的问题。

5. 虚拟制造技术在制造业中的应用

虚拟制造技术在工业发达国家开展得较早，并首先在飞机、汽车、军事等领域获得了成功的应用。虚拟制造在计算机上全面仿真产品从设计到制造和装配的全过程，采用虚拟制造技术可以给企业带来下列效益：

（1）提供关键的设计信息和管理策略对生产成本、周期以及生产能力的影响信息，以便正确处理产品性能与制造成本、生产进度和风险之间的平衡，做出正确的设计和管理决策。

（2）提高生产过程开发的效率，可以按照产品的特点优化生产系统的设计。

（3）通过生产计划的仿真，优化资源的利用，缩短生产周期，实现柔性制造和敏捷制造，以降低生产成本。

（4）可以根据用户的要求修改产品设计，及时做出报价和保证交货期。

波音公司在研制波音 777 客机时，全面实现了虚拟制造技术。它采用 CATIA 软件进行产品的数字化建模，并利用 CAE 软件对飞机的零部件进行结构性能分析，其产品设计制造工程师在虚拟现实环境中操纵模拟样机，检验产品的各项性能指标。其整机设计、部件测试、整机装配以及各种环境下的试飞均是在计算机上完成的，其整机实现 100% 数字化设计，成为世界上首架以三维无纸化方式设计出来的一次研制试飞成功的飞机，而且其开发周期也从过去的 8 年缩短到了 5 年，成本降低了 25%。克莱斯勒汽车公司已经实施了产品的虚拟开发，通过使用 Pro/E、PGDS 和 DMAPS 等软件，其汽车发动机的设计已经全部实现了数字化，产品开发周期缩短了 12 个月。日本、德国、比利时、新加坡等国家也都有相应的科研机构和企业从事虚拟制造技术的研究与应用。我国成都飞机工业公司研制的超七飞机，全面采用数字化设计，建立了全机结构数字化样机，并实现了并行设计制造和研制流程的数字化管理。利用 CATIA、UG 等软件对超七飞机 230 余项零部件进行结构设计、工艺模型设计、数控程序设计、虚拟加工仿真和数控加工。超七飞机从冻结设计状态进入详细设计研发制图，一直到部件开铆总共约 1 年时间，这一阶段的研制周期比我国以往研制周期缩短了 1/3～1/2。

目前，虚拟制造技术应用效果比较明显的领域有：产品外形设计、产品布局设计、产品运动学和动力学仿真、热加工工艺模拟、加工过程仿真、产品装配仿真、虚拟样机与产品工作性能评测、产品广告与漫游、企业生产过程仿真与优化、虚拟企业的可合作性仿真与优化等。

6.3.5　生物制造

信息技术与制造技术的结合，带动了制造业的飞跃发展。21 世纪，生命科学和生物技术将领导科技的潮流，改变人类的社会形态和生活方式。制造技术作为社会发展的基础支撑，必须面向未来，从过去的为工农业提供支持，转向与生命科学相结合，为人类的生命质量的提高服务，同时借鉴生物生长规律发展制造科学与技术，使制造科学发生一场新的革命。生物制造工程（Bio – technology for Manufacturing）是近年来制造技术发展的新方向，其研究主要包含利用生物的机能进行制造及制造类生物或生物体，将生命科学、材料科学及生物技术的知识融入制造技术之中，为人类的健康、保护环境和可持续发展提供关键技术。

1. 生物制造的概念

生物制造工程（biological manufacturing engineering）是指将生命科学和材料科学的知识融入制造技术中，在各种交叉技术的支持下，运用先进的制造模式和方法来生产具有一定生物功能的组织与器官。生物制造与人民的生命及健康有着密切的关系。它是生命科学和制造科学相结合的新兴学科，它的研究以各类人工器官或组织的制造作为其最终目标，当前目标是提供具有一定生理、生化功能的功能体或仿生产品，并且能够初步用于医学临床。

目前，发展到信息时代的现代制造时期，生物制造确实到了一个面临重大发展的前夜。

当代生物技术特别是分子生物学的发展，使得对核酸、蛋白质、多糖、生物膜等大分子的研究已十分深入，随着人类基因组计划以及后基因组研究的开展，人们对生命的奥秘的了解已从朴素的生命机械观发展到分子和原子的层次。细胞分离和大量培养、生物大分子合成与改性、基因的切割与重组已具有比较成熟的技术。上述成果与制造科学中的离散/堆积成形原理与技术、微制造以及数字微滴喷射等使能技术结合起来，已将我们引领进入一个全新学科和工程领域，这就是生物制造。

2. 生物制造的主要研究内容

（1）生物学研究。以包含活体细胞的"活"的微滴单元作为可控组装对象，必然涉及许多与活的细胞有关的基础性问题：细胞定向分化中关键基因的发现；细胞定向分化外部环境的设置；细胞/材料微滴单元的受控组装所需要的细胞培养及组装前细胞的预处理；细胞外基质的形成、功能及控制；细胞及细胞簇的性状保持及其环境控制等。

（2）生物建模研究。生物制造涉及的优化设计与建模问题有：人体器官建模理论及方法学；生物建模的处理及数据传输的研究以及相应的软件开发；人体组织及器官解剖学数据的压缩、处理与重构；生长成形和生物制造中的数据结构与数据通道；基于分形理论的几何建模、材料建模和功能建模的系统优化；基于复合材料的生物制造和生长成形过程模拟等。

（3）材料学研究。生物制造中加工的对象是各类生物材料，一方面需要通过合成和改性获得具备所需要的性能的生物材料，另一方面还需要研究成形过程对于生物材料性能的影响。具体的有：人工骨、人工软骨、抗生素缓释人工骨、带软骨半关节面的人工骨、软骨细胞活体构型和肝细胞活体构型的生物材料合成、成形性能和表面化学性能的改进；生物材料的组成、微观结构与其可成形性和生物学性能的关系；快速成型工艺对材料的生物学性能和力学性能的影响；植入体和活体构型的孔隙与介孔构型、分布以及孔隙率对其生物学性能的影响及作用机制；软骨细胞、肝细胞的细胞外基质的仿生合成及材料/细胞及材料/生长因子的相容性；生物降解材料对以 BMP 为主的生长因子的活性保护和控制释放等。

（4）微粒喷射沉积的研究。具体的有：兼顾功能梯度结构精确成形的要求和保持材料生物学特性的要求、开发材料微滴单元的受控组装工艺；根据材料微滴的不同尺度和黏度，选用不同的喷射使能技术，如螺杆挤出、低温喷射、压电喷头或磁致伸缩喷头和激光引导直写等；基于不同的精密加工技术，研制不同微滴单元的精密喷头；针对不同微滴组装工艺的

（5）带软骨半关节面人工关节的生物制造。主要集中在制造带软骨半关节面的人工骨和软骨细胞活体构型，并对它们进行相应的生物学和生物力学评价：采用骨形态发生蛋白（BMP）、软骨源性形态发生蛋白（CDMP）、碱性成纤维细胞生长因子（bFGF）及血管内皮细胞生长因子（VEGF）等，分别促进骨、软骨再生；再生骨组织的血管化的必要性、可行性和作用机理；MSCs 和软骨细胞在体外的扩增培养技术以及它们对软骨再生的作用；带软骨半关节面的人工骨专用快速成型工艺与装置；带软骨半关节面的人工骨的体外构建；带软骨半关节面的人工骨的生物学及生物力学评价；抗生素缓释人工骨的成形工艺与药物缓释机理；软骨细胞活体构型的成形工艺与装置等。

（6）具有生物活性的肝细胞组装体的生物制造。主要集中在制造复杂的肝血管网支架和肝细胞活体构型，并对它们进行相应的生物学和生物力学评价；肝脏数据采集与处理；符合肝脏组织学及生理学特点的微管网架构型设计；带微管网的肝组织工程支架的成形制造；体外进行微管网的管道内细胞灌注及培养的方法与生物学评价；细胞打印和细胞直写等技术在构建肝细胞活体构型中的应用；支架材料的细胞相容性和组织相容性；骨髓基质干细胞定向诱导肝细胞和血管内皮细胞的生物学研究。

3. 生物制造的突破口

生物制造领域涉及面非常广，因此必须有选择、有重点地寻找突破口，以此带动生物制造的总体研究。

（1）构建生物制造平台。

（2）微滴组装的原理及实现。

（3）突出强调研究材料的可成形性。

（4）细胞的堆积与组装应当充分利用微、纳制造的新成果。

（5）生物制造应当充分考虑功能恢复。

4. 生物制造工程未来主要研究方向

1）生物活性组织和器官的工程化制造

利用制造技术，制造出宏观与微观组织支架，使细胞在支架上并行生长，加快人工与组织器官的生长速度，形成生物活体组织的工程化制造技术。研究组织创建的人工支架的设计与制造，构建非匀质材料三维支架的方法；设计构建适合干细胞向不同功能组织同期转化的异构制造环境；三维支架的力学性能和生物性能。研究人工活性器官外生物平台，包括多组织生物反应平台的构建；组织和器官培养生物与力学环境的仿真；支架材料降解转化、干细胞受激转化形成器官的各功能组织的机理，器官再造的环境构建与控制，器官活化进程及其监测等。

2）仿生制造

生物的自组织、自生长、自生成、遗传等许多智能特性，对制造技术的发展有启迪作用，这些仿生原理在制造技术上的应用促进制造技术的变革，其中生物生长的自组织规律、组织生长的人工控制方法等问题将形成新的制造技术原理，主要研究生命和生物的功能与材料特征，创新结构高计原理，在物种机器人、制造装备、航天航空航海器上开展应用研究。借鉴生命体的生长规律，研究探索新型制造方法，包括特种生物材料的成形，细胞堆积与定向繁殖生长的可控性，细胞和细菌吞噬材料成形及其定向性研究。研究生命自组织原理，探索生产过程的控制与管理方法。

3）生物芯片的制造

生物芯片是以生物特性为基础的机电一体化产品。其设计与制造技术直接决定了其工作性能，其制造技术是其中关键问题。该方向研究芯片拓扑结构与功能关系、生物材料与结构的匹配性、生物芯片的植入结构与方法、微结构设计与制造工艺等问题。

6.4　先进生产管理模式

先进的生产管理模式与先进的制造技术相结合，才能相得益彰。近年来，人们普遍意识到先进的管理对生产制造的重要性。

6.4.1　物料需求计划（MRP）

物料需求计划（Material Requirements Planning，MRP）是 20 世纪 60 年代发展起来的一种计算物料需求量和需求时间的系统。所谓"物料"，泛指原材料、在制品、外购件以及产品。最初的 MRP 仅仅对物料进行计划，但随着计算机能力的提高和应用范围的扩大，MRP 涉及的领域也同时随之拓宽。80 年代出现了既考虑物料又考虑资源的 MRP，被称之为 MRP Ⅱ，这一点将在下一节专门讲到。

1. MRP 的产生

MRP 是当时库存管理专家们为解决传统库存控制方法的不足，不断探索新的库存控制方法的过程中产生的。

1）要解决的问题

要根据产品的需求来确定其组成物料的需求时间和计划库存量，必须知道下列数据：

（1）销售计划或客户订单情况。

（2）各种产品的组成结构。

（3）物料的现有库存。

（4）材料消耗定额。

（5）自制零部件的生产周期。

（6）外购件和原材料的采购周期等。

只有缩短计划编制时间，才能及时调整计划，更好地适应市场的变化。

2）MRP 的起源

最早提出解决方案的是美国 IBM 公司的 Dr. J. A. Orlicky 博士，他在 20 世纪 60 年代设计并组织实施了第一个 MRP 系统。

2. MRP 的基本思想

1）主导思路

打破产品品种设备台套之间的界线，把企业生产过程中所涉及的所有产品、零部件、原材料、中间件等，在逻辑上视为相同的物料；把所有物料分成独立需求（independent demand）和相关需求（dependent demand）两种类型；根据产品的需求时间和需求数量进行展开，按时间段确定不同时期各种物料的需求。

2）MRP 的基本原理

对于加工装配式生产，其工艺顺序（即物料转化过程）如图 6 - 13 所示。

图 6-13　MRP 的工艺顺序

　　如果要求按一定的交货时间提供不同数量的各种产品，就必须提前一定时间加工所需数量的各种零件；要加工各种零件，就必须提前一定时间准备所需数量的各种毛坯，直至提前一定时间准备各种原材料。

　　3）MRP 的基本思想

　　围绕物料转化组织制造资源，实现按需要准时生产；强调以物料为中心组织生产；MRP 处理的是相关需求；将产品制造过程看作是从成品到原材料的一系列订货过程；围绕物料转化组织制造资源，实现按需准时生产，如图 6-14 所示。

图 6-14　MRP 从计划到执行的过程

　　如果一个企业的经营活动从产品销售到原材料采购，从自制零件的加工到外协零件的供应，从工具和工艺装备的准备到设备维修，从人员的安排到资金的筹措与运用，都围绕 MRP 的这种基本思想进行，就可形成一整套新的方法体系，它涉及企业的每一个部门，每一项活动。因此，人们又将 MRP 看成是一种新的生产方式。

　　MRP 处理的是相关需求，在 MRP 系统中，"物料"是一个广义的概念，泛指原材料、在制品、外购件以及产品。所有物料分成独立需求和相关需求两类。

　　独立需求：若某种需求与对其他产品或零部件的需求无关，则称之为独立需求。它来自企业外部，其需求量和需求时间由企业外部的需求来决定，如客户订购的产品、售后用的备品备件等。其需求数据一般通过预测和订单来确定，可按订货点方法处理。

　　相关需求：对某些项目的需求若取决于对另一些项目的需求，则这种需求为相关需求。它发生在制造过程中，可以通过计算得到。对原材料、毛坯、零件、部件的需求，来自制造过程，是相关需求，MRP 处理的正是这类相关需求。

　　将产品制造过程看作是从成品到原材料的一系列订货过程，如图 6-15 所示。

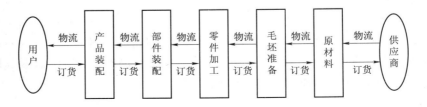

图 6-15　MPR 的产品制造过程

要装配产品，必须向其前一阶段发出订货，提出需要什么样的零部件，需要多少，何时需要；同样，要加工零件，必须向前一阶段发出订货，提出需要什么样的毛坯，需要多少，何时需要；要制造毛坯，就需要对原材料订货。

于是，可以用生产作业计划的形式来规定每一生产阶段、每一道工序在什么时间，生产什么和生产多少。这就是 MRP 能够实现按需要准时生产的原因。MRP 思想的提出解决了物料转化过程中的几个关键问题：何时需要，需要什么，需要多少？它不仅在数量上解决了缺料问题，更关键的是从时间上来解决缺料问题。

3. MRP 的几个发展阶段

1）MRP 阶段

20 世纪 60 年代初发展起来的 MRP 仅是一种物料需求计算器，它根据对产品的需求、产品结构和物料库存数据来计算各种物料的需求，将产品出产计划变成零部件投入出产计划和外购件、原材料的需求计划，从而解决了生产过程中需要什么，何时需要，需要多少的问题。它是开环的，没有信息反馈，也谈不上控制。

2）闭环 MRP（Closed-loop MRP）阶段

闭环 MRP 是一种计划与控制系统。它在初期 MRP 的基础上补充了编制能力需求计划；建立了信息反馈机制，使计划部门能及时从供应商、车间作业现场、库房管理员、计划员那里了解计划的实际执行情况；此外还有计划调整功能。

3）MRP II 阶段

MRP II 在 20 世纪 80 年代初开始发展起来，是一种资源协调系统，代表了一种新的生产管理思想。它把生产活动与财务活动联系起来，将闭环 MRP 与企业经营计划联系起来（关键一步），使企业各个部门有了一个统一可靠的计划控制工具。它是企业级的集成系统，包括整个生产经营活动：销售、生产、生产作业计划与控制、库存、采购供应、财务会计、工程管理等。

4）ERP（Enterprise Resource Planning）阶段

进入 90 年代，MRP II 得到了蓬勃发展，其应用也从离散型制造业向流程式制造业扩展，不仅应用于汽车、电子等行业，也能用于化工、食品等行业。随着信息技术的发展，MRP II 系统的功能也在不断地增强、完善与扩大，向企业资源计划（ERP）发展。

4. MRP 系统

MRP II 的核心部分是基本 MRP 系统，也就是计算物料需求量和需求时间的部分，它包括 MRP 的处理逻辑、输入信息、处理过程和输出信息。

6.4.2　制造资源规划（MRP II）

制造资源计划（Manufacturing Resource Planning，MRP II）是在物料需求计划的基础上发展起来的一种生产计划与控制技术，它代表了一种新的生产管理思想，是一种新的组织生产的方式。MRP II 不仅涉及物料，而且涉及生产能力和一切制造资源，是一种广泛的资源协调系统。它代表了一种新的生产管理思想，是一种新的组织生产的方式。一个完整的 MRP II 程序大约包括 20 个模块，这些模块控制着整个系统：从订货录入到作业计划、库存管理、财务、会计等。MRP 包含在 MRP II 中。

MRP II 具有广泛的适用性，它不仅适用于多品种中小批量生产，而且适用于大量大批生产；不仅适用于制造企业，而且适用于某些非制造企业。不过，MRPⅡ的长处在于多品种中小批量生产的加工装配式企业得到了最有效的发挥。

1. MRPⅡ统一了企业的生产经营活动

1）营销部门

营销部门通过主生产计划与生产部门建立了密切的联系。按市场预测与顾客订货，使主生产计划更符合市场的要求。有了主生产计划，使签订销售合同有了可靠依据，可提高按期交货率。

2）生产部门

在许多企业，由于企业内部条件和外部环境的经常变化，生产难以按预定的计划进行，这使得第一线生产管理人员不相信生产计划，他们认为那是"理想化"的东西，计划永远跟不上变化，因此他们只凭自己的经验和手中的"缺件表"去工作。MRP之后，使计划的完整性、周密性和应变性大大加强，使调度工作大为简化，工作品质得到提高。采用计算机可以实现日生产作业计划的编制，充分考虑了内外条件的变化。

3）采购部门

采购人员往往面临两方面的困难：一方面是供应商要求提早订货及生产出来后希望尽早提走，另一方面是本企业不能提早确定需要的物料的准确数量和交货期。这种情况往往会促使他们早订货和多订货。有了MRP，使采购部门有可能（需要下功夫）做到按时、按量供应各种物料，避免了盲目多订和早订，减少了库存资金的占用，也减少了物料短缺可能造成的停线现象。

4）财务部门

实行MRP，各部门通过操作平台可以共享基础数据。事实上，在生产报告的基础上很容易做出一些财务报告。

5）技术部门

对MRP这样的正规系统来讲，技术部门提供的却是该系统赖以运行的基本数据，它不再是一种参考性的信息，而是一种做控制用的信息，在新产品导入或既有产品技术变更时，技术部门如果不能及时、准确地提供基本数据，MRP将无法正确地运行。

MRPⅡ能提供一个完整而详尽的计划，可使企业内各部门（销售、生产、财务、供应、设备、技术等部门）的活动协调一致，形成一个整体。各个部门享用共同的数据，消除了重复工作和不一致，也使得各部门的关系更加密切，提高了整体的效率。

2. MRPⅡ管理模式的特点

1）计划的一贯性与可行性

MRPⅡ是一种计划主导型的管理模式，计划由粗到细逐层优化，始终与企业经营战略保持一致，加上能力的控制，使计划具有一贯性、有效性和可执行性。

2）管理的系统性

MRPⅡ提供一个完整而详尽的计划，在"一个计划"的协调下将企业所有与生产经营直接相关的部门的工作联成一个整体，提高了整体效率。

3）数据共享性

各个部门使用大量的共享数据，消除了重复工作和不一致性。

4）物流与资金流的统一

MRPⅡ中包含有成本会计和财务功能，可以由生产活动直接产生财务数据，保证生产和财务数据的一致性。

5）集成——MRPⅡ的精髓

MRPⅡ是企业管理集成思想与计算机、信息技术相结合的产物。其集成性表现在：横向上，以计划管理为核心，通过统一的计划与控制使企业制造、采购、仓储、销售、财务、设备、人事等部门协同运作。纵向上，从经营计划、生产计划、物料需求计划、车间作业计划逐层细化，使企业的经营按预定目标滚动运作、分步实现。在企业级的集成环境下，与其他技术系统集成。

6.4.3　企业资源规划（ERP）

企业资源规划（Enterprise Resource Planning，ERP）是 Gartner Group 公司 1990 年初提出的一个概念，它是通过一系列的功能标准来界定 ERP 系统的。

企业资源规划是将企业的制造流程看作是一条连接供应商、制造商、分销商和顾客的供应链，强调对供应链的整体管理，使制造过程更有效，使企业流程更加紧密地集成在一起，从而缩短从顾客订货到交货的时间，快速满足市场需求。

一般认为，ERP 是在 MRP 基础上发展起来的，以供应链思想为基础，融现代管理思想为一身，以现代化的计算机及网络通信技术为运行平台，集企业的各项管理功能为一身，并能对供应链上所有资源进行有效控制的计算机管理系统。ERP 面向企业供应链的管理，可对供应链上的所有环节有效地进行管理，把客户需求和企业内部的制造活动，以及供应商的制造资源整合在一起，体现了完全按用户需求制造的思想。从管理功能上看，在 ERP 中增加了一些功能子系统：试验室管理、流程作业管理、配方管理、管制报告等。ERP 能很好地支持和管理混合型制造环境、加强了实时控制。在软件方面，要求 ERP 具有图形用户界面、支持关系数据库结构、客户机/服务器体系、面向对象技术、开放和可移植性、第四代语言（4GL）和用户开发工具等。

1. ERP 的结构

德国 SAP 公司的 ERP 软件产品——R/3 系统：财务会计模块，它可提供应收、应付、总账、合并、投资、基金、现金管理等功能。管理会计模块，它包括利润及成本中心、产品成本、项目会计、获利分析等功能。资产管理模块，具有固定资产、技术资产、投资控制等管理功能。

2. ERP 功能特点

扩充了企业经营管理功能：ERP 相对于 MRPⅡ，在原有功能的基础上进行了拓宽，增加了质量控制、运输、分销、售后服务与维护、市场开发、人事管理、实验室管理、项目管理、配方管理、融资投资管理、获利分析、经营风险管理等功能子系统。它可以实现全球范围内的多工厂、多地点的跨国经营运作。

面向供应链——扩充了企业经营管理的范围：ERP 系统把客户需求和企业内部制造活动以及供应商的制造资源整合在一起，强调对供应链上所有环节进行有效管理。ERP 能对供应链上所有资源进行计划、协调、操作、控制和优化，降低了库存、运输等费用，并通过 Internet/Intranet/Extranet 在整条供应链上传递信息，使整条供应链面对同一需求做出快速的反应，使企业以最快的速度最低的成本将产品提供给用户。

应用环境的扩展——面向混合制造方式的管理：不仅支持各种离散型制造环境，而且支持流程式制造环境。模拟分析和决策支持的扩展——支持动态的监控能力：为企业做计划和决策提供多种模拟功能和财务决策支持系统；提供诸如产品、融资投资、风险、企业合并、收购等决策分析功能；在企业级的范围内提供了对质量、客户满意、效绩等关键问题的实时分析能力。

系统功能模块化：运用应用程序模块来对供应链上的所有环节实施有效管理。"物流"类模块实现对供应、生产、销售整个过程和各个环节的物料进行管理。"财务"类模块提供一套通用记账系统，还能够进行资产管理，提供有关经营成果的报告，使企业管理决策建立在客观、及时的信息基础之上。"人力资源"类模块提供一个综合的人力资源管理系统。它综合了诸如人事计划、新员工招聘、工资管理和员工个人发展等各项业务活动。

采用计算机和网络技术的最新成就，实现信息的高度共享：图形用户界技术（GUI）、SQL 结构化查询语言、关系数据库管理系统（RDBMS）、面向对象技术（OOT）、第四代语言/计算机辅助软件工程、客户机/服务器和分布式数据处理系统等技术。它还加强了用户自定义的灵活性和可配置性功能，以适应不同行业用户需要。广泛应用网络通信技术，实现供应链管理的信息高度集成和共享。从而使得 ERP 支持在全球经济一体化情况下跨国经营的多国家、多地区、多工厂、多语种、多币值的应用需求。

6.4.4 准时制生产（JIT）

准时制生产（JIT）是由日本丰田汽车公司首先创立并且推行的先进生产方式，也叫"丰田生产方式"。其主要的思想就是按照用户的订货要求，以必要的原料、在必要的时间和地点生产出必要的产品，既减少了制造过程中的种种浪费，提高了效率，同时又使系统增强了对客户订货的应变能力，因此被视为当今制造业中最理想且最具有生命力的生产系统之一。

1. 准时制生产的核心思想和管理优势

准时制生产的核心思想是：消除一切无效作业与浪费，实现"仅仅在需要的时间和地点，按照需要的数量，及时采购、生产真正需要的合格产品"，从而控制库存，甚至追求零库存的理想境界。

JIT 能为制造企业生产过程的各个环节减少浪费，包括库存、提前期、订单数量、设置、质量、产品设计、产量选择、报告、保存、公务、材料运送、杂乱的物流、工厂布局、雇员技能分级、顾客和供应商之间的信息流以及表单。它尽可能使得事情都可预测，并易于重复执行。当企业运用 JIT 后，它们的产品制造将变得更为简单，它们的制造流程变得更可预测，产品和流程设计更加合理化和集成化。

一般来说，JIT 适用于工序相对固定的重复式生产类型。车间中的高库存意味着高成本、高风险和低效的制造流程。因此，制造业 MRPⅡ 的一个目标就是控制库存到一定水平，但又不需要牺牲产成品可供量。可以达到该目的的方法就是准时制生产（JIT），使用这种方法，库存和原材料只是在被需要做成最终产品时才被送到。这种生产方式采用的方法是拉动作业，只有下道工序有需求时才开始按需求量进行生产，不考虑安全库存，采购也是小批量。例如，JIT 的库存系统中安装汽车的挡风玻璃时，只在玻璃被安装到汽车上之前的很短时间里才被送到装配线上，而不是其他部件还在安装时就把它们放在旁边。

2. 实现准时制生产的策略

准时制生产作为一种新的生产方式在我国出现的时间还不长，还处在摸索和发展阶段。但也不乏成功的范例，如海尔集团和上海通用汽车有限公司在准时制生产方面就做出了很好的榜样。因此，只要企业对准时制生产保持清醒的认识，及时转变观念并积极创造支持准时制生产的条件，准时制生产在我国是完全可以成功实现的。

利用信息技术，可对客户的个性化需求做出快速及时反应，自动安排生产计划、物料供应计划等。生产企业根据收到的客户订单安排生产，与此同时生成相应的物料计划，通过信息系统将即时的需求计划传递给各个供应商，其中包括交货时间、排序信息及交货数量等，供应商将经过排序的物料准确及时地送到生产线旁。这样既能保证生产时有充足的供货，又不会产生库存占用资金和仓库。

JIT 是通过浪费的不断减少和生产率的一致提高，从而使制造企业变得优秀的一个方法，只要企业领导解放思想，转变观念，从全局出发考虑问题并具备一定的硬件设施，就完全有可能实现准时制生产。JIT 计划的启动和实施将给制造企业资源利用的各个方面带来显著效果，成为制造业提高市场竞争力强有力的武器之一。

第7章 典型案例

7.1 工业机器人

工业机器人是面向工业领域的多关节机械手或多自由度的机器装置，它能自动执行工作，是靠自身动力和控制能力来实现各种功能的一种机器。它可以接受人类指挥，也可以按照预先编排的程序运行，现代的工业机器人还可以根据人工智能技术制定的原则纲领行动。

7.1.1 历史沿革

已知最早的工业机器人，符合 ISO 定义是由"条例"格里菲斯 P·泰勒于 1937 年完成并出版的 Meccano 杂志，1938 年 3 月，几乎完全是用吊车状装置建成的 Meccano 件和动力由单个电动机。运动五轴运动是可能的。自动化是用穿孔纸带通电螺线管，这将有利于起重机的控制杆的运动来实现的。该机器人可以在预先设定的图案上叠积木。需要为每个所需的运动马达的转数，第一次绘制在坐标纸上。然后这个信息被转移到纸带上，从而也推动了机器人的单个马达。1997 年，克里斯舒特建造的机器人的完整副本。

乔治·迪沃在 1954 年申请了第一个机器人的专利（1961 年授予）。制作机器人的第一家公司是 Unimation，由迪沃于 1956 年成立约瑟夫 F. Engelberger，并且是基于迪沃的原始专利。Unimation 机器人也被称为可编程移机，因为一开始它们的主要用途是从一个点传递对象到另一个点，不到 10 英尺①分开。它们用液压执行机构，并编入关节坐标，即在一个教学阶段进行存储和回放操作中的各关节的角度。它们是精确到 1 英寸的 1/10 000。Unimation 后授权其技术，川崎重工和 GKN，制造 Unimates 分别在日本和英国。一段时间以来 Unimation 唯一的竞争对手是美国辛辛那提米拉克龙公司的俄亥俄州。这从根本上改变了 20 世纪 70 年代后期，几个日本的大财团开始生产类似的工业机器人。

1969 年，维克多·沙因曼在斯坦福大学发明了斯坦福大学的手臂，全电动，六轴多关节型机器人的设计允许一个手臂的解决方案。这使得它精确地跟踪在太空中任意路径，拓宽了潜在用途的机器人更复杂的应用，如装配和焊接。沙因曼则设计了第二臂的 MIT 人工智能实验室，被称为"麻省理工学院的手臂"。沙因曼，接收奖学金从 Unimation 发展他的设计后，卖给那些设计以 Unimation 谁进一步发展他们的支持，通用汽车公司，后来它上市的可编程的通用机装配（PUMA）。

工业机器人在欧洲起飞相当快，既 ABB 机器人和库卡机器人带来机器人市场在 1973 年 ABB 机器人（原 ASEA）推出 IRB 6，世界上首位市售全电动微型处理器控制的机器人。前

---

① 英尺，1 ft = 0.304 7 m。

两个 IRB 6 机器人被出售给马格努森在瑞典进行研磨和抛光管弯曲，并在 1974 年 1 月被安装在生产同样是在 1973 年，库卡机器人建立了自己的第一个机器人，被称为 FAMULUS，也 1 第一关节机器人具有 6 机电驱动轴。

机器人技术在 20 世纪 70 年代后期，许多美国公司的兴趣增加进入该领域，包括大公司，如通用电气和通用汽车公司（这就形成合资 FANUC 机器人与 FANUC 日本 LTD）。美国创业公司包括 Automatix 和娴熟技术，公司在机器人热潮在 1984 年的高度，Unimation 收购了西屋电气公司 107 万美元。西屋出售 Unimation 以史陶比尔法韦日 SCA 的法国于 1988 年，还在进行关节型机器人用于一般工业和洁净室应用，甚至买的机器人事业部，博世于 2004 年年底。

只有少数的非日本公司管理，最终在这个市场中生存，其中主要的有：娴熟技术、史陶比尔、Unimation，在瑞典的瑞士公司 ABB 阿西亚·布朗 Boveri 公司，在德国公司的 KUKA 机器人与意大利公司柯马。

7.1.2　主要特点

戴沃尔提出的工业机器人有以下特点：将数控机床的伺服轴与遥控操纵器的连杆机构连接在一起，预先设定的机械手动作经编程输入后，系统就可以离开人的辅助而独立运行。这种机器人还可以接受示教而完成各种简单的重复动作，示教过程中，机械手可依次通过工作任务的各个位置，这些位置序列全部记录在存储器内，任务的执行过程中，机器人的各个关节在伺服驱动下依次再现上述位置，故这种机器人的主要技术功能被称为"可编程"和"示教再现"。

1962 年美国推出的一些工业机器人的控制方式与数控机床大致相似，但外形主要由类似人的手和臂组成。后来，出现了具有视觉传感器的、能识别与定位的工业机器人系统。

工业机器人最显著的特点有以下几个：

（1）可编程。生产自动化的进一步发展是柔性启动化。工业机器人可随其工作环境变化的需要而再编程，因此它在小批量多品种具有均衡高效率的柔性制造过程中能发挥很好的功用，是柔性制造系统中的一个重要组成部分。

（2）拟人化。工业机器人在机械结构上有类似人的行走、腰转、大臂、小臂、手腕、手爪等部分，在控制上有电脑。此外，智能化工业机器人还有许多类似人类的"生物传感器"，如皮肤型接触传感器、力传感器、负载传感器、视觉传感器、声觉传感器、语言功能等。传感器提高了工业机器人对周围环境的自适应能力。

（3）通用性。除了专门设计的专用的工业机器人外，一般工业机器人在执行不同的作业任务时具有较好的通用性。比如，更换工业机器人手部末端操作器（手爪、工具等）便可执行不同的作业任务。

（4）工业机器技术涉及的学科相当广泛，归纳起来是机械学和微电子学的结合——机电一体化技术。第三代智能机器人不仅具有获取外部环境信息的各种传感器，而且还具有记忆能力、语言理解能力、图像识别能力、推理判断能力等人工智能，这些都是微电子技术的应用，特别是与计算机技术的应用密切相关。因此，机器人技术的发展必将带动其他技术的发展，机器人技术的发展和应用水平也可以验证一个国家科学技术和工业技术的发展水平。

当今工业机器人技术正逐渐向着具有行走能力、具有多种感知能力、具有较强的对作业环境的自适应能力的方向发展。当前，对全球机器人技术的发展最有影响的国家是美国和日本。美国在工业机器人技术的综合研究水平上仍处于领先地位，而日本生产的工业机器人在数量、种类方面则居世界首位。

（1）技术先进。工业机器人集精密化、柔性化、智能化、软件应用开发等先进制造技术于一体，通过对过程实施检测、控制、优化、调度、管理和决策，实现增加产量、提高质量、降低成本、减少资源消耗和环境污染，是工业自动化水平的最高体现。

（2）技术升级。工业机器人与自动化成套装备具备精细制造、精细加工以及柔性生产等技术特点，是继动力机械、计算机之后，出现的全面延伸人的体力和智力的新一代生产工具，是实现生产数字化、自动化、网络化以及智能化的重要手段。

（3）应用领域广泛。工业机器人与自动化成套装备是生产过程的关键设备，可用于制造、安装、检测、物流等生产环节，并广泛应用于汽车整车及汽车零部件、工程机械、轨道交通、低压电器、电力、IC 装备、军工、烟草、金融、医药、冶金及印刷出版等众多行业，应用领域非常广泛。

（4）技术综合性强。工业机器人与自动化成套技术，集中并融合了多项学科，涉及多项技术领域，包括工业机器人控制技术、机器人动力学及仿真、机器人构建有限元分析、激光加工技术、模块化程序设计、智能测量、建模加工一体化、工厂自动化以及精细物流等先进制造技术，技术综合性强。

7.1.3　组成结构

工业机器人由主体、驱动系统和控制系统三个基本部分组成，如图 7-1 所示。主体即机座和执行机构，包括臂部、腕部和手部，有的机器人还有行走机构。大多数工业机器人有 3~6 个运动自由度，其中腕部通常有 1~3 个运动自由度；驱动系统包括动力装置和传动机构，用以使执行机构产生相应的动作；控制系统是按照输入的程序对驱动系统和执行机构发出指令信号，并进行控制。

工业机器人按臂部的运动形式分为四种：直角坐标型的臂部可沿三个直角坐标移动；圆柱坐标型的臂部可做升降、回转和伸缩动作；球坐标型的臂部能回转、俯仰和伸缩；关节型的臂部有多个转动关节。

工业机器人按执行机构运动的控制机能，又可分点位型和连续轨迹型。点位型只控制执行机构由一点到另一点的准确定位，适用于机床上下料、点焊和一般搬运、装卸等作业；连续轨迹型可控制执行机构按给定轨迹运动，适用于连续焊接和涂装等作业。

工业机器人按程序输入方式区分有编程输入型和示教输入型两类。编程输入型是将计算机上已编好的作业程序文件，通过 RS232 串口或者以太网等通信方式传送到机器人控制柜。示教输入型的示教方法有两种：一种是由操作者用手动控制器（示教操纵盒），将指令信号传给驱动系统，使执行机构按要求的动作顺序和运动轨迹操演一遍；另一种是由操作者直接领动执行机构，按要求的动作顺序和运动轨迹操演一遍。在示教过程的同时，工作程序的信息即自动存入程序存储器中，在机器人自动工作时，控制系统从程序存储器中检出相应信息，将指令信号传给驱动机构，使执行机构再

图 7-1　工业机器人

现示教的各种动作。示教输入程序的工业机器人称为示教再现型工业机器人。

具有触觉、力觉或简单的视觉的工业机器人，能在较为复杂的环境下工作；如具有识别功能或更进一步增加自适应、自学习功能，即成为智能型工业机器人。它能按照人给的"宏指令"自选或自编程序去适应环境，并自动完成更为复杂的工作。

7.1.4 发展前景

1. 中国的工业机器人

我国工业机器人起步于 1970 年初期，经过 20 多年的发展，大致经历了三个阶段：70年代的萌芽期，80 年代的开发期和 90 年代的适用化期。

1970 年我国也发射了人造卫星。世界上工业机器人应用掀起一个高潮，尤其在日本发展更为迅猛，它补充了日益短缺的劳动力。在这种背景下，我国于 1972 年开始研制自己的工业机器人。

进入 80 年代后，在高技术浪潮的冲击下，随着改革开放的不断深入，我国机器人技术的开发与研究得到了政府的重视与支持。"七五"期间，国家投入资金，对工业机器人及其零部件进行攻关，完成了示教再现式工业机器人成套技术的开发，研制出了喷涂、点焊、弧焊和搬运机器人。1986 年国家高技术研究发展计划（863 计划）开始实施，智能机器人主题跟踪世界机器人技术的前沿，经过几年的研究，取得了一大批科研成果，成功地研制出了一批特种机器人。

从 90 年代初期起，我国的国民经济进入实现两个根本转变时期，掀起了新一轮的经济体制改革和技术进步热潮，我国的工业机器人又在实践中迈进了一大步，先后研制出了点焊、弧焊、装配、喷漆、切割、搬运、包装码垛等各种用途的工业机器人，并实施了一批机器人应用工程，形成了一批机器人产业化基地，为我国机器人产业的腾飞奠定了基础。

虽然我国的工业机器人产业在不断地进步中，但和国际同行相比，差距依旧明显。从市场占有率来说，更无法相提并论。工业机器人很多核心技术，当前我们尚未掌握，这是影响我国机器人产业发展的一个重要瓶颈。

随着人口红利的逐渐下降，企业用工成本不断上涨，工业机器人正逐步走进公众的视野。中国产业洞察网分析师李强认为，人口红利的持续消退，给机器人产业带来了重大的发展机遇；在国家政策支持下，产业有望迎来爆发期。

全球工业机器人的应用领域也有所扩大。2010 年，在德国市场，除了汽车行业外，食品行业显著增加了机器人的利用。可见，在药品、化妆品和塑料行业，机器人的投资潜力巨大。紧凑型机器人如图 7-2 所示。预计亚洲将成为工业机器人行业发展最快的地区。

《2014—2018 年中国工业机器人行业产销需求预测与转型升级分析报告》数据显示，2013 年中国市场销售 36 560台工业机器人，占全球销售量的 1/5，同比增幅达 60%，取代日本成为世界最大工业机器人市场。预计 2014 年本体产值约 90 亿元，本体加集成市场规模约 270 亿元。

根据 2011 年 3 月发布的《中华人民共和国国民经济和

图 7-2 紧凑型机器人

社会发展第十二个五年规划纲要》，中国在"十二五"时期将加快发展战略性新型产业。国务院在相关决定中指出："发展战略性新型产业已成为世界主要国家抢占新一轮经济和科技发展制高点的重大战略"，包括"高端装备制造产业""新材料产业""新能源产业"及"节能环保产业"等。今后10年我国高端装备制造业的销售产值将占全部装备制造业销售产值的30%以上。工业机器人行业作为高端装备制造产业的重要组成部分，必将在此期间得到更多的政策扶持，以实现进一步增长。

中国到2014年将成为全球最大的工业机器人消费国。预计到2015年，中国机器人市场需求量将达3.5万台，占全球总量的16.9%，成为规模最大的机器人市场。专家表示，未来3年中国工业机器人市场复合增速可达30%，爆发性增长可期。

尽管各大企业面临着转型升级的阵痛，但不少具备实力、具有长远眼光的企业已经在此阵痛中寻找到了新的出路。山推作为国内大型工程机械生产厂家和推土机行业龙头企业，在自动化焊接设备的应用上应该说走到了国内同行的前列，其在20世纪90年代中期就开始应用焊接机器人和自动化焊接专机，这些举措不仅使企业的生产效率得到了有效提高，也转变了员工的传统观念。

当前，国外已经研制和生产了各种不同的标准组件，而中国作为未来工业机器人的主要生产国，标准化的过程是发展趋势。

中国制造业面临着向高端转变，承接国际先进制造、参与国际分工的巨大挑战。加快工业机器人技术的研究开发与生产是中国抓住这个历史机遇的主要途径。因此我国工业机器人产业发展要进一步落实：① 工业机器人技术是我国由制造大国向制造强国转变的主要手段和途径，政府要对国产工业机器人有更多的政策与经济支持，参考国外先进经验，加大技术投入与改造；② 在国家的科技发展计划中，应该继续对智能机器人研究开发与应用给予大力支持，形成产品和自动化制造装备同步协调的新局面；③ 部分国产工业机器人质量已经与国外相当，企业采购工业机器人时不要盲目进口，应该综合评估，立足国产。

智能化、仿生化是工业机器人的最高阶段，随着材料、控制等技术不断发展，实验室产品越来越多地产品化，逐步应用于各个场合。伴随移动互联网、物联网的发展，多传感器、分布式控制的精密型工业机器人将会越来越多，逐步渗透制造业的方方面面，并且由制造实施型向服务型转化。

工业机器人最先大规模使用的区域将会出现在如今发达地区。随着产业转移的进行，发达地区的制造业需要提升。基于工人成本不断增长的现实，工业机器人的应用成为最好替代方式。未来我国工业机器人的大范围应用将会集中在广东、江苏、上海、北京等地，其工业机器人拥有量将占全国一半以上。

日益增长的工业机器人市场以及巨大的市场潜力吸引世界著名机器人生产厂家的目光。当前，我国进口的工业机器人主要来自日本，但是随着诸如"机器人"类似的具有自有知识产权的企业不断出现，越来越多的工业机器人将会由中国制造。

机器人的运用范围越来越广泛，即使在很多的传统工业领域中人们也在努力使机器人代替人类工作，在食品工业中的情况也是如此。人们已经开发出的食品工业机器人有包装罐头机器人、自动午餐机器人和切割牛肉机器人等，机器人在食品加工领域应用得如鱼水。

（1）中国到2016年或成为全球最大的机器人市场。

工业和信息化部装备工业司副司长王卫明透露，预计中国到2016年或成为全球最大的机器人市场。

王卫明这一"预计"无疑让众多关心中国机器人市场的与会商家有点儿窃喜。眼下，中国市场可谓是机器人热潮涌动。王卫明说，不久前他去参加一个机床展，竟然展出的一半产品是机器人。

（2）机器人需求猛增。

"人力成本的逐年上涨，将刺激制造业对机器人的需求。"王卫明称，汽车行业使用机器人最多，医药等行业的增长需求甚至达到 100% 以上，2013 年全球机器人销量 16.8 万台。

（3）"机器换人"已是大势所趋。

未来的 5~10 年将成为中国市场的爆发期，业界对此普遍持乐观态度。曲道奎认同这一观点。作为国内领先的机器人制造企业新松机器人自动化股份有限公司的掌舵人，他在会上不断提醒企业要意识到该行业的残酷性。他呼吁，在机器人这个高端产业里中国要避免处于产业链低端位置。

在中国廉价劳动力优势逐渐消失的背景下，"机器换人"已是大势所趋。面对机器人产业诱人的大蛋糕，中国各地都行动了起来，机器人企业、机器人产业园如雨后春笋般层出不穷，积极投身这场"掘金战"中。

王卫明在会上指出，国内在机器人产业化方面存在诸多问题。面对将要到来的"机器人时代"，中国未来将加强顶层设计，组建国家级的机器人产业发展专家咨询委员会；完善标准体系建设；加大对机器人国产化的政策支持力度；支持国产工业机器人的应用和示范等。

（4）2015 年安徽工业机器人产业规模预计超 200 亿元。

根据安徽省战略性新兴产业区域集聚发展试点实施方案，国家支持在皖打造机器人、新型显示两大产业集聚试点。芜马合地区作为目前我国唯一的工业机器人产业集聚试点，发展目标是 2015 年培育 3 家至 5 家产值超 50 亿元的龙头企业，形成产业规模超 200 亿元。

2014 年 3 月，芜湖市已规划用地 5 000 亩建设机器人产业园，依托埃夫特、瑞祥工业、陀曼精机等企业，集聚产业科技创新要素，打造以主机为龙头、关键零部件协作配套的机器人全产业链。芜湖市早在 2007 年就启动了工业机器人项目，如今，领军企业安徽埃夫特公司已形成系列化工业机器人研发和制造能力，实际装机台数位居自主品牌之首，在汽车、家电、机械加工等多个行业得到广泛应用。该市正在建设的 6 个重点项目，涉及工业机器人整机项目以及伺服电动机、驱动及控制系统、精密减速机等配套的核心零部件项目。

2. 国外机器人

在发达国家中，工业机器人自动化生产线成套设备已成为自动化装备的主流及未来的发展方向。国外汽车行业、电子电器行业、工程机械等行业已经大量使用工业机器人自动化生产线，以保证产品质量，提高生产效率，同时避免了大量的工伤事故。全球诸多国家近半个世纪的工业机器人的使用实践表明，工业机器人的普及是实现自动化生产，提高社会生产效率，推动企业和社会生产力发展的有效手段。

机器人技术是具有前瞻性、战略性的高技术领域。国际电气电子工程师协会 IEEE 的科学家在对未来科技发展方向进行预测中提出了 4 个重点发展方向，机器人技术就是其中之一。

1990 年 10 月，国际机器人工业人士在丹麦首都哥本哈根召开了一次工业机器人国际标准大会，并在这次大会上通过了一个文件，把工业机器人分为 4 类：① 顺序型。这类机器人拥有规定的程序动作控制系统；② 沿轨迹作业型。这类机器人执行某种移动作业，如焊接，喷漆等；③ 远距作业型。比如，在月球上自动工作的机器人；④ 智能型。这类机器人具有感知、适应及思维和人机通信机能。

日本工业机器人产业早在 20 世纪 90 年代就已经普及了第一和第二类工业机器人，并达到了其工业机器人发展史的鼎盛时期。而今已在发展第三、第四类工业机器人的路上取得了举世瞩目的成就。日本下一代机器人发展重点有：低成本技术、高速化技术、小型和轻量化技术、提高可靠性技术、计算机控制技术、网络化技术、高精度化技术、视觉和触觉等传感器技术等。

根据日本政府 2007 年制订的一份计划，日本 2050 年工业机器人产业规模将达到 1.4 兆日元，拥有百万工业机器人。按照一个工业机器人等价于 10 个劳动力的标准，百万工业机器人相当于千万劳动力，是当前日本全部劳动人口的 15%。

我国工业机器人起步于 20 世纪 70 年代初，其发展过程大致可分为三个阶段：70 年代的萌芽期；80 年代的开发期；90 年代的实用化期。而今经过 20 多年的发展已经初具规模。当前我国已生产出部分机器人关键元器件，开发出弧焊、点焊、码垛、装配、搬运、注塑、冲压、喷漆等工业机器人。一批国产工业机器人已服务于国内诸多企业的生产线上；一批机器人技术的研究人才也涌现出来。一些相关科研机构和企业已掌握了工业机器人操作机的优化设计制造技术；工业机器人控制、驱动系统的硬件设计技术；机器人软件的设计和编程技术；运动学和轨迹规划技术；弧焊、点焊及大型机器人自动生产线与周边配套设备的开发和制备技术等。某些关键技术已达到或接近世界水平。

一个国家要引入高技术并将其转移为产业技术（产业化），必须具备 5 个要素，即 5M：Machine/Materials/Manpower/Management/Market。和有着"机器人王国"之称的日本相比，我国有着截然不同的基本国情，那就是人口多，劳动力过剩。刺激日本发展工业机器人的根本动力就在于要解决劳动力严重短缺的问题。所以，我国工业机器人起步晚发展缓慢。但是正如前所述，广泛使用机器人是实现工业自动化，提高社会生产效率的一种十分重要的途径。我国正在努力发展工业机器人产业，引进国外技术和设备，培养人才，打开市场。日本工业机器人产业的辉煌得益于本国政府的鼓励政策，我国在十一五纲要中也体现出了对发展工业机器人的大力支持。

7.1.5　技术原理

机器人控制系统是机器人的大脑，是决定机器人功能和性能的主要因素。

工业机器人控制技术的主要任务就是控制工业机器人在工作空间中的运动位置、姿态和轨迹、操作顺序及动作的时间等。具有编程简单、软件菜单操作、友好的人机交互界面、在线操作提示和使用方便等特点。工业机器人技术如图 7-3 所示。

关键技术包括以下几点：

（1）开放性模块化的控制系统体系结构：采用分布式 CPU 计算机结构，分为机器人控制器（RC）、运动控制器（MC）、光电隔离 I/O 控制板、传感器处理板和编程示教盒等。机器人控制器（RC）和编程示教盒通过串口/CAN 总线进行通信。机器人控制器（RC）的主计算机完成机器人的运动规划、插补和位置伺服以及主控逻辑、数字 I/O、传感器处理等功能，而编程示教盒完成信息的显示和按键的输入。

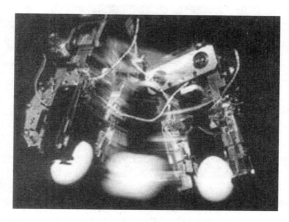

图7-3 工业机器人技术

（2）模块化层次化的控制器软件系统：软件系统建立在基于开源的实时多任务操作系统 Linux 上，采用分层和模块化结构设计，以实现软件系统的开放性。整个控制器软件系统分为三个层次：硬件驱动层、核心层和应用层。三个层次分别面对不同的功能需求，对应不同层次的开发，系统中各个层次内部由若干个功能相对对立的模块组成，这些功能模块相互协作，共同实现该层次所提供的功能。

（3）机器人的故障诊断与安全维护技术：通过各种信息，对机器人故障进行诊断，并进行相应维护，是保证机器人安全性的关键技术。

（4）网络化机器人控制器技术：当前机器人的应用工程由单台机器人工作站向机器人生产线发展，机器人控制器的联网技术变得越来越重要。控制器上具有串口、现场总线及以太网的联网功能。可用于机器人控制器之间和机器人控制器同上位机的通信，便于对机器人生产线进行监控、诊断和管理。

7.1.6 机器人典型种类介绍

1. 移动机器人（AGV）

移动机器人（AGV）是工业机器人的一种类型，它由计算机控制，具有移动、自动导航、多传感器控制、网络交互等功能，它可广泛应用于机械、电子、纺织、卷烟、医疗、食品、造纸等行业的柔性搬运、传输等功能，也用于自动化立体仓库、柔性加工系统、柔性装配系统（以 AGV 作为活动装配平台）；同时可在车站、机场、邮局的物品分拣中作为运输工具。

国际物流技术发展的新趋势之一，而移动机器人是其中的核心技术和设备，是用现代物流技术配合、支撑、改造、提升传统生产线，实现点对点自动存取的高架箱储、作业和搬运相结合，实现精细化、柔性化、信息化，缩短物流流程，降低物料损耗，减少占地面积，降低建设投资等的高新技术和装备。

2. 点焊机器人

点焊机器人具有性能稳定、工作空间大、运动速度快和负荷能力强等特点，焊接质量明显优于人工焊接，大大提高了点焊作业的生产率。点焊机器人如图7-4所示。

图 7 - 4　点焊机器人

　　点焊机器人主要用于汽车整车的焊接工作，生产过程由各大汽车主机厂负责完成。国际工业机器人企业凭借与各大汽车企业的长期合作关系，向各大型汽车生产企业提供各类点焊机器人单元产品，并以焊接机器人与整车生产线配套形式进入中国，在该领域占据市场主导地位。

　　随着汽车工业的发展，焊接生产线要求焊钳一体化，重量越来越大，165 公斤点焊机器人是当前汽车焊接中最常用的一种机器人。2008 年 9 月，机器人研究所研制完成国内首台 165 公斤级点焊机器人，并成功应用于奇瑞汽车焊接车间。2009 年 9 月，经过优化和性能提升的第二台机器人完成并顺利通过验收，该机器人整体技术指标已经达到国外同类机器人水平。

　　3. 弧焊机器人

　　弧焊机器人主要应用于各类汽车零部件的焊接生产。在该领域，国际大型工业机器人生产企业主要以向成套装备供应商提供单元产品为主。

　　关键技术包括：

　　（1）弧焊机器人系统优化集成技术：弧焊机器人采用交流伺服驱动技术以及高精度、高刚性的 RV 减速机和谐波减速器，具有良好的低速稳定性和高速动态响应，并可实现免维护功能。

　　（2）协调控制技术：控制多机器人及变位机协调运动，既能保持焊枪和工件的相对姿态以满足焊接工艺的要求，又能避免焊枪和工件的碰撞。

　　（3）精确焊缝轨迹跟踪技术：结合激光传感器和视觉传感器离线工作方式的优点，采用激光传感器实现焊接过程中的焊缝跟踪，提升焊接机器人对复杂工件进行焊接的柔性和适应性，结合视觉传感器离线观察，获得焊缝跟踪的残余偏差，基于偏差统计获得补偿数据并进行机器人运动轨迹的修正，在各种工况下都能获得最佳的焊接质量。

　　4. 激光加工机器人

　　激光加工机器人是将机器人技术应用于激光加工中，通过高精度工业机器人实现更加柔性的激光加工作业。本系统通过示教盒进行在线操作，也可通过离线方式进行编程。该系统通过对加工工件的自动检测，产生加工件的模型，继而生成加工曲线，也可以利用 CAD 数据直接加工。可用于工件的激光表面处理、打孔、焊接和模具修复等。

　　关键技术包括：

　　（1）激光加工机器人结构优化设计技术：采用大范围框架式本体结构，在增大作业范围的同时，保证机器人精度。

（2）机器人系统的误差补偿技术：针对一体化加工机器人工作空间大，精度高等要求，并结合其结构特点，采取非模型方法与基于模型方法相结合的混合机器人补偿方法，完成了几何参数误差和非几何参数误差的补偿。

（3）高精度机器人检测技术：将三坐标测量技术和机器人技术相结合，实现了机器人高精度在线测量。

（4）激光加工机器人专用语言实现技术：根据激光加工及机器人作业特点，完成激光加工机器人专用语言。

（5）网络通信和离线编程技术：具有串口、CAN 等网络通信功能，实现对机器人生产线的监控和管理；并实现上位机对机器人的离线编程控制。

5．真空机器人

真空机器人是一种在真空环境下工作的机器人，主要应用于半导体工业中，实现晶圆在真空腔室内的传输。真空机器人难进口、受限制、用量大、通用性强，其成为制约了半导体装备整机的研发进度和整机产品竞争力的关键部件。而且国外对中国买家严加审查，归属于禁运产品目录，真空机器人已成为严重制约我国半导体设备整机装备制造的"卡脖子"问题。直驱型真空机器人技术属于原始创新技术。

关键技术包括：

（1）真空机器人新构型设计技术：通过结构分析和优化设计，避开国际专利，设计新构型满足真空机器人对刚度和伸缩比的要求。

（2）大间隙真空直驱电动机技术：涉及大间隙真空直接驱动电动机和高洁净直驱电动机开展电动机理论分析、结构设计、制作工艺、电动机材料表面处理、低速大转矩控制、小型多轴驱动器等方面。

（3）真空环境下的多轴精密轴系的设计。采用轴在轴中的设计方法，减小轴之间的不同心以及惯量不对称的问题。

（4）动态轨迹修正技术：通过传感器信息和机器人运动信息的融合，检测出晶圆与手指之间基准位置之间的偏移，通过动态修正运动轨迹，保证机器人准确地将晶圆从真空腔室中的一个工位传送到另一个工位。

（5）符合 SEMI 标准的真空机器人语言：根据真空机器人搬运要求、机器人作业特点及 SEMI 标准，完成真空机器人专用语言。

（6）可靠性系统工程技术：在 IC 制造中，设备故障会带来巨大的损失。根据半导体设备对 MCBF 的高要求，对各个部件的可靠性进行测试、评价和控制，提高机械手各个部件的可靠性，从而保证机械手满足 IC 制造的高要求。

6．洁净机器人

洁净机器人是一种在洁净环境中使用的工业机器人。随着生产技术水平不断提高，其对生产环境的要求也日益苛刻，很多现代工业产品生产都要求在洁净环境中进行，洁净机器人是洁净环境下生产需要的关键设备。洁净机器人如图 7-5 所示。

关键技术包括：

（1）洁净润滑技术：通过采用负压抑尘结构和非挥发性润滑脂，实现对环境无颗粒污染，满足洁净要求。

图7－5　洁净机器人

（2）高速平稳控制技术：通过轨迹优化和提高关节伺服性能，实现洁净搬运的平稳性。

（3）控制器的小型化技术：根据洁净室建造和运营成本高，通过控制器小型化技术减小洁净机器人的占用空间。

（4）晶圆检测技术：通过光学传感器，能够通过机器人的扫描，获得卡匣中晶圆有无缺片、倾斜等信息。

7.1.7　应用领域

工业机器人的典型应用包括焊接、刷漆、组装、采集和放置（例如包装、码垛和SMT）、产品检测和测试等；所有的工作的完成都具有高效性、持久性、速度和准确性。

在美洲地区，工业机器人的应用非常广泛，其中汽车与汽车零部件制造业为最主要的应用领域，2012年美洲地区这两个行业对工业机器人的需求占总份额的61%，如图7－6所示。

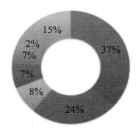

　　■汽车工业
　　■汽车零件部工业
　　■金属制品业
　　■橡胶及塑料工业
　　■电子电器工业
　　■食品工业
　　■其他工业

图7－6　美洲地区主要行业对工业机器人需求比例

亚洲方面，工业机器人大规模应用的时机已经成熟。汽车行业的需求量持续快速增长，食品行业的需求也有所增加，电子行业则是工业机器人应用最快的行业。工业机器人行业正成为受亚洲政府财政扶持的战略新兴产业之一。

工业机器人市场的大幕已经拉开，世界机器人市场的需求即将进入喷发期，中国潜在的巨大机械设备生产市场需求已初露端倪，工业机器人进军机床行业投资前景可期。

工业机器人能替代越来越昂贵的劳动力，同时能提升工作效率和产品品质。富士康机器人可以承接生产线精密零件的组装任务，更可替代人工在喷涂、焊接、装配等不良工作环境中工作，并可与数控超精密铁床等工作母机结合模具加工生产，提高生产效率，替代部分非技术工人。

使用工业机器人可以降低废品率和产品成本，提高了机床的利用率，降低了工人误操作带来的残次零件风险等，其带来的一系列效益也十分明显，如减少人工用量、减少机床损耗、加快技术创新速度、提高企业竞争力等。机器人具有执行各种任务特别是高危任务的能力，平均故障间隔期达 60 000 h 以上，比传统的自动化工艺更加先进。

在发达国家中工业机器人自动化生产线成套装备已成为自动化装备的主流及未来的发展方向。国外汽车行业、电子电器行业、工程机械等行业已大量使用工业机器人自动化生产线，以保证产品质量和生产高效率。目前典型的成套装备有大型轿车壳体冲压自动化系统技术和成套装备、大型机器人车体焊装自动化系统技术和成套装备、电子电器等机器人柔性自动输送线。

1. 系统简介

机器人及输送线物流自动化系统主要由如下几个部分组成：

（1）自动化输送线：将产品自动输送，并将产品工装板在各装配工位精确定位，装配完成后能使工装板自动循环；设有电动机过载保护，驱动链与输送链直接啮合，传递平稳，运行可靠。机器人输送线如图 7 - 7 所示。

图 7 - 7　机器人输送线

（2）机器人系统：通过机器人在特定工位上准确、快速完成部件的装配，能使生产线达到较高的自动化程度；机器人可遵照一定的原则相互调整，满足工艺点的节拍要求；备有与上层管理系统的通信接口。

（3）自动化立体仓储供料系统：自动规划和调度装配原料，并将原料及时向装配生产线输送，同时能够实时对库存原料进行统计和监控。

（4）全线主控制系统：采用基于现场总线——Profibus DP 的控制系统，不仅有极高的实时性，更有极高的可靠性。

（5）条码数据采集系统：使各种产品制造信息具有规范、准确、实时、可追溯的特点，系统采用高档文件服务器和大容量存储设备，快速采集和管理现场的生产数据。

（6）产品自动化测试系统：测试最终产品性能指标，将不合格产品转入返修线。

（7）生产线监控/调度/管理系统：采用管理层、监控层和设备层三级网络对整个生产线进行综合监控、调度、管理，能够接受车间生产计划，自动分配任务，完成自动化生产。

2. 应用领域

机器人及输送线物流自动化系统可应用于建材、家电、电子、化纤、汽车、食品等行业。

1）涂胶

（1）产品简介：机器人涂胶工作站（图7-8）是机器人中心研制开发的机器人应用系统，主要包括机器人、供胶系统、涂胶工作台、工作站控制系统及其他周边配套设备。为了提高系统的可靠性，涂胶工作站中的机器人和供胶系统，一般采用国外产品，我所根据用户的需求，进行工作台、控制柜及周边配套设备的设计制造，并完成涂胶系统的集成。该工作站自动化程度高，适用于多品种、大批量生产，可广泛地应用于汽车风挡、汽车摩托车车灯、建材门窗、太阳能光伏电池涂胶等行业。

图7-8　机器人涂胶工作站

（2）车灯机器人涂胶工作站主要由机器人、胶机、涂胶工作台、控制柜等设备组成。

① 机器人。自动化所可应用户要求选用机器人品牌，并根据用户产品尺寸确定机器人规格型号。机器人重复定位精度≤0.1 mm、涂胶工作速度150~250 mm/s。

机器人具有6个控制轴，可以灵活地生成任何空间轨迹，可以完成各种复杂布胶动作。加之其运动快速、平稳、重复精度高，可充分保证生产节拍需求，并保证胶条均匀，使产品质量稳定。

② 供胶系统。机器人涂胶工作站供胶系统有冷胶和热熔胶两种供胶方式，自动化所可根据不同客户的要求配置供胶系统。该供胶系统可以与机器人动作衔接，正确完成布胶及供胶动作。

③ 涂胶工作台。涂胶工作台结构方式主要包括：

a. 往复式双工位工作台。

b. 回转式双工位工作台。

c. 固定式双工位工作台。

d. 固定式单工位工作台。

可根据用户要求设计制造各种形式工作台，保证灯具安装方便、定位准确，运行可靠。

④ 工作站控制柜。工作站控制柜的设计融入了多行业的技术经验和采用了世界先进的电气技术，其性能指标居国内领先水平。系统设计均采用成熟的技术，元器件采用高可靠性的知名品牌，并经过严格的进货检验，因此，工作站控制系统具有极高的可靠性。

控制柜主要功能：

a. 工件程序号显示及选择。

b. 工作台、机器人、输胶系统协调与互锁。

c. 工作台工作状态选择。

d. 具有故障报警、急停功能。

e. 计数功能。

（3）用户效益分析：

① 自动化程度高，生产效率高，产量大。

② 运行可靠，涂胶精度高，产品质量稳定。

③ 节省人力，节省材料，降低生产成本。

④ 改善作业环境，符合环保要求。

⑤ 产量增加时，无须增加人力，只需增加机器人工作时间。

2）焊接

（1）简介。

随着电子技术、计算机技术、数控及机器人技术的发展，自动弧焊机器人工作站（图7-9），从20世纪60年代开始用于生产以来，其技术已日益成熟，主要有以下优点：① 稳定和提高焊接质量；② 提高劳动生产率；③ 改善工人劳动强度，机器人可在有害环境下工作；④ 降低了对工人操作技术的要求；⑤ 缩短了产品改型换代的准备周期（只需修改软件和必要的夹具即可），减少相应的设备投资。因此，在各行各业已得到了广泛的应用。该系统一般多采用熔化极气体保护焊（MIG、MAG、CO_2焊）或非熔化极气体保护焊（TIG、等离子弧焊）方法。设备一般包括：焊接电源、焊枪和送丝机构、焊接机器人系统及相应的焊接软件及其他辅助设备等。

图7-9 自动弧焊机器人工作站

自动化47所已设计制造了多种自动机器人焊接工作站，均为企业带来了良好的效益，在自动机器人焊接工作站领域积累了丰富的经验。

（2）技术指标。

工件尺寸：可按用户的工件大小设计。

工件重量：可按用户要求设计。

焊接速度：一般取 5～50 mm/s，根据焊缝大小来选定。

机器人重复定位精度：±0.05 mm。

移动机构重复定位精度：±0.1 mm。

变位机重复定位精度：±0.1 mm。

机器人螺柱焊接：设备一般包括焊接电源、自动退钉机、自动焊枪、机器人系统、相应的焊接软件及其他辅助设备等。

焊接效率：5～8 个/分钟。

螺钉规格：直径 2～8 mm。

长度：10～40 mm。

机器人重复定位精度：±0.05 mm。

（3）应用领域。

自动机器人焊接工作站可广泛地应用于铁路、航空航天、军工、冶金、汽车、电气等各个行业。

（4）用户效益分析。

随着我国加入 WTO，我国经济的发展和国际正在接轨，国内竞争和国际竞争的界限将越来越模糊，改造过去的生产方式和管理模式已迫在眉睫。在焊接领域也是如此，采用自动化焊接提高生产率和产品质量已是大势所趋。在大型企业是这样，对中小型企业也是如此。

采用机器人进行焊接作业可以极大地提高生产效益和经济效率；另外，机器人的移位速度快，可达 3 m/s，甚至更快。因此，一般而言，采用机器人焊接比同样用人工焊接效率可提高 2～4 倍，焊接质量优良且稳定。

3）自动装箱

（1）系统简介。机器人自动装箱、码垛工作站是一种集成化的系统，它包括工业机器人、控制器、编程器、机器人手爪、自动拆/叠盘机、托盘输送及定位设备和码垛模式软件等。它还配置了自动称重、贴标签和检测及通信系统，并与生产控制系统相连接，以形成一个完整的集成化包装生产线。

① 生产线末端码垛的简单工作站：这是一种柔性码垛系统，它从输送线上下料，并完成工件码垛、加层垫等工序，然后用输送线将码好的托盘送走。

② 码垛/拆垛工作站：这种柔性码垛系统可将三垛不同货物码成一垛，机器人还可抓取托盘和层垫，一垛码满后由输送线自动输出。

③ 生产线中码垛：工件在输送线定位点被抓取并放到两个不同托盘上，层垫也由机器人抓取。托盘和满垛通过线体自动输出或输入。

④ 生产线末端码垛的复杂工作站：工件来自三条不同线体，它们被抓取并放到三个不同托盘上，层垫也由机器人抓取。托盘和满垛由线体上自动输出或输入。

（2）技术指标。

工件：箱体、板材、袋料、罐/纸类包装。

工件尺寸：可按用户的工件大小设计。

工件重量：可按用户要求设计。

工件移动范围：可按用户要求设计。

机器人自由度数：6 个。

机器人重复精度：± 0.1 mm。

（3）应用领域。

机器人自动装箱、码垛工作站可应用于建材、家电、电子、化纤、汽车、食品等行业。

（4）用户效益分析。

由于机器人自动装箱、码垛工作站在产品的装箱、码垛等工序实现了自动化作业，并且具有安全检测、连锁控制、故障自诊断、示教再现、顺序控制、自动判断等功能，从而大大地提高了生产效率和工作质量，节省了人力，建立了现代化的生产环境。

4）自动焊接

（1）产品简介。

转轴自动焊接工作站用于以转轴为基体（上置若干悬臂）的各类工件的焊接，它由焊接机器人、回转双工位变位机（若干个工位）及工装夹具组成，在同一工作站内通过使用不同的夹具可实现多品种的转轴自动焊接，焊接的相对位置精度很高。由于采用双工位变位机，焊接的同时，其他工位可拆装工件，极大地提高了效率。

（2）技术指标。

转轴直径：10~50 mm，长度：300~900 mm，焊接速度：3~15 mm/s，焊接工艺采用 MAG 混合气体保护焊，变位机回转，变位精度达 0.05 mm。

（3）应用领域。

可广泛应用于高质量、高精度的以转轴为基体的各类工件焊接，适用于电力、电气、机械、汽车等行业。

（4）效益分析。

采用手工电弧焊进行转轴焊接，工人劳动强度极大，产品的一致性差，生产效率低，仅为 2~3 件/小时。采用自动焊接工作站后，产量可达到 15~20 件/小时，焊接质量和产品的一致性也大幅度地提高。

7.1.8 发展方向

工业机器人正向着智能化方向发展，而智能工业机器人将成为未来的技术制高点和经济增长点。

要想跟上未来工业发展，工业机器人技术是先进制造技术的代表。首要任务是提高工业机器人的智能化技术。智能化技术可以提高机器人的工作能力和使用性能。智能化技术的发展将推动着机器人技术的进步，未来智能化水平将标志着机器人的水平，虽然目前还有很多问题需要解决，但随着科学技术的进步，会逐渐改进发展。未来的智能化方向不会改变，并且会将机器人产品拓展到更多行业，形成完备的系统。在现今我国人工利息不时上升的大环境下，工业机器人必将迅速发展，逐渐成为工厂自动化生产线的主要发展形势。

近年来，智能机器人越来越多地介入到了人类的生产和生活中，人工智能技术不仅在西方国家发展势头强劲，在中国的发展前景也同样引人注目，业内人士分析表示，中国已然是全球机器人行业增长最快的市场，国内的高增长将使得中国未来两年内超越日本，成为世界上最大的工业机器人市场。

在近段时间里，美国谷歌（Google）公司陆续收购多家与智能机器人有关的技术公司，这引发了外界的广泛关注。该公司是目前世界上最具创新意识和研发能力的科技公司之一；虽然它最为人所熟知的业务范围是搜索、广告和云计算，但在最近却重金砸向智能机器人产业。中国知名学者周海中教授认为，谷歌进军智能机器人领域正当时，它看到了未来的技术制高点和经济增长点；此举意义深远，它采取了新的发展模式，为其长远利益作打算。

7.2　3D 打印技术

3D 打印，即快速成形技术的一种，它是一种以数字模型文件为基础，运用粉末状金属或塑料等可黏合材料，通过逐层打印的方式来构造物体的技术。

3D 打印通常是采用数字技术材料打印机来实现的。常在模具制造、工业设计等领域被用于制造模型，后逐渐用于一些产品的直接制造，已经有使用这种技术打印而成的零部件。该技术在珠宝、鞋类、工业设计、建筑、工程和施工（AEC）、汽车、航空航天、牙科和医疗产业、教育、地理信息系统、土木工程、枪支以及其他领域都有所应用。

7.2.1　发展历史

3D 打印技术出现在 20 世纪 90 年代中期，实际上是利用光固化和纸层叠等技术的最新快速成型装置。它与普通打印工作原理基本相同，打印机内装有液体或粉末等"打印材料"，与电脑连接后，通过电脑控制把"打印材料"一层层叠加起来，最终把计算机上的蓝图变成实物，这种打印技术称为 3D 立体打印技术。

1986 年，Charles Hull 开发了第一台商业 3D 印刷机。

1993 年，麻省理工学院获 3D 印刷技术专利。

1995 年，美国 ZCorp 公司从麻省理工学院获得唯一授权并开始开发 3D 打印机。

2005 年，市场上首个高清晰彩色 3D 打印机 Spectrum Z510 由 ZCorp 公司研制成功。

2010 年 11 月，世界上第一辆由 3D 打印机打印而成的汽车 Urbee 问世，如图 7 – 10 所示。

图 7 – 10　3D 打印汽车 Urbee

2011年6月6日，发布了全球第一款3D打印的比基尼。

2011年7月，英国研究人员开发出世界上第一台3D巧克力打印机。

2011年8月，南安普敦大学的工程师们开发出世界上第一架3D打印的飞机。

2012年11月，苏格兰科学家利用人体细胞首次用3D打印机打印出人造肝脏组织。

2013年10月，全球首次成功拍卖一款名为"ONO之神"的3D打印艺术品。

2013年11月，美国德克萨斯州奥斯汀的3D打印公司"固体概念"（Solid Concepts）设计制造出3D打印金属手枪。

7.2.2 技术原理

日常生活中使用的普通打印机可以打印电脑设计的平面物品，而所谓的3D打印机与普通打印机工作原理基本相同，只是打印材料有些不同，普通打印机的打印材料是墨水和纸张，而3D打印机内装有金属、陶瓷、塑料、砂等不同的"打印材料"，是实实在在的原材料，打印机与电脑连接后，通过电脑控制可以把"打印材料"一层层叠加起来，最终把计算机上的蓝图变成实物。通俗地说，3D打印机是可以"打印"出真实的3D物体的一种设备，比如打印一个机器人、打印玩具车，打印各种模型，甚至是食物等。之所以通俗地称其为"打印机"是参照了普通打印机的技术原理，因为分层加工的过程与喷墨打印十分相似。这项打印技术称为3D立体打印技术。

3D打印图片如图7-11所示。

图7-11 3D打印图片

3D打印存在着许多不同的技术。它们的不同之处在于以可用的材料的方式，并以不同层构建创建部件。3D打印常用材料有尼龙玻纤、耐用性尼龙材料、石膏材料、铝材料、钛合金、不锈钢、镀银、镀金、橡胶类材料，见表7-1。

表7-1 3D打印常用材料

类型	累积技术	基本材料
挤压	熔融沉积式（FDM）	热塑性塑料，共晶系统金属、可食用材料
线	电子束自由成形制造（EBF）	几乎任何合金
粒状	直接金属激光烧结（DMLS）	几乎任何合金
	电子束熔化成形（EBM）	钛合金
	选择性激光熔化成形（SLM）	钛合金、钴铬合金、不锈钢、铝

续表

类型	累积技术	基本材料
粒状	选择性热烧结（SHS）	热塑性粉末
	选择性激光烧结（SLS）	热塑性塑料、金属粉末、陶瓷粉末
粉末层喷头 3D打印	石膏3D打印（PP）	石膏
层压	分层实体制造（LOM）	纸、金属膜、塑料薄膜
光聚合	立体平版印刷（SLA）	光硬化树脂
	数字光处理（DLP）	光硬化树脂

7.2.3　打印过程

1. 三维设计

三维打印的设计过程是：先通过计算机建模软件建模，再将建成的三维模型"分区"成逐层的截面，即切片，从而指导打印机逐层打印。

设计软件和打印机之间协作的标准文件格式是 STL 文件格式。一个 STL 文件使用三角面来近似模拟物体的表面。三角面越小其生成的表面分辨率越高。PLY 是一种通过扫描产生的三维文件的扫描器，其生成的 VRML 或者 WRL 文件经常被用作全彩打印的输入文件。

2. 切片处理

打印机通过读取文件中的横截面信息，用液体状、粉状或片状的材料将这些截面逐层地打印出来，再将各层截面以各种方式黏合起来，从而制造出一个实体。这种技术的特点在于其几乎可以造出任何形状的物品。

打印机打出的截面的厚度（即 Z 方向）以及平面方向即 X − Y 方向的分辨率是以 dpi（像素每英寸）或者微米来计算的。一般的厚度为 100 μm，即 0.1 mm，也有部分打印机，如 Objet Connex 系列，还有三维 Systems ProJet 系列可以打印出 16 μm 薄的一层。而平面方向则可以打印出跟激光打印机相近的分辨率。打印出来的"墨水滴"的直径通常为 50 ～ 100 μm。用传统方法制造出一个模型通常需要数小时到数天，根据模型的尺寸以及复杂程度而定。而用三维打印的技术则可以将时间缩短为数个小时，当然其是由打印机的性能以及模型的尺寸和复杂程度而定的。

传统的制造技术，如注塑法可以以较低的成本大量制造聚合物产品，而三维打印技术则可以以更快、更有弹性以及更低成本的办法生产数量相对较少的产品。一个桌面尺寸的三维打印机就可以满足设计者或概念开发小组制造模型的需要。

3. 完成打印

三维打印机的分辨率对大多数应用来说已经足够（在弯曲的表面可能会比较粗糙，像图像上的锯齿一样），要获得更高分辨率的物品可以通过如下方法：先用当前的三维打印机打出稍大一点儿的物体，再稍微经过表面打磨，即可得到表面光滑的"高分辨率"物体。

有些技术可以同时使用多种材料进行打印。有些技术在打印的过程中还会用到支撑物，比如在打印出一些有倒挂状的物体时就需要用到一些易于除去的东西（如可溶的东西）作为支撑物。图 7 − 12 所示为英国工程师"打印"出的无人飞机。

图 7 - 12　英国工程师"打印"出的无人飞机

7.2.4　应用领域

1. 海军舰艇

2014 年 7 月 1 日，美国海军试验了利用 3D 打印等先进制造技术快速制造舰艇零件，希望借此提升执行任务速度并降低成本。

2014 年 6 月 24 日至 6 月 26 日，美海军在作战指挥系统活动中举办了第一届制汇节，开展了一系列"打印舰艇"研讨会，并在此期间向水手及其他相关人员介绍了 3D 打印及增材制造技术。

美国海军致力于未来在这方面培训水手。采用 3D 打印及其他先进制造方法，能够显著提升执行任务速度及预备状态，降低成本，避免从世界各地采购舰船配件。

美国海军作战舰队后勤科副科长 Phil Cullom 表示，考虑到成本、海军后勤及供应链现存的漏洞，以及面临的资源约束，先进制造与 3D 打印的应用越来越广，他们设想了一个由技术娴熟的水手支持的先进制造商的全球网络，找出问题并制造产品。

2. 航天科技

2014 年 9 月底，NASA 预计将完成首台成像望远镜，所有元件基本全部通过 3D 打印技术制造。NASA 也因此成为首家尝试使用 3D 打印技术制造整台仪器的单位。

这款太空望远镜功能齐全，其 50.8 mm 的摄像头使其能够放进立方体卫星（CubeSat，一款微型卫星）当中。据了解，这款太空望远镜的外管、外挡板及光学镜架全部作为单独的结构直接打印而成，只有镜面和镜头尚未实现。该仪器将于 2015 年开展振动和热真空测试。

这款长 50.8 mm 的望远镜全部由铝和钛制成，而且只需通过 3D 打印技术制造 4 个零件即可，相比而言，传统制造方法所需的零件数是 3D 打印的 5 ~ 10 倍。此外，在 3D 打印的望远镜中，可将用来减少望远镜中杂散光的仪器挡板做成带有角度的样式，这是传统制作方法在一个零件中所无法实现的。

2014 年 8 月 31 日，美国宇航局的工程师们刚刚完成了 3D 打印火箭喷射器的测试，如图 7 - 13 所示。本项研究在于提高火箭发动机某个组件的性能，由于喷射器内液态氧和气态氢一起混合反应，这里的燃烧温度可达到 6 000 华氏度，大约为 3 315℃，可产生 2 万磅的推力，约为 9 t，验证了 3D 打印技术在火箭发动机制造上的可行性。本项测试工作位于阿拉巴马亨茨维尔的美国宇航局马歇尔太空飞行中心，这里拥有较为完善的火箭发动机测试条件，工程师可验证 3D 打印部件在点火环境中的性能。

图 7 - 13　3D 打印火箭喷射器的测试

制造火箭发动机的喷射器需要精度较高的加工技术，如果使用 3D 打印技术，就可以降低制造上的复杂程度，在计算机中建立喷射器的三维图像，打印的材料为金属粉末和激光，在较高的温度下，金属粉末可被重新塑造成我们需要的样子。火箭发动机中的喷射器内有数十个喷射元件，要建造大小相似的元件需要一定的加工精度，该技术测试成功后将用于制造 RS－25 发动机，其作为美国宇航局未来太空发射系统的主要动力，该火箭可运载宇航员超越近地轨道，进入更遥远的深空。马歇尔中心的工程部主任克里斯认为 3D 打印技术在火箭发动机喷油器上应用只是第一步，我们的目的在于测试 3D 打印部件如何能彻底改变火箭的设计与制造，并提高系统的性能，更重要的是可以节省时间和成本，不容易出现故障。本次测试中，两具火箭喷射器进行了点火，每次 5 s，设计人员创建的复杂几何流体模型允许氧气和氢气充分混合，压力为每平方英寸 1 400 磅。

2014 年 10 月 11 日，英国一个发烧友团队用 3D 打印技术制出了一枚火箭，他们还准备让这个世界上第一个打印出来的火箭升空。该团队于当地时间在伦敦的办公室向媒体介绍这个世界第一架用 3D 打印技术制造出来的火箭。团队队长海恩斯说，有了 3D 打印技术，要制造出高度复杂的形状并不困难。就算要修改设计原型，只要在计算机辅助设计的软件上做出修改，打印机将会做出相对的调整，这比之前的传统制造方式方便许多。既然美国宇航局已经在使用 3D 打印技术制造火箭的零件，3D 打印技术的前景是十分光明的。

据介绍，这个名为"低轨道氦辅助导航"的工程项目由一家德国数据分析公司赞助。打印出的这枚火箭重 3 kg，高度相当于一般成年人身高，是该团队用 4 年时间、花了 6 000 英镑制造出来的。等一笔 1.5 万英镑的资助确定之后，他们将于今年底在新墨西哥州的美国航天港发射该火箭。一个装满氦的巨型气球将把火箭提升到 20 000 m 高空，装置在火箭里的全球定位系统将启动火箭引擎，火箭喷射速度将达到 1 610 km/h。之后，火箭上的自动驾驶系统将引导火箭回返地球，而里头的摄像机将把整个过程拍摄下来。

美国国家航空航天局（NASA）官网 2015 年 4 月 21 日报道，NASA 工程人员正通过利用增材制造技术制造首个全尺寸铜合金火箭发动机零件以节约成本，NASA 空间技术任务部负责人表示，这是航空航天领域 3D 打印技术应用的新里程碑。

3. 医学领域

1）3D 打印头盖骨

2014 年 8 月 28 日，46 岁的周至农民胡师傅在自家盖房子时，从 3 层楼坠落后砸到一堆木头上，左脑盖被撞碎，在当地医院手术后，胡师傅虽然性命无损，但左脑盖凹陷，在别人眼里成了个"半头人"。

除了面容异于常人，事故还伤了胡师傅的视力和语言功能。医生为帮其恢复形象，采用 3D 打印技术辅助设计缺损颅骨外形，设计了钛金属网重建缺损颅眶骨，制作出缺损的左"脑盖"，最终实现左右对称。

医生称手术需 5 ~ 10 h，除了用钛网支撑起左边脑盖外，还需要从腿部取肌肉进行填补。手术后，胡师傅的容貌将恢复，至于语言功能还得术后看恢复情况。

2）3D 打印脊椎植入人体

2014 年 8 月，北京大学研究团队成功地为一名 12 岁男孩植入了 3D 打印脊椎，这属全球首例。据了解，这位小男孩的脊椎在一次踢足球受伤之后长出了一颗恶性肿瘤，医生不得不选择移除掉肿瘤所在的脊椎。不过，这次的手术比较特殊的是，医生并未采用传统的脊椎移植手术，而是尝试先进的 3D 打印技术。

研究人员表示，这种植入物可以跟现有骨骼非常好地结合起来，而且还能缩短病人的康复时间。由于植入的 3D 脊椎可以很好地跟周围的骨骼结合在一起，所以它并不需要太多的"锚定"。此外，研究人员还在上面设立了微孔洞，它能帮助骨骼在合金之间生长，换言之，植入进去的 3D 打印脊椎将跟原脊柱牢牢地生长在一起，这也意味着未来不会发生松动的情况。

3）3D 打印手掌治疗残疾

2014 年 10 月，医生和科学家们使用 3D 打印技术为英国苏格兰一名 5 岁女童装上手掌，如图 7 - 14 所示。

图 7 - 14　3D 打印手掌

这名女童名为海莉·弗雷泽，出生时左臂就有残疾，没有手掌，只有手腕。在医生和科学家的合作下，为她设计了专用假肢并成功安装。

4）3D 打印心脏救活 2 周大先心病婴儿

2014 年 10 月 13 日，纽约长老会医院的埃米尔·巴查博士（Dr. Emile Bacha）医生就讲述了他使用 3D 打印的心脏救活一名 2 周大婴儿的故事。这名婴儿患有先天性心脏缺陷，它会在心脏内部制造"大量的洞"。在过去，这种类型的手术需要停掉心脏，将其打开并进行观察，然后在很短的时间内来决定接下来应该做什么。

但有了 3D 打印技术之后，巴查医生就可以在手术之前制作出心脏的模型，从而使他的团队可以对其进行检查，然后决定在手术当中到底应该做什么。这名婴儿原本需要进行 3～4 次手术，而现在一次就够了，这名原本被认为寿命有限的婴儿可以过上正常的生活。

巴查医生说，他使用了婴儿的 MRI 数据和 3D 打印技术制作了这个心脏模型。整个制作过程共花费了数千美元，不过他预计制作价格在未来会降低。

3D 打印技术能够让医生提前练习，从而减少病人在手术台上的时间。3D 模型有助于减少手术步骤，使手术变得更为安全。

2015 年 1 月，在迈阿密儿童医院，有一位患有"完全型肺静脉畸形引流（TAPVC）"的 4 岁女孩 Adanelie Gonzalez，由于疾病，她的呼吸困难，免疫系统薄弱，如果不实施矫正手术仅能存活数周甚至数日。

心血管外科医生借助 3D 心脏模型的帮助，通过对小女孩心脏的完全复制 3D 模型，成功地制订出了一个复杂的矫正手术方案。最终根据方案，成功地为小女孩实施了永久手术，现在小女孩的血液恢复正常流动，身体在治疗中逐渐恢复正常。

4. 房屋建筑

图 7 – 15 所示为一名行人从 3D 打印建筑旁经过。

图 7 – 15　一名行人从 3D 打印建筑旁经过

2014 年 1 月，数幢使用 3D 打印技术建造的建筑亮相苏州工业园区。这批建筑包括一栋面积 1 100 m² 的别墅和一栋 6 层居民楼。这些建筑的墙体由大型 3D 打印机层层叠加喷绘而成，而打印使用的"油墨"则由建筑垃圾制成。

2014 年 8 月，10 幢 3D 打印建筑在上海张江高新青浦园区内交付使用，作为当地动迁工程的办公用房。这些"打印"的建筑墙体是用建筑垃圾制成的特殊"油墨"，按照电脑设计的图纸和方案，经一台大型 3D 打印机层层叠加喷绘而成，10 幢小屋的建筑过程仅花费 24 h。

2014 年 9 月 5 日，世界各地的建筑师们正在为打造全球首款 3D 打印房屋而竞赛。3D 打印房屋在住房容纳能力和房屋定制方面具有意义深远的突破。在荷兰首都阿姆斯特丹，一个建筑师团队已经开始制造全球首栋 3D 打印房屋，而且采用的建筑材料是可再生的生物基材料。这栋建筑名为"运河住宅（Canal House）"，由 13 间房屋组成，如图 7 – 16 所示。这个项目位于阿姆斯特丹北部运河的一块空地上，有望 3 年内完工。

图 7 - 16　运河住宅

在建中的"运河住宅"已经成了公共博物馆,美国总统奥巴马曾经到那里参观。荷兰 DUS 建筑师汉斯·韦尔默朗(Hans Vermeulen)在接受 BI 采访时表示,他们的主要目标是"能够提供定制的房屋"。

5. 汽车行业

2014 年 9 月 15 日,世界上已经出现 3D 打印建筑、裙帽以及珠宝等,第一辆 3D 打印汽车也终于面世。这辆汽车只有 40 个零部件,建造它花费了 44 h,最低售价 1.1 万英镑(约合人民币 11 万元),如图 7 - 17 所示。

图 7 - 17　车身上靠 3D 打印出的零部件总数为 40 个

世界第一台 3D 打印车已经问世——这辆由美国 Local Motors 公司设计制造、名叫"Strati"的小巧两座家用汽车开启了汽车行业的新篇章。这款创新产品在为期 6 天的 2014 美国芝加哥国际制造技术展览会上公开亮相。

用 3D 打印技术打印一辆斯特拉提轿车并完成组装需时 44 h,如图 7 - 18 所示。整个车身上靠 3D 打印出的部件总数为 40 个,相较传统汽车 20 000 多个零件来说可谓十分简洁。充满曲线的车身先由黑色塑料制造,再层层包裹碳纤维以增加强度,这一制造设计尚属首创。汽车由电池提供动力,最高时速约 64 km,车内电池可供行驶 190 ~ 240 km。

尽管汽车的座椅、轮胎等可更换部件仍以传统方式制造,但用 3D 制造这些零件的计划已经提上日程。制造该轿车的车间里有一架超大的 3D 打印机,能打印长 3 m、宽 1.5 m、高 1 m 的大型零件,而普通的 3D 打印机只能打印 25 mm³ 大小的东西。

2014 年 10 月 29 日,在芝加哥举行的国际制造技术展览会上,美国亚利桑那州的 Local Motors 汽车公司现场演示世界上第一款 3D 打印电动汽车的制造过程。这款电动汽车名为

图 7-18　斯特的提轿车

"Strati"，整个制造过程仅用了 45 h。Strati 采用一体成形车身，最大速度可达到每小时 40 mi①（约合每小时 64 km），一次充电可行驶 120~150 mi（合 190~240 km）。Strati 只有 49 个零部件，动力传动系统、悬架、电池、轮胎、车轮、线路、电动马达和挡风玻璃采用传统技术制造，包括底盘、仪表板、座椅和车身在内的余下部件均由 3D 打印机打印，所用材料为碳纤维增强热塑性塑料。Strati 的车身一体成形，由 3D 打印机打印，共有 212 层碳纤维增强热塑性塑料。辛辛那提公司负责提供制造 Strati 使用的大幅面增材制造 3D 打印机，能够打印 3 ft×5 ft×10 ft（约合 90 cm×152 cm×305 cm）的零部件，如图 7-19 所示。

图 7-19　3D 打印电动汽车的制造过程

6. 电子行业

2014 年 11 月 10 日，全世界首款 3D 打印笔记本电脑已开始预售了，它允许任何人在自己的客厅里打印自己的设备，价格仅为传统产品的一半，如图 7—20 所示。

图 7-20　3D 打印笔记本电脑

---

① 英里，1 mi = 1.609 344 km。

这款笔记本电脑名为 Pi－Top，2015 年 5 月正式推出。但是，通过口耳相传，它现在已在两周内累计获得了 7.6 万英镑的预订单。

7. 服装服饰

许多女人深知，遇到一件很合身的衣服是很不容易的事，用 3D 打印机制作的衣服，可谓是解决女人们挑选服装时遇到困境的万能钥匙。一个设计工作室已经成功使用 3D 打印技术制作出服装，使用此技术制作出的服装不但外观新颖，而且舒适合体。

图 7－21 所示的裙子价格为 1.9 万元人民币，制作过程中使用了 2 279 个印刷板块，由 3 316 条链子连接。这种被称作 "4D 裙" 的服装，就像编织的衣服一样，很容易就可以从压缩的状态中舒展开来。创始人之一，并担任创意总监的杰西卡回忆说这件衣服花费了大约 48 h 来印制。

这家位于美国马萨诸塞州的公司还编写了一个适用于智能手机和平板电脑的应用程序，这有助于用户调整自己的衣服。使用这个应用程序，可以改变衣服的风格和舒适性。

图 7－21　服装服饰

参 考 文 献

[1] 孙靖民. 机械优化设计［M］. 北京：机械工业出版社，1999.

[2] 吴立峰. 优化设计模型及方法的综述［J］. 石油规划设计，1992.

[3] 范垂本，陈立周，吴清一. 机械优化设计方法［J］. 机械制造，1981.

[4] 秦东晨，陈江义，胡滨生，等. 机械结构优化设计的综述与展望［J］. 中国科技信息，2005（9）.

[5] 孙全颖. 机械优化设计［M］. 哈尔滨：哈尔滨工业大学出版社，2007.

[6] 王安麟. 广义机械优化设计［M］. 武汉：华中科技大学出版社，2008.

[7] 陈定方，倪笃明. 机械 CAD 与专家系统［M］. 北京：中国标准出版社，2002.

[8] 魏生民. 机械 CAD/CAM［M］. 武汉：武汉理工大学出版社，2001.

[9] 段清. CAD 技术在机械工程设计中的发展与应用［J］. 山西科技，2005（5）.

[10] 张佑生，王雷刚. 智能 CAD 方法及应用［J］. 合肥工业大学学报，1999（8）.

[11] 刘芒果. 机械 CAD 三维设计的应用研究［J］. 煤矿机械，2005（9）.

[12] 刘英魁. 有限元分析的发展趋势作者［J］. 中国新技术新产品，2009（6）.

[13] 张洪伟，张庆生. 非线性有限元分析方法［M］. 北京：水利水电出版社，2013.

[14] 梁醒培，王辉. 应用有限元分析［M］. 北京：清华大学出版社，2010.

[15] 武建华. 有限元分析基础［M］. 重庆：重庆大学出版社，2007.

[16] 张小勤，莫才颂. 机械零部件的可靠性设计分析［J］. 茂名学院学报，2008（1）：91 - 93.

[17] 刘维信. 机械可靠性设计［M］. 北京：清华大学出版社，1996.

[18] 孙伟，高连华，姚新民，等. 机械产品的可靠性设计方法研究［J］. 机械工业标准化与质量，2007（8）：14 - 17.

[19] 葛世荣. 矿井提升机可靠性技术［M］. 徐州：中国矿业大学出版社，1994.

[20] 卢玉明. 机械零件的可靠性设计［M］. 北京：高等教育出版社，1989.

[21] 潘兆庆，周济. 现代设计方法概论［M］. 北京：机械工业出版社，1991.

[22] 孙建明. 浅谈机械创新设计［J］. 全国机械设计教学研究，2005：52 - 54.

[23] 黄茂林，秦伟. 机械原理［M］. 重庆：重庆大学出版社，2002.

[24] 冯俊. 机构创新综合方法的应用［J］. 机械设计，2009（4）：45 - 47.

[25] 王志学，刘一鸣，贾连斌，等. 折叠式担架车机构创新设计［J］. 机械设计，2010（8）.